中国农垦农场志丛

贵州

山京畜牧场志

中国农垦农场志丛编纂委员会 组编
贵州省山京畜牧场志编纂委员会 主编

中国农业出版社
北 京

图书在版编目（CIP）数据

贵州山京畜牧场志 / 中国农垦农场志丛编纂委员会组编；贵州省山京畜牧场志编纂委员会主编.—北京：中国农业出版社，2022.12

（中国农垦农场志丛）

ISBN 978-7-109-30638-7

Ⅰ.①贵…　Ⅱ.①中…②贵…　Ⅲ.①畜牧场－概况－安顺　Ⅳ.①S812.9

中国国家版本馆CIP数据核字（2023）第070561号

出 版 人：刘天金
出版策划：苑　荣　刘爱芳
丛书统筹：王庆宁　赵世元
审 稿 组：柯文武　干锦春　薛　波
编 辑 组：杨金妹　王庆宁　周　珊　刘昊阳　黄　曦　李　梅　吕　睿　赵世元　黎　岳
　　　　　刘佳玫　王玉水　李兴旺　蔡雪青　刘金华　陈思羽　张潇逸　喻瀚章　赵星华
工 艺 组：毛志强　王　宏　吴丽婷
设 计 组：姜　欣　关晓迪　王　晨　杨　婧
发行宣传：王贺春　蔡　鸣　李　晶　雷云钊　曹建丽
技术支持：王芳芳　赵晓红　张　瑶

贵州山京畜牧场志
Guizhou Shanjing Xumuchang Zhi

中国农业出版社出版
地址：北京市朝阳区麦子店街18号楼
邮编：100125
责任编辑：李　梅
版式设计：王　晨　　责任校对：吴丽婷
印刷：北京通州皇家印刷厂
版次：2022年12月第1版
印次：2022年12月北京第1次印刷
发行：新华书店北京发行所
开本：889mm×1194mm　1/16
印张：30.75　　插页：14
字数：800千字
定价：238.00元

一、地图与规划

贵州省山京畜牧场规划总图

图例

场部
居住区
道路
林地
种植示范区
养殖示范区
茶园示范场
河流
界线

1984年山京畜牧场规划总图

二、教育科研

1962 年，中国人民解放军山京军马场第一届小学毕业班合影

1979 年，农场子弟学校初中毕业班合影

1981 年，子弟学校初中毕业班师生合影

1983 年，子弟学校六一儿童节活动现场

1985 年第一个教师节，农场领导与老师合影

1987 年，子弟学校庆祝六一儿童节大会

贵州山京畜牧场

《提高猪瘦肉率试验报告》

被评为优秀论文三等奖

1989 年 3 月，山京畜牧场《提高猪瘦肉率试验报告》获得农业部农垦司优秀论文三等奖

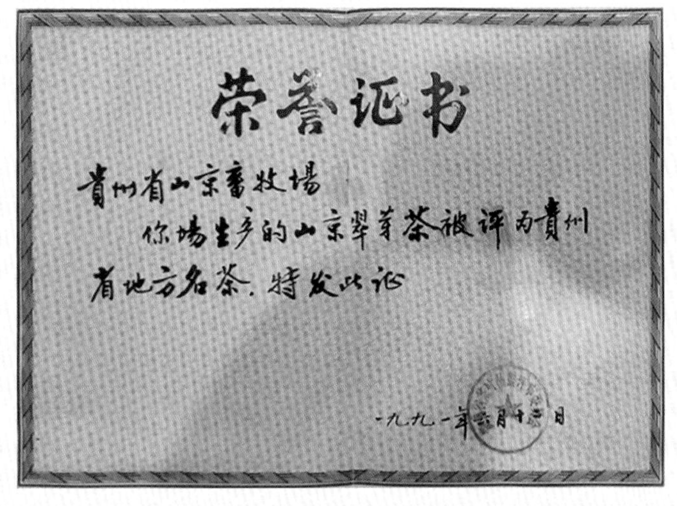
荣誉证书

贵州省山京畜牧场

你场生产的山京翠芽茶被评为贵州省地方名茶，特发此证

1991 年 6 月，农场生产的山京翠芽茶获贵州省地方名茶荣誉证书

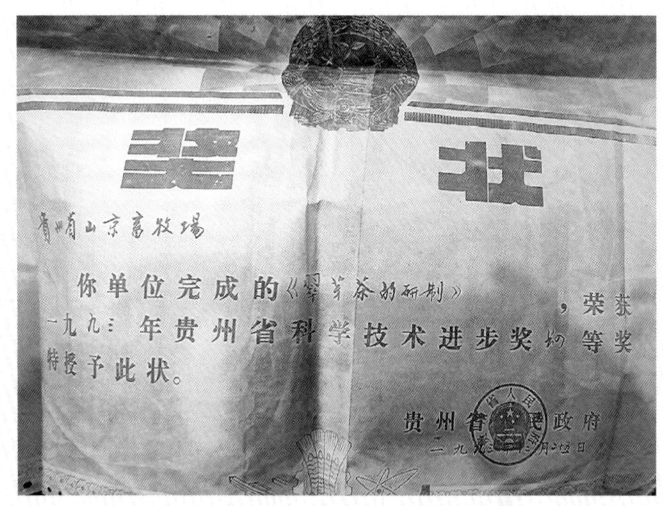
奖状

贵州省山京畜牧场

你单位完成的《翠芽茶的研制》，荣获一九九三年贵州省科学技术进步奖四等奖，特授予此状。

贵州省人民政府

1993 年 12 月，农场《翠芽茶研制》项目荣获贵州省人民政府颁发的科学技术进步奖四等奖

1994 年，农场子弟学校初中毕业班师生合影

2000 年教师节，农场领导与全体教职工合影

2003 年，农场子弟学校初中毕业班师生合影

2008 年，农场子弟学校小学毕业班师生合影

2010 年，山京畜牧场茅坡小学毕业班师生合影

2012 年，农场领导与学校师生代表在清明节期间开展爱国主义教育活动

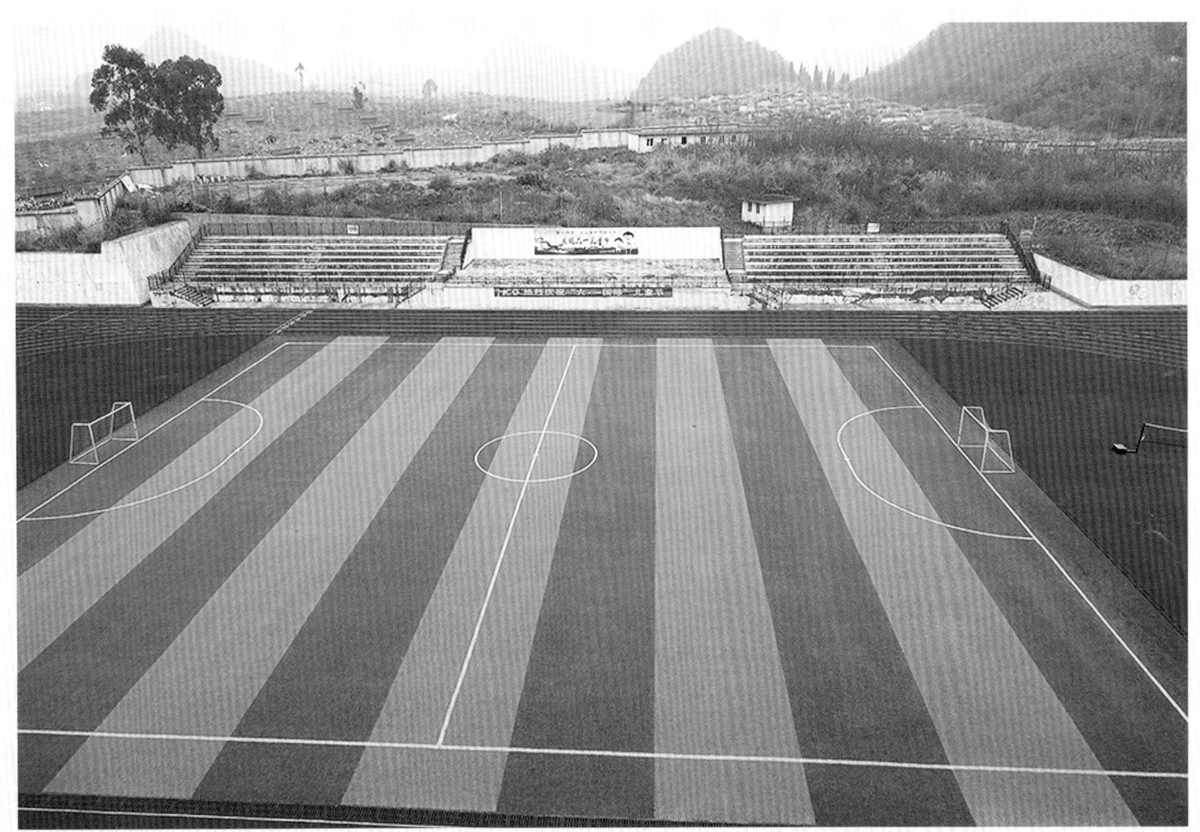

山京畜牧场学校操场（2020 年）

山京畜牧场学生宿舍（2020 年）

三、农场建设

20 世纪 50 年代，修建场部一队职工住宅

20 世纪 50 年代，修建十二茅坡马厩

20 世纪 50 年代，修建银子山马厩

2005 年，场部宏宇小区竣工

2014 年，场部安福小区竣工

2014 年，贵州省农业厅退休老领导到农场关心危房改造工作

2014 年，农场内主干道双堡至鸡场公路

2015 年，场部和谐小区竣工

2015 年，农业部农垦局、贵州省农委、安顺市农委领导莅临农场指导危房改造工作

2015 年，农业部农垦局副局长胡建峰莅临农场指导危房改造工作

2015 年，修建场部和谐小区休闲园

2018 年，十二茅坡住宅区竣工

2020 年，建设中的十二茅坡广场

2020 年，棚户区改造项目十二茅坡道路建设中

2020 年，山京畜牧场国有垦区综合整治项目施工合同签字仪式

四、生产经营

1958 年，农场职工正在插秧

1958 年，农场职工正在收割油菜

1959 年，农场职工正在挑选鱼种

1959 年，拖拉机机械碎土

1960 年，机械耕地

1963 年，马匹放牧途中

1964 年，技术人员进行马匹人工采精

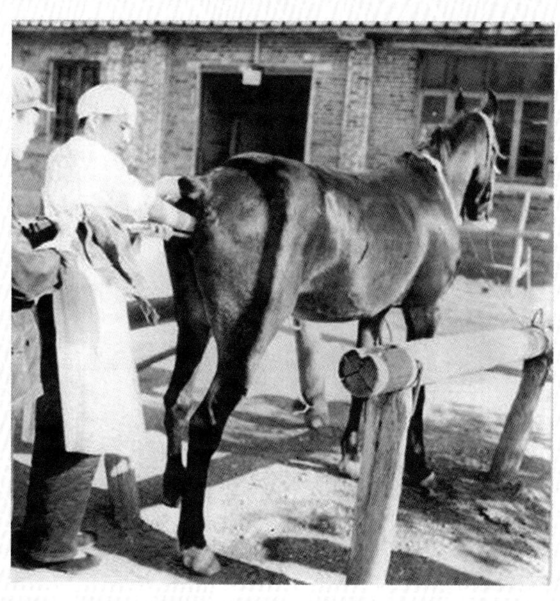

1964 年，技术人员进行马匹人工授精

1968 年，农场种植的西瓜

1968 年，农场的军马

1970 年，农场种植的苹果

1970 年，农场种植的桃

1986 年，收青员在茶山上收购茶青

1986 年，万头养猪场一角

1996 年，茶叶初制加工

1996 年，茶叶精制加工

1996年，附近村民到农场十二茅坡采茶

1998年，农场进行茶园防虫作业

1998年，农场进行茶园施肥管理

1998年，十二茅坡茶园

1999年，十二茅坡玉米制种基地晾晒种子

2000 年，十二茅坡大田玉米育苗定向移栽

2004 年，场部大棚烤烟育苗管理

2005 年，场部柳江养鸡场一角

2006 年，场部烤烟堆积式烘烤

2006 年，场部烤烟种植基地

2006 年，十二茅坡烤烟地起垄待栽

2007 年，十二茅坡烤烟种植基地

2011 年，阳光合作社大棚生产

2012 年，农场阳光合作社育苗工场

2012 年，西秀区烤烟井窖式移栽现场会

2013 年，场部职工队种植的油菜

2014 年，东魁杨梅园一角

2014 年，管理人员在安福小区安装路灯

2014 年，农场种植的东魁杨梅

2015 年，农场百亩梨园

2015 年，农场种植的新世纪梨

2016 年，场部葡萄园一角

2016 年，烤烟集中收购等级试评

2016 年，十二茅坡烤烟堆积式烤房群

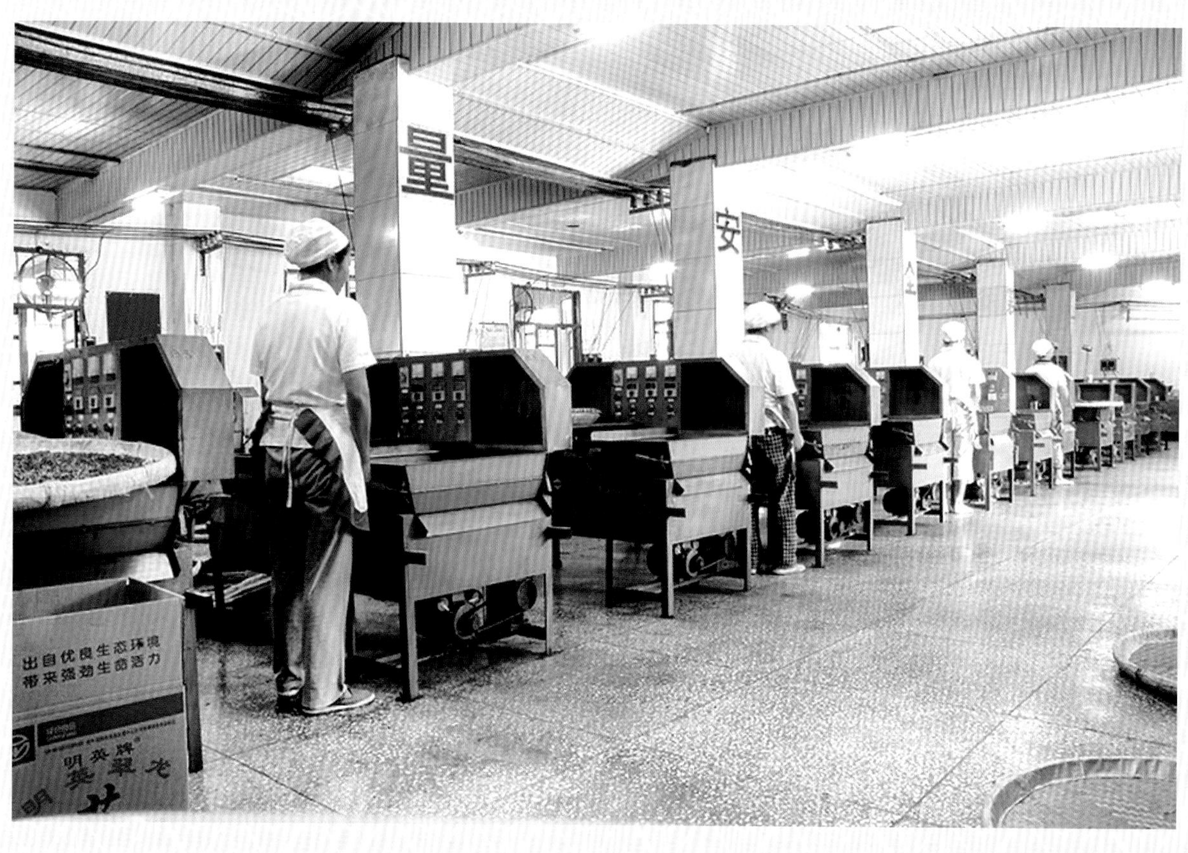

2020 年，明英茶场制茶车间

五、土地管理

1987年，安顺县有关部门同志现场协调开展第一次土地划界工作

1987年，农场代表与周边村民代表现场协商第一次土地划界

1987年，农场划界工作座谈会

1988年，山京畜牧场划界工作座谈会合影

六、文体卫生

20 世纪 50 年代，修建十二茅坡卫生所

1959，农场赛马队队员参加跨越障碍比赛

1959 年，农场赛马队队员进行列队训练

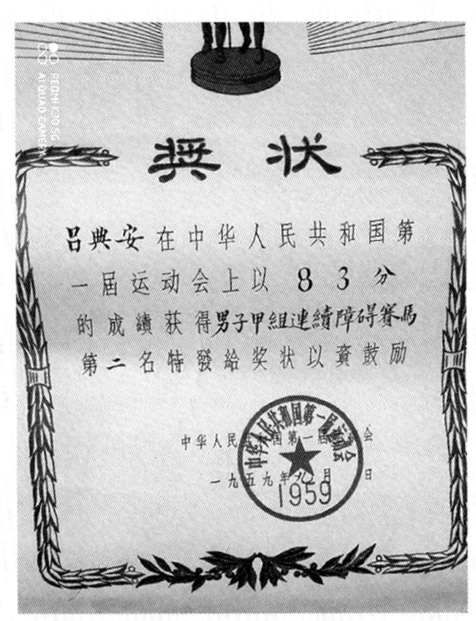

奬 狀

吕典安在中华人民共和国第一届运动会上以 8 3 分的成績获得男子甲組連續障碍賽馬第二名特發給奖状以資鼓励

中华人民共和国第一届运动会
一九五九年九月 日

1959 年，农场职工吕典安在第一届全国运动会上荣获男子甲组连续障碍赛马第二名

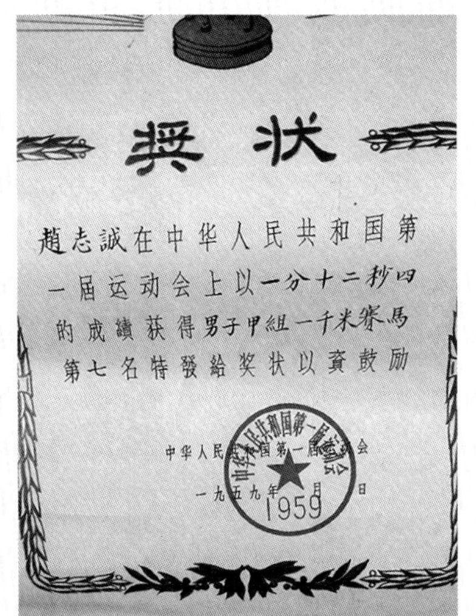

奬 狀

趙志誠在中华人民共和国第一届运动会上以一分十二秒四的成績获得男子甲組一千米賽馬第七名特發給奖状以資鼓励

中华人民共和国第一届运动会
一九五九年 月 日

1959 年，农场职工赵志诚在第一届全国运动会上荣获男子组 1000 米赛马第七名

1959 年，由山京农场青年组成的贵州省马球队获第一届全国运动会马球比赛亚军

1984 年，农场职工篮球比赛

1986 年，农场职工自行车比赛

1991 年，农场银子山村村民进行少数民族乐器表演

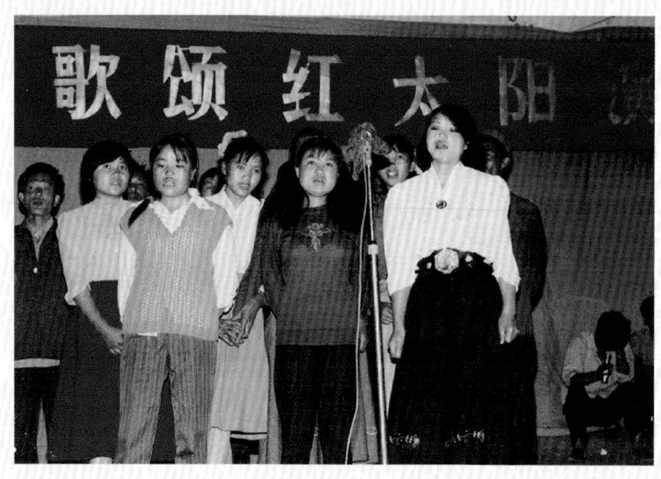

1992 年，农场组织歌颂红太阳演唱会

1992 年，农场子弟学校教师演奏电子琴

1992 年，职工拔河比赛

2013 年，改建后的场部卫生所

2013 年，农场职工健身舞比赛

七、政治生活

1986 年，农场第四次党员代表大会会场

1986 年，农场第四次党员代表大会全体代表合影

1987 年，新团员入团宣誓仪式

1989 年，山京畜牧场第二届工会成立大会

1989 年，山京畜牧场第二届职工代表大会

1989 年，庆祝三八国际劳动妇女节

1989 年，农场领导到空军某部队开展军民共建活动

1990 年，农场召开纪念中国人民志愿军抗美援朝出国作战 40 周年座谈会

1991 年，农场第二届三次职工代表大会

1992 年，农场学习雷锋歌咏比赛晚会

1994 年，农场第三届三次职工代表大会

1997 年，纪念八一建军节军事训练活动

1997 年，农场应急分队进行军事训练

1997 年，庆七一迎接香港回归文艺汇演

1998 年，庆祝国际劳动妇女节座谈会

2012 年，农场纪念建党 91 周年暨表彰会

2013年，农场八届一次职工代表大会暨表彰会

2013年，农场党员领导干部党风廉政建设教育大会

2013年，农场第六届工会委员换届选举大会

2019年，农场领导班子民主生活会

2020年，给农场管理人员颁发聘书

2020年，农场"不忘初心、牢记使命"主题教育总结会

2020 年，农场工会抗疫募捐活动现场

2020 年，农场管理人员竞聘上岗演讲

2020 年，山京畜牧场党的十九届五中全会精神集中宣讲会

2020 年，山京畜牧场干部作风专项工作会议

2020 年，山京畜牧场学习贯彻全区干部作风建设工作会议精神

2020 年，山京畜牧场学习贯彻中共西秀区委五届十二次全体会议精神

中国农垦农场志丛编纂委员会

中国农垦农场志丛编纂委员会办公室

中国农垦农场志丛

贵州省山京畜牧场志编纂委员会

主　任　罗仁保

副主任　陈　波　高维富　李财安　龙远树

委　员　饶贵忠　吴开华　黄明忠　曾翠荣　蔡国发
丁　宁　李小波　黄昌荣　班珍江（特邀）

贵州省山京畜牧场志编撰组

主　编　罗仁保

副主编　陈　波　班珍江（特邀执笔）

编　撰　班珍江　黄明忠

资　料　吴开华　蔡国发　丁　宁　曾翠荣　雷远强
李小波　赵　刚

编　务　丁　宁　吴开华　曾翠荣　雷远强

校　对　黄明忠　班珍江

前期文字摘录　田小妮

贵州省山京畜牧场志审稿组

组　长　罗仁保

副组长　唐惠国

组　员　邓荣泉　桂锡祥　朱增华　祝德胜　吴定忠
汪厚平　吴开华　蔡国发　曾翠荣

总序

中国农垦农场志丛自2017年开始酝酿，历经几度春秋寒暑，终于在建党100周年之际，陆续面世。在此，谨向所有为修此志作出贡献、付出心血的同志表示诚挚的敬意和由衷的感谢！

中国共产党领导开创的农垦事业，为中华人民共和国的诞生和发展立下汗马功劳。八十余年来，农垦事业的发展与共和国的命运紧密相连，在使命履行中，农场成长为国有农业经济的骨干和代表，成为国家在关键时刻抓得住、用得上的重要力量。

如果将农垦比作大厦，那么农场就是砖瓦，是基本单位。在全国31个省（自治区、直辖市，港澳台除外），分布着1800多个农垦农场。这些星罗棋布的农场如一颗颗玉珠，明暗随农垦的历史进程而起伏；当其融汇在一起，则又映射出农垦事业波澜壮阔的历史画卷，绽放着“艰苦奋斗、勇于开拓”的精神光芒。

（一）

“农垦”概念源于历史悠久的“屯田”。早在秦汉时期就有了移民垦荒，至汉武帝时创立军屯，用于保障军粮供应。之后，历代沿袭屯田这一做法，充实国库，供养军队。

中国共产党借鉴历代屯田经验，发动群众垦荒造田。1933年2月，中华苏维埃共和国临时中央政府颁布《开垦荒地荒田办法》，规定“县区土地部、乡政府要马上调查统计本地所有荒田荒地，切实计划、发动群众去开荒”。到抗日战争时期，中国共产党大规模地发动军人进行农垦实践，肩负起支援抗战的特殊使命，农垦事业正式登上了历史舞台。

20世纪30年代末至40年代初，抗日战争进入相持阶段，在日军扫荡和国民党军事包围、经济封锁等多重压力下，陕甘宁边区生活日益困难。“我们曾经弄到几乎没有衣穿，没有油吃，没有纸、没有菜，战士没有鞋袜，工作人员在冬天没有被盖。”毛泽东同志曾这样讲道。

面对艰难处境，中共中央决定开展“自己动手，丰衣足食”的生产自救。1939年2月2日，毛泽东同志在延安生产动员大会上发出“自己动手”的号召。1940年2月10日，中共中央、中央军委发出《关于开展生产运动的指示》，要求各部队“一面战斗、一面生产、一面学习”。于是，陕甘宁边区掀起了一场轰轰烈烈的大生产运动。

这个时期，抗日根据地的第一个农场——光华农场诞生了。1939年冬，根据中共中央的决定，光华农场在延安筹办，生产牛奶、蔬菜等食物。同时，进行农业科学实验、技术推广，示范带动周边群众。这不同于古代屯田，开创了农垦示范带动的历史先河。

在大生产运动中，还有一面“旗帜”高高飘扬，让人肃然起敬，它就是举世闻名的南泥湾大生产运动。

1940年6—7月，为了解陕甘宁边区自然状况、促进边区建设事业发展，在中共中央财政经济部的支持下，边区政府建设厅的农林科学家乐天宇等一行6人，历时47天，全面考察了边区的森林自然状况，并完成了《陕甘宁边区森林考察团报告书》，报告建议垦殖南泥洼（即南泥湾）。之后，朱德总司令亲自前往南泥洼考察，谋划南泥洼的开发建设。

1941年春天，受中共中央的委托，王震将军率领三五九旅进驻南泥湾。那时，南泥湾俗称“烂泥湾”，“方圆百里山连山”，战士们“只见梢林不见天”，身边做伴的是满山窜的狼豹黄羊。在这种艰苦处境中，战士们攻坚克难，一手拿枪，一手拿镐，练兵开荒两不误，把“烂泥湾”变成了陕北的“好江南”。从1941年到1944年，仅仅几年时间，三五九旅的粮食产量由0.12万石猛增到3.7万石，上缴公粮1万石，达到了耕一余一。与此同时，工业、商业、运输业、畜牧业和建筑业也得到了迅速发展。

南泥湾大生产运动，作为中国共产党第一次大规模的军垦，被视为农垦事业的开端，南泥湾也成为农垦事业和农垦精神的发祥地。

进入解放战争时期，建立巩固的东北根据地成为中共中央全方位战略的重要组成部分。毛泽东同志在1945年12月28日为中共中央起草的《建立巩固的东北根据地》中，明确指出“我党现时在东北的任务，是建立根据地，是在东满、北满、西满建立巩固的军事政治的根据地”，要求“除集中行动负有重大作战任务的野战兵团外，一切部队和机关，必须在战斗和工作之暇从事生产”。

紧接着，1947年，公营农场兴起的大幕拉开了。

这一年春天，中共中央东北局财经委员会召开会议，主持财经工作的陈云、李富春同志在分析时势后指出：东北行政委员会和各省都要“试办公营农场，进行机械化农业实验，以迎接解放后的农村建设”。

这一年夏天，在松江省政府的指导下，松江省省营第一农场（今宁安农场）创建。省政府主任秘书李在人为场长，他带领着一支18人的队伍，在今尚志市一面坡太平沟开犁生产，一身泥、一身汗地拉开了“北大荒第一犁”。

这一年冬天，原辽北军区司令部作训科科长周亚光带领人马，冒着严寒风雪，到通北县赵光区实地踏查，以日伪开拓团训练学校旧址为基础，建成了我国第一个公营机械化农场——通北机械农场。

之后，花园、永安、平阳等一批公营农场纷纷在战火的硝烟中诞生。与此同时，一部分身残志坚的荣誉军人和被解放的国民党军人，向东北荒原宣战，艰苦拓荒、艰辛创业，创建了一批荣军农场和解放团农场。

再将视线转向华北。这一时期，在河北省衡水湖的前身“千顷洼”所在地，华北人民政府农业部利用一批来自联合国善后救济总署的农业机械，建成了华北解放区第一个机械化公营农场——冀衡农场。

除了机械化农场，在那个主要靠人力耕种的年代，一些拖拉机站和机务人员培训班诞生在东北、华北大地上，推广农业机械化技术，成为新中国农机事业人才培养的“摇篮”。新中国的第一位女拖拉机手梁军正是优秀代表之一。

（二）

中华人民共和国成立后农垦事业步入了发展的“快车道”。

1949 年 10 月 1 日，新中国成立了，百废待兴。新的历史阶段提出了新课题、新任务：恢复和发展生产，医治战争创伤，安置转业官兵，巩固国防，稳定新生的人民政权。

这没有硝烟的“新战场”，更需要垦荒生产的支持。

1949 年 12 月 5 日，中央人民政府人民革命军事委员会发布《关于 1950 年军队参加生产建设工作的指示》，号召全军“除继续作战和服勤务者而外，应当负担一部分生产任务，使我人民解放军不仅是一支国防军，而且是一支生产军”。

1952 年 2 月 1 日，毛泽东主席发布《人民革命军事委员会命令》：“你们现在可以把战斗的武器保存起来，拿起生产建设的武器。”批准中国人民解放军 31 个师转为建设师，其中有 15 个师参加农业生产建设。

垦荒战鼓已擂响，刚跨进和平年代的解放军官兵们，又背起行囊，扑向荒原，将“作战地图变成生产地图”，把“炮兵的瞄准仪变成建设者的水平仪”，让“战马变成耕马”，在戈壁荒漠、三江平原、南国边疆安营扎寨，攻坚克难，辛苦耕耘，创造了农垦事业的一个又一个奇迹。

1. 将戈壁荒漠变成绿洲

1950 年 1 月，王震将军向驻疆部队发布开展大生产运动的命令，动员 11 万余名官兵就地屯垦，创建军垦农场。

垦荒之战有多难，这些有着南泥湾精神的农垦战士就有多拼。

没有房子住，就搭草棚子、住地窝子；粮食不够吃，就用盐水煮麦粒；没有拖拉机和畜力，就多人拉犁开荒种地……

然而，戈壁滩缺水，缺“农业的命根子”，这是痛中之痛！

没有水，战士们就自己修渠，自伐木料，自制筐担，自搓绳索，自开块石。修渠中涌现了很多动人故事，据原新疆兵团农二师师长王德昌回忆，1951 年冬天，一名来自湖南的女战士，面对磨断的绳子，情急之下，割下心爱的辫子，接上绳子背起了石头。

在战士们全力以赴的努力下，十八团渠、红星渠、和平渠、八一胜利渠等一条条大地的“新动脉”，奔涌在戈壁滩上。

1954 年 10 月，经中共中央批准，新疆生产建设兵团成立，陶峙岳被任命为司令员，新疆维吾尔自治区党委书记王恩茂兼任第一政委，张仲瀚任第二政委。努力开荒生产的驻疆屯垦官兵终于有了正式的新身份，工作中心由武装斗争转为经济建设，新疆地区的屯垦进入了新的阶段。

之后，新疆生产建设兵团重点开发了北疆的准噶尔盆地、南疆的塔里木河流域及伊犁、博乐、塔城等边远地区。战士们鼓足干劲，兴修水利、垦荒造田、种粮种棉、修路架桥，一座座城市拔地而起，荒漠变绿洲。

2. 将荒原沼泽变成粮仓

在新疆屯垦热火朝天之时，北大荒也进入了波澜壮阔的开发阶段，三江平原成为“主战场”。

1954 年 8 月，中共中央农村工作部同意并批转了农业部党组《关于开发东北荒地的农建二师移垦东北问题的报告》，同时上报中央军委批准。9 月，第一批集体转业的“移民大军”——农建二师由山东开赴北大荒。这支 8000 多人的齐鲁官兵队伍以荒原为家，创建了二九〇、二九一和十一农场。

同年，王震将军视察黑龙江汤原后，萌发了开发北大荒的设想。领命的是第五师副师长余友清，他打头阵，率一支先遣队到密山、虎林一带踏查荒原，于 1955 年元旦，在虎林县（今虎林市）西岗创建了铁道兵第一个农场，以部队番号命名为“八五〇部农场”。

1955 年，经中共中央同意，铁道兵 9 个师近两万人挺进北大荒，在密山、虎林、饶河一带开荒建场，拉开了向三江平原发起总攻的序幕，在八五〇部农场周围建起了一批八字头的农场。

1958 年 1 月，中央军委发出《关于动员十万干部转业复员参加生产建设的指示》，要求全军复员转业官兵去开发北大荒。命令一下，十万转业官兵及家属，浩浩荡荡进军三江平原，支边青年、知识青年也前赴后继地进攻这片古老的荒原。

垦荒大军不惧苦、不畏难，鏖战多年，荒原变良田。1964 年盛夏，国家副主席董必武来到北大荒视察，面对麦香千里即兴赋诗：“斩棘披荆忆老兵，大荒已变大粮屯。”

3. 将荒郊野岭变成胶园

如果说农垦大军在戈壁滩、北大荒打赢了漂亮的要粮要棉战役，那么，在南国边疆，则打赢了一场在世界看来不可能胜利的翻身仗。

1950 年，朝鲜战争爆发后，帝国主义对我国实行经济封锁，重要战略物资天然橡胶被禁运，我国国防和经济建设面临严重威胁。

当时世界公认天然橡胶的种植地域不能超过北纬 17°，我国被国际上许多专家划为“植胶禁区”。

但命运应该掌握在自己手中，中共中央作出“一定要建立自己的橡胶基地”的战略决策。1951 年 8 月，政务院通过《关于扩大培植橡胶树的决定》，由副总理兼财政经济委员会主任陈云亲自主持这项工作。同年 11 月，华南垦殖局成立，中共中央华南分局第一书记叶剑英兼任局长，开始探索橡胶种植。

1952 年 3 月，两万名中国人民解放军临危受命，组建成林业工程第一师、第二师和一个独立团，开赴海南、湛江、合浦等地，住茅棚、战台风、斗猛兽，白手起家垦殖橡胶。

大规模垦殖橡胶，急需胶籽。“一粒胶籽，一两黄金”成为战斗口号，战士们不惜一切代价收集胶籽。有一位叫陈金照的小战士，运送胶籽时遇到山洪，被战友们找到时已没有了呼吸，而背上箩筐里的胶籽却一粒没丢……

正是有了千千万万个把橡胶看得重于生命的陈金照们，1957年春天，华南垦殖局种植的第一批橡胶树，流出了第一滴胶乳。

1960年以后，大批转业官兵加入海南岛植胶队伍，建成第一个橡胶生产基地，还大面积种植了剑麻、香茅、咖啡等多种热带作物。同时，又有数万名转业官兵和湖南移民汇聚云南边疆，用血汗浇灌出了我国第二个橡胶生产基地。

在新疆、东北和华南三大军垦战役打响之时，其他省份也开始试办农场。1952年，在政务院关于“各县在可能范围内尽量地办起和办好一两个国营农场”的要求下，全国各地农场如雨后春笋般发展起来。1956年，农垦部成立，王震将军被任命为部长，统一管理全国的军垦农场和地方农场。

随着农垦管理走向规范化，农垦事业也蓬勃发展起来。江西建成多个综合垦殖场，发展茶、果、桑、林等多种生产；北京市郊、天津市郊、上海崇明岛等地建起了主要为城市提供副食品的国营农场；陕西、安徽、河南、西藏等省区建立发展了农牧场群……

到1966年，全国建成国营农场1958个，拥有职工292.77万人，拥有耕地面积345457公顷，农垦成为我国农业战线一支引人瞩目的生力军。

（三）

前进的道路并不总是平坦的。“文化大革命”持续十年，使党、国家和各族人民遭到新中国成立以来时间最长、范围最广、损失最大的挫折，农垦系统也不能幸免。农场平均主义盛行，从1967年至1978年，农垦系统连续亏损12年。

“没有一个冬天不可逾越，没有一个春天不会来临。”1978年，党的十一届三中全会召开，如同一声春雷，唤醒了沉睡的中华大地。手握改革开放这一法宝，全党全社会朝着社会主义现代化建设方向大步前进。

在这种大形势下，农垦人深知，国营农场作为社会主义全民所有制企业，应当而且有条件走在农业现代化的前列，继续发挥带头和示范作用。

于是，农垦人自觉承担起推进实现农业现代化的重大使命，乘着改革开放的春风，开始进行一系列的上下求索。

1978 年 9 月，国务院召开了人民公社、国营农场试办农工商联合企业座谈会，决定在我国试办农工商联合企业，农垦系统积极响应。作为现代化大农业的尝试，机械化水平较高且具有一定工商业经验的农垦企业，在农工商综合经营改革中如鱼得水，打破了单一种粮的局面，开启了农垦一二三产业全面发展的大门。

农工商综合经营只是农垦改革的一部分，农垦改革的关键在于打破平均主义，调动生产积极性。

为调动企业积极性，1979 年 2 月，国务院批转了财政部、国家农垦总局《关于农垦企业实行财务包干的暂行规定》。自此，农垦开始实行财务大包干，突破了“千家花钱，一家（中央）平衡”的统收统支方式，解决了农垦企业吃国家“大锅饭”的问题。

为调动企业职工的积极性，从 1979 年根据财务包干的要求恢复“包、定、奖”生产责任制，到 1980 年后一些农场实行以“大包干”到户为主要形式的家庭联产承包责任制，再到 1983 年借鉴农村改革经验，全面兴办家庭农场，逐渐建立大农场套小农场的双层经营体制，形成“家家有场长，户户搞核算”的蓬勃发展气象。

为调动企业经营者的积极性，1984 年下半年，农垦系统在全国选择 100 多个企业试点推行场（厂）长、经理负责制，1988 年全国农垦有 60%以上的企业实行了这项改革，继而又借鉴城市国有企业改革经验，全面推行多种形式承包经营责任制，进一步明确主管部门与企业的权责利关系。

以上这些改革主要是在企业层面，以单项改革为主，虽然触及了国家、企业和职工的最直接、最根本的利益关系，但还没有完全解决传统体制下影响农垦经济发展的深层次矛盾和困难。

“历史总是在不断解决问题中前进的。”1992年，继邓小平南方谈话之后，党的十四大明确提出，要建立社会主义市场经济体制。市场经济为农垦改革进一步指明了方向，但农垦如何改革才能步入这个轨道，真正成为现代化农业的引领者？

关于国营大中型企业如何走向市场，早在1991年9月中共中央就召开工作会议，强调要转换企业经营机制。1992年7月，国务院发布《全民所有制工业企业转换经营机制条例》，明确提出企业转换经营机制的目标是：“使企业适应市场的要求，成为依法自主经营、自负盈亏、自我发展、自我约束的商品生产和经营单位，成为独立享有民事权利和承担民事义务的企业法人。”

为转换农垦企业的经营机制，针对在干部制度上的“铁交椅”、用工制度上的“铁饭碗”和分配制度上的“大锅饭”问题，农垦实施了干部聘任制、全员劳动合同制以及劳动报酬与工效挂钩的三项制度改革，为农垦企业建立在用人、用工和收入分配上的竞争机制起到了重要促进作用。

1993年，十四届三中全会再次擂响战鼓，指出要进一步转换国有企业经营机制，建立适应市场经济要求，产权清晰、权责明确、政企分开、管理科学的现代企业制度。

农业部积极响应，1994年决定实施“三百工程”，即在全国农垦选择百家国有农场进行现代企业制度试点、组建发展百家企业集团、建设和做强百家良种企业，标志着农垦企业的改革开始深入到企业制度本身。

同年，针对有些农场仍为职工家庭农场，承包户垫付生产、生活费用这一问题，根据当年1月召开的全国农业工作会议要求，全国农垦系统开始实行“四到户”和“两自理”，即土地、核算、盈亏、风险到户，生产费、生活费由职工自理。这一举措彻底打破了“大锅饭”，开启了国有农场农业双层经营体制改革的新发展阶段。

然而，在推进市场经济进程中，以行政管理手段为主的垦区传统管理体制，逐渐成为束缚企业改革的桎梏。

垦区管理体制改革迫在眉睫。1995年，农业部在湖北省武汉市召开全国农垦经济体制改革工作会议，在总结各垦区实践的基础上，确立了农垦管理体制的改革思路：逐步弱化行政职能，加快实体化进程，积极向集团化、公司化过渡。以此会议为标志，垦区管理体制改革全面启动。北京、天津、黑龙江等 17 个垦区按照集团化方向推进。此时，出于实际需要，大部分垦区在推进集团化改革中仍保留了农垦管理部门牌子和部分行政管理职能。

“前途是光明的，道路是曲折的。”由于农垦自身存在的政企不分、产权不清、社会负担过重等深层次矛盾逐渐暴露，加之农产品价格低迷、激烈的市场竞争等外部因素叠加，从 1997 年开始，农垦企业开始步入长达 5 年的亏损徘徊期。

然而，农垦人不放弃、不妥协，终于在 2002 年“守得云开见月明”。这一年，中共十六大召开，农垦也在不断调整和改革中，告别“五连亏”，盈利 13 亿。

2002 年后，集团化垦区按照“产业化、集团化、股份化”的要求，加快了对集团母公司、产业化专业公司的公司制改造和资源整合，逐步将国有优质资产集中到主导产业，进一步建立健全现代企业制度，形成了一批大公司、大集团，提升了农垦企业的核心竞争力。

与此同时，国有农场也在企业化、公司化改造方面进行了积极探索，综合考虑是否具备企业经营条件、能否剥离办社会职能等因素，因地制宜、分类指导。一是办社会职能可以移交的农场，按公司制等企业组织形式进行改革；办社会职能剥离需要过渡期的农场，逐步向公司制企业过渡。如广东、云南、上海、宁夏等集团化垦区，结合农场体制改革，打破传统农场界限，组建产业化专业公司，并以此为纽带，进一步将垦区内产业关联农场由子公司改为产业公司的生产基地（或基地分公司），建立了集团与加工企业、农场生产基地间新的运行体制。二是不具备企业经营条件的农场，改为乡、镇或行政区，向政权组织过渡。如 2003 年前后，一些垦区的部分农场连年严重亏损，有的甚至濒临破产。湖南、湖北、河北等垦区经省委、省政府批准，对农场管理体制进行革新，把农场管理权下放到市县，实行属地管理，一些农场建立农场管理区，赋予必要的政府职能，给予财税优惠政策。

这些改革离不开农垦职工的默默支持，农垦的改革也不会忽视职工的生活保障。1986 年，根据《中共中央、国务院批转农牧渔业部〈关于农垦经济体制改革问题的报告〉的通知》要求，农垦系统突破职工住房由国家分配的制度，实行住房商品化，调动职工自己动手、改善住房的积极性。1992年，农垦系统根据国务院关于企业职工养老保险制度改革的精神，开始改变职工养老保险金由企业独自承担的局面，此后逐步建立并完善国家、企业、职工三方共同承担的社会保障制度，减轻农场养老负担的同时，也减少了农场职工的后顾之忧，保障了农场改革的顺利推进。

从1986年至十八大前夕，从努力打破传统高度集中封闭管理的计划经济体制，到坚定社会主义市场经济体制方向；从在企业层面改革，以单项改革和放权让利为主，到深入管理体制，以制度建设为核心、多项改革综合配套协调推进为主：农垦企业一步一个脚印，走上符合自身实际的改革道路，管理体制更加适应市场经济，企业经营机制更加灵活高效。

这一阶段，农垦系统一手抓改革，一手抓开放，积极跳出“封闭”死胡同，走向开放的康庄大道。从利用外资在经营等领域涉足并深入合作，大力发展“三资”企业和“三来一补”项目；到注重“引进来”，引进资金、技术设备和管理理念等；再到积极实施“走出去”战略，与中东、东盟、日本等地区和国家进行经贸合作出口商品，甚至扎根境外建基地、办企业、搞加工、拓市场：农垦改革开放风生水起逐浪高，逐步形成“两个市场、两种资源”的对外开放格局。

（四）

党的十八大以来，以习近平同志为核心的党中央迎难而上，作出全面深化改革的决定，农垦改革也进入全面深化和进一步完善阶段。

2015年11月，中共中央、国务院印发《关于进一步推进农垦改革发展的意见》（简称《意见》），吹响了新一轮农垦改革发展的号角。《意见》明确要求，新时期农垦改革发展要以推进垦区集团化、农场企业化改革为主线，努力把农垦建设成为保障国家粮食安全和重要农产品有效供给的国家队、中国特色新型农业现代化的示范区、农业对外合作的排头兵、安边固疆的稳定器。

2016年5月25日，习近平总书记在黑龙江省考察时指出，要深化国有农垦体制改革，以垦区集团化、农场企业化为主线，推动资源资产整合、产业优化升级，建设现代农业大基地、大企业、大产业，努力形成农业领域的航母。

2018年9月25日，习近平总书记再次来到黑龙江省进行考察，他强调，要深化农垦体制改革，全面增强农垦内生动力、发展活力、整体实力，更好发挥农垦在现代农业建设中的骨干作用。

农垦从来没有像今天这样更接近中华民族伟大复兴的梦想！农垦人更加振奋了，以壮士断腕的勇气、背水一战的决心继续农垦改革发展攻坚战。

1. 取得了累累硕果

——坚持集团化改革主导方向，形成和壮大了一批具有较强竞争力的现代农业企业集团。黑龙江北大荒去行政化改革、江苏农垦农业板块上市、北京首农食品资源整合……农垦深化体制机制改革多点开花、逐步深入。以资本为纽带的母子公司管理体制不断完善，现代公司治理体系进一步健全。市县管理农场的省份区域集团化改革稳步推进，已组建区域集团和产业公司超过300家，一大批农场注册成为公司制企业，成为真正的市场主体。

——创新和完善农垦农业双层经营体制，强化大农场的统一经营服务能力，提高适度规模经营水平。截至2020年，据不完全统计，全国农垦规模化经营土地面积5500多万亩，约占农垦耕地面积的70.5%，现代农业之路越走越宽。

——改革国有农场办社会职能，让农垦企业政企分开、社企分开，彻底甩掉历史包袱。截至2020年，全国农垦有改革任务的1500多个农场完成办社会职能改革，松绑后的步伐更加矫健有力。

——推动农垦国有土地使用权确权登记发证，唤醒沉睡已久的农垦土地资源。截至2020年，土地确权登记发证率达到96.3%，使土地也能变成金子注入农垦企业，为推进农垦土地资源资产化、资本化打下坚实基础。

——积极推进对外开放，农垦农业对外合作先行者和排头兵的地位更加突出。合作领域从粮食、天然橡胶行业扩展到油料、糖业、果菜等多种产业，从单个环节向全产业链延伸，对外合作范围不断拓展。截至2020年，全国共有15个垦区在45个国家和地区投资设立了84家农业企业，累计投资超过370亿元。

2. 在发展中改革，在改革中发展

农垦企业不仅有改革的硕果，更以改革创新为动力，在扶贫开发、产业发展、打造农业领域航母方面交出了漂亮的成绩单。

——聚力农垦扶贫开发，打赢农垦脱贫攻坚战。从20世纪90年代起，农垦系统开始扶贫开发。“十三五”时期，农垦系统针对304个重点贫困农场，绘制扶贫作战图，逐个建立扶贫档案，坚持“一场一卡一评价”。坚持产业扶贫，组织开展技术培训、现场观摩、产销对接，增强贫困农场自我“造血”能力。甘肃农垦永昌农场建成高原夏菜示范园区，江西宜丰黄冈山垦殖场大力发展旅游产业，广东农垦新华农场打造绿色生态茶园……贫困农场产业发展蒸蒸日上，全部如期脱贫摘帽，相对落后农场、边境农场和生态脆弱区农场等农垦“三场”踏上全面振兴之路。

——推动产业高质量发展，现代农业产业体系、生产体系、经营体系不断完善。初步建成一批稳定可靠的大型生产基地，保障粮食、天然橡胶、牛奶、肉类等重要农产品的供给；推广一批环境友好型种养新技术、种养循环新模式，提升产品质量的同时促进节本增效；制定发布一系列生鲜乳、稻米等农产品的团体标准，守护“舌尖上的安全”；相继成立种业、乳业、节水农业等产业技术联盟，形成共商共建共享的合力；逐渐形成“以中国农垦公共品牌为核心、农垦系统品牌联合舰队为依托”的品牌矩阵，品牌美誉度、影响力进一步扩大。

——打造形成农业领域航母，向培育具有国际竞争力的现代农业企业集团迈出坚实步伐。黑龙江北大荒、北京首农、上海光明三个集团资产和营收双超千亿元，在发展中乘风破浪：黑龙江北大荒农垦集团实现机械化全覆盖，连续多年粮食产量稳定在400亿斤以上，推动产业高端化、智能化、绿色化，全力打造“北大荒绿色智慧厨房”；北京首农集团坚持科技和品牌双轮驱动，不断提升完善“从田间到餐桌”的全产业链条；上海光明食品集团坚持品牌化经营、国际化发展道路，加快农业

“走出去”步伐，进行国际化供应链、产业链建设，海外营收占集团总营收20%左右，极大地增强了对全世界优质资源的获取能力和配置能力。

千淘万漉虽辛苦，吹尽狂沙始到金。迈入“十四五”，农垦改革目标基本完成，正式开启了高质量发展的新篇章，正在加快建设现代农业的大基地、大企业、大产业，全力打造农业领域航母。

（五）

八十多年来，从人畜拉犁到无人机械作业，从一产独大到三产融合，从单项经营到全产业链，从垦区“小社会”到农业“集团军”，农垦发生了翻天覆地的变化。然而，无论农垦怎样变，变中都有不变。

——不变的是一路始终听党话、跟党走的绝对忠诚。从抗战和解放战争时期垦荒供应军粮，到新中国成立初期发展生产、巩固国防，再到改革开放后逐步成为现代农业建设的“排头兵”，农垦始终坚持全面贯彻党的领导。而农垦从孕育诞生到发展壮大，更离不开党的坚强领导。毫不动摇地坚持贯彻党对农垦的领导，是农垦人奋力前行的坚强保障。

——不变的是服务国家核心利益的初心和使命。肩负历史赋予的保障供给、屯垦戍边、示范引领的使命，农垦系统始终站在讲政治的高度，把完成国家战略任务放在首位。在三年困难时期、“非典”肆虐、汶川大地震、新冠疫情突发等关键时刻，农垦系统都能“调得动、顶得上、应得急”，为国家大局稳定作出突出贡献。

——不变的是“艰苦奋斗、勇于开拓”的农垦精神。从抗日战争时一手拿枪、一手拿镐的南泥湾大生产，到新中国成立后新疆、东北和华南的三大军垦战役，再到改革开放后艰难但从未退缩的改革创新、坚定且铿锵有力的发展步伐，“艰苦奋斗、勇于开拓”始终是农垦人不变的本色，始终是农垦人攻坚克难的“传家宝”。

农垦精神和文化生于农垦沃土，在红色文化、军旅文化、知青文化等文化中孕育，也在一代代人的传承下，不断被注入新的时代内涵，成为农垦事业发展的不竭动力。

“大力弘扬‘艰苦奋斗、勇于开拓’的农垦精神，推进农垦文化建设，汇聚起推动农垦改革发展的强大精神力量。”中央农垦改革发展文件这样要求。在新时代、新征程中，记录、传承农垦精神，弘扬农垦文化是农垦人的职责所在。

（六）

随着垦区集团化、农场企业化改革的深入，农垦的企业属性越来越突出，加之有些农场的历史资料、文献文物不同程度遗失和损坏，不少老一辈农垦人也已年至期颐，农垦历史、人文、社会、文化等方面的保护传承需求也越来越迫切。

传承农垦历史文化，志书是十分重要的载体。然而，目前只有少数农场编写出版过农场史志类书籍。因此，为弘扬农垦精神和文化，完整记录展示农场发展改革历程，保存农垦系统重要历史资料，在农业农村部党组的坚强领导下，农垦局主动作为，牵头组织开展中国农垦农场志丛编纂工作。

工欲善其事，必先利其器。2019年，借全国第二轮修志工作结束、第三轮修志工作启动的契机，农业农村部启动中国农垦农场志丛编纂工作，广泛收集地方志相关文献资料，实地走访调研、拜访专家、咨询座谈、征求意见等。在充足的前期准备工作基础上，制定了中国农垦农场志丛编纂工作方案，拟按照前期探索、总结经验、逐步推进的整体安排，统筹推进中国农垦农场志丛编纂工作，这一方案得到了农业农村部领导的高度认可和充分肯定。

编纂工作启动后，层层落实责任。农业农村部专门成立了中国农垦农场志丛编纂委员会，研究解决农场志编纂、出版工作中的重大事项；编纂委员会下设办公室，负责志书编纂的具体组织协调工作；各省级农垦管理部门成立农场志编纂工作机构，负责协调本区域农场志的组织编纂、质量审查等工作；参与编纂的农场成立了农场志编纂工作小组，明确专职人员，落实工作经费，建立配套机制，保证了编纂工作的顺利进行。

质量是志书的生命和价值所在。为保证志书质量，我们组织专家编写了《农场志编纂技术手册》，举办农场志编纂工作培训班，召开农场志编纂工作推进会和研讨会，到农场实地调研督导，尽全力把好志书编纂的史实关、政治关、体例关、文字关和出版关。我们本着“时间服从质量”的原则，将精品意识贯穿编纂工作始终。坚持分步实施、稳步推进，成熟一本出版一本，成熟一批出版一批。

中国农垦农场志丛是我国第一次较为系统地记录展示农场形成发展脉络、改革发展历程的志书。它是一扇窗口，让读者了解农场，理解农垦；它是一条纽带，让农垦人牢记历史，让农垦精神代代传承；它是一本教科书，为今后农垦继续深化改革开放、引领现代农业建设、服务乡村振兴战略指引道路。

修志为用。希望此志能够“尽其用”，对读者有所裨益。希望广大农垦人能够从此志汲取营养，不忘初心、牢记使命，一茬接着一茬干、一棒接着一棒跑，在新时代继续发挥农垦精神，续写农垦改革发展新辉煌，为实现中华民族伟大复兴的中国梦不懈努力！

中国农垦农场志丛编纂委员会

2021 年 7 月

序言

《贵州山京畜牧场志》已经成稿，不久将交付出版。这是山京农场文化建设史上一项极其重要的成果，也是农场发展史上的一件大事。可以预见，这部志书出版以后，将为安顺市西秀区地方志书文化宝库添砖加瓦，填补西秀区乃至安顺市国营农垦企业志书领域的空白，为促进安顺市西秀区志书发挥“存史、资政、育人”功能起到积极的作用。

山京畜牧场是一家具有近70年历史的国营农垦企业，也是20世纪六七十年代贵州省唯一的军马场。2007年6月，被中华人民共和国农业部确定为“全国农垦现代农业示范区”。

在半个多世纪的发展历程中，农场主要生产经营业务几经转变，名称也经历过多次变更，先后称为“贵州省国营山京机械农场”“贵州省国营山京农场”“贵州省安顺专区山京农牧场”“中国人民解放军山京军马场”“贵州省山京马场”“贵州省山京畜牧场”。对此，本志书有较详记述，在此不再赘言。

每一次生产经营主业的转变，都与当时的国内外形势息息相关，都承载着国家的希望与重托，都伴随着企业内部管理体制、生产经营方式、生产经营目标的调整改革，都面临着一些意想不到的困难。在上级党委和农场党组织的坚强领导下，全场干部以强烈的责任感和使命感，全力排除前进道路上的各种困难，努力完成各项生产和工作任务，奋力推进农场经济社会发展。

计划经济时期，在上级主管机关的坚强领导和大力支持下，农场广大干部职工充分发扬主人翁精神，以服务和服从国家经济建设和国防建设大局需要为己任，在企业管理和生产经营中迎难而上，群策群力，逐步建立健全适应生产力发展需求的企业管理制度，千方百计抓好生产经营，出色地完成了上级下达的各项生产经营任务，为国家经济建设和国防建设做出了应有的贡献。

改革开放以后，农场党政领导班子团结和带领广大干部职工，积极探索适合自身发展的生产经营之路，对主要生产经营业务进行适时调整，加强企业内部管理体制改革，充分调动广大职工生产经营积极性，大力促进生产发展。坚持对外开放，加大招商引商力度，推进多种经济成分共同发展，增加农场经济总量，大力改善干部职工生产工作生活条件，促进农场经济社会协调发展。

纵览《贵州山京畜牧场志》，农场一年年生产经营成绩令人振奋，一项项建设成果令人欢欣鼓舞。从这部志书的字里行间，我们可以看到农场几代农垦人不畏艰辛、不辞劳苦、不懈努力的奋斗历程。我们深知，农场现阶段取得的经济社会发展成就凝结了几代农垦人的辛劳与智慧，是农场党政领导农场广大干部职工自立更生、艰苦奋斗的结果，也是上级党委和主管机关高度重视和大力支持的结果。

中国特色社会主义进入新时代，农场建设与发展仍然离不开识大体、顾大局的奉献精神，离不开艰苦奋斗、奋力拼搏的开拓精神，离不开与时俱进、勇于改革的进取精神。让我们从前辈农垦人的光辉历史中汲取智慧和力量，为农场更加繁荣美好的未来而努力奋斗。

志书修成，编撰人员再三要我写个序言。通读志稿，感慨万千，无以言表，谨以为序。

山京畜牧场党委副书记　罗仁保

2022年9月

凡例

一、本志坚持以马克思列宁主义、毛泽东思想、邓小平理论、“三个代表”重要思想、科学发展观、习近平新时代中国特色社会主义思想为指导，遵循辩证唯物主义和历史唯物主义观点，力求思想性、科学性和资料性相统一。

二、记事上限主要为1953年9月，个别事件追溯至1932年；下限截止至2020年12月。

三、关于名称，涉及山京畜牧场名称时，记述特定历史时期史实，使用其相应历史时期名称，跨时期记述，则使用通称“山京农场”或简称“农场”。文中的“党”专指中国共产党。

四、本书结构以历史发展为经，以事业门类为纬，略古详今，记述贵州省山京畜牧场发展历程。采用编、章、节、目四级结构，分门类为编，以事类定章，以小类分节。目及其以下采用汉字数字、加括号汉字数字、阿拉伯数字、加括号阿拉伯数字为层次记述。力求层次清楚、记事清晰。

五、体例采用编年体和记事本末体相结合，以述、记、传、图、表、录等形式进行记述，力求图文并茂。

六、资料主要来源于贵州省山京畜

牧场现存档案资料，还有部分资料为到安顺市西秀区档案馆、西秀区统计局查阅所得，少量资料为调查采访所得。在编撰过程中，参考了有关书籍。为行文方便，一般不一一注明出处。

七、本书一律采用阿拉伯数字的公元纪年。

八、除少数沿用当时使用的计量单位名称，页下加注外，其他使用国际标准计量单位。

九、关于人物，主要收录为农场经济社会建设做出突出贡献的人物，采用“生不立传”的原则，已经辞世的人物以“传略”形式记录，在世人物以简介方式入志，记述其在农场工作期间的重要事迹，以出生年月先后为序。另外，收录获得农场和上级表彰的先进个人，以表彰时间先后为序。人物资料仅为志稿完成前搜集所得。人物一般直书其名。

中国农垦农场志丛

目 录

第三编 生产经营管理

第四编　党团组织

第五编 科教文化与卫生体育

第六编　社　　会

第七编　人　　物

概　述

贵州省山京畜牧场是一家全民所有制农垦企业，也是贵州省唯一的军马场。自建场以来，农场上级主管机关、主要生产经营业务、产业结构等几经变化，企业名称也多次变更。根据农场主要生产业务转变及其产业转型发展，以其全称变更为主要线索概述如下。

一、贵州省国营山京机械农场时期（1953—1954 年）

农场上级主管部门为贵州省农林厅。按照中华人民共和国中央人民政府（下文简称“中央人民政府”）要多办和办好国营农场的指示精神，根据贵州省农林厅汇报的踏勘选点情况，1953 年 9 月中共贵州省委（全称中国共产党贵州省委员会）决定在安顺县九区（双堡区）建设国营农场。随即贵州省农林厅组织管理干部、技术人员、工人进入山京。农场首批开拓者暂借山京海子山顶破旧庙宇住宿，每天徒步前往几里[①]甚至十几里外的工地，开展土地勘测、基础设施建设、开垦荒坡、农业生产等工作。

1953 年，初步完成农场 9010 亩[②]土地勘测工作，开展并完成《贵州省国营山京机械农场建场计划书》编制工作，进行了约 4 千米场道设计。1954 年，贵州省农林厅国营农场勘测队完成 23454 亩场地勘测工作，明确了土地利用初步规划。

1953 年 11 月，贵州省农林厅根据中共贵州省委、贵州省财经委员会有关通知精神，将原平坝农场本年度全部基建经费 142670 万元（第一套人民币币值，包括已调物资）转移到贵州省国营山京机械农场使用。1954 年，中央财政对农场的基本建设投资从原计划 8000 万元增加到 350000 万元（第一套人民币币值）。1953—1954 年，基本建设投资预算总额为 652729 万元。其中，1953 年基本建设计划投资 142670 万元，1954 年基本建设计划投资 510059 万元。通过农场上下的共同努力，实际完成基本建设投资 486111 万元。其中，1953 年实际完成基本建设投资 82611 万元，1954 年实际完成基本建设投资 403500 万元。

基本建设资金主要用于建筑工程、场区机耕道及交通道路建设，购置农机具。1954

① 里：非法定计量单位。1 里＝500 米。——编者注
② 亩：非法定计量单位。1 亩≈666.7 平方米。——编者注

年，修建草竹结构宿舍5栋，厨房1栋，砖木结构机械库、修理间、油库各1栋，临时工棚3处，办公楼、兽医室各1栋，猪舍2栋，建筑面积共计2129.81平方米。购置大型农机具16台（组）。其中，15行马拉播种机2台，马拉收割机2台，5铧犁2台，4铧犁1台，20片重耙（即重型旋耕机）2台，28片轻耙（即轻型旋耕机）2台，钉齿耙5组。购置拖拉机、抽水机等6台，总动力为301马力①。场区机耕道及交通道路初具雏形。

建场初期，条件虽然十分艰苦，但农场干部、职工的劳动热情高涨，开展了社会主义劳动竞赛、流动红旗竞赛、垦荒运动和农业生产运动。1953年，开垦土地120亩。1954年，开垦土地4300亩。其中，机垦2850亩，其余为畜力和人力开垦。1954年，春季播种玉米80亩，收获30亩；黄豆80亩，收获50亩；荞麦60亩，收获32亩；蔬菜28亩，收获23；水稻248亩，收获112亩，产原粮1134公斤，平均每亩产10.125公斤。秋季播种小麦369亩，油菜115亩，蚕豆37亩，豌豆29亩，绿肥1400亩，由于土地贫瘠等，收获甚微。

1954年，为确保农场及周边村寨农业生产灌溉用水，改善农业生产条件，贵州省农林厅水利局在农场内进行了水利工程及水利系统设计。同年11月，依托山京海子启动山京水利工程建设项目。

1954年3月，通过几个月的艰辛筹备，贵州省国营山京机械农场挂牌成立，王占英任场长，兼任农场党支部书记。农场场部机关设置行政办公室、财务科、技术室3个科室，基层生产单位有第一生产队（场部片区）、第二生产队（银子山片区）、机耕队。农场领导班子通过深入调查研究，结合实际确定了“多样性经营，综合性发展”的经营方针，初步明确了农业、畜牧、水产、果树及经济林木、副业加工等5个生产经营方向，为农场持续发展奠定了基础。

二、贵州省国营山京农场时期（1955—1958年）

农场上级主管部门为贵州省农林厅。考虑到由于农场所需的农业生产机械难以得到及时补充，农业机械化程度在一个相当长的时期内不可能得到较大提高等，经上级主管部门批准，1955年农场更名为“贵州省国营山京农场”。此场名沿用至1958年。在此期间，农场党政领导班子带领全场干部职工进一步完善基础设施建设，加大开荒拓土力度，改善生产经营管理，扩大生产经营范围，努力降低生产经营成本，提高农作物产量和总体经营效益，增加生产经营收入，促进农场建设、生产经营迈上新台阶。

这个时期，农场党政领导班子注重干部职工思想工作，加强民主管理、民主决策，增

① 马力：非法定计量单位。1马力=0.735千瓦。——编者注

强广大干部职工主人翁意识和责任感，采取了一系列可行措施，调动广大干部职工积极性，共同促进企业发展。

1955年，精简机构，缩减非生产岗位人员。非生产岗位人员由52人减至21人，工资减少60%，从而降低了生产管理费用，使人力、财力、物力向生产一线倾斜。建立了生产区域责任制，实行区域单独核算。依照土质、水利情况和土地利用的初步规划建立了3个作业区。场部片域为第一作业区，从事以水稻为主的粮食生产。银子山片区为第二作业区，主要种植饲料作物，从事畜牧业生产。十二茅坡片区为第三作业区，主要是发展烤烟等经济作物。

1956年，试行用工临聘制和计件工资制。召开全场职工大会，向广大职工通报农场生产经营管理等情况，向职工征求改进农场生产经营管理的意见和建议。建立贵州省国营山京农场工会，增强广大职工向心力。通过农场工会组织，号召全体职工积极投入先进生产者运动，为农场生产经营献计出力，在生产经营第一线做出更大贡献。努力提高干部职工素质，注重专业人才培养，实现基本建设工程自营。通过多种途径，提高基建管理人员业务能力，在农业工人中培养建筑工程备料员2名、施工员2人，实现农场基本建设工程设计、制图、备料、施工等全过程自行解决，不再向外发包。自营基本建设工程既实用省材，又节约建设资金，此举为农场节省基本建设资金近万元。

1957年，农场各队建立完成产量指标及用工计划的责任制，动员农场干部职工人人关心生产，人人关心计划、掌握计划，做到各组有责、人人有责。

农场生产建设方面，1955年，建筑工程计划投资115000万元，其机器及工具计划投资11200万元。1956年，基本建设投资总额为14.4万元，除完成本年度投资建设外，还全部完成1955年投资计划项目。先后完成建筑面积1969平方米，其中，砖木结构628平方米，其他结构1341平方米；烤房182平方米，粮食晾棚296平方米，马房150平方米，猪房36平方米，牛房600平方米，职工宿舍140平方米，其他用户565平方米。建成晒坝2200平方米：水泥地面1200平方米，三合土地面1000平方米。扩建中型水利渠道7000米，建成水库1座。1957年，基本建设投资总额为4.17万元。其中，房舍建设投资2.1万元，营造果园及经济林投资1.93万元，其中果树及经济林木投资1.5万元，开辟茶园投资0.43万元，营造茶林250亩。1958年，基本建设投资总额为11.555万元。其中，房舍、配套设施建设投资2.905万元，修建牛舍600平方米，肥猪舍2000平方米，饲料坑300平方米，晾棚120平方米，烟棚120平方米，工作站100平方米，米粉加工房100平方米，鱼种孵化池50平方米。设备器具投资4.45万元，购进万能粉碎机、青贮切草机、抽水器、孵化器各1台。园林生产投资3.2万元，具体为果树及经济林木投资2万元、茶园生产投资1.2万元。购买耕牛花费1万元。1955年8月，山京水利工程竣工。次年7月，经贵州省农林厅水利局批准、安顺县人民委员会水利科同意，该工程被移交给农场管理使用。

在此时期，开垦荒山荒地作业主要是在离场部几千米甚至十几千米以外的十二茅坡和罗朗坝进行。历经四个春秋，共开垦荒山荒地10023亩。其中，1955年开垦6368亩，1956年开垦3106亩，1958年开垦549亩。农场垦荒运动取得的成绩、农场耕地量的不断增加、作业区域的不断扩展，为农场扩大生产经营提供了必要条件，也为农场探索多种经营方式提供了实践、实验场地。

从1955年起，农场进入以粮食作物为主的大面积农业生产，积极扩大播种面积，增加作物种类，加强田间管理，促进增产增收，为畜牧业发展提供了一定条件。这个时期，畜牧业从无到有，畜禽种类和产量从少到多，逐步得到发展。

管理模式的逐步探索，使农场内部管理进一步贴近生产经营需要，为生产经营方式多样化注入了动力。多种生产经营方式的推行，拓宽了农场的增产增收渠道，为农场实现进一步发展积累了经验。

三、贵州省安顺专区山京农牧场时期（1959—1961年）

农场上级主管部门为安顺专区农业局。1958年，国家决定在猫跳河修建大型水电站，根据水电站设计规划，清镇种马场（全称中国人民解放军西南军区后方勤务部清镇军用种马养殖场）属于水淹区，中共贵州省委、贵州省人民政府决定将清镇种马场合并到山京农场。但由于搬迁运力不足等，直到1959年大部分物资和人员才搬迁到位，实现合并经营。同时，中共贵州省委、贵州省人民政府将合并后的农场从贵州省农林厅划归安顺专区农业局管理，农场改称“贵州省安顺专区山京农牧场”，从1959年5月起启用各式新印章。从此，农场迈进一个新的发展时期。

在贵州省安顺专区山京农牧场期间，为促进农场进一步发展，经上级党委批准，先后从双堡公社、鸡场公社将与农场紧邻的4个集体所有制生产队划归农场管理。1959年，划转黑山生产队和毛栗哨生产队。1960年，划转银子山生产大队和张家山生产队。这4个生产大队统称民寨队。管理权转移后，这四个单位的所有制性质不变，人员身份不变，各自土地权益和生产经营区域不变，但其组织机构、生产经营计划、生产经营任务、生产作业规程以及有关政策落实等由农场负责管理、指导和统筹。

清镇种马场、黑山生产队、毛栗哨生产队、银子山生产队、张家山生产队并入后，农场经济总量大幅提高，技术力量和生产经营能力增强，生产经营业务范围进一步扩大，客观上具备了扭亏创利的良好条件。农场党政领导班子紧紧抓住这一契机，深入开展调查研究，结合农场自身实际，整合各种生产经营要素，确定农场以农业、畜牧业为主要生产经营业务，兼营果木园林、粮食加工、酿酒等业务。并认真研究制定场部机关和生产经营管理制度，采取有力措施促进农场各方面发展。

1959—1961 年，农场基本建设投资总额为 44 万元。1959 年，投资 7 万元，购置了粮食加工、榨油、酿酒等机械。1960 年，投资 27 万元，完成建筑面积 2888 平方米，添置拖拉机、车床、钻床等。1961 年，投资 10 万元，完成建筑面积 1128 平方米。

从 1959 年开始，在生产领域实行“三包一奖”制度。“三包一奖”，就是以生产队为承包核算单位，包原材料消耗（饲料、种子、肥料、农药、农具配件等），包工资总额和成本，包总产量和质量，对增产单位给予奖励。农场对各个生产队分别进行核算，落实全年财务开支包干计划，使各个生产队切实做好生产经营环节管理，精打细算，节约开支，增加产量。粮食作物、油料作物、饲料作物等的种植收成均有大幅度提高。1959 年，主要粮食作物（稻谷、小麦、玉米）播种面积为 3324 亩，粮食总产量为 48.87 万公斤；油料作物总产量为 3.27 万公斤。1960 年，主要粮食作物（稻谷、小麦、玉米）播种面积为 3480 亩，粮食总产量为 54.22 万公斤；油料作物播种面积为 542 亩，总产量为 1.97 万公斤。1961 年，主要粮食作物（稻谷、小麦、玉米）播种面积为 3469 亩，总产量为 55.28 万公斤；油料作物播种面积为 505 亩，总产量为 2.09 万公斤。

清镇种马场搬迁到山京合并经营以后，农场养殖业技术管理水平有了较大提高，畜种资源得到了充实优化，促进了整个产业快速发展。1959—1961 年，大牲畜年终存栏量累计为 1763 头。生猪年终存栏量累计为 2129 头，猪肉总产量为 7.84 万公斤。家禽年终存栏量累计为 1194 羽，家禽蛋品总量为 2392 公斤。在此期间，在山京海子从事水产养殖，水产养殖面积为 437.6 亩。1960 年，鱼类产量为 1.8 万公斤。1961 年，鱼类产量为 2.83 万公斤。

对外运输服务、粮食加工、酿酒、马掌打造等副业也开始起步，取得了一定经济效益。1960 年，酿酒 8392 公斤。1961 年，酿酒 3355 公斤。1961 年，打造马掌 830 只，打造马掌钉 9352 颗。

在此期间，农场注重技术人才培养、培训，充分发挥自身技术优势，为部分县和公社有关单位提供技术服务。关注广大职工的合理需求，为职工提供服务和福利。

1956 年，农场在场部开办卫生所，后来陆续在银子山、十二茅坡片区设立卫生室，为职工提供医疗服务。

1960 年，建立托儿所和小学，为职工解除后顾之忧，为农场下一代健康成长创造条件。组建业余京剧团，丰富职工的业余文化生活。

在农场先后举办马匹人工授精训练班和种猪人工授精训练班，为安顺专区的部分县市及部分公社培训了多名技术员，帮助农场周边公社建立民用马配种站。农场从职工中挑选部分人员参加培训班学习，充实农场实用技术人才队伍。

开展良种推广，支援农场周边公社及安顺专区有关单位种马 43 匹、良种猪 1482 头。

1961 年，农场猪群规模获得较大发展，适时为各生产队的食堂充实猪源，大力支持各队的食堂养猪产肉，改善职工生活。

农场致力于生产经营业务，千方百计提高劳动生产率，使经营生产总值逐年提高。通过农场干部职工的共同努力，1959 年农场扭亏为盈，实现盈利 4 万多元。1959—1961 年，农场工农业总产值累计为 45.32 万元，其中农牧业产值累计为 44.21 万元。

四、中国人民解放军山京军马场时期（1961—1976 年）

农场上级主管机关为昆明军区（全称中国人民解放军昆明军区）后勤部。20 世纪 50 年代末至 60 年代初，国际政治、军事形势发生重大变化，中苏、中印关系严重恶化。面对严峻的外部军事压力，中共中央（全称中国共产党中央委员会）、国务院（全称中华人民共和国国务院）、中央军委（全称中国共产党中央军事委员会）决定将原移交地方政府管理的全国各地军马场收回军队管理。1956 年以前，清镇种马场也曾归属军队管理，因此，此场与山京农场合并后组建的贵州省安顺专区山京农牧场被收归军队管理。1961 年 10 月，军队正式接管农场。农场更名为“中国人民解放军山京军马场”（简称山京军马场），成为军队团级后勤保障单位。

1961 年 11 月，全国军马场工作会议召开，中国人民解放军总后勤部（后文简称“总后勤部”）军马管理局、中华人民共和国农垦部联合下发《军马场管理办法（草案）》，提出了军马场的主要任务和经营方针。其主要任务有四项：一是按照军队要求，大量生产性能优越的各种类型的军用骡马；二是大办农业，实现粮、料、草、菜自种自给有余；三是协助各军区建立军马基地，有计划地供应基础母马和种公马，并在技术、种畜配备和技术人员训练等方面，给予尽可能的支援；四是总结经验，开展科学研究。军马场经营方针是：以农业为基础，以养马为主体，农牧结合，多种经营。

1962—1976 年这 15 年间，中国人民解放军山京军马场认真贯彻落实全国军马场工作会议确定的经营方针，围绕军马场主要任务，开展相关生产经营和建设。根据总后勤部军马管理局、昆明军区后勤部、贵州省军区（全称为中国人民解放军贵州省军区）后勤部有关要求，把军马（包括军骡、军驴，下同）生产作为农场的主业，恢复与健全军马饲养管理各项规章制度，扎实开展各项工作，完成上级布置的各项工作任务。在农场干部职工的密切配合下，农场的军马科和各军马队认真履行职责，切实抓好马匹配种受胎、产驹成活、幼驹育成、疫病防治、马匹调教驯致等工作。

配种受胎。1961—1974 年，参加配种的母马累计 4840 匹（次），受胎累计 3992 匹（次）。1964 年，受胎率最低，为 66.43%。1973 年，受胎率最高，达 93.03%。

产驹成活。1962—1976 年，生产成活马驹累计 3565 匹。1964 年，产驹成活率和繁殖成活率最低，分别为 50.96%和 46.9%。1965 年，产驹成活率最高，达 97.83%。1974 年，繁殖成活率最高，达 81.84%。

幼驹育成。1962 年，农场 1～3 岁幼驹 257 匹，6 匹夭亡，251 匹被饲养成为 4 岁以上成年马，育成率为 97.67%。1963 年，农场 1～3 岁幼驹 282 匹，6 匹夭亡，276 匹被饲养成为 4 岁以上成年马，育成率为 97.87%。

疫病防治。恢复和健全军马医疗制度，认真贯彻落实预防为主、防治结合的方针。饲养人员每季度对厩舍进行大消毒，平时注意保持厩舍干燥，做好厩舍及马匹运动场所清洁卫生。加强马匹看管，平时注意对马匹进行观察，发生传染病时勤消毒。发现异常及时向兽医室报告。兽医室专业干部经常深入厩舍，分厩包干，做到及时发现病马，及时治疗。发现疑似重大传染疾病，立即汇报，同时做好病马诊治、隔离等工作。

马匹调教驯致。为使马匹适应部队需要，农场成立专业调教组，采取专业调教训练与群众性调教训练相结合的方法，按照输送给部队的出场标准，对马匹进行速度、耐力、体力、夜间行军、陡坡及小道行军等训练，提高合格率。

大力加强基础设施建设，为军马生产和其他生产经营打好基础。1962 年，新建五号大马厩 1 栋，建筑面积为 938 平方米；改建宿舍 6 栋，面积为 1261 平方米；改建母马厩 151 平方米。1963 年，贯彻因陋就简、因地制宜、就地取材、节约物资、减少开支的原则，全年检修漏瓦房、检修石板房和修补草房共 1.32 万平方米，将 1 栋废旧猪舍改为马厩。1964 年，购置显微镜 3 架，蒸汽灭菌器、干燥灭菌器各 1 架。1965 年，修建驹厩 373 平方米，修建驹厩职工简易宿舍 30.8 平方米，自制水泥马槽 146 个，购买基础母马 34 匹。1966 年，在六枝长箐建设分场，修建房舍 1500 平方米。1967 年，长箐分场建设取得较大进展，新建房舍 2000 多平方米，具备了军马生产的基本条件，接收了 210 匹军马的饲养任务。1968 年，牧场扩大到 1.7 万亩。1969 年，修建公马厩 320 平方米、育种室 300 平方米、兽医室 130 平方米、病马厩 140 平方米，架设电力输送线路 29 千米（投资 23.26 万元）。1970 年，修建马厩、草料库、马料库等，总面积为 2600 平方米。1971 年，根据贵州省军区指示，在广顺建立分场。1972 年末，根据中共中央有关文件精神，将广顺分场移交地方管理。

这个时期，为了实现粮食自给，适应饲养军马的需要，进一步扩大粮食作物、饲料作物和牧草播种面积，粮食、饲料、牧草的年总产量、年均产量都有较大提高。

养殖技术水平的整体提高及畜禽种类的增加，促进了畜牧业的进一步发展。1962—1976年，除了以军用为主要目的饲养的马、骡、驴外，农场饲养水牛3351头、黄牛246头；喂养生猪累计4013头，肉类总产量为25.32万公斤，平均每年产肉1.81万公斤。

在军队管理期间，其中有10年处于“文化大革命”时期。“文化大革命”运动对农场的政治氛围、生产生活造成了一定的影响，但是农场实行准军事化管理，始终坚持农场党组织的核心领导地位，农场党委努力做好各方面的疏导、协调工作，团结农场干部、职工，把主要精力投入生产，生产经营业务基本能正常开展。农场认真履行军队后勤企业职能，牢牢把握以军马生产为主的生产经营方向，及时为部队输送质量优良的马匹，提高部队装备水平，为国防事业做出了应有的贡献。1962—1976年，农场先后出栏马、骡累计5754匹。其中，向军队输送军马、军骡共计2082匹；支援地方畜牧业发展，向地方输送种马等多种用途马、骡3672匹，促进了军民团结。

五、贵州省山京马场时期（1977—1982年）

农场上级主管部门为贵州省农业厅。20世纪70年代中后期，随着国家国防建设现代化进程加快和军队装备水平不断提高，特别是中国人民解放军骑兵部队大量裁员，炮兵部队后勤装备水平大幅度提高，根据国务院、中央军委有关命令，全国部分军马场移交地方管理。1977年，农场被移交给贵州省农业厅管理，更名为“贵州省山京马场”。此场名沿用至1983年初。

由军队后勤企业转为地方国营农牧企业以后，农场党委在党组织和党员中开展作风整顿，加强党员政治思想教育，充分发挥基层党组织战斗堡垒作用和党员先锋模范作用。农场党政领导班子认真贯彻落实中共十一届三中全会精神，解放思想，拓宽生产经营思路，带领全体职工开展第二次创业。一方面，多渠道筹措资金，加大农场基本建设投入，大力推进农场生产经营转型；另一方面，依托原有基础，继续抓好以粮食生产为主的农业，以马匹生产为主的畜牧业，以粮食加工、酿酒、基建劳务为主的副业，多渠道增加农场收入，切实改善职工生活水平。

在中共贵州省委、贵州省人民政府、贵州省主管部门的大力支持下，农场基本建设资金有增无减，前瞻性基本建设资金得到落实，一些基本建设项目顺利完成，为成功实现生产经营转型和农场长远发展打下了基础。

掀起农田基本建设大会战，在乱石岗上平土造地。1977—1978年，平整改造场部东北面土地，开挖土石方2万多立方米，搬运石头444立方米，垒砌堡坎436米，去石平土、刨石造地128亩。增加人力、财力，扩大茶园开垦种植面积，加强茶园管护。1981年，开垦荒地1650亩，播种茶叶950亩。1982年，投入资金8.89万元，抚育幼龄茶园1777亩。完成喷灌设备安装工程，设备购置及安装投资28.92万元。完成机械化万头养猪场建设项目。机械化万头养猪场于1978年6月开工建设，1982年5月竣工，项目工程总投资290.64万元。

根据按劳分配、多劳多得的原则，严格执行生产计划、生产管理制度，加强生产各个环节管理，促进种植业生产发展，为其他有关产业发展夯实基础。

畜牧业生产虽然处于转型时期，但总体平稳，养猪产业扩大试产取得一定经验，也取得初步成效。因企业转型，马匹存栏数量减少，从1977年年终存栏391匹减少到1981年年终存栏46匹。生猪年终存栏、猪肉产量每年都有较大提高，生猪年终存栏从1977年374头增加到1981年1318头，猪肉产量从1977年1.48万公斤提高到1982年19.72万公斤。

这个时期，教育、医疗等事业也有较大发展。1979年，农场子弟学校认真执行中小学工作条例和教学大纲，呈现出新的面貌。教师认真教，学生认真学。对成绩差的学生，教师还利用课余时间给予补课。恢复开设英语课。同年，毕业生56人参加中考，高中上线47人，中专上线8人。1981年，农场卫生所认真贯彻落实预防为主、治疗为辅的方针，给小学生上生理卫生课，给职工发放灭蚊药，为独生子女体检，还为农场外的群众治病3527人次，收费4300元。

1979年以后，农场在生产经营上进行了一些大胆的改革尝试。实行分级分工分人负责的考核奖惩制度，实行财务包干、独立核算、自负盈亏、损亏不补、节余留用的办法。严格计划，严格财经纪律，加强定员、定额和财务管理，建立了岗位责任、经济核算等制度。实行联产计酬专业承包经济责任制等生产经营管理措施，生产经营管理改革逐步深入，从生产队承包向班组承包、个人承包迈进，增强了广大职工的生产经营责任心，调动了广大职工的生产经营积极性，促使农场生产经营进一步发展。1977—1982年，农场工农业总产值累计为412.85万元，其中农牧业产值累计319.36万元。

六、贵州省山京畜牧场时期（1983—2020年）

农场上级主管机关先后为贵州省农业厅（1983—2010年）和安顺市西秀区人民政府（2011—2020年）。1983年，根据农场生产经营实际，经上级主管部门批准，将场名改为“贵州省山京畜牧场”。从此以后，虽然生产经营主业几经调整，部分基层单位管辖权发生了变化，农场上级主管机关也发生了变化，但农场名字一直没有变更。

根据农场内部经济组成变化以及管理方式转变情况，可将这个时期分为三个阶段，即多种经济所有制形式融合发展阶段（1983—1996 年）、民营经济发展壮大阶段（1997—2010 年）、管理职能转变阶段（2011—2020 年）。

（一）多种经济所有制形式融合发展阶段（1983—1996年）

农场党政领导班子围绕经济建设这个中心，结合农场自身实际，团结和依靠广大干部职工，大力推动生产经营管理改革，进一步改革和完善生产经营管理制度，大力推行适应经济发展的多种生产经营责任制，提高广大职工的生产经营自主权和积极性，多渠道增加农场生产经营收入，促进各项事业发展。

1983 年 11 月，贵州省山京畜牧场第一届职工代表大会第一次会议审议通过《贵州省山京畜牧场关于推行家庭联产承包责任制的方案及 1984 年度生产计划和包干经济指标》，实行以家庭（包括个人）联产承包为主要形式的多种经济责任制。各项生产经营项目，凡是能实行包产到户、包干到户的，均实行家庭联产承包责任制，即在完成国家任务、交足企业费用后，剩余的属于承包人所有。实行家庭联产承包责任制后，职工医疗、劳保福利不变。

1984 年 8 月 6 日，场长曾孟宗在贵州省山京畜牧场职工代表大会上作农场整顿改革方案报告，大会主席团原则通过。8 月 7 日，根据讨论意见修改完善后，印发执行。根据整顿改革方案，农场对农场机构，设置、经济责任制、干部职责及任免权限、用工制度和福利规定、技术引进与工副业发展等 5 个方面进行整顿改革。

1987 年 8 月 8 日，中国共产党贵州省山京畜牧场第四届委员会第 27 次（扩大）会议通过《中共贵州省山京畜牧场委员会关于调整农场生产经营结构，加强茶叶生产的决议》，决定执行“突出以茶叶生产为重点，压缩养猪生产，整顿精简基建队伍，稳定农业，完善商业和运输业”的生产经营方针。

1994 年 12 月 9 日，贵州省山京畜牧场职工代表大会讨论通过《贵州省山京畜牧场深化改革方案》，决定对生产经营系统和行政管理两大领域涉及的不同行业、岗位实施进一步改革。

粮油生产系统和茶叶生产系统，由农场核定生产任务，对耕地、茶园、机器设备等进行宏观管理。在职工自愿的基础上，将土地、茶园承包给职工生产经营。承包户实行两费（生产投入费用及生活费）自理，盈亏到户，分户核算。定额缴纳医疗、养老保险金，生产资料折旧及国家规定的税收等费用。农场机关科室，实行岗位责任制，相关管理和服务落实到人，按德、能、勤、绩考核，与工资挂钩。不愿承包或不愿在岗的人员，可按有关规定办理停薪留职手续，也可自谋职业，自主创业。

通过一系列改革措施，农场的生产关系进一步适应生产力发展需求，农场基础设施建设和生产经营取得较大成绩。

在这个阶段，农场改善了农场的生产生活条件，特别是十二茅坡茶叶加工厂和南坝园茶叶加工厂的兴建，为提高茶叶产品质量和产品价格，实现以茶叶生产为重点的生产经营结构调整目标打下了良好基础。1985 年，十二茅坡茶叶加工厂开工建设，1986 年建成投产，工程总投资 63.38 万元。南坝园茶叶加工厂于 1988 年 10 月开工建设，1990 年 10 月全部竣工并交付使用，工程总投资 111.28 万元。

（二）民营经济发展壮大阶段（1997—2010年）

在该阶段，农场推行较为开放的管理体制，深化农场内部改革，推广和培育新产业，全力挖掘潜在经济增长点。持续加强科研教育项目和生产基础设施建设，促进经济社会协调发展。以市场为导向，以经济效益为中心，加强招商引资工作，引进民营资本，加大生产经营资金和农业科技投入，大力推进农场土地资源、基础设施、生产技术等要素的有效开发和利用。

在贵州省农业厅的领导下，在上级有关部门的大力支持下，实施贵州省国家级原种场山京分场基地建设工程项目。此工程项目于 1998 年开工，2005 年竣工。建设内容包括土建工程、田间工程、仪器设备购置三个部分，计划总投资 674 万元，实际总投资 630.86 万元。2000 年，贵州省山京畜牧场商品粮杂交玉米制种基地建成。这些工程建设项目的完成，极大地改善了农场的农业生产基础条件，为贵州省杂交玉米种子繁育奠定了良好基础，为农场职工增收、生产经营增效、农业示范作用增强打下了坚实基础。2005 年，上级主管部门投资 61.06 万元，修建农场子弟学校教学楼 1 栋，建筑面积为 1166 平方米，改善了学校办学条件。2006 年，贵州省财政投资 300 多万元实施烟水配套工程项目，改善了农场 4210 亩烟地灌溉条件和项目区的人畜饮水条件。上级交通管理部门投资 302 万元，改造农场至鸡场乡的公路。此公路全长 17 千米，农场境内路段 14 千米，从西北至西南贯穿整个农场，极大地改善了农场的生产生活条件。2007 年，对原有的 25 栋烤房进行技术改造，实现了烤房温度自动监测控制，解决了烤房温度难以掌握控制的问题，从而进一步提高了烟叶烘烤质量。2008 年，在贵州省、安顺市西秀区烟草部门的大力支持下，新建育苗大棚 9 栋、堆集式散装烤房 12 栋、贮烟室 15 间，新修核心示范区机耕道路 2970 米，现代烟草农业建设初现雏形，为农场烤烟生产从传统农业向现代烟草农业转变，推动可持续发展打下坚实基础。2010 年，投资 200 万元修建机耕道 20 千米，为进一步提高农业生产机械化水平创造条件。

通过招商引资，民营资本进入农场生产经营领域，也增加了农场基本建设投资，为农场进一步发展注入了新活力。1998年以后，农场先后把茶园分片出租给农场内外几家较大的承包户生产经营。2004年，将原机械化万头养猪场的场地、圈舍、设备等整体出租给贵州柳江畜禽有限公司（简称“柳江公司”）改办养鸡场。这些经营者除了进行大量的生产经营投资外，为了提高经营效益和可持续发展能力，还进行了必要的基本建设投资。2000—2008年，各茶叶生产承包商累计投资63万元，改造更新茶园2928亩；累计投资206万元，添置、更新茶叶加工机械设备；累计投资72万元，修建仓库、摊青房等生产经营用房2760平方米。柳江公司累计投资300多万元，修建现代化鸡舍3栋，共计5000多平方米。

这个阶段，以水稻为主的粮食生产自给有余。以茶叶、烤烟、油菜为主的经济作物，在产量、产值上都有所提高，成为新的经济增长点。

茶叶从农场集中经营转为划片承包给几个大户专业经营，茶叶产量从1997年的29.27万公斤提高到2010年的30.1万公斤，产值从1997年的147.78万元提高到2010年的490.55万元。

农场制定有力措施，鼓励、支持、推广烤烟生产，拓宽了农场职工和村民的增收渠道，调动了广大职工和村民的生产积极性。在上级烟草部门的精心指导和大力支持下，烤烟种植户认真做好栽培管理、采收烘烤、分级扎把等各个生产环节，努力提高烟叶产量和质量，获得了较好的经济效益。

1997—2010年，农场年均烟叶产量为56.44万公斤，年均产值为399.3万元；农场年均油菜籽产量为25.92万公斤。

自2004年柳江公司入驻农场以后，以养鸡为主的家禽养殖业发展迅速，养鸡产业成为农场生产经营产值最高的产业，形成了“公司＋基地＋养殖户”的产业发展格局，带动了农场及周边村寨相关产业的发展。2005—2010年，柳江公司年出产鸡从47.4万羽增长到100.7万羽，年产鸡蛋从40万公斤增长到1588.5万公斤，年孵化雏鸡从30万羽增加到93.4万羽，年生产经营总值从5000万元增长到8112.5万元（含鸡饲料、有机肥等产值）。

民营经济的发展壮大，带动了相关产业的发展，增加了农场的经济总量。1997—2010年，农场年均生产总值为4630.7万元。

（三）管理职能转变阶段（2011—2020年）

2010年12月，根据贵州省有关文件精神，农场划归安顺市西秀区人民政府管辖，农场进入了一个新的发展阶段。

农场党政领导班子在西秀区人民政府的领导下，在上级有关部门的大力支持下，切实做好国有资产管理。鼓励、支持、引导非公有制经济发展，做好产业结构调整，努力做好驻场企业以及农场职工、村民生产经营服务指导工作，实现职工、村民增收，农场增效的目标。充分利用农场现有资源，以服务为先，以民生为本，切实解决职工的生产生活问题，保障农场经济社会稳定。认真贯彻落实国家针对农垦企业的优惠政策，努力打造“幸福农场、宜居农场、和谐农场”。

国有资产（土地）管理。2017 年，协助西秀区国土资源局完成了农场土地确权工作。农场土地有 15 宗，总面积为 10736.15 亩，经公示后已颁证 14 宗。2019 年，农场党政领导班子带领全体管理人员，进一步加大国有土地管理清收力度，收回因与双堡镇黑山村村民存在争议而荒废 3 年的前坝 78 亩土地，将其承包给种植大户发展产业使用。严厉打击私自侵占国有土地修建坟墓的违法行为，本着“守土有责、守土负责、守土尽责”的工作要求，在上级执法部门和中共西秀区委、西秀区人民政府的大力支持下，强制拆除双堡镇左官村小堡组王家和银山村村民陈某占用国有土地修建的坟墓 2 座。依法依规收回被长期侵占的国有土地 45 亩。拆除职工未批先占国有土地建房 110 平方米。农场共清收、整合国有土地 500 亩。

招商引资。2013 年，顺利引入贵州省益草生物科技有限公司和贵州生态谷茶业有限公司入驻农场生产经营。2015 年，引进商户投入 1200 万元修建占地 13 亩的安顺市云丰燃气储配站。该储配站可满足周边乡镇生产、生活的用气。

茶产业基地建设。2013 年 3 月，经贵州省人民政府批准，建设西秀区山京现代高效茶产业示范园区。同年，农场投入补贴支持资金 19.7 万元，承租农场茶园的各民营企业自筹部分资金，改造低产茶园 1970 亩。

烤烟产业。对烤烟种植面积进行规划调整，大力宣传烤烟政策，落实计划与优化烟农相结合，种烟合同向种烟大户以及重信誉的职工、村民倾斜。完善土地轮作种植制度。

养鸡产业基地。以柳江公司为龙头的养殖产业不断发展，规模不断扩大，借助贵州省良好的气候条件、优越的生态环境，以林下、荒坡、荒山、草地进行蛋鸡牧养，实现了林、草、鸡的循环发展。

危旧房改造及其配套基础设施建设。2011 年 5 月，成立贵州省山京畜牧场危旧房改造工作领导小组。根据中央、省、区、市关于国有垦区棚户区改造有关工作的安排部署，启动农场职工危旧房改造及其配套基础设施建设工作。2011—2016 年，农场危旧房改造 449 户。其中，新建 206 户，改建 243 户。项目总投资 2474.36 万元。其中，国家补助资金 673.5 万元，职工自筹 1800.86 万元。危旧房改造配套基础设施建设上，项目总投资 775 万元。其中，国家补助资金 765 万元，农场自筹 10 万元。

农场生活设施配套建设。2014 年，完成十二茅坡片区（含老龙窝）、农业生产二队、五队、石油队、场部等五个片区的供水管网改造，共铺设安装供水管道13918米，进一步改善了农场的供水条件。投入26万元，分别在十二茅坡、场部生活区修建集娱乐、健身、休闲为一体的活动场所4个。在十二茅坡管理区投入6万元维修及购置设备，建成活动中心1所。投入20余万元，分别在场部、五队、一队、农业生产二队、十二茅坡生活区安装太阳能路灯61套。2015年，完成“四在农家·美丽乡村”小康寨行动计划省级重点示范项目。项目总投资262.35万元，修建了文化广场、休闲长廊、露天舞台等文化娱乐设施。2020年，全面推进国有垦区综合整治配套基础设施建设项目，工程总投资966万元，在农场范围内实施“白改黑”油路、排污、公厕、停车场、广场、亮化等项目。

社会保障。2011年，农村合作医疗保险参保人数明显增多，参合率达95%；农村社会养老保险参保率达70%以上。根据国家有关政策，确保离休干部政治待遇和生活待遇，确保退休职工工资足额发放。

扶贫工作。2014年，认真开展遍访贫困村贫困户活动，共访贫困村12个、贫困户23户。遍访到贫困村贫困户家中，了解村民各方面情况，询问贫困户生产生活以及贫困原因和需要解决的问题，提出脱贫致富办法，同时送去组织温暖，并做好遍访工作汇编，将资料录入计算机，为下一步精准扶贫打下坚实基础。2017年，在春节、“七一”期间走访慰问困难党员。做好低保申请户的调查工作，做到应保尽保。2019年，实施“党员关爱”行动，在春节期间投入经费2000元，关心和帮助了10名生活困难的党员，让困难党员过上一个欢乐、祥和的春节。

医疗卫生服务。2013年，农场卫生所得到西秀区人民政府相关部门的支持，添置新设施，对房屋及环境进行彻底改造。全年共门诊5000余人次，上门诊治服务60人次，住所治疗1000余人次。2014年，按医疗卫生部门的要求，认真做好防疫工作。全年门诊8000余人次，上门就诊100人次，在所观察治疗2000余人次。

1983—2020年，是农场生产经营改革逐步深入、多种经济所有制形式逐步融合发展、民营经济逐步发展壮大的时期，是农场生产经营管理从微观管理逐步转向宏观管理的时期，也是农场机关科室从以管理为主逐步转向管理与服务并重的时期。在此期间，农场部分基层单位管辖权发生变化。2008年8月，承担社会职能的贵州省山京畜牧场子弟学校被划归西秀区人民政府管辖，由西秀区教育局管理。2013年4月，集体所有制4个行政村（9个自然村寨）被划归双堡镇人民政府管辖。管辖权的变更，减轻了农场社会管理职能负担，使农场能够更加专注于生产经营管理和服务，促进了农场进一步发展。

在半个多世纪的历史进程中，山京农场充分发挥国有农场引领示范作用，大力推进农业机械化，推广先进生产技术和优良品种，推动农业规模生产经营，采取有效措施提高劳动生产率，为贵州省特别是农场周边地区的种植业和养殖业发展起到了积极的示范带动作用。自农场建立以来，在上级主管机关和有关部门的大力支持下，山京农场党政领导班子团结和带领农场干部职工克服重重困难，努力探索生产经营之道，因地制宜发展生产，根据国家需要抓好主业，结合实际开展多种生产经营，为国家和社会生产了大量产品，为社会主义经济建设和国防建设做出了应有的贡献。

大 事 记

1953 年 9 月 30 日　中共贵州省委原则同意在安顺县双堡区建立国营农场。

10 月 14 日　贵州省农林厅向中共中央西南局、中共贵州省委、贵州省财经委员会呈报《贵州省国营山京机械农场建场计划书》。

11 月 7 日　贵州省农林厅根据中共贵州省委指示、贵州省财经委员会有关通知精神，将原平坝农场本年度全部基建经费 142670 万元（1955 年 5 月前使用的第一套人民币币值，包括已调物资）转移到山京农场使用。基本同意本年度基建计划及道路 3.4 千米设计方案，并由贵州省农林厅呈报贵州省财经委员会。

本年　编制《国营山京机械农场 1953—1957 年发展概况计划》。

1954 年 3 月　举行贵州省国营山京机械农场正式成立仪式，宣布农场领导任命及内部机构设置。场长兼农场党支部书记为王占英。内部设行政办公室、财务科、技术室 3 个科室，以及第一生产队（场部片区）、第二生产队（银子山片区）和机耕队 3 个基层生产单位。

7 月 27 日—8 月 3 日　贵州省国营山京机械农场第一次全体干部会议召开。场长王占英在会上总结上半年工作，安排下半年工作。会议形成了《国营山京机械农场全体干部会议报告决议》，在生产、基建、思想等方面形成共识，明确了生产经营目标。

11 月 24 日　开工修建新海水库、海坝水库（合称双海水库）。

1955 年 1 月 15 日　贵州省农林厅致函贵州省国营山京农场，决定调农场职工 20 人回贵州省农林厅另行安排工作。

8 月 19 日　双海水库竣工。国家投资 14.52 万元，设计灌溉面积 6400 亩。

本年　建立生产区域责任制，各生产作业区单独核算。

1956 年 6 月 18 日　贵州省农林厅同意开垦罗朗坝场区。

6 月　完成《国营山京农场 1955—1967 年远景规划》编制工作。

7 月 30 日　贵州省农林厅水利局下发《关于将山京水利工程移交山京农

场的通知》，将山京水利工程移交安顺县人民委员会和贵州省国营山京农场共同管理。经安顺县人民委员会水利科同意，该工程被移交给贵州省国营山京农场管理使用。

12月20—25日　贵州省国营山京农场职工代表大会召开。会议传达了贵州省农场工作会议精神，对1956年全年生产经营等方面进行总结，对1957年各项生产任务和增产指标进行讨论。

本年　种植烤烟505亩，烟叶总产量为4.35万公斤。

1957年　6月　贵州省农林厅土地利用局根据贵州省国营山京农场要求，派出土地规划工作队对农场进行土地规划，编制《国营山京农场土地利用方案》。

10月23日　贵州省农林厅土地利用局向贵州省国营山京农场下发《关于注意防止和扑灭猪喘气病》的通知。

本年　结合贵州省国营山京农场土壤、气候等实际，编印《一九五七年烤烟大田管理技术措施》，指导烤烟栽培、管理、采摘、烘烤、储藏、分拣分级等生产环节。

1958年　1月　由于国家要在猫跳河建设水电站，清镇种马场原场址被淹。经中共贵州省委、贵州省人民政府研究同意，决定将该场迁移至安顺县双堡区十二茅坡，与贵州省国营山京农场合并。

本年，在总结此前生产用工定额的基础上，进一步完善人力畜力田间生产定额，制定《国营山京农场一九五八年人畜作业生产定额表》，以此作为人工单亩工资发放的依据。

本年　贵州省国营山京农场粮食总产量为37万多公斤，油料作物收获5.8万公斤，生产猪肉2万多公斤，年末生猪存栏683头，农牧业总产值突破10万元，农场生产经营迈上一个新台阶。

1959年　1月　完成清镇种马场搬迁工作，清镇种马场与贵州省国营山京农场合并经营。合并后农场被划归安顺专区农业局管理，更名为“贵州省安顺专区山京农牧场”。

2月　经中共安顺地委、中共安顺县委同意，将黑山、毛栗哨两个生产队（3个自然村寨）划归贵州省安顺专区山京农牧场管理。

4月16日　安顺专员公署下达1959年度牲畜改良计划任务，贵州省安顺专区山京农牧场的任务指标为乳公牛杂交1000头，良种公马杂交

1000 匹。

7 月 19 日　贵州省体委赛马队到贵州省安顺专区山京农牧场挑选马匹，经严格挑选，最终选中参赛训练良马 27 匹。

本年　贵州省安顺专区山京农牧场生产经营首次实现扭亏为盈，盈利 4 万多元。

本年　贵州省安顺专区山京农牧场基建队成立。

1960 年　1 月　经上级党委同意，将张家山大队（包括张家山、老龙窝）、银子山大队（包括银子山、马过路、红土坡、砂锅泥）划归贵州省安顺专区山京农牧场管理。并入民寨队共计 73 户 344 人，其中劳动力 179 人。划入土地总面积为 1327.06 亩。

2 月 15 日　共青团山京农牧场团员大会召开，听取 1959 年农场团委工作总结，选举团委委员，审议通过团员大会决议。

3 月 22 日　完成清镇种马场人员和资产清理登记，完成《贵州省清镇种马场人员资产转移清册》汇编工作。

3 月 27 日—4 月 27 日　贵州省安顺专区山京农牧场开办马匹人工授精训练班。对安顺专区各县市选派的 20 名学员进行马匹人工授精技术培训。

3 月　开办农场子弟小学，设场部（黑山）教学点和十二茅坡教学点。

11 月 1—3 日　农场党委召开全体干部会议。党委书记谢钦斋就粮食、生活、生产、干部领导工作和政治思想工作等问题，作了总结报告。

9 月　从苏联进口种马 10 匹，贵州省农林厅畜牧兽医局下拨种马 19 匹。

1961 年　5 月 5 日　农场三级干部（生产小队、生产大队、场部）会议在银子山第五生产队召开。这是农场三级干部首次会议，会期 3 天。会议明确生产队为组织生产的基层组织，是“三包一奖”的承包单位。

5 月　完成《山京农牧场 1961—1967 年七年规划》编制工作。

8 月　制定《一九六一年工资改革办法》，工资发放与“三包一奖”（包工资总额、包成本、包原材料消耗，增产节约有奖）、“四固定”（定劳力、定土地、定耕畜、定农具）生产制度挂钩。

10 月　中共中央、国务院、中央军委决定将原移交地方政府管理的全国各地军马场收回军队管理。贵州省安顺专区山京农牧场被军队正式接管，成为军队团级后勤保障单位。

本年　实行“三包一奖”“四固定”生产制度。

1962 年　4 月　中国人民解放军山京军马场印发《劳保福利暂行规定（草案）》。

10 月 12 日　中国人民解放军山京军马场向昆明军区后勤部、贵州省军区后勤部呈报《关于 1962 年度外调马匹安排情况报告》，汇报即将出场的 96 匹军用马、23 匹种公马的情况。

本年　印发《山京军马场贯彻“三包一奖”制度的具体办法》，实行“三包一奖”“五固定”（增加“定种畜”）生产制度。

1963 年　1 月 10 日　贵州省军区后勤部向昆明军区后勤部、军区党委、司令部、政治部呈报《关于山京军马场生产建设及贯彻军马场管理办法（草案）的报告》，明确了中国人民解放军山京军马场的性质、任务和经营方针，提出了 1963 年中国人民解放军山京军马场工作安排意见。

1 月 20—21 日　中国共产党中国人民解放军山京军马场第一次党员代表大会召开，谢钦斋在会上作党委工作报告。会议选举产生了中国共产党中国人民解放军山京军马场第一届委员会和第一届监察委员会，党委委员 7 人，监委委员 5 人。

2 月 5—7 日　中国人民解放军山京军马场职工代表大会召开，会期 3 天。场长胡国桢在职工代表大会上作生产工作报告。

4 月 20 日　召开山京军马场办公会议，研究后勤保障、子弟小学校舍维修、营具和营房修缮等问题。场长胡国桢及有关科室负责人、有关人员参加会议。

5 月 4 日　召开山京军马场办公会议，研究第四生产队生猪和奶牛生产基地搬迁到猴子山、秧田管理、稻田翻犁、玉米除草等事宜。场长胡国桢及有关科室负责人、有关人员参加。

6 月 17 日　召开队长、政治指导员会议，研究流动资金报表编制报送、猴子山房子维修、存粮清理翻晒、病人棉被保障等工作、生产、生活问题。中国人民解放军山京军马场领导、各生产队队长和政治指导员以及有关科室负责人、有关人员参加会议。

7 月 14 日　召开山京军马场办公会议，研究安全、卫生、严格执行请销假制度等问题。政治委员赵广、副场长骆廷瑞及有关科室负责人、有关人员参加会议。

10 月 1 日　中国人民解放军山京军马场将军马 55 匹移交昆明军区接马

大队。

11月13日 昆明军区后勤部军马部向中国人民解放军山京军马场等军用马场下发《关于加强马场建设和生产管理的指示》。

12月 完成《山京军马场1964—1969年规划报告》编制工作。

本年 中国人民解放军山京军马场第一生产队（场部片区）照明线路开通输电。

本年 中国人民解放军山京军马场服务社开办，按照贵州省军区军人服务社模式营业。

1964年 3月 印发《山京军马场试行科（所）工作职责》，明确规定机关科所及其相关岗位工作职责。

6月23日 中国人民解放军山京军马场政治处印发《关于认真做好人口普查工作的通知》，对第二次全国人口普查中中国人民解放军山京军马场的有关工作进行安排布置。

7月22日—8月5日 贵州省军区后勤部党委和农场党委组织联合检查组，在中国人民解放军山京军马场和周边村寨开展军政、军民关系检查。除实地走访检查外，联合检查组还分别在安顺、双堡、豆豉寨召开了座谈会。检查结束后，贵州省军区后勤部党委工作组、农场党委联合撰写了《对山京军马场军政、军民关系的检查报告》。

10月30日 召开山京军马场办公会议，研究防止已抢收进仓的稻谷、玉米、花生等农产品霉烂，道路、部分房舍维修，兴修水利等问题。中国人民解放军山京军马场党政领导赵广、任昌五、骆廷瑞及相关科室负责人、有关人员参加。

本年，购进水轮发电机数台（包括配套设备），利用山京海子出水落差，在三角塘进行水能发电。

1965年 1月9日 中国人民解放军山京军马场向贵州省军区后勤部党委报告2例疑似马传染性贫血病例处理情况。

2月9—19日 农场党委扩大会议召开。会议传达中共中央二十三条要求；传达总后勤部关于加强军马场革命化，坚持自力更生，勤俭办企业，扭转亏损的指示。会议参加人员结合中国人民解放军山京军马场实际，就如何贯彻落实中共中央、总后勤部要求和指示展开讨论，对中国人民解放军山京军马场建设、生产、生活等方面提出意见及措施，提出中国人民解放军山京军马场基层生产单位机构改革调整和工资制度调整方案。参加会议人员共25人，包括农场党委委员、各队党支部书记、机关党员干部、工作组大尉以上干部。

4月13—27日　总后勤部军马部财务部工作组、昆明军区后勤部军马部、财务部工作组赴中国人民解放军山京军马场，就中国人民解放军山京军马场自然资源环境、生产经营状况等方面进行调查研究。联合调研组通过听取汇报、查阅资料、现场查看、个别谈话、召开座谈会（8次）等方式，了解掌握了中国人民解放军山京军马场的一些情况和存在的问题，并在其撰写的《对山京军马场的调查报告》中，提出了改进和完善有关工作的意见和建议。

5月　中国人民解放军山京军马场出现马传染性贫血病例，立即采取更加严格的隔离封锁防疫措施，开始进行持续封锁检疫防治工作。

1966年　4月24日晚　张溪湾发生重大火灾，场直和三个生产队的干部职工乘车或徒步赶赴火灾现场参加救火。灾情发生后，全场干部职工捐款捐物，支援受灾村民。

6月30日　总后勤部、昆明军区后勤部、贵州省军区后勤部联合工作组与中国人民解放军山京军马场马传贫防治办公室呈报《关于解除三角塘封锁点的报告》，提出中国人民解放军山京军马场三角塘封锁点解除检疫的初步意见。

本年　在六枝特区堕脚区长箐修建分场，修建房舍1500平方米。

1967年　3月21—23日　中国共产党中国人民解放军山京军马场第二次党员代表大会召开，政治委员赵广在会上作第一届党委工作报告，场长任昌五作1967年工作任务的报告。参加会议的党员代表有38名。

10月19日　召开中国人民解放军山京军马场第12次办公会议，研究车辆、花生等物资的使用处理问题。场长任昌五、政治委员赵广分别主持会议，农场领导有关负责人和有关科室负责人参加会议。

12月24日　根据贵州省军区安全生产委员会函示，将罗朗坝生产队房舍及生产资料移交贵州省军区步兵独立师三团管理使用。包括土地3105.88亩、房舍4幢（516平方米）等。

本年　从中国人民解放军山京军马场各农业生产队抽调了近50个劳力，参加六枝长箐分场建设和中国人民解放军第四十四医院（在贵阳市）建设（占参加农业总劳力的10%以上）。

1968年 1月28日 中国人民解放军山京军马场向昆明军区后勤部呈报挑选健康马匹转移到长箐分场饲养的报告，同时报告这些马匹转场前的检查情况。

2月7日 中国人民解放军山京军马场向昆明军区后勤部军马部报告，请示将24匹不适合军用的马匹出售民用的事宜。

2月20日 昆明军区后勤部军马部批准，同意中国人民解放军山京军马场挑选17匹母马、1匹种公马转移至长箐分场饲养。

1969年 2月28日 根据部队需要，按照总后勤部《在传贫马场挑选健康马骡出场标准》，经过严格检疫检查，中国人民解放军山京军马场向部队输送军用马237匹。

3月8日 中国人民解放军山京军马场向昆明军区后勤部军马部、贵州省军区后勤部军马处呈送报告。由于不符合军用条件的马积累较多，厩舍不足，请示将检疫淘汰的110匹马作为民用马出场或捕杀。

5月 根据总后勤部、昆明军区、贵州省军区有关指示，中国人民解放军山京军马场开展全场清仓工作。

10月25日 昆明军区司令部、后勤部下发《从山京军马场挑选健康马骡出场补充部队的通知》，同意经45天挑选、检疫符合出场标准的274匹骡子出场，分配给部队，以增强部队战斗力。

1970年 2月 经昆明军区后勤部同意，封锁检疫5年后，中国人民解放军山京军马场马传贫防治封锁点解除封锁，但是有关检疫防疫工作仍持续进行。

5月3日 中国人民解放军山京军马场向昆明军区后勤部生产管理部、卫生部请示马骡出场事宜。此前，按军用马骡出场标准，经挑选符合军用条件的骡子、马共292匹。其中，骡子201匹、马91匹。不符合军用条件的骡子10匹，马20匹。

9月12日 完成《中国人民解放军山京军马场1971—1975年五年规划》编制工作。

1971年 2月20—24日 中共中国人民解放军山京军马场第六次活学活用毛泽东思想积极分子、“四好”连队、“五好”职工代表大会召开。政治委员赵广致开幕词，副政治委员李殿良代表农场党委总结1970年的工作，场长任昌五代表农场党委布置1971年的任务。部分先进单位和先进个人代表在会上发言，农场首长向先进单位和先进个人颁发了奖状和证书。大会选举产生了出席上级“三代会”的代表。

3月　中国人民解放军山京军马场与安顺县双堡区江平公社合作在江平境内开办煤厂。双方约定，农场负责投资设备和后勤供给，江平公社负责提供人力。

7月26日　农场党委印发《关于向场第三次党员代表大会所作关于第二届党委总结和今后任务的报告》，下发各党支部传达讨论并征求意见。

8月　贵州省军区决定，将广顺农场部分土地移交中国人民解放军山京军马场经营管理，建立广顺分场。

1972年　3月16日　根据国务院、昆明军区、贵州省革命委员会有关文件和会议精神，农场党委召开会议，讨论研究在第一生产队开展工资调整试点工作有关事宜。

9月3日　中国人民解放军山京军马场向中国人民解放军0013部队输送军用骡子108匹。

11月　根据中共中央有关文件精神和昆明军区、贵州省军区有关指示，广顺分场移交地方管理，分场干部职工调回中国人民解放军山京军马场本部，由中国人民解放军山京军马场本部结合农场和个人实际另行安排工作岗位。

1973年　4月　中国人民解放军86879部队到中国人民解放军山京军马场联系借用土地建设军事基地事宜。经双方商定，中国人民解放军山京军马场将所属第四生产队的356亩土地无偿借给中国人民解放军86879部队建设军事基地。

本年冬　昆明军区在中国人民解放军山京军马场开办农机培训班，中国人民解放军山京军马场的杨友亮等人参加有关工作。

本年　农场发现马传染性贫血病例，采取定点隔离封锁防疫措施。

1974年　8月30日　中国人民解放军山京军马场将军骡100匹移交中国人民解放军陆军41师。

9月5日　中国人民解放军山京军马场将军骡100匹移交中国人民解放军陆军32师。

1975年　4月28日　中国人民解放军山京军马场计划生育领导小组成立，负责对全场计划生育进行组织领导、协调落实等工作。刘武志任组长，刘同顺、张绍先任副组长，周素岩、朱未末、邹美然、周尚元为组员。

11月1日　国务院、中央军委批示：同意总后勤部、农林部将军队管理的包括中国人民解放军山京军马场在内的21个军马场移交给所在省（区）管理的请示。移交工作从1975年12月开始，1976年12月结束。

1976年　1月　中国人民解放军山京军马场马、骡、驴存栏1137匹。其中，马611匹，骡512匹，驴14匹。出场551匹。其中，马155匹，骡396匹。出场均为民用。

6月5日　中国人民解放军山京军马场向河南南乐县物资公司出售经检疫的健康骡、马150匹。

12月　中国人民解放军山京军马场被移交给贵州省农业厅管理，更名为“贵州省山京马场”。

1977年　5月3日　贵州省山京马场印发《关于建立与恢复必要的合理的规章制度和开展经济核算工作的规定》。

7月18日　贵州省山京马场传达贯彻贵州省四级干部会议精神大会召开。农场班长以上干部、农民、职工代表、知青代表共161人参加会议。

1978年　1月26日　贵州省山京马场选派民兵干部、民兵共计64人参加安顺军分区基干民兵军事训练。

5月29日　贵州省革命委员会基本建设委员会对贵州省山京马场机械化万头养猪场扩大初步设计方案进行批复，基本同意贵州省农业局审查意见。规模为年产万头商品猪，占地7.35万平方米，建筑面积为2.28万平方米。定员150人。总投资157万元。其中，土建126万元，设备31万元。同时，对建筑结构和附属设施提出了两条指导意见。

6月28日　根据贵州省农业局《关于将山京马场六枝长箐分场移交六盘水地区管理的通知》精神，将长箐分场的土地、荒山、资金和固定资产全部移交给六盘水地区农业局管理。

7月21日　成立农场1978年到1985年发展规划和农田、水利基本建设领导小组，桂锡祥任组长，张士宏、王振武等六人任副组长，邹美然、吴选美、刘西乐、张升胜、吴启志、王荣维、李德海、雷惠民、齐克治、郑少荣、郁文涛、周尚元、董汝齐、张林秀等人为组员。领导小组下设办公室在生产科，办公室成员为王振武、李进华、李绍华，由王振武负责办公室工作。

9月1日　贵州省山京马场机械化万头养猪场工程指挥部组建完毕，人员 157 人全部到位。指挥长为邓荣泉，副指挥长为杨友亮、雷先华。工程指挥部代表农场全面负责工程建设统筹协调、安排部署工作。指挥部下设办公组、工程队、机电组、土建组、物资采购组等，具体负责组织协调养猪场建设安装、物资供应等工作。

11 月 13 日　贵州省农业局政治部保卫处下发通知，向贵州省农业系统治安保卫部门推荐贵州省山京马场《加强治安管理，做好防范工作》汇报材料，学习贵州省山京马场治安管理经验。

1979 年　8 月　共青团农场直属支部委员会组织场直职工 46 人，成立职工互助储金会。

10 月 16 日　根据中共中央、国务院有关文件精神，贵州省农业局在贵州省山京马场开展调整工资试点工作，并于 12 月完成调整工资试点工作。此项工作结束后，农场党委和贵州省农业局试点工作组对调整工资试点工作进行总结，形成文件《贵州省农业局山京马场调资试点总结》。

11 月 20 日　贵州省山京马场生产科向农场职工特别是养猪场职工推荐李声忠编写的《养猪生产的暂行规定办法（草案）建议》，并号召全体职工向他学习。

本年　开始推行“定、包、奖”的经济责任制。

1980 年　3 月 5—6 日　贵州省山京马场劳动模范表彰大会召开。会上，对 1979 年度工作进行总结，对 1980 年度生产进行安排部署，对劳动模范、先进集体和先进个人进行表彰和奖励。

7 月 23—24 日　在农业部（今农业农村部）畜牧总局有关领导陪同下，新西兰农牧业考察团到贵州省山京马场，就合作创办牧草种子场事宜进行考察。

7 月 26 日　农业部畜牧总局有关领导代表农业部与新西兰农牧业考察团在贵阳云岩宾馆进行会谈，双方达成共同建设一个牧草种子实验场的协议。经贵州省农业厅同意，中新双方共建的牧草种子实验场选址在贵州省山京马场。

8 月 28 日　完成《贵州省山京马场 1980—2000 年长期计划表》编制工作。

1981 年　4 月 29 日　贵州省山京马场印发《关于加强计划生育工作的通知》，对落实计划生育政策做出相关规定。

6月　贵州省山京马场第六生产队兽医室对外开展民用马匹配种业务。

本年　农场成立茶园开垦种植工作领导小组，投入大量人力、财力开垦原部分牧场土地，大面积种植茶叶。开垦土地1650亩，种植茶叶950亩，为农场生产经营转型奠定基础。

1982年　1月14日—2月10日　在农场范围内开展财务检查工作。这次财务检查以自查为主，同时接受贵州省主管厅局抽查或有关单位互查。

3月27日　中国人民解放军35602部队派石国强、王显荼两人到农场了解有关罗朗坝土地情况。农场接待人员向其介绍了有关情况，并向部队人员提供农场初建时的规划图。

4月13日　根据中共贵州省委保密委员会和贵州省农业厅党组有关文件精神，农场党委研究决定，建立中国共产党贵州省山京马场委员会保密委员会。金宜睦任委员会主任，吴定中、陈学明任委员。

5月8—10日　农场遭受暴风雨、特大冰雹袭击。灾情发生后农场党委书记刘武志率机关科室、生产队负责人赶赴受灾现场，查看并统计灾情，组织职工开展生产自救。经统计，这次灾害造成直接经济损失151万元。

5月10日　贵州省山京马场机械化万头养猪场竣工验收，进入试产阶段。养猪场占地约110亩，固定资产投资总额为290.64万元。

5月20日　安顺地区（今安顺市）行政公署农业局向贵州省山京马场调拨救灾化肥15吨。

7月24日　农场政工科、办公室联合印发《关于建立山京马场职工教育委员会的决定》。经农场政治工作会议研究决定，建立贵州省山京马场职工教育委员会，并要求场部片区和十二茅坡片区分别建立职工教育领导小组。

9月13日　十二茅坡片区茶叶组存放于仓库中的桐油饼发生自燃，造成直接经济损失近2000元。事后，农场对这起事故进行了全场通报，并要求各单位切实做好安全生产和灾害事故预防工作。

10月5日　农场召开场务会议，决定建立会议制度、统计报告制度、机关工作人员工作日志制度等。农场党委书记刘武志、场长邓荣泉先后主持会议，农场党政领导、各科室及各单位主要负责人参加会议。

1983年　6月30日—7月2日　开展农场生产大检查，对年度各项生产计划指标、田间管理、承包责任制等落实情况进行检查。

10月4日　贵州省山京畜牧场团委发出通知，号召农场团员、广大青年采集草种、树种，支援甘肃，绿化贵州。并向各团支部下达了采集任务。

11月15—17日　贵州省山京畜牧场第一届职工代表大会第一次会议召开。会议审议通过《贵州省山京畜牧场关于推行家庭联产承包责任制的方案及1984年度生产计划和包干经济指标》等六个决议以及场长工作报告，选举产生第一届职工代表大会主席团成员。

本年　设立贵州省山京畜牧场企业整顿改革办公室，启动农场机构整顿改革相关工作。

1984年

4月7日　贵州省山京畜牧场印发《关于积极兴办家庭农场的意见》，鼓励职工单一家庭或联户合办家庭农场，开展多种经营。

4月18日　贵州省山京畜牧场安全生产委员会成立。同日，成立贵州省山京畜牧场工程队安全生产小组和贵州省山京畜牧场机务队安全生产小组。

11月　山京畜牧场养猪场选择长白公猪3头、大约克公猪2头与苏关杂种母猪7头进行配种，在其所生后代中随机抽样，每窝选公母各1头用作育肥试验，以“提高猪瘦肉率”。

12月19日　经场长办公会议研究，决定成立贵州省山京畜牧场爱国卫生运动委员会，负责领导、督促、检查全场卫生工作。委员会由16人组成，邹家蓉任主任，王锡荣任副主任，龚友斌、金玉芳、罗炳义、石世祥、龚友明、徐定禄、齐克治、张祖荣、伍开芳、张发喜、王荣邦、胡尧成、吴启志、戴世明为委员。

12月27日　贵州省山京畜牧场爱国卫生运动委员会召开第一次全体委员会议，讨论决定并安排农场开展爱国卫生运动有关事宜。

本年　开办贵州省山京畜牧场场部农贸市场。

1985年

1月10日　场长办公会议决定，成立茶叶加工厂建设筹备组，负责组织实施茶叶加工厂建设有关工作。雷先华为组长，魏坤文、陈秀英、班学龙为组员。

4月6日　召开农场办公会议，研究讨论1985年基建工程计划等事宜。

9月4日　贵州省山京畜牧场印发《关于留地作场坝的通知》，要求驻场部各单位不得在预留开办集贸市场的区域内建房舍。确定每周星期四为场部赶集日，正式启动在场部片区开办集贸市场的有关工作。

10 月 4 日　召开场部各科室干部、各队（站）长和支部书记会议，安排部署财务、税收检查相关工作。

12 月 7 日　贵州省山京畜牧场组织召开会议，传达安顺县公安局“冬防会议”精神，安排农场治安保卫和安全生产工作。农场领导刘武志、丁隆海、桂锡祥以及各党支部书记、治保主任、爆破员、油料保管员等共 30 多人参加会议。

1986 年　1 月 4 日　印发《贵州省山京畜牧场企业内部工资改革的实施方案》，根据贵州省人民政府办公厅、贵州省劳动人事局有关文件精神，对这次工资改革的原则、范围、标准、增资时间等方面做了规定。

3 月　完成“提高猪瘦肉率”试验项目，对试验进行总结并形成《提高猪瘦肉率试验报告》。

7 月 5 日　中国共产党贵州省山京畜牧场第四次党员代表大会召开。会议选举产生了中国共产党贵州省山京畜牧场第四届委员会和第二届纪律检查委员会。出席会议的党员代表有 50 人。

12 月　成立安顺县山京人民法庭。

1987 年　3 月 31 日　贵州省山京畜牧场召开治安保卫及民事纠纷防范调处工作会议。农场领导曾孟宗等，以及各单位部门负责人、各队（站）党支部书记和队（站）长参加会议。

4 月 20 日　经贵州省农业厅研究，同意贵州省山京畜牧场在采茶期间聘用临时工 500 人，工资总额为 21 万，聘用时间为 4—10 月。

4 月　完成《国营农业企业技术改造项目建议书》编制工作，启动茶叶加工机械更新、红茶加工车间锅炉供水管道改造、低产茶园改造等项目。

8 月 8 日　中国共产党贵州省山京畜牧场第四届委员会第 27 次（扩大）会议召开。会议讨论通过《中共贵州省山京畜牧场委员会关于调整农场生产经营结构，加强茶叶生产的决议》，确定了“以茶叶生产为重点”的生产经营方针。

12 月 11—12 日　贵州省山京畜牧场第二届职工代表大会第一次会议召开。会议传达中共十三大会议文件精神，对第一届职工代表大会工作进行总结，选举产生第二届职工代表大会主席团成员。职工代表 39 人参加会议，列席人员 26 人。

1988 年　4 月　贵州省农业厅政治处和农场局派人协助贵州省山京畜牧场等 3 家

省属农垦企业组织开展公开选举场长工作。经公开举荐、干部和职工代表大会代表公开评议、民主选举、组织考察等程序。王金章任贵州省山京畜牧场场长。

5月23日　《贵州省山京畜牧场公安保卫史》完稿并编印成册。此书由贵州省山京畜牧场公安保卫史编写组组织编写，张祖荣等汇编撰稿，全书2.6万字。

10月　贵州省山京畜牧场南坝园茶叶加工厂建设工程开工。工程由贵州省建新设计所设计，浙江温州建安分公司五处施工。

11月1日　完成《贵州省山京畜牧场标准化文件汇编》编制工作并编印成册。此书收录了根据农场不同岗位职责和技术要求编制的管理标准55个、技术标准29个、工作标准27个。同日，贵州省山京畜牧场下发通知，要求各单位、各部门根据干部职工各自岗位实际，从即日起认真实施管理标准、技术标准或工作标准，实行标准化管理。

11月29日　贵州省人大常委会副主任冉砚农率贵州省人民代表大会代表35人到贵州省山京畜牧场视察工作。

1989年

3月12日　贵州省山京畜牧场第二届工会会员代表大会召开。会议审议通过第一届工会委员会工作报告，选举产生第二届工会委员会。

3月　贵州省山京畜牧场选送参评的《提高猪瘦肉率试验报告》，获农业部农垦司优秀论文三等奖。

6月19日　贵州省农业厅下达通知：贵州省山京畜牧场属于利用日本政府“黑字还流”贷款建立的贵州省出口茶叶项目基地之一，扩建茶园2000亩，茶叶加工能力2000吨，总投资157.8万元。

7月1日　贵州省山京畜牧场《政工简报》正式创刊。《政工简报》为半月刊，由农场政工科和农场工会共同主办。

7月13日　贵州省山京畜牧场与贵州安顺农业学校在贵州省山京畜牧场召开联席办学筹备会，商定联合创办茶畜班有关事宜。

8月1日　农场党委组织召开各党支部书记会议，组织学习中共十三届三中全会、中共十三届四中全会公报，向各党支部负责人征求对农场党委上半年工作的意见和建议。会上，各党支部向农场党委汇报了上半年工作情况。农场党委书记曾孟宗、纪委书记丁隆海、各党支部书记等11人参加会议。

1990 年 2月17日　农场第四次人口普查办公室成立，王金章任办公室主任，张贵清、冯和平任副主任，吴定中、陈刚、甘玉勤、苏胜勇、陈秀英、勾发祥、刘洪发、郭世民、吴霞进为工作员。

4月　贵州省山京畜牧场印发《关于开展双增双节社会主义劳动竞赛的通知》，各队站组织基层班组、承包人积极参与双增双节社会主义劳动竞赛。竞赛考核项目包括政治思想、产量质量、节能降耗、安全生产、设备维护五个方面，重点在茶叶、养猪两个生产领域开展。

7月9日　中国共产党贵州省山京畜牧场第五次党员代表大会召开。会议选举产生了中国共产党贵州省山京畜牧场第五届委员会和第三届纪律检查委员会。第五届委员会由7人组成，第三届纪律检查委员会由3人组成。大会应到代表50人，实到代表48人。

8月27日　贵州省山京畜牧场安全保卫工作会议召开，传达贵州省农业厅安全保卫工作会议精神，通报清查爆炸物品、枪支弹药情况，安排布置下一步安全保卫工作。

10月17日　经安顺市人民政府批准，成立贵州省山京畜牧场场部家属委员会和贵州省山京畜牧场五队家属委员会。

10月27日　贵州省山京畜牧场南坝园茶叶加工厂通过竣工验收。南坝园茶叶加工厂建设总面积为3041.3平方米，建设投资总额为111.28万元。

11月15日　贵州省山京畜牧场工会委员会召开扩大会议。会议就工会工作进行布置，讨论工会工作任务和岗位责任制，就下次工会会员代表大会筹备工作进行安排。会上，各分会汇报了下半年工会工作。农场工会主席桂锡祥主持会议，农场工会委员会委员和各分会负责人参加会议。

12月3—4日　贵州省山京畜牧场第三届职工代表大会第一次会议召开。会议传达学习“三个条例”，审议通过《贵州省山京畜牧场第二届职代会工作报告》，选举产生第三届职工代表大会主席团成员。出席会议的职工代表46人，列席代表32人。

1991 年 1月15日　贵州省山京畜牧场成立企业政工师评审领导小组。

1月17日　贵州省山京畜牧场召开第一次科长会议，对1991年度农场生产经营计划、经济责任制、各单位生产计划的制定工作进行安排，对相关经费进行调度，确保职工过好春节。场长王金章主持会议，农场党政领导以及各单位、部门负责人共17人参加会议。

1月21日　经安顺市人民检察院批准，成立贵州省山京畜牧场检察室。贵州省山京畜牧场检察人员的人事管理权等不变，检察业务工作由安顺市人民检察院指导。

1月23日　完成《山京畜牧场“八五”规划》编制工作。

3月16—17日　贵州省山京畜牧场召开1990年度工作总结暨先进表彰大会。会上，场长作1990年度工作总结报告，农场党委书记曾孟宗传达贵州省农场工作会议精神，对1990年度先进集体和先进个人进行表彰。

4月27日　签订《贵州省农业厅与贵州省山京畜牧场顺延承包经营责任制协议书》。按照原协议，贵州省山京畜牧场第一轮耕地、茶园承包时间为1988—1990年。根据贵州省人民政府有关通知精神，贵州省农业厅决定将承包时间顺延至1992年。顺延承包的原则是“大稳定，小调整”，通过对第一轮承包（3年）进行总结，进一步完善经营承包责任制。

7月　贵州省山京畜牧场与贵州省广播电视厅761台签订协议，委托贵州省广播电视厅761台为农场用户建设安装闭路电视系统工程，切实改善农场电视收视效果。

8月6日　贵州省山京畜牧场第三届职工代表大会第三次会议召开，场长作1991年度上半年工作总结报告。职工代表、农场领导、农场机关科室以及队站负责人共80人参加会议。

9月4日　贵州省山京畜牧场成立社会治安综合治理领导小组。

1992年

1月22日　组织召开离退休职工座谈会。农场党政领导班子就农场的生产建设和经济发展等问题，向离退休人员征求意见和建议。

2月25日　贵州省山京畜牧场基建工程队歇业整顿。

2月27日　农场子弟学校召开春季学期开学准备会议，董汝齐代表农场党委在会上进行指导性讲话，要求全校教师严格遵守《中小学教师职业道德规范》，努力搞好教育教学工作。

3月2日　农场机关科室负责人会议召开。会议决定农场实行岗位效益工资制度，由农场领导、农场办公室、计财科、政工科组成农场绩效考核领导小组，统筹、组织、协调考核工作。会议对机关科室办公使用车费、差旅费、会议就餐等做了规定。

6月1—2日　贵州省山京畜牧场在龙宫召开春季生产总结会议，对农场春季生产工作进行总结，安排布置夏季生产任务。农场领导王金章、董汝齐以及农场工会、各单位部门负责人共计 34 人参加会议。

10 月 19 日　贵州省山京畜牧场在十二茅坡管理区召开边茶生产及茶园冬季管理工作会议。会议以生产检查的方式举行，检查了十二茅坡片区 3 个茶园、十二茅坡茶叶加工厂，根据检查看到的情况和生产管理要求，对下一步工作进行安排布置。

1993 年　3 月 19—20 日　贵州省山京畜牧场 1992 年度先进表彰暨 1993 年度生产工作安排会议召开。会议听取讨论场长作的 1992 年度生产工作总结报告，对 1993 年度工作任务进行安排部署。对评选出的 1992 年度先进个人和先进集体进行表彰。

3 月 25 日　印发《山京畜牧场财务管理办法》，对农场财务收支管理工作进行进一步规范。

4 月 12 日　场长主持召开农场财务工作会议，对分行业理财提出具体意见，要求各财务室协作配合，做到分工协作。

4 月 26 日　场长主持召开农场生产工作会议，通报两个茶叶加工厂的生产进度情况。

5 月 31 日　贵州省山京畜牧场党政领导班子联席会议召开。会议听取农场纪委书记董汝齐通报的朱官部分村民破坏茶园的处理情况，讨论并批准预备党员转正，讨论并批准 4 个基层党支部改选，讨论并同意增补工会会员等。

6 月 6 日　贵州省山京畜牧场茶庄开业，贵州省、安顺地区、安顺市 50 多个单位，以及个人到茶庄祝贺。

12 月 16—17 日　贵州省山京畜牧场第四届职工代表大会第一次会议召开。会议审议通过第三届职工代表大会主席团工作总结，选举产生贵州省山京畜牧场第四届职工代表大会主席团成员。听取、讨论场长关于 1994 年实行经济责任制的报告。各队（站）党支部书记、站长、科室部门负责人、工会分会主席、农场领导等列席会议。

本年　中国人民解放军 86879 部队从农场辖区撤离，其所建基地暂停使用。

1994 年　3 月 9 日　为适应管理和服务需要，提高工作效率，对农场机关科室设置进行调整。将农作科和畜牧科合并为农牧科。将武装部、保卫科、法庭整合为综合治理办公室。将行政科和办公室合并为办公室。政工科与工会合并办公。

4 月 7 日　根据工作需要，对农场农业系统和茶叶生产系统的管理岗位人员进行调整。

10 月 20 日　贵州省山京畜牧场茶庄由于周转资金困难、产权转让等，关闭停业。

12 月 1 日　贵州省山京畜牧场安全委员会成立，冯和平任主任。

1995 年 1 月 3 日　贵州省山京畜牧场房屋改革工作小组成立，姜文兴任组长，李大舜、蒙友国任副组长，唐惠国、程志明、罗炳义、周忠祥、张升元为组员。

7 月 21 日　贵州省山京畜牧场第四届职工代表大会第四次会议召开。听取代理场长曾孟宗作上半年工作总结及下半年工作安排报告，分组对报告进行讨论。职工代表、机关科室负责人、队（站、村、居委会）负责人、农场工会委员、工会分会主席参加会议。

1996 年 1 月 12 日　贵州省山京畜牧场第四届职工代表大会第五次会议召开。会议审议通过《贵州省山京畜牧场一九九六年生产经营方案》。

2 月 2 日　中国共产党贵州省山京畜牧场第六次党员代表大会召开。会议听取并审议了唐惠国代表中国共产党贵州省山京畜牧场第五届委员会所作的工作报告和董汝齐代表中国共产党贵州省山京畜牧场第三届纪律检查委员会所作的报告。会议选举产生了中国共产党贵州省山京畜牧场第六届委员会和第四届纪律检查委员会。参加会议的党员代表有 51 人。

5 月 13—15 日　在党委会议室组织召开农场第六届党委第六次扩大会议。会议就成立土地管理科、确定农场工会委员会候选人名单、催收外部欠款等 17 个问题进行研究讨论，并形成处理落实意见。农场党委书记唐惠国主持会议，农场党委委员、纪委委员、副场级以上行政领导、党委办公室主任参加会议。

5 月 24 日　农场张家山村遭遇特大冰雹袭击，1000 多亩茶园受损，40 多亩秧田被淹，70 多亩旱地被冲毁，200 多堆未脱粒的油菜被冲走，电力中断，部分民房垮塌。灾情发生后，在上级有关部门、农场党政领导的大力支持和指导下，张家山村党支部、村民委员会带领全体村民积极开展生产自救和灾后重建。

8月7日　贵州省山京畜牧场对农场安全委员会组成人员进行调整。调整后，冯和平任主任，周兴伦任副主任，吴定中、张克家、黄昌荣、朱增华、支优文、唐惠民、程志平为委员。

11月6日　共青团贵州省农业厅委员会批复，同意共青团贵州省山京畜牧场第九届委员会由蔡国发、姜兴德、周德玲、程志明、丁宁组成，蔡国发任团委书记，程志明任组织委员，周德玲任宣传委员，姜兴德任文体委员，丁宁任劳动委员。

1997年　2月27—28日　贵州省山京畜牧场第五届职工代表大会第一次会议召开。会议审议并通过贵州省山京畜牧场第四届职工代表大会主席团工作报告及《山京畜牧场岗位考核办法》等文件。选举产生了贵州省山京畜牧场第五届职工代表大会主席团及第四届工会委员会。应到职工代表34人，实到34人。

5月8日　农场境内十二茅坡片区及张家山、老龙窝两个自然村寨遭受暴风雨和冰雹袭击，受灾区域一些树木被连根拔起或树干折断，部分房屋倒塌，农作物严重受损，通信电力中断，造成直接经济损失64.05万元。

1998年　1月16日　贵州省山京畜牧场第五届职工代表大会第二次会议暨1998年生产工作会议召开。会议审议并通过了《贵州省山京畜牧场1997年度工作总结》和《贵州省山京畜牧场1998年生产经营工作方案》，表彰了1997年度农场先进集体和先进个人。应到职工代表30人，实到27人。

2月8日　银子山村在铜鼓荡举行饮水工程开工典礼仪式。此工程项目由该村在昆明工作的徐开明捐资1万元、村集体出资1万元、村民集资1万元作为修建经费，村民投工投劳参与建设。工程完工后可提供银子山村57户村民的生活用水。

9月10日　农场组织召开全场服务点公开出售投标会，对农场原服务社各经营点房屋进行公开投标出售（11处房舍）。经公开竞价投标，中标价均等于或高于标底价。农场纪委、职工代表大会、工会、保卫科有关负责人到现场进行公证，并对这次拍卖活动出具了公证书。

9月29日　中共安顺市委、安顺市人民政府召开联合办公会议，专题解决杨武乡顺河村与贵州省山京畜牧场、青岛中汇公司的土地纠纷。研究扶持顺河村经济文化社会发展有关事宜。安顺市委副书记李圣光主持会议，市人大常委会、市人民政府、市政协、贵州省山京畜牧场、杨武乡党委和政府、顺河村有关负责人参加会议。

1999 年 3 月　贵州省山京畜牧场第五届职工代表大会第三次会议召开。会议审议通过《山京畜牧场 1998 年工作总结》和《山京畜牧场 1999 年生产经营工作方案》。

4 月 10 日　农场场部片区遭受暴雨夹冰雹袭击。许多大树被拦腰折断，茶树新芽被全部损毁，电力、通信、闭路电视设施受损中断，职工生产生活受到极大影响。经统计，这次灾害造成的直接经济损失达 110 多万元。

7 月 13 日　贵州省山京畜牧场民兵组织调整改革领导小组成立。唐惠国任组长，冯和平任副组长，伍开芳、程志明、吴定中、周兴伦、熊金国为组员。

10 月 25 日　贵州省山京畜牧场第五届职工代表大会第五次会议召开。党委书记唐惠国作在职职工调资方案报告，对副科级以上领导干部进行测评，工会主席简庆书作会议总结。应到职工代表 32 人，实到 27 人。应邀列席各级领导 24 人。

2000 年 1 月 21 日　贵州省山京畜牧场第五届职工代表大会第六次会议召开。会议审议通过《山京畜牧场 1999 年工作总结》《山京畜牧场 2000 年生产经营工作方案》《贵州省山京畜牧场关于推进场务公开民主监督制度的实施方案》《土地有偿使用收费标准》，并对 1999 年度先进集体、先进个人进行表彰。

3 月 29 日　农场向贵州省农业厅呈报《贵州省山京畜牧场电网改造项目申请报告》，申请启动电网改造相关工作。

4 月 15 日　商品粮杂交玉米制种基地项目建设工程正式开工建设。

10 月至次年 4 月　农场遭受严重旱灾，越冬农作物大量减产，春耕生产受到严重影响，直接经济损失 80 多万元。

11 月 9 日　商品粮杂交玉米制种基地项目建设工程，经安顺地区住房和城乡建设局、质量技术监督管理站、安顺地区建筑设计院验收合格。基地位于贵州省山京畜牧场十二茅坡片区，占地总面积为 5000 余平方米。

12 月 25 日　根据茶叶生产管理职能变化情况，决定撤销茶叶科、十二茅坡茶叶加工厂、茶叶三队、茶叶四队单位建制。

2001 年 1 月 11 日 贵州省农业厅党组副书记、副厅长班程农和省农业厅副厅长王臣礼到贵州省山京畜牧场进行春节慰问，与离退休人员代表座谈，贵州省农业厅农垦局局长赵宣富陪同慰问。

1 月 12 日 贵州省农业厅总农艺师张太平主持讨论贵州省国家级原种场山京分场基地建设工程项目在省属农垦企业贵州省山京畜牧场实施的有关问题。

贵州省山京畜牧场第五届职工代表大会第七次会议召开。会议审议通过《贵州省山京畜牧场 2000 年度工作总结》《贵州省山京畜牧场 2001 年度生产经营工作方案》。

2 月 28 日 贵州省山京畜牧场与贵州省种子公司签订《生产协议》，就杂交玉米种子生产事宜达成合作协议。

3 月 5 日 西秀区 2001 年度第一期基干民兵军政训练开训，贵州省山京畜牧场由武装部干士程志明带队组织 10 人参加。

4 月 23 日 贵州省山京畜牧场对农场的安全委员会组成人员进行调整。调整后，蒙友国任主任，周兴伦、朱增华任副主任，吴定中、张克家、龙远树、熊金国、艾慎忠、周忠祥为委员。

8 月 1 日 贵州省山京畜牧场对农场的民兵武器弹药和地爆器材进行清查。查出电雷管 51 支、TNT 炸药 400 克、高射机枪子弹 1 发。

8 月 3 日 贵州省山京畜牧场召开废旧物资清理及处理会议，就清理小组提出的初步处理意见进行审议。农场党委书记、场长唐惠国主持会议，农场党政领导及有关科室负责人、相关工作人员参加会议。

2002 年 1 月 18 日 贵州省山京畜牧场第五届职工代表大会第八次会议召开。会议审议通过《山京畜牧场 2001 年工作总结》《山京畜牧场 2002 年工作方案》《山京畜牧场场纪场规（修改方案）》。

3 月 11 日 完成《贵州省山京畜牧场生产生活用自来水设施改造项目建议书（可行性报告）》编制工作，启动自来水设施改造项目建设。

3 月 12 日 十二茅坡片区遭遇暴雨夹冰雹袭击，茶园、果园、农作物严重受损，直接经济损失达 60 多万元。

4 月 30 日 贵州省山京畜牧场城市居民最低生活保障工作小组成立。简庆书任组长，伍开芳任副组长，朱增华、陈华松、祝德胜、周忠祥、丁隆海、杨兰清为组员。

2003 年 1 月 17 日 贵州省山京畜牧场第六届职工代表大会第一次会议召开。会议审议通过第五届职工代表大会主席团工作报告，选举产生第六届职工代表大会主席团成员。参加大会的职工代表有 33 人。

3 月 4 日 印发《山京畜牧场“两基”工作安排意见》，对农场基本普及九年义务教育和基本扫除青壮年文盲工作进行安排部署。

6 月 4 日 贵州省山京畜牧场组织开展烤烟、农业生产工作检查。农场领导冯和平、蒙友国、简庆书带队并现场组织安排检查工作。四个民寨村村两委及帮扶科室负责人、各片区烤烟种植辅导员按照分组进行交叉检查。

8 月 贵州省国家级原种场山京分场检测室竣工落成，投入使用。

11 月 24 日 贵州省山京畜牧场办公室印发《关于认真做好预防非典型肺炎工作的通知》，具体安排预防“非典”宣传教育、实行 24 小时值班等有关工作。

2004 年 2 月 9 日 农场下达各科室人员编制计划。

4 月 经贵州省农业厅农垦局、人事处研究，同意调整贵州省山京畜牧场管理岗位工资。岗位工资调整后，管理人员每月预留 10%工资额用于年终目标奖惩。

7 月 8 日 贵州省山京畜牧场成立子弟学校教学楼建设工作小组，负责该工程的委托设计、委托建筑工程招标以及建设工程管理、监督工作。

本年 柳江公司进驻农场，承包原机械化万头养猪场并进行改造，发展养鸡产业。

本年 贵州省山京畜牧场对全农场的自来水供水系统进行改造。

本年 西秀区公安分局双堡派出所（简称“双堡派出所”）在农场设立警务室。

本年 安顺市人民政府和西秀区人民政府先后在农场召开烤烟育苗移栽现场会。

2005 年 1 月 22 日 贵州省山京畜牧场第六届职工代表大会第四次会议召开。会议审议通过《山京畜牧场 2004 年工作总结》《山京畜牧场 2005 年工作方案》《山京畜牧场实施职工医疗保险制度改革议案》《关于场部住宅区改造意见》。

3 月 7 日 成立场部住宅区改造领导小组，负责场部住宅区改造项目的领导、组织、协调、实施工作。领导小组下设住宅区改造办公室，负责具体组织实施、安排处理改造项目工程相关事务。领导小组组长为唐惠国，组员为简庆书、冯和平、蒙友国。住宅区改造办公室主任为简庆书，工作员为朱增华、张克家、伍开芳、周兴伦。

5月1日　贵州省山京畜牧场十二茅坡、银子山片区遭受雹雨袭击，农作物受灾较重，造成直接经济损失80多万元。

6月　农场子弟学校教学楼竣工。教学楼建筑面积为1166平方米，投资总金额为61.06万元。

11月8日　贵州省山京畜牧场畜禽防疫工作领导小组成立，冯和平任组长，彭燕、朱增华任副组长，周兴伦、支优文、黄明忠、饶贵忠、龙利江、杨庆菊、吴开华、周志学、吴朝国、周忠祥、胡克明、王安忠为组员。

11月25日　贵州省山京畜牧场印发《关于我场防范处置突发性重大动物疫病的工作方案》，为防范处置突发性疫情做好准备工作。

2006年　1月16日　贵州省山京畜牧场第六届职工代表大会第五次会议召开。会议审议通过《山京畜牧场2005年工作总结》和《山京畜牧场2006年工作方案》，对2005年度先进集体和先进个人进行表彰。

1月20日　贵州省山京畜牧场工会委员会与职工代表大会主席团联席会议召开，讨论研究2005年烤烟生产奖罚及2006年烤烟生产考核指标制定问题。工会委员会成员和职工代表大会主席团成员共9人参加会议。

2月6日　贵州省农业厅批复：同意安顺市烟草局在贵州省山京畜牧场实施以烟水配套工程和集约化烘烤工程为主的烟叶生产基础设施建设。

3月　农场遭受霜冻袭击，茶园、果园等普遍受灾，直接经济损失共计150多万元。

5月　委托贵州协同建筑设计院编制《贵州省山京畜牧场场部中心区改造建设规划》。

8月8日　印发《贵州省山京畜牧场“整脏治乱”行动实施意见》，对农场“整脏治乱”工作进行安排部署。

12月31日　根据贵州省人民政府办公厅《关于做好省属国有企业分离办全日制普通中小学工作有关问题的通知》的要求，成立贵州省山京畜牧场学校移交工作小组，负责组织协调、安排开展农场子弟学校移交西秀区人民政府管理的相关工作。

2007年 1月19日　贵州省山京畜牧场第六届职工代表大会第七次会议召开。会议审议通过《山京畜牧场2006年工作总结》《山京畜牧场2007年工作方案》《关于禁止在耕地、茶园建坟的规定》《场部住宅区改造拆迁补偿办法》，对2006年度先进集体和先进个人进行表彰。

4月23日　农场遭受大风、雹雨袭击，农场西南部银子山、十二茅坡片区受灾严重，损失较大。经统计，农场直接经济损失达300多万元。

6月8日　经农业部批准，贵州省山京畜牧场确定为“全国农垦现代农业示范区”。

12月　完成《生态果蔬示范园项目实施方案》编制工作。计划总投资77.8万元。其中，上级财政补助30万元，农场自筹47.8万元。生态果蔬示范园园区总面积为300亩。其中，种植新世纪梨200亩，水晶葡萄80亩，蔬菜20亩。

2008年 1月18日　贵州省山京畜牧场第六届职工代表大会第八次会议召开。会议审议通过《山京畜牧场2007年工作总结》和《山京畜牧场2008年工作方案》。

8月1日　安顺市国土资源局西秀区分局有关人员对贵州省山京畜牧场子弟学校及其十二茅坡教学点进行实地勘测，并下达确认书。经实测，子弟学校占地面积为1.07万平方米，十二茅坡教学点占地面积为2464.6平方米。

8月27日　贵州省山京畜牧场与西秀区人民政府签订《贵州省省属国有企业分离办全日制普通中小学移交协议》，协议明确了移交范围和原则、移交时间、移交前双方的权利和义务等内容。

8月31日　根据贵州省人民政府办公厅、贵州省经济贸易委员会、贵州省财政厅有关文件要求，按照此前贵州省山京畜牧场先后与安顺市人民政府和西秀区人民政府签订的移交协议，贵州省山京畜牧场子弟学校被正式移交给西秀区人民政府管理。

12月　贵州省山京畜牧场第七届职工代表大会第一次会议召开。会议审议通过第六届职工代表大会主席团工作总结报告，选举产生第七届职工代表大会主席团成员。

12月25日　召开农场领导办公会议，专题研究卫生所改造建设项目有关事宜。

本年　安顺市西秀区现代烟草农业示范区烤烟专业合作社在贵州省山京畜牧场成立。

2009 年　1 月 16 日　贵州省山京畜牧场第七届职工代表大会第二次会议召开。会议审议通过《山京畜牧场 2008 年工作总结》《山京畜牧场 2009 年工作方案》《山京畜牧场场规场纪》。

2 月 24 日　贵州省农业厅副厅长吴承斌在安顺市农业局三楼会议室主持召开会议，研究落实贵州省山京畜牧场代管民寨村惠农政策有关问题。贵州省农业厅有关处局、安顺市人民政府及其有关部门、西秀区人民政府及其有关部门、贵州省山京畜牧场、双堡镇人民政府有关负责人参加会议。

3 月 13 日　夜间，农场境内突降暴雨夹冰雹，造成茶叶、油菜、葡萄等农作物受灾严重。经统计，这次霜冻灾害造成农场直接经济损失 432 万元。

7 月中旬—9 月上旬　农场境内 55 天持续高温干旱，水稻、玉米、烤烟等农作物不同程度受灾，农场直接经济损失达 565 万元。

2010 年　1 月 22 日　贵州省山京畜牧场第七届职工代表大会第三次会议召开。会议审议通过《山京畜牧场 2009 年工作总结》和《山京畜牧场 2010 年工作方案》。

5 月 15 日　对农场安全委员会组成人员进行调整。调整后，朱增华任委员会主任，黄平勇任副主任，农场机关有关人员及基层各生产单位负责人为委员。

7 月 20 日　贵州省山京畜牧场全场范围遭受特大暴雨袭击，降雨量达 100 毫米左右，场内交通干线和通村公路受损严重，农作物大面积受灾，直接经济损失达 90.36 万元。

10 月 11 日　印发《关于山京畜牧场茶树更新复壮实施方案》，提出改良茶园、提高产量 3 年计划措施。成立茶树更新复壮工作领导小组，负责组织领导、协调督导此项工作。

12 月 15 日　贵州省山京畜牧场被整体移交西秀区人民政府管理。

2011 年　1 月 10—19 日　贵州省山京畜牧场遭遇大雪、凝冻灾害，茶园、农作物受灾严重，供水设施、房屋部分受损。经统计，农场因灾造成的经济损失共计 113 万元。

2 月 28 日　贵州省山京畜牧场第七届职工代表大会第四次会议召开。会议审议通过《2010 年农场工作回顾》《2011 年农场工作任务》《2010 年农场财务预算执行情况和 2011 年农场财务预算报告》。

5 月 17 日　西秀区委常委、区委办公室主任王永胜到贵州省山京畜牧场调研。

6 月　贵州省山京畜牧场危旧房改造及其配套基础设施项目启动。危旧房改造项目投资 2474.36 万元。其中，国家补助资金 673.5 万元，职工自筹资金 1800.86 万元。配套基础设施项目投资 775 万元。其中，国家补助资金 765 万元，农场自筹资金 10 万元。

7 月 9 日　中国农业科学院茶叶研究所领导到明英茶场开展调研，西秀区人民政府有关领导陪同。

7 月 18 日　农场危旧房改造工作领导小组召开第六次会议，专题讨论《山京畜牧场危旧房改造协议》相关事宜，经与会人员充分酝酿，在改造方式、改建造价、付款方式、用料要求等方面达成共识。农场党政领导、危旧房改造工作领导小组、施工方代表参加会议。

7 月　安顺市国土资源局西秀区分局委托贵州黔美测绘院安顺科翰分院对贵州省山京畜牧场土地进行实测。

8 月 2 日　西秀区委常委、区委办公室主任王永胜到贵州省山京畜牧场视察旱情，指导开展抗旱救灾工作。

8 月 20 日　贵州省山京畜牧场向场属各村、队下拨抗旱经费。

8 月　印发《贵州省山京畜牧场危旧房改造项目实施方案》，提出危旧房改造基本原则、建设任务、对象、方式、内容、质量管理、资金管理等指导性意见。

9 月 19 日　中国共产党贵州省山京畜牧场党员代表大会召开，选举蒙友国、朱增华、李财安 3 人为出席中国共产党西秀区第四次党员代表大会的代表。

本年　贵州省山京畜牧场遭遇建场以来（在生产季节）最严重干旱，造成直接经济损失 717 万元。

2012 年

1 月 4 日　西秀区人民政府副区长杨金福与贵州好一多乳业有限公司负责人就在贵州省山京畜牧场建奶牛养殖基地和牛奶加工生产基地有关事

宜进行座谈。

2月10日—3月25日　遭遇严重低温干旱及严重霜冻灾害，造成茶园、果园大面积受灾，直接经济损失达390多万元。

2月21日　西秀区人民政府办公室副主任王保亚组织安顺市国土资源局西秀区分局、双堡镇人民政府、鸡场乡人民政府、杨武乡人民政府、贵州省山京畜牧场有关负责人在区政府三楼会议室召开专题会议，研究贵州省山京畜牧场土地权属勘界确权等有关事宜。

2月25日　贵州省山京畜牧场第七届职工代表大会第五次会议召开。会议审议通过《2011年农场工作回顾》《2012年农场工作方案》《2011年农场财务预算执行情况和2012年农场财务预算报告》。王永胜出席会议并在会上讲话。

2月27日　成立基层组织建设年活动领导小组，负责基层组织建设年活动总体规划、安排部署、督促落实等工作。

3月6日　王永胜到贵州省山京畜牧场银子山村开展帮扶活动。

5月8日　国家发展改革委西部开发司司长秦玉才一行到贵州省山京畜牧场开展调研，中共西秀区委、西秀区人民政府有关领导陪同。

12月3日　西秀区人民政府副区长杨金福到贵州省山京畜牧场，对中药材产业发展情况进行调研。

12月26日　贵州省山京畜牧场危旧房改造工作领导小组组织验收组，对安顺三建公司八处承建的2011年危旧房改造项目场部片区（B区）进行竣工验收。经现场认真核实查验，验收组同意通过验收。这次验收项目为场部片区（B区）危旧房改造28户，包括住房、围墙、道路硬化、给排水、堡坎等。

2013年

2月7日　西秀区委常委、区委组织部部长黄玮在区委组织部三楼会议室主持召开会议，专题研究贵州省山京畜牧场请求解决划转后理顺有关问题的相关事宜，就特殊人员补贴、运转经费、管理人员安置等问题做安排。

3月1日　贵州省山京畜牧场第八届职工代表大会第一次会议召开。会议审议通过《2012年农场工作总结》《2013年农场工作方案》《2012年农场财务预算执行情况和2013年农场财务预算报告》。

西秀区总工会就贵州省山京畜牧场第五届工会委员会选举结果批

复：同意贵州省山京畜牧场第五届工会委员会由蔡国发、李财安、龙远树、李金华、张云五人组成，蔡国发担任工会主席。李财安、丁宁、吴开华任工会经费审查委员会委员。张云、曾翠荣、朱雪梅任工会女职工委员会委员。

3 月 12 日　杨金福到贵州省山京畜牧场督导西秀区山京现代高效茶产业示范园区建设工作。

4 月 10 日　安顺市人民政府副市长熊元到贵州省山京畜牧场就西秀区现代高效蔬菜产业示范园区和西秀区山京现代高效茶产业示范园区项目进行调研。西秀区委副书记杨平、西秀区人民政府副区长杨金福陪同。

4 月 23 日　经西秀区人民政府 2013 年第 11 次区长办公会议研究同意，将贵州省山京畜牧场黑山村、毛栗哨村、张家山村、银子山村调整为双堡镇人民政府管辖。

5 月 14 日　西秀区委副书记杨平与西秀区人大常委会副主任李才荣召集有关单位部门负责人对西秀区山京现代高效茶产业示范园区建设工作情况进行调研，并在贵州省山京畜牧场召开座谈会，听取相关工作情况汇报，并对园区建设工作进行安排部署。西秀区交通局、西秀区发改局、西秀区农业局、西秀区林业局、西秀区扶贫办、贵州省山京畜牧场、旧州镇人民政府、双堡镇人民政府、安顺市西秀区瀑珠茶业有限公司有关负责人参加调研。

5 月 20 日　西秀区委副书记杨平在区委三楼会议室主持召开专题会议，研究讨论西秀区山京现代高效茶产业示范园区主干道 007 县道至鸡场公路提前实施相关事宜。会议要求各有关单位部门按照各自职责分工，相互配合，抓好落实，力争到年底基本完工。西秀区交通局、西秀区发改局、西秀区农业局等部门负责人以及贵州省山京畜牧场、双堡镇人民政府、鸡场乡人民政府有关负责人参加会议。

7 月 16 日　贵州省民政厅、贵州省农业委员会（简称贵州省农委）领导到贵州省山京畜牧场调研。中共西秀区委、西秀区人民政府主要领导陪同。

8 月 9 日　贵州省山京畜牧场召开领导干部党风廉政警示教育大会，参加会议的党员干部有 21 人。

8 月 27 日　安顺市委常委、西秀区委书记罗建强在区委四楼会议室主持召开专题会议，研究讨论贵州省山京畜牧场领导班子建设、编制、土地确权等事宜。西秀区人民政府领导黄玮、王永胜、任小生、邓辉等参加会议。

9月14日　浙江药材种植投资商考察组到贵州省山京畜牧场考察。西秀区人民政府领导苏远平、邓辉陪同。

9月27日　罗建强在区委四楼会议室主持召开区委常委会，听取关于贵州省山京畜牧场财政实行差额补贴等事项的情况汇报。

10月12日　财政部农村综合改革办公室调研组到贵州省山京畜牧场调研。西秀区委常委、西秀区人民政府常务副区长苏远平陪同。

10月15日　根据第三次全国经济普查方案以及西秀区人口普查办公室有关会议精神，印发《山京畜牧场经济普查方案》，安排部署农场经济普查工作。

10月23日　贵州省山京畜牧场土地整治项目规划评审会在贵阳市召开。西秀区人民政府副区长冯文刚参加会议。

12月30日　贵州省山京畜牧场组织由农场党政领导、有关科室负责人组成的11人验收组，对各茶园承包户2013年更新复壮工作进行验收。年度内更新复壮茶园面积共计1316.84亩。

2014年

2月18日　农场全场范围内遭受大雪侵袭，农作物大面积受灾，生产设施受损，造成直接经济损失164万元。

2月28日　贵州省山京畜牧场第八届职工代表大会第二次会议召开。会议听取审议并通过场长冯和平所作的“忠实务实实干兴场，同心同苦同步小康”报告、《2013年农场财务预算执行情况和2014年农场财务预算报告》《山京畜牧场供水管道改造实施办法》。

贵州省山京畜牧场农业科负责人彭燕与贵州省山京畜牧场场长冯和平签订《农业生产目标责任书》，明确农业科在完成农业经济指标、农业生产指导管理等方面的任务与职责。

3月31日　贵州省山京畜牧场场长冯和平主持召开会议，讨论研究收回石油队土地并对开垦者给予补偿等问题。

8月27日　安顺市委常委、西秀区委书记罗建强在区委四楼会议室主持召开专题会议，研究讨论贵州省山京畜牧场有关事宜。会议听取了有关部门汇报，与会人员结合实际进行充分讨论。会议就贵州省山京畜牧场的领导班子、管理人员编制、级别层次、卫生所、一线职工社会保障等问题提出了意见。西秀区四套班子有关领导及有关部门负责人参加会议。

10 月 27 日　贵州省山京畜牧场党的群众路线教育实践活动总结大会召开。贵州省山京畜牧场党委副书记、场长冯和平主持会议，党委书记蒙友国作总结讲话。农场党政领导、农场机关科室党员、各党支部书记、职工代表、离退休人员代表、服务对象代表、西秀区委第二督导组成员共计 41 人参加会议。

2015 年　3 月 13 日　贵州省山京畜牧场第八届职工代表大会第三次会议召开。会议听取审议并通过场长冯和平《农场工作报告》《2014 年农场财务预算执行情况和 2015 年农场财务预算报告》《山京畜牧场自来水管理办法》《山京畜牧场场规场纪》。

3 月 25 日　贵州省农业委员会农垦处处长孙玉忠到贵州省山京畜牧场就职工住宅小区建设情况进行考察。西秀区人民政府有关领导、农场主要领导陪同并介绍有关情况。

4 月 27 日　农场成立环卫队。双堡镇城管队有关人员到贵州省山京畜牧场，对农场环卫工人进行上岗前培训。

7 月 23 日　贵州省山京畜牧场副县级以上领导干部组织召开“三严三实”专题党课。党委书记蒙友国，党委副书记、场长冯和平，党委委员、副场长朱增华，先后给农场各党支部委员、机关科室全体党员讲授党课。

8 月 31 日　贵州省人民政府、贵州省人大常委会、贵州省农委离退休人员袁荣贵等一行 14 人到贵州省山京畜牧场，开展“我看贵州‘十二五’现代农牧业”主题调研活动。西秀区人民政府领导陈天一、邓辉以及农场党政主要领导陪同，介绍有关情况并参加相关座谈会。

9 月 13—17 日　农场党委书记蒙友国、党委办公室主任吴开华一行，先后到双堡镇九龙山村、大坝村、银山村、所坝村、双堡社区，开展遍访贫困村贫困户工作。

9 月 28—30 日　农场党委书记蒙友国率农场领导班子及部分科室负责人到云南昆明，对前来农场投资种植中药材（白及）的公司进行考察。

2016 年　4 月 28 日　深圳奥雅设计公司到贵州省山京畜牧场等地考察城乡规划编制工作。安顺市委常委、西秀区委书记郭伟谊陪同。

7月23日　完成《山京畜牧场“十三五”发展与规划》编制工作。

12月　贵州省山京畜牧场危旧房改造项目竣工。工程项目资金总投入3249.36万元。危旧房改造共计449户。其中，新建206户，改建243户。道路硬化14837.07平方米，修建围墙620米、排水沟2624米、化粪池11个、高位水池1个、公厕1个，安装水管6900米、输电线6800米、太阳能路灯19套，开钻水井2口，绿化7740平方米，种植绿化树620株。

本年　根据中共西秀区委统一安排部署，农场党委组织开展“三严三实”教育实践活动。

2017年

1月8日　农场组织有关人员对运抵场部的垃圾清运车、垃圾箱进行验收。型号、规格、数量均符合购买合同要求。

4月11日　安顺市委常委、西秀区委书记郭伟谊在区委4楼8号会议室主持召开专题会议，研究贵州省山京畜牧场土地使用相关事宜。

6月27日　经西秀区人民政府研究，原则同意由柳江公司继续承租贵州省山京畜牧场养殖场所属土地，对养殖场进行升级改造。

7月12日　贵州省山京畜牧场国有土地使用权登记发证工作领导小组成立，负责开展农场国有土地勘查登记、国有土地使用权证申领等工作。

10月9日　安顺市委常委、西秀区委书记郭伟谊在贵州省山京畜牧场三楼会议室主持调研会议，对贵州省山京畜牧场在贯彻落实进一步推进农垦改革发展进程中出现的土地确权等相关事宜进行认真研究。西秀区委副书记、政法委书记任小生，西秀区人民政府有关部门负责人，贵州省山京畜牧场有关领导和各科室负责人参加会议。

10月26日　农场党委召开学习中共十九大报告及习近平总书记重要讲话精神会议。农场党委副书记、场长冯和平主持会议，农场各党支部书记和管理人员参加学习。

11月2日　西秀区政府办副主任齐维伟在贵州省山京畜牧场三楼会议室主持召开关于协调处理贵州省山京畜牧场与双堡镇军马村黑山组土地权属争议的会议。

12月5日　贵州省山京畜牧场场长冯和平在农场小会议室主持召开关于协调处理安顺市西秀区瀑珠茶业有限公司拖欠贵州省山京畜牧场2017年承包费的会议。副场长朱增华以及农场有关科室负责人参加会议。

12 月 12 日　贵州省农垦农场改革发展工作督查组赴安顺市开展有关工作督查，上午到贵州省山京畜牧场开展相关工作督查。

2018 年　1 月 20 日　西秀区政府办副主任齐维伟主持召开会议，专题研究解决齐维军承包的军马场土地权属争议造成损失的有关事宜。贵州省山京畜牧场、安顺市国土资源局西秀区分局、西秀区农业局、双堡镇有关负责人参加会议。

3 月 12 日　西秀区委常委、宣传部部长王兴伦兼任贵州省山京畜牧场党委书记。

3 月 31 日　农场组织场部机关工作人员观看《中华人民共和国监察法》专题讲座。

4 月 2 日　西秀区委常委、宣传部部长、农场党委书记王兴伦率西秀区有关部门负责人到贵州省山京畜牧场茶叶基地现场办公，落实中共安顺市委主要领导视察茶产业时的指示精神，安排落实茶叶基地 3.3 千米机耕道硬化项目实施事宜。

5 月 28 日　安顺市西秀区农垦土地确权、颁证工作督查会议在贵州省山京畜牧场召开。安顺市农委茶叶办公室副主任徐瑛主持会议，贵州省国土资源厅曾凡财、贵州省农委农垦处处长吴忠志出席会议，安顺市国土资源局、安顺市农委、西秀区人民政府办公室、西秀区国土资源局、西秀区农业农村局、贵州省山京畜牧场、芦坝茶场主要领导及有关负责人参加会议。

2019 年　3 月 14 日　组织对农场老旧危房、山塘水库、道路桥梁等开展安全大排查。排查工作人员分为两个组，分别在场部片区和十二茅坡片区开展工作。此项工作由农业土管综合科具体组织、协调、安排，农场领导班子成员、党政办公室负责人及有关人员参加。

4 月 16 日　农场党委副书记罗仁保及党政办公室副主任黄明忠到双堡镇张官村安排帮扶工作。

4 月 25 日　农场环境卫生工作会议召开，对环境卫生工作进行安排布置。会上，农场领导陈波、高维富就有关工作提出要求。

6 月 3 日　西秀区委常委、区委办公室主任汪波主持召开会议，专题研究部署贵州省山京畜牧场国有资产清收相关工作。西秀区有关单位部门、贵州省山京畜牧场、双堡镇人民政府、鸡场乡人民政府、杨武乡人民政府有关负责人参加会议。

6月13日　农场国有资产清收工作领导小组成立，负责国有资产清收组织领导、协调、督促等有关工作。罗仁保、陈波任组长，高维富、李财安、龙远树任副组长，饶贵忠、李小波、吴开华、黄明忠、蔡国发、丁宁为组员。领导小组下设办公室，具体负责国有资产清收工作相关事宜，办公地点在农业土管综合科。龙远树兼任办公室主任，饶贵忠任副主任，工作人员从场部各科室抽调。

7月1日　贵州省山京畜牧场场直、十二茅坡、离退休党支部组织开展"重走长征路"主题党日活动。

7月6日　西秀区委副书记、西秀区人民政府区长陈天一主持召开西秀区第五届人民政府第89次常务会议。会议议程共八项，其中第七项议程是：听取关于西秀区山京畜牧场临时工作组开展工作情况相关事宜的汇报，并对临时工作组下一步工作提出指导意见和要求。西秀区人民政府人员出席会议，西秀区有关单位部门相关负责人列席会议。

8月30日　贵州省山京畜牧场举行场关心下一代工作委员会成立揭牌仪式。安顺市关心下一代工作委员会、西秀区关心下一代工作委员会、中共西秀区委组织部有关领导出席揭牌仪式，安顺市关心下一代工作委员会主任杨志凤对有关工作提出了要求。农场党委副书记、副总经理陈波主持揭牌仪式，农场党委委员、纪委书记高维富向各级领导汇报了农场基本情况。

9月5日　贵州省农业科学院党委书记赵德刚、院长何庆才等学院领导班子考察组一行6人专程到贵州省山京畜牧场考察，对农场所辖的十二茅坡、南坝园、新海水库、百亩大地等地进行了较深入的考察。西秀区委常委、区委办公室主任汪波陪同考察，农场党政领导陪同并介绍有关情况。

9月30日　贵州省山京畜牧场党委副书记、副董事长罗仁保代表区委区政府看望慰问生病老党员张金英和刘枢文。

农场领导陈波、高维富到十二茅坡管理区党支部慰问老党员。

10月16日　中共西秀区委"不忘初心、牢记使命"主题教育第十二督导组到贵州省山京畜牧场，开展主题教育督导工作。

10月30日　贵州省山京畜牧场"不忘初心、牢记使命"主题教育学习研讨暨调研交流成果发言会在场部三楼会议室召开，农场党政领导罗仁保、陈波、高维富、李财安分别作调研成果交流发言。督导组副组长彭智到会并作指导讲话。

10 月 31 日　贵州省山京畜牧场“不忘初心、牢记使命”主题教育评估工作会召开，党委副书记罗仁保向与会人员通报主题教育开展情况。农场党政领导、各党支部代表、机关科室党员、党外人士代表、农场老领导代表、服务对象代表共计 30 人参加会议。与会人员按照上级党委有关要求，对贵州省山京畜牧场“不忘初心、牢记使命”主题教育开展情况进行了评估。

12 月 18 日　西秀区委常委、统战部部长王兴伦到贵州省山京畜牧场调研，农场相关领导陪同调研。

2020 年　1 月 1 日　印发《山京畜牧场机关科室干部职工年度目标（绩效）奖惩兑现工作实施方案》。

1 月　开展新冠感染防控工作，经排查发现当月上旬从武汉返回人员 1 名（学生），报西秀区新冠感染防控中心后，由西秀区人民政府、双堡镇人民政府根据实际情况采取相应防控措施。

5 月 12 日　西秀区委组织部、西秀区自然资源局、西秀区人力资源和社会保障局（简称人社局）组成联合工作组，到贵州省山京畜牧场调研。调研期间，联合工作组成员与贵州省山京畜牧场领导及有关科室负责人进行座谈。

5 月 15 日　贵州省山京畜牧场向农业农村部农垦局呈报《第一批中国农垦农场志编纂申报表》，启动编纂《贵州山京畜牧场志》筹备工作。

10 月 10 日　贵州省山京畜牧场向西秀区人民政府请示原养殖场对外发包等相关事宜。

11 月 5 日　贵州省山京畜牧场志编纂委员会举行第一次会议。会议审议通过《贵州山京畜牧场志》的篇目框架结构等事项。农场领导罗仁保、陈波对编纂工作提出要求。

11 月 10 日　西秀区委常委会会议讨论同意：罗仁保正式任贵州省山京畜牧场党委副书记，陈波正式任贵州省山京畜牧场党委副书记，高维富正式任贵州省山京畜牧场纪委书记。其任职时间均从 2019 年 7 月开始计算。

12 月 14 日　西秀区委副书记、西秀区人民政府区长陈天一主持召开西秀区第五届人民政府第89次常务会议。会议议程共十一项，其中第五项议程是：听取关于将贵州省山京畜牧场产权无偿划转到西秀区农业水利发展投资（集团）有限责任公司有关事宜的汇报，研究安排相关工作。西秀区人民政府人员出席会议，西秀区有关部门单位相关负责人列席会议。

第一编

地　　理

中国农垦农场志丛

第一章　场域建制

农场总场场域初定于20世纪50年代中期。20世纪50年代末60年代初，紧邻农场周边的4个集体所有制生产大队被划归农场管理后，农场场域有所扩大，农场场域基本确定。2013年，农村集体所有制4个行政村（9个自然村寨）被划归双堡镇人民政府管辖后，农场边界周长减少近10千米。

第一节　场　　域

1953年，贵州省农林厅完成9010亩农场选址勘测。1954年，贵州省农林厅国营农场勘测队，对农场面积、地形、土质等自然情况再一次做了摸底，完成勘测工作量23454亩，进行了土地利用初步规划。1957年6月，贵州省农林厅土地利用局派出土地规划工作队，对农场所属土地进行勘测和土地规划。1959年和1960年，黑山、毛栗哨、银子山、张家山四个生产大队（共9个自然村寨）先后被划归农场管理。

根据1988年4月勘测划界的情况，农场边界周长42千米。东面与安顺县双堡区猛邦乡相邻，东北、北面与双堡区双堡镇相望，西北、西面与双堡区江平乡接壤，东南、南面与鸡场区鸡场乡相邻，西南与鸡场区甘堡乡接壤。

2013年4月，西秀区人民政府研究决定，将贵州省山京畜牧场黑山村、毛栗哨村、张家山村、银子山村这4个集体所有制行政村（包括黑山、毛栗上哨、毛栗下哨、银子山、红土坡、马过路、砂锅泥、张家山、老龙窝）划归双堡镇人民政府管理。农场边界周长34.65千米。东面与安顺市西秀区杨武乡相邻，东北、北面、西面与双堡镇相邻，东南、南面、西南与鸡场乡相邻。

第二节　区　　位

一、天文地理位置

农场政治中心黑山场部，位于北纬26度10分5秒，东经106度9分14秒。农场最东端，位于北纬 26 度 9 分 38 秒，东经 106 度 9 分 12 秒。农场最南端，位于北纬 26 度 4 分 15 秒，东经 106 度 6 分 3 秒。农场最西端位于北纬 26 度 5 分 6 秒，东经 106 度 5 分 44 秒。农场最北端，位于北纬 26 度 10 分 51 秒，东经 106 度 9 分 1 秒。

二、自然地理位置

农场位于贵州省安顺市西秀区境内最大天然湖山京海子东南部，西秀区最高山峰石人大坡东南部，西秀区境内最长河流邢江河南部，西秀区境内最长山脉老落坡山脉最高峰九龙山东南。

三、经济地理位置

农场位于贵阳火车站西南部，距该火车站 95 千米；位于贵阳龙洞堡机场西南部，距该机场 97 千米；位于安顺火车站东南部，距该火车站 30 千米；位于安顺黄果树机场东南部，距该机场 40 千米。

四、政治地理位置

农场位于首都北京市西南部，距北京市 2180 千米；位于贵州省省会贵阳市西南部，距贵阳市 100 千米；位于安顺市东南部，距安顺市市区 30 千米。

第二章　自然地理

农场区域地质上位于西秀区东南部山京向斜褶皱带。地形略似哑铃状，境内丘陵起伏，山间有小块坝子。属亚热带高原季风湿润气候。境内河流属珠江水系，径流小。主要资源有土地资源、矿产资源、水资源等。

第一节　自然环境

一、地质

在地质构造上，境内处于川黔经向结构体系南部西沿及南岭复杂构造带北面的黔西山字形东翼西侧，属于南北向的经向结构体系，位于西秀区东南部山京向斜褶皱带。已勘探可知的地层从表到里，分别为新生界第四系残积层和中生界三叠系安顺组地层。

土壤层结构：新生界第四系残积层为土壤层，上部为耕作土，下部主要为残积红黏土。

耕作土：农场境内耕作土分为黑壤、灰壤、黄壤三大类型，厚度在0.4～0.7米。含有机质，带沙性，较松散。

残积红黏土：黄色、褐黄色，稍湿，可塑至硬塑状，土质均匀，有一定的黏性。此层全农场均有分布，厚度较大，水平分布连续，厚度2.5～10.6米，平均厚度为6.9米。

岩石层结构：中生界三叠系安顺组地层为岩石层，主要为白云岩，按其风化程度可进一步划分为强风化白云岩、中风化白云岩两层。

强风化白云岩：灰色、浅黄灰色，中至厚层状，节理、裂隙极发育，合金易钻进，岩芯呈沙状、碎块状。此层厚度较小，在场地内分布不均匀，厚度0～0.50米，平均厚度为0.1米。

中风化白云岩：灰色、浅灰色，中至厚层状，细晶结构，节理、裂隙较发育，部分见蜂窝状溶蚀小孔，岩石坚硬。此层全农场均有分布，厚度5～7.25米，平均厚度为5.23米。

二、地貌

农场南北长约12千米，由东北到西南两头阔、中间窄，略似哑铃状。地形多为缓坡丘陵，形成开阔连片坝子。坝子内偶有山峦突起。坝子四周丛山环绕，形成天然隔离带。

在地形上，丘陵起伏，土山纵横，地势不平，土地分布多在山腰山脚平缓地带或两山夹槽地区，地形坡度在5～20度，田区高差在1～8米。最高海拔为1369米，最低海拔为1133米，一般海拔为1207～1268米，平均海拔为1270米。土地较为集中连片。

三、气象

属亚热带高原季风湿润气候，夏季高温多雨，冬季低温干燥。年平均温度为14.3℃。极高温度在7月，为34℃；极低温度在2月，达－6.5℃。无霜期达261天（最早年初霜10月30日，最晚年终霜3月3日），平均年降水量为1147.4毫米。水量分布集中在5—9月，月平均降水量达171.46毫米；水量分布少的是1、2、3、4、10月，月平均降水量仅为41.44毫米。年平均日照为1355.6小时：最短是在2月，为51.9小时；最长是在7月，达201.3小时。

四、水文

农场辖区位于长江水系与珠江水系分水岭上，境内河流少，流量小，流域面积不大。主要河流有黑山河、银子山河、张家山大河，均为珠江水系。

黑山河，发源于双堡镇海子村山京海子，往东流经新海水库（进入新海后再往东南进入小海水库），再流入煤子井山塘，经大黑山山脚时有黑山大水井泉水补充，再往东流经黑山村，到野鸡笼流入暗河，在农场境内的河道长3.5千米。丰水季节（年均5个月）径流量在0.2立方米/秒。

银子山河，发源于双堡镇许官村，往东南进入银子山村，往南进入马过路村，经杨武乡顺河，再向南流到十二茅坡，出场境流向鸡场乡干沟。在农场境内的河道长4.6千米。丰水季节（年均4个月）径流量在0.32立方米/秒。

张家山大河，发源于鸡场乡孔旗水库，经鸡场乡张木村进入农场的张家山村，往南出场境进入联兴村，在农场境内的河道长2.8千米。丰水季节（年均4个月）径流量在0.31立方米/秒。

农场域内有新海、小海、大湖坝3座水库，有红土坡山塘、煤子井山塘2处较大山塘，还有1个石油队人工湖。水面总面积为0.65平方千米，容水总量为200万立方米，灌溉田土面积为2500亩。

新海水库，早年称为海坝水库，以隧洞引山京海子湖水为基本水源。1954年11月24日动工修建，1955年8月19日竣工。水面面积为0.53平方千米，总库容在170万立方米。

小海水库，水面面积为0.04平方千米。

大湖坝水库，水面面积为0.01平方千米。

红土坡山塘，水面面积为0.02平方千米。

煤子井山塘，水面面积为0.01平方千米。

石油队人工湖，水面面积为0.04平方千米。

农场境内地下水资源丰富，水质优良。根据勘查钻探结果，地表往下50～100米即可到达地下水源。1980年以后，农场人畜饮水逐步改为通过机井抽取的地下水。

五、土壤

黑壤，包括大眼泥、马粪土、大眼泥夹马粪土三种。绝大部分分布在水田或山脚平地，占总耕地面积的20%。土地肥沃，土质疏松，结构良好，富含磷钾养分，泥脚深浅适中，呈中性和微酸性，利用价值高，为农场优等土壤。毛栗哨田坝，山京坝，岩浪，黑山前坝和水淹下坝，银子山的左侧田，下坝院等地均有分布。表土层深厚，为40～70厘米，由黑灰色至黑褐色，由壤土至枯壤土。底土层在表层土以下，由灰色至灰黄色，而后为黄色。

灰壤，包括灰土、灰沙土、灰泥土三种。灰土在农场分布较广，占总耕地面积的45.2%，其中以稻田分布最为普遍。质地过于疏松，耕作时产生的阻力小，易耕作，干燥时更加松散，淋溶性大。雨后易下沉紧实，土表易结壳，水田宜多耕少耙。保水保肥力差，有机质比较缺乏，肥力中等。酸性，pH在5～6.5。颜色灰白，如夹有其他泥类，则色变异。多数耕作层浅，心土多为白鳝泥夹碎石。一般分布在斜坡或缓坡地带。野鸡笼、马过路、张家山、银子山、沙子关、癞子山、高岩山、黑山等地均有分布。表土层厚35～50厘米，呈黑灰色或灰色。底土层在表层土以下，为黄白色或黄色。

黄壤，包括黄细沙、细黄泥、红黄泥三种。分布较散，占总耕地面积的34.8%，以旱地面积最多，是农场旱地的主要土类之一。发育于黏重土、黄白沙、页岩，呈黄色、浅黄色等。土层深厚，土质黏重，透水性弱，具有较高的蓄水能力。透气性差，导热性不良，耐旱保肥，但干旱时易龟裂，耕作时产生的阻力大。酸性，pH为5～5.5。分布较广，平地、斜坡、缓坡、山顶地带均有分布。十二茅坡、银子山、黑山、三角塘几个片区中，原为牧区、现开辟为茶园的地带大多属于这类土壤。表土层厚 17～47 厘米，呈黄褐色、黄色或红黄色。底土层在表层土以下，为黄色或黄红色。

六、植被

农场域内植被属中亚热带常绿阔叶林贵州高原常绿阔叶林带，石灰岩植被多为次生林和人工林。

1. **用材林类** 银杏科有银杏（当地俗称白果树）。松科有马尾松、华山松、云南松、火炬松。杉科有杉木、柳杉（孔雀杉）。樟科有臭樟、大叶香樟、细叶香樟、檫木（当地俗称黄花楸）。玄参科有紫色泡桐、白花泡桐。楝科有香椿。壳斗科有麻栎、青冈栎。冬青科有冬青。金缕梅科有枫香。杨柳科有白杨。五加科有刺楸。蝶形花科有刺槐（洋槐）。梧桐科有中国梧桐。

2. **经济林类** 大戟科有油桐。芸香科有花椒。漆树科有漆树。胡桃科有核桃、山核桃。壳斗科有板栗、茅栗。杜仲科有杜仲。鼠李科有枣（当地俗称龙爪、龙枣）。桑科有桑树、构皮树等。

3. **果类** 果类主要有苹果、杨梅、桃、梨、核桃、葡萄、樱桃、龙爪、柿子等。野生果类有刺梨、毛栗、棠梨、猕猴桃等。近年来引进科技黄桃、梨、葡萄、艳红桃等树。

4. **药材类** 境内药材有玉竹、苦参、水杨梅、仙鹤草、刺五加、白头翁、龙胆草、天南星、蒲公英、朝天罐、鱼腥草、水盖花、水冬瓜、马蹄当归、透骨香、蜘蛛香、臭牡丹、地蜂子、千年粑、双肾草、肾经草、一支箭、乱头发、田鸡黄、叶上果、土黄芪、糯米草、桐子树、老鸹蒜、水葵花、响铃草等。

5. **竹类** 境内竹类有慈竹、麻竹、苦竹、水竹、斑竹等。

6. **灌木类** 境内灌木类有野蔷薇、火棘、万年青等。

7. **蕨类** 蕨类植物有蕨菜、铁芒箕、凤尾蕨、石莲等。

8. **藤本类** 境内藤本植物主要有鸡血藤、黄金银花、刺毛金银花、青藤、山葡萄等。

9. **野草类** 境内的草类植物主要有五节芒、白茅、雀麦、马耳朵草、野棉花、荞花、野蒿、野菊花、马鞭草、野胡萝卜等。

10. **茶叶类** 境内茶叶主要有丛茶和苦丁茶。

11. **花卉** 境内花卉品种繁多，主要种类有牡丹、海棠花、桂花、桃花、莲花、蔷薇花、紫荆花、映山红、杜鹃花、鸡冠花、菊花、月季、水仙花、吊钟、仙人球、胭脂花、牵牛花等。

七、野生动物

域内野生动物主要有鱼纲、两栖纲、爬行纲、鸟纲及哺乳纲等。

鱼纲及水族主要有鲤鱼、鲫鱼、草鱼、鲢鱼、白条鱼、鳝鱼、细鳞鱼、谷桩鱼、泥鳅、花鱼、螺、蚌、虾、螃蟹等。

两栖类动物主要有青蛙、田鸡、石蚌、蟾蜍等。

爬行纲类动物主要有蜥蜴、草晰、壁虎、四脚蛇、草蛇、翠花蛇、水蛇、玉斑绵蛇、乌梢蛇、竹叶青、菜花蛇等。

鸟类有野鸡、竹鸡、画眉、土画眉、大山雀、白颈鸦、灰鸦、啄木鸟、岩燕、相思鸟、鸬鹚、黄雀、鹰、八哥（有洞八哥和窝八哥）、大杜鹃、云雀、麻雀、斑鸠、鸥、猫头鹰、家燕、黄莺等。

哺乳类主要有田鼠、家鼠、松鼠、岩松鼠、穿山甲、野兔、蝙蝠等。

昆虫及其他动物有蝉、蜻蜓、螂螂、蝗虫、蝈蝈（当地俗称叫鸡）、蜘蛛、地虱子、飞蛾、萤火虫、蚂蚁、蟑螂、蜜蜂、小马蜂、大马蜂、花脚蜂、大牛角蜂、小牛角蜂、小米蜂、苍蝇、绿头苍蝇、尖嘴蚊、麦麦蚊、老木虫、蚯蚓、蜗牛、滚山珠等。

第二节　自然资源

一、土地资源

1954 年，农场面积 23400 余亩。其中，可耕地 6500 亩，插花民田及可耕地 2558.64 亩，果树地（20 度以下）1138.76 亩，水面面积 867.45 亩（含海子），放牧地 4266.65 亩，经济林营造面积 7679.25 亩，蔬菜地 144.45 亩，建筑区 307.25 亩。均为国有土地。

1968 年，农场面积 56895 亩。其中，总场 22670 亩，分场 30000 亩，农村队 4225 亩。耕地面积 6161 亩，具体为水田 2943 亩（总场 352 亩、农村队 2591 亩）、旱地 3218 亩（总场 1836 亩、农村队 1382 亩）。牧地面积 16644 亩，具体为总场 6644 亩、分场 10000 亩。林地面积 1300 亩，均在总场。

1986 年，农场面积 31761.42 亩。其中，耕地 8715 亩（旱地 5361 亩、稻田 3354 亩），茶园 5000 亩，山塘水库 1533.21 亩，林地、建筑占地及其他不能开垦使用的土地 16513.21 亩。

1988 年，农场面积 21563 万亩。其中，耕地 7873.3 亩（旱地 5811.3 亩、稻田 2062

亩），茶园 5000 亩，山塘水库 1533.21 亩，林地、建筑占地及其他不能开垦使用的土地 7156.49 亩。

2020 年，农场土地面积 12910.76 亩。其中，耕地 4100 亩，茶园 3440.25 亩，山塘水库 900 亩，荒山荒坡 1150 亩，居民区、公路等占地 1114.5 亩，公共牧区及中汇公司养殖业用地 2206.01 亩。

二、矿产资源

1. **羊鹿山沙石矿厂**　位于场部东北面，与双堡镇姨妈寨村接壤。日产沙石 300 立方米。

2. **双山沙石矿厂**　位于场部西北面，与双堡镇豆豉寨村接壤。日产沙石 100 立方米。

第三节　自然灾害

一、气象灾害

1955 年，栽种农作物 4073 亩，因虫、旱、冰雹等自然灾害减产，实际收获面积仅为 2375.41 亩。

1999 年 4 月 10 日，农场场部片区遭受百年罕见的暴雨夹冰雹袭击，茶园、果园、油菜等损毁严重，直接经济损失达 110 多万元。

2002 年 3 月 12 日，农场十二茅坡片区遭遇暴雨夹冰雹袭击，茶园、果园、油菜、小麦等受损严重，直接经济损失达 60 余万元。

2009 年 3 月 13 日，农场遭受暴雨夹冰雹灾害，茶园 3700 亩、油菜 4000 亩、水果 770 亩严重损毁，直接经济损失达 432 万元。同年 7 月、8 月、9 月，农场遭受严重干旱，茶园、水稻、玉米等农作物大面积减产，有的甚至绝收，直接经济损失达 565 多万元。

2010 年 7 月 20 日，农场受到强降雨袭击，烤烟 600 亩、玉米 300 亩、水稻 400 亩、其他农作物 120 亩受灾，直接经济损失达 90.36 万元。

2011 年 6—8 月，遭受严重旱灾，烤烟 2445 亩、玉米 1942 亩、水稻 1520 亩、茶园 3180 亩、其他农作物 5100 亩受灾，有的甚至绝收，直接经济损失达 717 万元。

2012 年 2 月 10 日—3 月 25 日，农场遭受严重低温干旱及严重霜冻灾害，直接经济损失达 390 多万元。同年 4 月 12 日，遭受冰雹袭击，茶园 3750 亩、其他农作物 5100 亩受损减产，直接经济损失达 137.8 万元。

2013 年 3 月 25 日，遭受大风及冰雹袭击，果园 168.1 亩受灾，直接经济损失达 58.96 万元。

2014 年 2 月 18 日，遭受大雪袭击，茶园 3180 亩、其他农作物 5300 亩受损减产，直接经济损失达 164 万元。

2015 年 6 月 18 日，烤烟 1020 亩、玉米 400 亩、水稻 105 亩、果园 230 亩受水灾，直接经济损失达 45 万元。

二、生物灾害

农场生物灾害主要有茶园的牡蛎蚧、小绿叶蝉，烤烟生长期的炭疽病、花叶病，水稻稻瘟病，玉米叶纹叶枯病等。

中国农垦农场志丛

第二编

经　济

中国农垦农场志丛

第一章　农场经济概况

农场生产经营以农牧业为主，农牧业产值占农场总产值的绝大部分。在不同时期，根据国家发展需要，进行多种生产经营。农场固定资产投资主要为国家拨款。改革开放以前，以全民所有制经济为主，集体所有制经济为辅。改革开放以后，开展招商引资，扩大对外开放与对外合作，形成国有经济、集体经济、民营经济、个体经济融合发展格局。

第一节　主要指标

一、经济情况

（一）生产经营

建场之初，新开垦的土地贫瘠，农业基础设施薄弱，虽然农场职工付出了艰辛的劳动，栽种了一些农作物，但收成很少，最初两年甚至几乎没有收获。1955 年以后，开始大面积栽种农作物，尝试进行多种经营，到 1958 年生产经营初见成效。1958 年，农场工农业总产值为 10.82 万元。其中，农牧业产值为 10.67 万元，农产品加工业产值为 0.15 万元。1954—1958 年，农场工农业总产值累计为 37.05 万元（其中，农牧业产值累计为 36.9 万元，农产品加工业产值累计为 0.15 万元），年平均生产总值为 7.41 万元。

1961 年，农场工农业总产值为 17.1 万元。其中，农牧业产值为 16.5 万元，农产品加工业产值为 0.6 万元。1959—1961 年，农场工农业总产值累计为 45.32 万元（其中，农牧业产值累计为 44.21 万元，农产品加工业产值累计为 1.11 万元），年平均生产总值为 15.12 万元。

1976 年，农场工农业总产值为 43.35 万元。其中，农牧业产值为 40.12 万元，农产品加工业产值为 3.23 万元。1962—1976 年，农场工农业总产值累计为 412.85 万元（其中，农业产值累计为 319 万元，农产品加工业产值累计为 93.85 万元），年平均生产总值为 29.52 万元。

1996 年，农场工农业总产值为 221.42 万元，其中农牧业产值为 198.75 万元。1983—1996 年，农场工农业总产值累计为 4203.96 万元（其中农牧业产值累计为 3783.56 万元），年平均生产总值为300.28万元。

2010年，农场生产经营总收入为9892万元。其中，非国有经济收入为9725.14万元，国有经济收入为166.86万元。1997—2010年，农场生产经营总收入累计为64250.01万元（其中，非国有经济收入累计为61907.02万元，国有经济收入累计为2342.99万元），年平均生产经营总收入为4589.29万元。

2020年，农场生产经营总收入为1055.84万元。其中，非国有经济收入为812.65万元，国有经济收入为243.19万元。2011—2020年，农场生产经营总收入累计为62412.48万元（其中，非国有经济收入累计为60634.56万元，国有经济收入累计为1777.92万元），年平均生产经营总收入为6241.25万元。

（二）农场建设投资

根据国家对农场产品的急切需求和农场自身的任务，按照上级有关指示精神，农场一边抓建设，一边抓生产。建场初期，农场生产生活条件艰苦，生产建设任务却十分繁重，农场干部职工克服重重困难，尽力做到生产和建设两不误，在抓好农、牧、副业生产经营的同时，千方百计完成上级安排的固定资产投资建设任务，切实做好农场各项基础设施建设。

在此后长达半个多世纪的岁月中，农场始终重视基础设施建设，努力改善生产经营条件，逐步改善广大干部职工的居住条件和生活环境。

1953—1958年，累计完成基本建设投资630536.57万元，累计完成新增固定资产投资623624.58万元。1953—1955年的投资金额为第一套人民币币值。

1953年，基本建设投资82611万元，完成固定资产投资75700万元。

1954年，基本建设投资403500万元，完成固定资产投资403500万元。

1955年，基本建设投资144400万元，完成固定资产投资144400万元。

1959—1961年，累计完成基本建设投资44万元，累计完成新增固定资产投资44万元。

1962—1976年，累计完成基本建设投资282.51万元，累计完成新增固定资产投资279.11万元。

1977—1982年，累计完成基本建设投资351.59万元，累计完成新增固定资产投资330.93万元。

1983—1996年，累计完成基本建设投资768.7万元，累计完成新增固定资产投资700.98万元。

1997—2010年，累计完成基本建设投资2739.01万元，累计完成新增固定资产投资

721.67 万元。

2011—2020 年，累计完成基本建设投资 9436.3 万元，累计完成新增固定资产投资 237.67 万元。

二、从业人员和劳动报酬

（一）从业人员

1953 年，贵州省农林厅选派工程师、技术员数人赴安顺县双堡区山京筹建农场，并将从贵州省内外的大学、中专学校招收的毕业学生 8 人分配到山京参加农场筹建工作，这些人员就是农场的首批开拓者和建设者。1954 年，贵州省国营山京机械农场成立，首任场长王占英到任，组织开展招工工作。招收的工人主要从事开荒、农作物试种和采收等，工程技术人员进行农场土地勘测、基础设施建设及设计等工作，分配到农场的大中专毕业生协助开展招工和勘测设计工作。截至 1954 年底，农场干部职工共计 188 人。

此后，管理人员和职工逐步增加，随着农场生产经营发展，从事的行业工种也有相应增加。

1984 年以后，随着农场生产经营方式的转变，社会就业环境的多样性，农场在职在岗人员大体上呈逐步减少的趋势。

1955 年，农场干部职工 187 人。其中，管理干部 15 人，技术人员 16 人，工人 156 人。

1958 年，农场干部职工 253 人。其中，管理干部 15 人，技术人员 16 人，工人 202 人，其他人员 20 人。

1962 年，农场干部职工 978 人。其中，管理人员 31 人，技术人员 16 人，工人 901 人，其他人员 30 人。

1965 年初，农场干部职工 938 人。其中，现役军官 11 人，还有部分士兵。同年 6 月，在职军官和士兵全部转业、调出或退伍。

1969 年，农场干部职工 444 人。其中，管理人员 79 人，工人 365 人。

1977 年，农场干部职工 651 人。其中，管理人员 93 人，技术人员 32 人，工人 526 人。

1983 年，农场干部职工 789 人。农场实行经济责任制，生产一线职工 612 人根据实际情况和农场生产岗位需要，参加不同形式的“三包”经济责任制。任务到班组、责任到人、定额管理、超定额计奖的有 243 人，占 39.7%；直接承包到人、超任务提奖的有 274 人，占 44.8%；实行专项承包的有 22 人，占 3.6%；自谋职业、自负盈亏、停薪留职、向农场交停薪留职费的有 73 人，占 11.9%。

1987 年，农场干部职工 715 人。其中，管理人员 92 人，技术人员 35 人。

1989 年，农场干部职工 790 人。其中，管理人员 85 人，技术人员 11 人，工人 614 人，其他人员 80 人。

1991 年，农场干部职工 750 人。其中，管理人员 89 人，技术人员 15 人，工人 621 人，其他人员 25 人。

2011 年，农场干部职工 639 人。其中，在职工 314 人，离退休职工 325 人。

2020 年 4 月 30 日，农场在册干部职工 547 人。其中，在职干部职工 151 人，离退休干部职工 396 人。区管农场领导干部 4 人，其中有 3 人不占农场编制，不在农场领取薪酬。

除了在编干部职工外，由于生产需要，农场会聘用临时工人。在茶青采摘大忙季节，农场或茶园承包经营者，通过对外宣传、劳务接收等方式，聘用临时采茶工。1960 年，聘用临时家属工 102 人。1983 年以来，每年都聘用临时采茶工，有时每天到农场茶园从事茶青采摘的临时工达 1000 人以上。

（二） 劳动报酬

农场根据国家和上级主管部门有关规定，依照社会主义按劳付酬的分配原则，结合农场自身实际，对工资薪酬制度适时进行修正和改革，促进劳动生产力的提高。根据不同的生产劳动领域和工种情况，制定相应的生产经营激励机制和奖励办法，激发职工生产劳动积极性。对临时工采用较为灵活便捷的劳动报酬支付方式，使在农场参加生产劳动的临时从业者，能够及时、足额领取劳动报酬。

建场以来，根据不同时期生产经营需要，先后进行了几次较大的工资薪酬制度调整改革。

1954 年建场初期，工人大多来自农村，农场实行月薪固定工资制，大部分职工的月薪为 15 元，使工人有了固定收入，能安心从事农场工作，促进了工人生产的积极性。随着生产发展工种增多，工种间劳动强弱与技术高低不同，从业者劳动态度有所差别。为此，1956 年，农场试行计件工资制，此举体现了按劳付酬的原则。同年，根据上级有关规定和要求，进行工资调整改革。改革前，职工月工资总额为 4078 元，人均月工资为 20.60 元。改革后，农场月增工资总额 1300 元，人均月增工资 6.57 元。

1959 年，在生产领域实行“三包一奖”制度。“三包一奖”，就是以生产队为承包核算单位，包原材料消耗（饲料、种子、肥料、农药、农具配件等），包工资总额和成本，包总产量和质量，对增产单位给予奖励。

1961 年，完善现行工资制度。把现行级薪工资 分为两个部分：一部分是基本工资，一部分是计件工资。工人劳力分五等，一等为18元，二等为17元，三等为16元，四等为15元，五等为14元，作为参加计件工资额。级薪减除参加计件工资额，余为基本工资。计件工资按完成作业定额量支付，多劳多得，少劳少得，超定额工量部分只付50%。

1965年2月，对于全民所有制职工，将原来执行的无限计件工资制改为计时工资制。农场按职工工资等级，将总工资每月发给队，由队统一掌握，对职工个人采取评工记分的办法来分总工资。农场调动民寨队劳动力，按产值付给劳动报酬。

1972年3月，根据上级有关规定，将1957年底以前参加工作的一级工中的9人调高二级，1957年底以前参加工作的二级工和1958—1960年参加工作的一级工中的12人调高二级，其余32人调高一级。以上共53人，其中二十五级的干部2人，十五级的技术员1人，九级的理发员1人。

1984年，实行“三包”经济责任制。即包生产任务（或产值）、包成本（或费用）、包利润（或亏损指标），根据生产任务完成情况支付职工劳动报酬。

1986年，根据贵州省有关文件精神，进行工资调整改革。对完成1984年和1985年承包任务及经济指标的职工，一般可提升2个工资档次。对农场在职领导干部、管理人员、后勤人员，按职级分为6个档次实行职务补贴。对子弟学校教师、医务卫生人员，按工龄分4个档次实行教龄、护龄津贴。

1999年10月，根据贵州省有关文件精神，对在册在岗职工工资进行调整，提高职工工资待遇。

2014年5月，享受困难补助的一线职工生活补贴每月按500元发放。

2017年5月，一线职工生活补贴增加20%，增加后一线职工生活补贴每月按600元发放。

2018年5月，一线职工生活补贴增加10%，增加后一线职工生活补贴每月按660元发放。

临时工的劳动报酬，根据双方商定的工资金额和支付方式发放。

三、固定资产投资

（一）主要年份固定资产投资完成情况

1953年，年度计划固定资产投资142670万元，完成固定资产投资75700万元，仅完成投资计划53%。

1954年，年度计划固定资产投资350000万元，完成固定资产投资403500万元，完成投资计划115.29%。

1955年，年度计划固定资产投资144400万元，完成固定资产投资144400万元，完成投资计划100%。

1958年，年度计划固定资产投资7万元，完成固定资产投资7万元，完成投资计划100%。

1961年，年度计划固定资产投资10万元，完成固定资产投资10万元，完成投资计划100%。

1962年，年度计划固定资产投资12.29万元，完成固定资产投资12.29万元，完成投资计划100%。

1969年，年度计划固定资产投资26.7万元，完成固定资产投资26.7万元，完成投资计划100%。

1972年，年度计划固定资产投资27.31万元，完成固定资产投资27.31万元，完成投资计划100%。

1975年，年度计划固定资产投资70万元，完成固定资产投资70万元，完成投资计划100%。

1977年，年度计划固定资产投资60.95万元，完成固定资产投资60.95万元，完成投资计划100%。

1982年，年度计划固定资产投资290.64万元，完成固定资产投资290.64万元，完成投资计划100%。

1990年，年度计划固定资产投资141.88万元，完成固定资产投资141.88万元，完成投资计划100%。

2000年，年度计划固定资产投资220万元，完成固定资产投资220万元，完成投资计划100%。

2005年，年度计划固定资产投资91.7万元，完成固定资产投资91.7万元，完成投资计划100%。

2010年，年度计划固定资产投资1039.64万元，完成固定资产投资1039.64万元，完成投资计划100%。

2015年，年度计划固定资产投资912.3万元，完成固定资产投资912.3万元，完成投资计划100%。

2020年，年度计划固定资产投资966万元，完成固定资产投资966万元，完成投资计划100%。

（二）固定资产投资建设项目

1953 年，修建草房 200 平方米、草竹结构宿舍 3 栋 600 平方米、牲畜圈舍 1 栋 210 平方米。购置拖拉机 4 台，抽水机 2 台，发电机 1 台，柴油 5000 多公斤，电线 30 多千米，以及配件、附件、工具等。购进汽车 1 台、马车多架。

1954 年，修建草竹结构宿舍 5 栋，厨房 1 栋，砖木结构机械库、修理间、油库各 1 栋，临时工棚 3 处，办公楼、兽医室各 1 栋，猪舍 2 栋，建筑面积共计 2129.81 平方米。购买拖拉机 3 台。其中，93 马力 D-7 拖拉机 1 台，54 马力德特 54 拖拉机 2 台。购置大型农机具 16 台（组）。其中，15 行马拉播种机 2 台，马拉收割机 2 台，5 铧犁 2 台，4 铧犁 1 台，20 片重耙（即重型旋耕机）2 台，28 片轻耙（即轻型旋耕机）2 台，钉齿耙 5 组。

1955 年，完成砖木结构油库 64.8 平方米，砖木结构修理间 180 平方米，竹木结构瓦顶机具库 399.32 平方米，草房宿舍 5 栋（十二茅坡 1 栋）1075.99 平方米，草房厨房 1 栋 62 平方米，役用牛舍 2 栋（黑山、十二茅坡各 1 栋）280 平方米。在银子山畜牧场，修建猪舍 2 栋 602.14 平方米，兽医室 72 平方米。

1956 年，完成房屋建筑 1969 平方米。其中，砖木结构 628 平方米，其他结构 1341 平方米；烤房 182 平方米，粮食晾棚 296 平方米，马房 150 平方米，猪房 36 平方米，牛房 600 平方米，职工宿舍 140 平方米，其他用房 565 平方米。建成晒坝 2200 平方米：水泥地面 1200 平方米，三合土地面 1000 平方米。

1957 年，修建猪舍 600 平方米，饲料间 50 平方米，职工食堂 200 平方米。修建小型山塘水库 1 座。

1958 年，修建牛舍 600 平方米，肥猪舍 2000 平方米，饲料坑 300 平方米，晾棚 120 平方米，烟棚 120 平方米，工作站 100 平方米，米粉加工房 100 平方米，鱼种孵化池 50 平方米。购进万能粉碎机、青贮切草机、抽水器、孵化器各 1 台。

1959 年，完成房屋建筑面积 1.06 万平方米。其中，生产用房 8278 平方米，福利用房 2342 平方米。完成水库、水塔、电力安装、水管安装等工程。

1960 年，完成小学校舍、托儿所建设，建筑面积共计 2888 平方米。购置机械设备 120 余件，主要有拖拉机、车床、钻床、发电机、打米机、挂车等。

1961 年，完成各类建筑 1128 平方米。

1962 年，新建五号大马厩一栋，建筑面积 938 平方米。改建宿舍 6 栋，建筑面积共计 1261 平方米。改建母马厩 151 平方米。

1964 年，购买汽车 1 台，发电机 3 台，拖拉机 3 台。购进显微镜 3 架，分别为德制 2500 倍、日制 1500 倍、苏制 600 倍。购买蒸汽灭菌器、干燥灭菌器各 1 架。

1965年，修建驹厩373平方米，农机具库房132平方米，自制水泥马槽146个。

1966—1968年，在六枝长箐建设分场。1966年完成分场建筑面积1500平方米；1967年完成分场建筑面积2000多平方米，改造通往分场的公路；1968年完成分场建筑面积1500平方米，继续改造通往分场的公路。

1969年，修建公马厩320平方米，育种室300平方米，兽医室130平方米，病马厩140平方米。架设电力输送线路29千米（投资23.26万元）。

1970年，修建及改建完成建筑面积2600平方米。其中，修建草料库220平方米、马料库200平方米、马厩420平方米、职工宿舍260平方米、酿酒房493平方米、车棚167平方米，改建宿舍665平方米。

1971年，在黔南州长顺县与安顺地区（今安顺市）安顺县交界地带建立广顺分场。

1972年，修建房屋建筑面积275.9平方米，还对农场内的部分房屋进行修缮。

1978年，投资28.92万元，安装喷灌设备。

1978—1982年，实施机械化万头养猪场建设，实际完成建设工程投资290.64万元。

1982年，投入资金8.89万元，抚育幼龄茶园1777亩。

1983年，全年投资总计68.1万元。其中，生产性建设投资62.86万元，非生产性建设投资5.24万元。年度新增固定资产68.1万元，其中生产性62.86万元。

1984年，全年投资总计79.3万元。其中，生产性建设投资73.22万元，非生产性建设投资6.08万元。年度新增固定资产11.58万元，其中生产性5.5万元。

1988年，完成基本建设总投资76.78万元，均为生产性。

1989年，完成基本建设总投资69万元。其中，生产建设投资51.86万元，生活建设投资1.44万元。

1990年，完成基本建设总投资141.88万元，均为生产性。

1991年，新建及维修房屋面积为9665.7平方米。

1992年，完成基本建设总投资66.82万元，均为生产性。

1998年，全年完成固定资产投资31.78万元。修建十二茅坡小学教学楼380平方米、操场468平方米以及围墙等附属设施。新进采茶机15台。修建了黑山村村中3米宽水泥道路804米。张家山村维修老龙窝水库坝底75米，维修水渠50米。银子山村开挖水渠400米。

1998—2005年，在农业部、贵州省农业厅的大力支持下，组织建设贵州省国家级原种场山京分场基地，固定资产投资574.25万元。

2000年，实施商品粮杂交玉米制种基地建设，建成种子晒场5000平方米，晾棚1200

平方米，办公楼及种子中转库646平方米，值班室及机修车间440平方米，总投资160万元。

2002年，通过政府采购公开招标，采购轿车、运输车、拖拉机、种子脱粒机共9台（辆），共完成投资220万元。

2004年，多方筹集资金实施子弟学校教学楼工程，设计建筑面积1080平方米，计划投资50万元。

2005年，农场内的三家茶场对茶园进行改造更新。共更新茶园407亩。投资54万元改造、更新了部分茶叶机械和厂房。柳江公司投资新建孵化厂一期工程，建筑面积1600平方米，并安装了先进的孵化设备；建设年产5000吨的微生物有机肥厂，建筑面积1500平方米。

2006年，西秀区烟草公司和农场共同出资，新建散烟堆积式烤房10座。贵州省财政投资300多万元建设烟水配套工程。农场内的各茶场投资23.5万元，更新茶园99亩。银山茶场投资42万元新建厂房2000平方米，投资66万元增添和更新部分茶叶加工机械设备。

2007年，银山茶场和瀑珠茶场投资25万元更新改造茶园1000余亩，投资41万余元增添和更新部分茶叶生产机械设备。柳江公司为尽快解决市场供需矛盾，满足市场需求，继续加大基础设施建设。其投资300多万元新建的3栋共5000多平方米的现代化鸡舍和同期建设的有机肥二期工程竣工并投入正常使用，新建了1000平方米孵化厂房，增加了3台巷道式孵化机；十二茅坡后备厂新建5栋育雏育成鸡舍（正在顺利施工中），还在原有路基上重新铺设2000多平方米水漏路面及3个共8000多平方米的停车场。

2008年，投资14.5万元更新改造茶园1422亩，投资31万余元增添和更新部分茶叶生产机械设备。投资5万元修建银子山村党员活动室、维修村委办公室。实施安顺市西秀区现代烟草农业示范区建设，引进资金200万元修建机耕道20千米。引进资金300万元修建可供1.3万亩烤烟种植面积的育苗大棚。引进资金400万元修建烟水配套工程。

2009年，银山、瀑珠两茶场投资10万元更新改造茶园1402亩，投资32万元增添和更新部分茶叶生产机械设备，投资8万余元对厂房环境进行改造；在安顺市农业局的大力支持下，投资30万元发展了50亩茶叶无性系繁殖扦插苗。农场投资18万元，对农场卫生所的房屋进行了维修改造。

2012年，银山、瀑珠两茶场共更新改造茶园1378.5亩。经农场检查验收，茶树生长良好，叶层深厚，叶色深绿，枝条粗壮，达到更新改造效果。

2013年，农场匹配资金19.7万元，改造低产茶园1970亩，种植茶叶新品种300亩。

新增固定资产投资78万元，解决就业岗位121个。

2014年，完成十二茅坡（含老龙窝）、农业生产二队、石油队、场部、五队五个片区的自来水管网改造，共铺设安装各种型号的自来水管13918米。

2015年，开展危旧房改造项目（31户），计划投资309万元；开展危旧房改造基础设施配套项目，计划投资110万元。两项目完成投资330.3万元。山京广场项目和山京农贸市场拆建及道路扩建，计划投资210万元。山京广场项目完成投资210万元，山京农贸市场拆建及道路扩建完成投资50.3万元。

2016年，完成基础投资85万元。其中，使用中央财政资金在场部和谐小区与老住宅区之间修建公厕1座，投资13万元；完成了幸福小区、安福小区、和谐小区、办公区、场区主干道监控安装，投资13万元；完成职工住宅小区及道路路灯安装，投资29万元；开钻日产500吨深井1口，投资15万元；修建容量300立方米的高位水池1个，投资15万元。

2017年，投资148.05万元，实施石油队职工家属住宅区房屋及配套基础设施建设项目。

2020年，全面推进国有垦区综合整治配套基础设施建设项目，投资966万元在农场范围内实施“白改黑”油路、排污、公厕、停车场、广场、亮化等项目。

第二节　经济开放与合作

一、招商引资

从20世纪90年代开始，农场开展对外招商引资工作。

1998年，引进贵州省安顺明英茶业有限公司、贵州省中汇畜业有限公司入驻农场。

2004年，引进柳江公司入驻农场。引入外来投资商2家，在农场投资种植绿化林木、经果林94亩。

2007年，引进安顺市西秀区瀑珠茶业有限公司入驻农场。

2013年，引进贵州生态谷茶业有限公司入驻农场。

2014年，引进贵州省益草生物科技有限公司入驻农场。

2015年，引进商户投入1200万元在农场场部片区投资建设安顺市云丰燃气储配站，占地13亩。设计总储气量为450立方米，日分装30吨液化燃气。2016年4月，该储配站开始向周边乡镇供气，可满足周边乡镇生产、生活的用气。年销售液化燃气700吨，销售利润为140万元。

2016 年，引进鑫利中药材种植农民专业合作社入驻农场。

2019 年，农场加大招商引资力度，引进 3 家外来投资商入驻农场，引进资金 1000 多万元，增加农场经济收入 400 万元。

2020 年，引进贵州蛋多多农牧发展有限公司以及熊明强等个体企业入驻农场。

二、对外经济贸易

1989 年，根据国家计委、对外经济贸易部对利用日本政府“黑字还流”贷款用于出口创汇项目的要求以及贵州省计委批准的《贵州茶叶出口基地计划任务书》和贵州省农业厅《关于利用日本政府“黑字还流”贷款建设贵州茶叶出口基地实施意见》的精神，为确保项目建设的顺利实施，尽快建成贵州茶叶出口基地，增强出口创汇能力，提高项目经济效益，贵州省山京畜牧场与贵州省农垦农工商联合企业公司开展合作，联合投资、共同建设贵州茶叶出口基地。5 月 26 日，双方签订合作协议书。

2009 年，贵州省山京畜牧场瀑珠茶场生产的珠茶，经贵州省贸易合作厅审核批准，取得直接从贵州出口的许可证。除在国内江苏、山东等地畅销外，还出口远销到非洲和东南亚等地。

第二章　基础设施

农场以建设规划计划为依据，以适应生产生活需要为目标进行基础设施建设。生产性基础设施建设主要包括道路桥梁、水利设施、电力灌溉设施、厂房圈舍、仓储等，非生产性基础设施建设包括办公用房、职工住房、社会事业发展用房、公共文体娱乐设施等。

第一节　农场规划

一、《国营山京农场土地利用设计方案》

1957年6月，贵州省农林厅土地利用局派出土地规划工作队对农场进行土地规划。规划委员会由农场场长，贵州省农林厅农业技术员、机务技师，以及贵州省农林厅土地利用局规划设计队副队长共同组成。规划名称为《国营山京农场土地利用设计方案》。其根据农场土地资源及未来产业发展情况，对农场相关产业用地进行了配置和规划，对1957—1962年农场在土地利用、耕作、轮作、栽培、畜种及饲料选择与发展、水产养殖等方面，提出了规划意见和建议。其主要内容如下。

（1）粮食作物及饲料作物用地配置。农场内地势平坦、土层较深、适于机械耕作的区域，规划面积为5961.33亩。

（2）果园用地配置。十二茅坡至朱官一带，规划面积为1335.7亩。

（3）茶园用地配置。毛栗哨水渠以上一带，规划面积为483.87亩。

（4）菜园用地配置。场部附近一带，规划面积为248.17亩。

（5）畜牧业用地配置。圈舍及产业生产用房、辅助用房，分别在黑山、银子山、十二茅坡、罗朗坝，选择交通、水源方便的地带建设。放牧区域，用地规划共3551.63亩（其中，第一生产队及墨腊一带739.69亩，银子山及砂锅泥一带16.13亩，十二茅坡背后一带269.21亩，罗朗坝东南面一带山坡556.6亩）。

（6）水产养殖规划。将当时归农场管理的水库水塘部分水面规划为水产养殖区域，规划水面面积共160亩。其中，海子水库100亩，海坝水库40亩，水塘20亩。

（7）林区规划。其余不适宜耕作和放牧的土地被规划为林区。其中，石山陡坡为封山育林区，较陡的土坡为用材林区（2838.01 亩），场部附近不宜耕作的土地为经济林区。

二、《山京军马场 1964—1969 年规划报告》

1963 年 12 月，中国人民解放军山京军马场组织有关人员制定了未来六年军马生产发展规划。这个规划是依据 1963 年冬全军军马场会议和昆明军区军马生产会议指示精神制定的，明确了农场未来几年的军马繁育发展方向。规划名称是《山京军马场 1964—1969 年规划报告》。其主要内容如下。

在现有马匹品种的基础上，除了继续繁育卡巴金优良品种外，自 1964 年开始繁育骡子。每年挑选 120 匹卡巴金成年基础母马进行卡巴金马纯种繁殖，逐渐提高其质量，使其向较重的体型发展，其余的纯、杂种及本地母马均进行骡子繁殖。马、骡（驴）的繁殖比例是：1964 年马占 40.96%，骡（驴）占 59.04%；1965 年马占 36.15%，骡（驴）占 63.85%；1966 年马占 31.66%，骡（驴）占 68.34%；1967 年马占 27.07%，骡（驴）占 72.93%；1968 年马占 24.15%，骡（驴）占 75.85%；1969 年马占 22.28%，骡（驴）占 77.72%。

军马繁殖成活率要求为 82%。因为农场没有繁殖经验，所以在 1964 年开始繁殖时，骡子繁殖成活率拟订为 70%，以后逐年提高。1965 年提高到 72%，1966 年达到 75%，1967 年达到 80%，1968 年达到 82%，与军马繁殖成活率相同。此外，考虑到由于遭受三年严重困难，饲料实行低标准供应，农场牧地少，草料缺口较大，饲草质量较差等客观自然条件，少数成年及 3 岁初配母马，繁殖能力较差，发育不够良好，所以将其列为计划外繁殖母马。计划外繁殖母马用于繁殖骡子，其繁殖成活率要求达到 50%。1967 年，预计全部成年及 3 岁母马成为正式繁殖母马。

成年马的保畜率要求为 99%，即每年减员数不超过 1%，但不包括超龄（繁殖马 19 岁，使役马 21 岁）减少数。

1～3 岁育成驹的育成率要求为 98%，即每年减员数不超过 2%。

根据保畜率和育成率推算，到 1969 年末，农场畜群存栏总数可达到 1612 匹。其中，成年基础母畜及 3 岁初配母畜（即 1970 年转群为成年基础母畜）数可达到 530 匹。基本可以完成上级要求的农场基础母畜至 1969 年应达到 500～550 匹。

农场当时生产用地无法满足生产发展的需要。当时牧场和耕地面积，最多只能养马 800 匹，到 1965 年底，将发展到 851 匹，已超过饱和量，以后还要逐年增加，所以在 1965 年前必须筹划扩场。

三、《今年的生产，三年、八年规划》

1978 年 4 月，农场制定了当年及未来三年、未来八年规划，并于 1978 年 4 月 9 日经农场三级干部会议通过。规划名称为《今年的生产，三年、八年规划》。其主要内容如下。

1. 粮食生产 1978 年粮食总产 102.5 万公斤，1979 年粮食总产 113.5 万公斤，1980 年粮食总产 137.5 万公斤，1981 年粮食总产 171.5 万公斤，1982 年粮食总产 192.5 万公斤，1983 年粮食总产 202 万公斤，1984 年粮食总产 212.5 万公斤，1985 年粮食总产 222.5 万公斤。

2. 油料作物 1978 年总产 3.85 万公斤，1979 年总产 4.24 万公斤，1980 年总产 4.85 万公斤，1981 年总产 5.5 万公斤，1982 年总产 6.5 万公斤，1983 年总产 7.5 万公斤，1984 年、1985 年均总产 7.5 万公斤。

3. 青饲料作物 1978 年总产 529.5 万公斤，1979 年总产 791 万公斤，1980 年总产 1350 万公斤，1981 年总产 2000 万公斤，1982 年总产 2750 万公斤，1983 年总产 3000 万公斤，1984 年总产 3500 万公斤，1985 年总产 3750 万公斤。

4. 畜禽生产 1978 年发展猪群 2500 头，其中母猪 800～1000 头（产肉 2 万公斤）。为了使万头猪群顺利发展，在青饲料生产上，必须合理布局，建立 2500～3000 亩的饲料基地，常年生产和套种间作相结合，做到旺季不烂，储存好，淡季不断，吃储存，一年四季有青饲料。1979 年给国家提供商品猪 1000 头（产肉 8 万公斤），1980 年提供商品猪 8000 头（产肉 72 万公斤），1981 年提供商品猪 1.2 万头（产肉 90 万公斤），1982—1985 年每年向国家提供商品猪 1.2 万头，每年产肉 90 万公斤。

1982 年从外地引进良种鸡 1.1 万羽。1982 年发展鸡 5 万羽，出栏肉鸡 2000 羽，产肉 3000 公斤，产鲜蛋 25 万个。1983 年发展鸡 6.5 万羽，出栏肉鸡 8.8 万羽，产肉 13.2 万公斤，产鲜蛋 100 万个。1984 年、1985 年每年发展鸡群 6.5 万羽，出栏肉鸡 10 万羽，产肉 15 万公斤，产鲜蛋 200 万个。

5. 白酒生产 由于养猪场的发展，猪饲料需求量也就跟着增加，在不妨碍猪饲料喂养的条件下，扩大烤酒生产，烤的酒渣同样还可以喂猪，促使猪增重育肥快。1978 年产酒 6 万公斤，1979 年产酒 10 万公斤，1980—1985 年每年产酒 15 万公斤。

四、《山京畜牧场“八五”规划》

1991 年 1 月，农场制定了未来五年发展规划，规划名称为《山京畜牧场“八五”规划》。这个规划制定了未来五年的主要奋斗目标，如：

①在提高经济效益的基础上，农场工农业总产值按不变价格计算，到1995年比1980年翻两番。即茶叶产量达50万～75万公斤，产值225万元。生猪存栏5000头，产肉75万公斤，产值94.5万元。茶、畜两主业产值323万元。

②使职工生活从温饱型逐步向小康型过渡。职工人均年收入在1990年基础上每年递增180～200元，到1995年力争职工人均年收入达2000元。

③居住条件明显改善。到1995年增加职工宿舍2000平方米，每年在场区修筑水泥（或油渣）马路500米。进一步丰富文化生活，力争在5年内建起两座电视差转台。

④努力发展教育事业，推行科技兴农。“八五”期间职工队力争100%，民寨队力争75%，普及初等教育，到1995年力争新添一幢教学楼（400平方米）。积极发展成人教育，进一步巩固完善已办的茶畜班。大力提倡职工在职进修，以提高职工的科学文化水平。

⑤加强精神文明建设，社会主义民主和法治建设。“八五”期间，在职工中扫除“法盲”。

⑥争取国际贷款，力争建起一座现代化的牛肉综合加工厂。

⑦在新海发展300亩左右的养鱼基地，力争把双海变为以灌溉、养鱼为目的的水利设施。

⑧严格执行计划生育政策，“八五”期间年平均人口自然增长率控制在10%以内。

五、《场部集市规划建议书》

1999年，农场规划对场部集市进行改造，规划名称为《场部集市规划建议书》。其主要内容如下。

将公路沿线的摊位全部集中到规划市场范围内，即使农场内的公路畅通，又便于集市管理和收费，为市场的全面布局创造一个良好的贸易环境，使农场面貌有所改变。

根据农场集市发展的需要，对场部集市进行改造。拆除场部礼堂（542.52平方米）、公共厕所（48平方米）、宣传栏（4.23平方米）、旧摊位（40个）等附属设施。在原集贸市场的基础上新建固定摊位260个、散摊位200个，新建铺面279.24平方米，新建公共厕所96平方米。市场内的地面铺基石、硬化514.73平方米。

六、《贵州省山京畜牧场场部中心区改造建设规划》

2006年，农场委托贵州协同建筑设计院对场部中心区改造建设进行规划，规划名称为《贵州省山京畜牧场场部中心区改造建设规划》。其主要内容如下。

场部中心区改造建设规划是贵州省山京畜牧场整体布局的一个部分，故将规划分为两部分：第一部分是农场场区总体布局概略规划；第二部分是农场场部中心区改造建设的详细规划。

1. 农场场区总体布局概略规划 在原有布局的基础上规划了3个茶园示范场区，3个养殖示范场区，4个相对集中的种植示范区，场部中心区，及十二茅坡（六队）、银子山（四队）、一队、五队住宅区。

2. 农场场部中心区改造建设规划 测绘规划范围，北部至新的场部办公区，南面至场部二队及学校边缘。

规划中心的集贸市场是在原集贸市场的基础上扩大整修成的5000平方米规模的中型集贸市场。周边设置商住综合性建筑以及大型市场塑料大棚等。市场配套规划有市场管理机构、银行、公厕、垃圾站等。

北边的树林高坡上设置职工休闲活动中心，与周边树林构成休闲的小公园。原场部办公楼被改造为科普展览室，部分房屋被改造为度假村客房，周边是农家乐、体育活动中心。茂密的树林、舒适的气候是人们休闲的好地方。

南边的校园、卫生院及黑山村场地今后逐步完善。

住宅区规划分为几个片区，中等标准住宅区为每套住宅200平方米，一般住宅区为每套住宅120平方米。

①场部中心区道路规划。充分利用场部原主干道，进入中心区商业街时扩宽原街道，形成主干道为13米的商业街，从北边树林至学校300米长，两旁规划为商住两用综合楼。原通往球场的道路垂直于商业街，形成北部住宅区街道，车行道宽6米，两旁人行道均宽2米。将南边原小道按T形规划成与北边同样的街道，方便医院和黑山的交通。东边平行建成外环交通要道，使场部中心区形成合理的道路网。东外环路车行道宽6米。

②农场场部中心区规划指标。规划总人口为900人，总户数为200户。规划中，住宅用地2.52万平方米，经济适用住宅建筑面积为5.03万平方米，农贸市场用地面积为5591.89平方米，公共建筑用地面积为670.44平方米，医院用地1667.16平方米，学校用地5450.10平方米，环卫用地264.84平方米，体育用地2530.04平方米，农家乐用地772.47平方米，老年活动中心用地125.26平方米，新办公场所用地1.158万平方米，道路用地2034.80平方米，停车场用地512.75平方米，墓地用地320平方米，公园用地8627.56平方米，绿地用地1844.39平方米，林地用地4.74万平方米。

七、《山京畜牧场“十三五”发展与规划》

2016年，农场制定了2016—2020年发展规划，规划名称为《山京畜牧场“十三五”

发展与规划》。其主要内容如下。

1. “十三五”期间的主要发展目标　到2020年农场生产总值达到52000万元，经营利润850万元。到“十三五”时期末，农场经济将再上一个台阶，农场新型小城镇面貌基本形成。

2. 主要建设内容

（1）公益性基础设施建设（投资2930万元）。继续完善职工危旧房改造项目，拆除农场内的危旧房40栋，解决农场危旧房安全隐患（投资1300万元）。实施农场供水工程，在农场内钻机井3口，并新建水处理厂，对生活用水进行消毒净化处理，让职工群众喝到健康卫生的水，铺设供水管道（投资680万），建成后能够满足农场居民1320人和600头牲畜的饮水。在场部投资新建3000平方米、三层楼的职工养老院（投资400万元）。农场家属区道路硬化5千米、绿化3000平方米（投资250万元）。在农场场部片区小黄山建设集中墓地（总投资300万元）。

（2）生产基础设施建设（总投资17825万元）。更新改造茶叶2500亩，每亩投入4500元（投资1125万元）。新品种龙井43、安吉白茶播种1000亩，每亩投入4500元（投资450万元）。整理农场低产田地1000亩，每亩投入4000元（投资400万元）。投资200万元新建仓储300平方米。投资150万元新建水泥晒场300平方米。扩大梨、杨梅、葡萄种植面积，种植地点在场部、十二茅坡，种植规模达300亩（投资300万元）。精品水果园道路硬化5千米，建设水果储藏包装设备车间2000平方米、水果交易市场3000平方米，总投资1200万元。在农场007县道招商引资打造农场生态工业园，投资13000万元。在黑山村打造农副产品加工区，修建中药材、蔬菜储藏加工车间2000平方米，晒场3000平方米，总投资1000万元。

（3）茶叶生产基础设施（投资1620万元）。改造加工厂房4000平方米（投资320万元）。引进1条香茶生产线，购置先进制茶设备50台（套）（投资100万元）。引进珠茶生产线2条，购置先进制茶设备150台（套）（投资200万元）。新建出口茶包装车间、成品库（三层框架）3000平方米（投资300万元）。新建储存冷库1个，容积500吨（投资500万元）。新建精加工生产线1条，购置全制动净化设备1套（投资200万元）。

（4）依托园区建设打造美丽农场（总投资43660万元）。在双海湿地公园、场部片区范围内，打造集旅游、休闲、观光、垂钓、旅游为一体的旅游线路，新建接待中心园区，投资5000万元。在农场007县道旁、迎宾大道（含石油队）旁打造农场茶文化小镇，投资25000万元。农场茶山道路硬化10千米，并新建排水沟，种植行道树，总投资 660 万元。在农场 007 县道旁招商引资打造农场生态工业园，投资 13000 万元。

（5）组织保障措施。农场扶贫开发规划的制定和实施，由农场统一组织领导。农场场长负总责，分管领导负责抓具体、抓落实，农场扶贫开发工作领导小组及其办公室具体负责规划的制定和实施。

资金保障措施：一是积极向上级争取，确保国家下达到农场的各类扶贫资金及时足额到位；二是加大农场自筹资金投入力度，多渠道筹措资金；三是积极组织社会各界支持扶贫开发；四是加强资金管理和监督。

政策保障措施：认真贯彻落实中共中央、国务院、中共贵州省委、贵州省人民政府的扶贫政策法规，结合农场扶贫开发工作的实际情况，制定和完善更加有利于搞好农场“十三五”时期扶贫开发工作的措施，带动和促进农场经济和社会发展。

技术保障措施：农场要根据规划实施的项目任务，择优选择技术力量，建立和完善切实可行的保障体系，监督管理好农场扶贫开发项目，还要加强各项目工程竣工验收和档案资料管理工作，保证项目保质、保量、按时完工，投入使用后能够发挥显著效益。

第二节　农场建设

一、房屋建筑

（一）标志性建筑

1. **西秀区山京现代高效茶产业示范园区牌坊**　建于 2014 年，位于双鸡公路（双堡镇—贵州省山京畜牧场—鸡场乡）北端。牌坊横跨双鸡公路，西北临 321 国道，东南朝农场场部。整座牌坊为重檐庑殿顶建筑，长 20 米，宽 5 米，高 12 米。其主体由 8 根长宽各为 0.8 米的方形钢筋混凝土立柱支撑，立柱间以钢筋混凝土横枋连接。内侧 4 根立柱高 11 米，东西两外侧 4 根立柱高 9 米。东西两端为长宽各 5 米的值守间，中间为双鸡公路通道，道宽 10 米。牌坊立面外饰以黄白两色为主，立柱及横枋贴黄色瓷砖，除值守间窗框为暗紫色外，其余为白色。两层庑殿顶均以紫红色琉璃瓦覆盖。

2. **贵州省山京畜牧场办公楼旧址**　建于 1954 年，位于黑山村北，坐西朝东。整栋建筑为砖木结构苏式筒子楼，长 46.2 米，宽 11.4 米，屋脊高 11 米，屋檐高 7 米。此大楼为两层，层高 3.5 米。楼枕、楼板、转角楼梯（包括其扶手在内）、门窗等均采用优质木材，外刷紫红油漆。屋基外露承重部分以灰白长方体岩石垒砌，墙体为青砖，为庑殿顶，以小青瓦覆盖。建筑整体古朴典雅，房前屋后树木参天，四季青翠，风景宜人。1954—2003 年，农场党政机关及其内设科室在此办公。该建筑见证了农场半个世纪的发展历程。2016 年 4 月，该建筑被西秀区人民政府列为“西秀区文物保护单位”。

3. **贵州省国家级原种场山京分场办公楼** 此建筑又称贵州省国家级原种场山京分场检测室，2003 年 2 月开工建设，2003 年 8 月主体竣工。该大楼位于黑山村北面原橘子园，坐西朝东，为三层砖混结构，长 36 米。主体宽 7.2 米，高 10.9 米。内设大会议室 1 个（在一楼），小会议室 2 个（二、三楼各 1 个），办公室（或检测室）18 间。在北端每层楼设男、女卫生间及洗手台各 1 个。楼梯间在北端东侧，长 7.2 米，宽 3.6 米，高 11.4 米。其顶层安装球形水塔 1 座，塔旁安装防雷电设施 1 套。建筑外墙面主要为灰色墙砖，楼梯间东侧墙面有竖式农场名称标志 1 处。该标志由 8 块暗黄色大理石镶贴而成，宽 0.6 米，高 4.8 米，其上镌刻“贵州省山京畜牧场”8 个行楷大字，黄底黑字，遒劲有力。

（二）生产性建筑

1953 年，修建牲畜舍 1 栋 210 平方米。

1954 年，修建砖木结构机械库、修理间、油库各 1 栋，兽医室 1 栋，猪舍 2 栋。

1955 年，建成砖木结构油库 64.8 平方米，砖木结构修理间 180 平方米，竹木结构瓦顶机具库 399.32 平方米，草房宿舍 5 栋（十二茅坡 1 栋）1075.99 平方米，役用牛舍 2 栋（黑山、十二茅坡各 1 栋）280 平方米，银子山 2 栋猪舍 602.14 平方米，兽医室 72 平方米。

1956 年，修建烤房 182 平方米，粮食晾棚 296 平方米，马房 150 平方米，其他结构 1341 平方米，猪房 36 平方米，牛房 600 平方米。修建晒坝 2200 平方米（其中，水泥晒坝 1200 平方米，三合土晒坝 1000 平方米）。以上全部为自营工程。新建的砖木结构烤房共 9 幢，总容量为 2249.6 立方米。

1957 年，修建猪舍 600 平方米，饲料间 50 平方米。

1958 年，修建牛舍 600 平方米，肥猪舍 2000 平方米，饲料坑 300 平方米，晾棚 120 平方米，烟棚 120 平方米，米粉加工房 100 平方米，鱼种孵化池 50 平方米。

1959 年，新建房屋建筑面积为 10620 平方米，其中生产性用房 8278 平方米。

1962 年，新建立五号大马厩一栋 938 平方米，改建母马厩 151 平方米。

1965 年，修建驹厩 373 平方米、农机具库房 132 平方米，自制水泥马槽 146 个。

1969 年，修建公马厩 320 平方米，育种室 300 平方米，兽医室 130 平方米，病马厩 140 平方米。

1970 年，修建建筑总面积为 2600 平方米。其中，草料库 220 平方米，马粮库 200 平方米，马厩420平方米，烤酒房493平方米，车棚167平方米。

1978—1981年，修建机械化万头养猪场。养猪场各种建筑面积共计15077平方米。

1985—1986年，建设十二茅坡茶叶加工厂。修建了萎凋车间、揉切车间、发酵车间、烘干车间、锅炉房、绿茶粗制车间等建筑物，安装了茶叶加工设备设施。

1988年10月—1990年10月，建设南坝园茶叶加工厂。修建茶青室、揉捻车间、收青房办公室、烘干车间、质检室、样品室、毛茶仓库及成品仓库，建筑面积共计3041.30平方米。贮青车间建筑面积为752.03平方米。

1998—2005年，在农业部、贵州省农业厅的大力支持下，组织实施贵州省国家级原种场山京分场基地建设工程。其中，修建种子中转库两栋1100平方米，一层砖混结构；修建种子检测室大楼一栋900平方米，三层楼砖混结构。

2000年，实施商品粮杂交玉米制种基地建设。其中，修建办公楼及种子中转库646平方米，砖混结构，一楼为种子中转库；修建机修车间220平方米，一层砖混结构。

2005年，柳江公司投资新建孵化厂一期工程，建筑面积为1600平方米；建设年产5000吨的微生物有机肥厂，建筑面积为1500平方米。

2006年，烟草公司和农场共同出资，新建散烟堆积式烤房10座。

2007年，柳江公司投资300多万元新建鸡舍三栋5000多平方米，新建孵化大厅1000平方米。

（三）较大单体建筑

1. 贵州省国营山京机械农场办公大楼 1953年始建，1954年竣工。此大楼为两层，砖木结构苏式筒子楼，建筑面积为1050平方米。

2. 贵州省国营山京农场卫生所 1956年始建，位于场部办公大楼（苏式筒子楼）东南约350米，砖木结构一层悬山顶，盖小青瓦，建筑面积为336平方米。20世纪60年代初在场部西南约500米（现址）择地另建，砖木结构一层硬山顶箱房式建筑，盖水泥瓦，建筑面积为406平方米。2009年投资对之进行改造维修，2013年再次投资对之进行改造，完善设备设施。

3. 贵州省国营山京农场大礼堂 1956年始建，位于场部办公大楼西南约400米，砖木结构一层悬山顶，盖小青瓦，建筑面积约为2600平方米。礼堂内部南端设主席台（舞台）。最南端有化妆更衣室1间，约80平方米。舞台北面设两级台阶、多排座椅，15排之后修建为一个台阶。最北端设有放映室，面积为80平方米。2015年，此建筑在修建场部中心广场时被拆除。

4. 中国人民解放军山京军马场服务社 1963年修建，在场部办公大楼西南约400米，砖木结构一层悬山顶，盖小青瓦，建筑面积为336平方米。20世纪70年代初在原址西侧4米（现址）择地另建，砖混结构二层悬山顶，盖水泥瓦，建筑面积为634平方米。

5. **贵州省山京畜牧场子弟学校教学楼**　始建于2004年，2005年竣工。建筑面积为1080平方米，三层楼砖混结构。

（四）住宅小区

1. **宏宇小区**　该小区为商品房开发小区，始建于2007年，2011年建成。位于场部办公大楼南约200米，分布在双鸡公路东西两侧。为两栋五层砖混结构现代建筑。住户有72户。

2. **安福小区**　建于2011年，在场部办公大楼南面50米。小区建筑风格统一，均为砖混二层悬山顶，盖琉璃瓦，浅黄外墙。住户有32户。

3. **幸福小区**　建于2012年，紧邻宏宇小区南面。小区建筑风格统一，均为砖混二层悬山顶，盖琉璃瓦，浅黄外墙。住户有26户。

4. **和谐小区**　建于2013年，在原橘子园。小区建筑风格统一，均为砖混二层悬山顶，盖琉璃瓦，浅黄外墙。住户有78户。

5. **十二茅坡小区**　建于2013年，在商品粮杂交玉米制种基地西面，隔双鸡公路与该基地相对。小区建筑风格统一，均为砖混二层悬山顶，盖琉璃瓦，浅黄外墙。住户有34户。

6. **石油队小区**　建于2015年，在原石油队。小区建筑风格统一，均为砖混二层悬山顶，盖琉璃瓦，浅黄外墙。住户有13户。

（五）其他非生产性建筑

1953年，修建草竹结构职工宿舍3栋，建筑面积为600平方米。

1954年，修建草竹结构宿舍5栋，建筑面积为1000平方米。

1956年，修建砖木结构职工宿舍140平方米。

[illegible]年，修建砖木结构职工食堂200平方米。

1960年，创办农场子弟小学。随着农场经济社会发展，师生逐步增多，校舍也逐步增加。1983年，教学楼、教工宿舍等校园建筑面积为2149平方米。

1962年，改建宿舍6栋，建筑面积共计1261平方米。

1970年，修建砖木结构职工宿舍260平方米，改建职工宿舍665平方米。

1998年，异地新建十二茅坡小学教学楼380平方米，两层楼砖混建筑。

2000年，实施商品粮杂交玉米制种基地建设。其中，修建办公楼及种子中转库646平方米，砖混结构，二楼作办公用房；值班室220平方米，一层砖混结构。

二、生活设施

（一）主要饮水工程

1. **场部饮水工程** 始建于1980年，2010年改、扩建，每天供水100立方米，设计供水人口2000人。供水范围包括场部片区、黑山村。水源为地下水，机井地点在和谐小区。

2. **老龙窝饮水工程** 1988年建成投产，每天供水20立方米，设计供水人口500人。供水范围包括十二茅坡片区、老龙窝（自然村）。水源为地下水，机井地点在老龙窝村。

3. **银子山饮水工程** 2006年12月建成投产，每天供水50立方米，设计供水人口500人。供水范围包括银子山村、农业生产四队（含马过路）。水源为地下水，机井地点在银子山。

4. **十二茅坡饮水工程** 2016年12月建成投产，每天供水300立方米，设计供水人口3500人。供水范围包括十二茅坡片区和老龙窝村。水源为地下水，机井地点在十二茅坡三岔路口往西至茶园路旁。

（二）饮水工程设备与自来水管道的安装与更新

1996年，在农场支持下黑山村安装自来水管道。

2000年，农场投资2.5万元，将十二茅坡片区的老式深井泵改造为先进的潜水泵。

2001年，更换场部、石油队2口深井的抽水设备，十二茅坡安装自来水管道350米。

2002年，毛栗哨村自筹资金2万多元，义务投工500余人，修建了2个遮盖式自来水池，安装自来水管道1000米。

2004年，对农场自来水供水系统进行改造。修建密封加盖300立方米的水塔两座。修建全封闭50立方米的水塔一座。维修改造加盖100立方米的水塔一座。改造自来水管道约13.5千米，安装水表616户。保证了农场职工住宅区、生产区全天供水，水价降低了20%，供水质量和安全都得到了提高。

2010年，农场投资8.5万元，在张家山村开钻深井1口；投资2.3万元，接通十二茅坡至张家山村的供水主管道1.6千米。

2014年，完成十二茅坡（含老龙窝）、农业生产二队、五队、石油队、场部五个片区的自来水管网改造，共铺设安装各种型号的自来水管道1398米。

2020年，实施国有垦区综合整治配套基础设施建设项目，其中安装供水管道104米。

（三）电力设施

1. 输电线路架（铺）设安装与改造

1959年，完成农场第一生产队（黑山片区）照明线路安装工程。

1963 年，农场第一生产队（黑山片区）照明线路开通输电。

1969 年，投资 23.26 万元，架设电力输送线路 29 千米。

2000 年，由安顺市城郊电力公司投资 80 余万元，对农场的低压线路进行了彻底改造，改造户数 901 户。

2010 年，在电力部门的支持下，实施了三角塘片区的农网改造，投入 1 万余元增设生态果蔬示范园供电线路 2100 米。

2011 年，在安顺市城郊电力公司的大力支持下，实施农场电力设施升级改造项目。这次农场输电线路升级改造，更换了老旧电线、电线杆、输变电设备等。场部片区接入东屯至军马场 10 千伏输电线路（简称“东军线”，下同），银子山片区和十二茅坡片区接入鸡场至银子山 10 千伏输电线路（简称“鸡银线”，下同）。升级改造前原有 3 台变压器继续使用。其中，第五生产队家属区 1 台，银子山村 1 台，十二茅坡家属区 1 台。

这次升级改造，新增变压器 5 台及相应配套设施。

（1）东军线。升级改造时新安装变压器 3 台。其中，石油队 200 千伏安变压器 1 台，黑山农贸集市东出口南侧 200 千伏安变压器 1 台，卫生所西休闲广场南 200 千伏安变压器 1 台。

（2）鸡银线。升级改造时新安装变压器 2 台。其中，银子山桥北头西侧 100 千伏安变压器 1 台（配套 100 千伏安配变低压综合配电箱 1 个），十二茅坡家属区 50 千伏安变压器 1 台。

2016 年，实施国有垦区棚户区危旧房改造及其配套基础设施建设项目，其中架设输电线路 6800 米。

2020 年，实施国有垦区综合整治配套基础设施建设项目，其中铺设电力电缆 8161 米。

2. 发电设施 1964 年，购进水轮发电机一台及其配套设备，利用山京海子出水落差，在三角塘进行水能发电。开挖浇铸混凝土引水沟槽约 1200 米，架设输电线路 400 米。

3. 照明设施

2009 年，在柳江公司和贵州宏宇房地产开发有限公司的大力支持下，安装了场部住宅小区工五队路口的路灯。

2014 年，投入 20 万余元分别在场部片区、农业三队片区、十二茅坡片区安装太阳能路灯 61 套。

2020 年，实施国有垦区综合整治配套基础设施建设项目。其中，安装配电箱 3 台，路灯控制箱 7 台，单联单控开关 6 个，双联单控开关 4 个，三联单控开关 1 个，高 6 米、30 瓦的单臂路灯 182 套，高 8 米、40 瓦的单臂路灯 160 套，防水防尘灯 11 套。

（四）排水设施

1990 年，在南坝园茶叶加工厂，修建排水沟 628.16 米。

2014 年，为有效解决危旧房改造一期工程职工住宅区地面积水问题，补充和完善住宅设施，由农场组织，投入 35 万余元修建住宅区排水沟 1083 米。

2016 年，完成职工住宅小区排污排水系统 3200 米。

2020 年，实施国有垦区综合整治配套基础设施建设项目。其中，修建排水沟 1441 米，安装排水管道 1285 米。

三、园林绿化设施

（一）园林工程设施

2004 年，投资约 8 万元，在原场部办公大楼南侧及其西面小山，建设职工休闲园 1 个。园内建休闲凉亭 1 座，林间观光道 3 条。

2014 年，投入 26 万元，分别在十二茅坡、场部生活区修建集娱乐、健身、休闲为一体的活动场所 4 个；投入 6 万元，在十二茅坡管理区建成活动中心 1 个。

2017 年，投资 71.62 万元，建设杨梅观光园。其中，林间观光道路硬化 7750 平方米，建成园内休闲亭台 3 座。

（二）广场设施

2015 年，在场部修建职工休闲广场 1 个，广场占地面积为 5500 平方米。在其周边进行绿化，绿化面积为 3500 平方米。安装健身器材 1 套、高杆灯 1 座。在其北端修建 150 平方米露天舞台，安装大型电子显示屏幕墙 1 块。在东侧修建休闲长廊，3 座凉亭与长廊相连，使之成为一个整体。在广场中央设置篮球场 1 个。

（三）绿化工程设施

1981 年，在原场部办公大楼到第五生产队的道路两侧、养猪场道路两侧及机械化万头养猪场绿化带栽种柳杉树，对沿路及养猪场部分区域进行绿化。

1985 年初，分别在场部、红茶加工厂、学校、卫生所、机械化万头养猪场、第五工作站的土地上栽种花卉 183 株、冬青 2500 株、泡桐 673 株，在场部建成各式花坛 9 个、[illegible]。

2011—2016 年，实施国有垦区配套基础设施项目。其中，在场部中心广场周边绿化 7740 平方米，种植绿化树 690 株。

2013 年，在双鸡公路（双堡镇—贵州省山京畜牧场—鸡场乡）两侧农场路段栽种樟树、银杏树、樱花树等乔木，培植行道绿化带。

2015 年，在场部中心广场周边绿化 3500 平方米。

2018 年，在西秀区林业局的大力支持下，对 600 余亩茶园道路两旁进行绿化。

（四） 环境卫生设施

1990 年，在南坝园茶叶加工厂，修建公共厕所 2 个，30 平方米。

2006 年，修建垃圾池 8 个。

2015 年，在场部中心广场东南角，修建公共厕所 1 个。在场部农贸市场东出口道路北侧，修建公共厕所 1 个。

2016 年，在场部和谐小区与一队住宅区之间修建公厕 1 个。

2011—2016 年，实施国有垦区配套基础设施项目。其中，修建排污沟 2624 米、化粪池 11 个，购置垃圾车 1 台、垃圾箱 12 个。截至 2016 年底，农场共配备了垃圾车 2 台、垃圾箱 45 个。

第三节 公共建设

一、道路

（一） 农场公路主干道

农场公路主干道始建于 1954 年，全长 14 千米，宽 6 米，泥夹石路面，修建石拱桥 3 座。此后，持续进行维修填补，其承载力、路况有改善，成为泥石路面。2013 年，由上级交通管理部门投资 4000 多万元对其进行升级改造，由贵州省山京畜牧场、双堡镇人民政府、杨武乡人民政府、鸡场乡人民政府配合协助实施。这次升级改造，实施了以下几个方面的工程。

1. **改造道路** 在原道路的基础上，小弯道能改直的改直，或改为大弯道，坡度能降缓的尽量改缓。改造后路面宽 6 米，路边镶砌毛石混凝土路沿，路面改造为油路。

2. **清理路沟，疏通排水** 改造原道路上的 3 座桥及 20 余个涵洞。

3. **连通延长** 连通鸡场乡境内 3 千米原通村道路，修建该路段路沿、路基，拓宽该段路面为 6 米。升级改造后，这条公路称为双鸡公路，全长 17 千米，成为从双堡镇经贵 [illegible]

（二） 农场其他道路维修建设

1954 年，修建场部片区机耕道 9000 米、十二茅坡机耕道 2300 米。

1998 年，农场投资 2 万多元，加上村民投工投劳，硬化了黑山村村中 3 米宽道路 804 米。

1999 年，毛栗哨村利用村提场统资金和自筹资金共 2 万多元，村民义务投工投劳，维修本村公路 1000 多米。

2000 年，农场补助 1.2 万元购买水泥 50 吨，村民投工投劳，银子山村硬化近 500 米的通村道路。

2001 年，修建银子山村（包含银子山、砂锅泥、马过路）内水泥路以及银子山至马过路的水泥路共计 1.35 千米。

2002 年，修通石油队至场部学校、卫生所、猴子山片区的主干及支干水泥路面 2.6 千米。修建红土坡及寨内水泥路面 0.58 千米。毛栗哨村党支部带领群众自筹资金 1.1 万元，村民义务投工投劳开山采石，修建毛栗下哨至毛栗上哨公路 1 千米。

2004 年，张家山村由农场支持水泥，村民集资并投工投劳，修建村中道路 210 米，硬化路面 549 平方米。

2006 年，对农业二生产队片区的 1550 平方米路面进行硬化改造。

2010 年，投入 76629 元，硬化生态果蔬示范园主干道 1824.5 平方米。引进资金 200 万元，修建机耕道 20 千米。

2011 年，投入 12.2 万元，对原晒坝至场部办公大楼 310 米道路进行硬化及对生态果蔬示范园道路进行硬化加宽。修建机耕道路 15.16 千米。

2017 年，投入 8.64 万元，修通并硬化十二茅坡至水井这条道路及周边道路 415 米。

2018 年，硬化茶园道路 3.34 千米。

2020 年，实施国有垦区综合整治配套基础设施建设项目，其中硬化住宅生活区道路 4140 平方米。

二、桥梁

1. 黑山桥　始建于 1954 年，桥面长 10 米、宽 6 米，单孔石拱桥，桥拱顶端离水面 1 米。2013 年，改造双鸡公路时重建，桥面长 12 米、宽 6 米，钢筋混凝土平桥，桥身高 2.5 米。

2. 银子山桥　始建于 1954 年，桥面长 12 米、宽 6 米，单孔石拱桥，桥拱顶端离水面 1.5 米。2013 年，改造双鸡公路时重建，桥面长 14 米、宽 6 米，钢筋混凝土平桥，桥身高 3 米。

3. 马过路桥　始建于 1954 年，桥面长 14 米、宽 6 米，单孔石拱桥，桥拱顶端离水面 3 米。2013 年，改造双鸡公路时重建，桥面长 20 米、宽 6 米，钢筋混凝土平桥，桥身高 7 米。

三、水利设施

（一）水库设施

1954年，修建双海水库，库容336万立方米。

1956年，扩建水利渠道7千米，修建中型水库1座。

1957年，修建小型山塘水库1座。

1977年，修建山塘水库1座，水容量为400万立方米，灌溉面积为1995亩。

（二）农田水利设施

1954—1955年，实施山京水利工程项目。作为配套工程，修建干渠700米、支渠13.7千米、斗渠7.9千米。

1978年，上级拨给喷灌设备投资款28万元，实际投资28.92万元，购置的喷灌设备安装在十二茅坡。

1998年，对老龙窝水库坝体及其配套设施进行维修，维修坝底75平方米、水渠50米。银子山村修建水渠2.4千米。

2001年，安装喷灌系统的塑料管网460米，恢复喷桩19个。

2002年，安装百亩大地喷灌设施。修通由山京海子通向农场的灌溉农田用水渠2.5千米。

2009年，安装生态果蔬示范园供水管道662米。

2014年，修建苗圃喷灌工程60亩，安装铺设喷灌管网4282米，安装低压喷头160个。

第四节　通信仓储设施

一、通信设施

1954年，安装农场内部电话线约15千米。2000年，安顺市电信局投资70余万元，在场部片区安装程控电话119门。2001年，协助通信部门在十二茅坡片区安装程控电话166门（十二茅坡、张家山村、银子山村及周边村寨顺河、朱官等处）。2014年6月，在

二、仓储设施

1955年，在场部修建砖木结构粮食库233.8平方米，在农业生产二队修建砖木结构粮食库78.39平方米。

1959 年，在场部修建砖木结构粮食库 337.2 平方米，在十二茅坡修建砖木结构粮食库 443.4 平方米。

1970 年，在十二茅坡修建军马草料库 220 平方米，修建军马饲料库 200 平方米。

1998—2005 年，组织实施贵州省国家级原种场山京分场基地建设工程项目。其中，在场部修建种子中转库 500 平方米。

2000 年，实施商品粮杂交玉米制种基地建设工程。其中，在十二茅坡修建种子中转库 323 平方米。

第三章　第一产业

农场依托较丰富的土地资源，以发展第一产业为主导从事生产经营。种植业先后以粮食作物种植和茶叶种植为主，同时从事油料作物、烤烟、饲料、蔬菜、水果、中药材等种植。养殖业则以家畜、家禽饲养为主。在部队管理期间，以军马饲养为主业，开展生产经营活动。

第一节　农业综合

一、第一产业综合情况

（一）耕地情况

1954年，农场耕地面积为6500亩。

1968年，农场耕地面积为6161亩。

1986年，农场耕地面积为8715亩。其中，旱地5361亩，稻田3354亩。

1988年，农场耕地面积为7873.3亩。其中，旱地5811.3亩，稻田2062亩。

1998年，农场耕地面积为6458.04亩。其中，旱地4004.63亩，稻田2453.41亩。

2020年，农场耕地面积为4100亩。

（二）农业机械化情况

1954年，农场有耕作牵引机械（拖拉机）4台，共计294马力；机引农具6台；排灌动力机械1台，3.5马力。

1959年，农场有耕作牵引机械（拖拉机）9台，共计322马力；机引农具16台；排灌动力机械5台，共计70马力；精油加工机械1台，13马力。

[illegible]台；排灌动力机械5台，共计70马力；精油加工机械1台，13马力。

1972年，农场有耕作牵引机械（拖拉机）7台，共计336马力；机引农具12台；排灌动力机械5台，共计79马力；精油加工机械5台，共计53马力。

1976年，农场有耕作牵引机械（拖拉机）8台，共计368马力；机引农具12台；排灌动力机械9台，共计132马力；精油加工机械10台，共计118马力。

1978年，农场有耕作牵引机械（拖拉机）10台，共计533马力；排灌动力机械31台，共计548马力；精油加工机械10台，共计118马力。

1984年，农场有农业机械109台，总动力为2149马力。其中，茶叶加工机械18台，共计72马力；载重汽车7台；大中型拖拉机13台；手扶拖拉机3台。当年实际机耕面积达6576亩。

1994年，农场有耕作牵引机械（拖拉机）10台，共计265马力；茶叶加工机械147台，共计454.5马力。

（三）农牧业总产值

1955年，农场农牧业总产值为4.43万元。

1958年，农场农牧业总产值为10.67万元。

1961年，农场农牧业总产值为16.5万元。

1964年，农场农牧业总产值为13.34万元。

1967年，农场农牧业总产值为16.44万元。

1970年，农场农牧业总产值为11.88万元。

1972年，农场农牧业总产值为40.65万元。

1976年，农场农牧业总产值为40.12万元。

1978年，农场农牧业总产值为45.41万元。

1983年，农场农牧业总产值为44.78万元。

1991年，农场农牧业总产值为328.4万元。

1993年，农场农牧业总产值为426万元。

1996年，农场农牧业总产值为198.75万元。

1997年，农场农牧业总产值为916.63万元。

2000年，农场农牧业总产值为1381.89万元。

2005年，农场农牧业总产值为4000万元。

2015年，农场农牧业总产值为4674.74万元。

二、农业产业化

1998年以后，为适应改革开放和农业发展形势，农场进一步加强生产经营管理和生产经营方式改革调整力度，进一步推进招商引资工作，促进农业产业化。农场一些投资经营主体为适应生产经营发展需要，组建了一些专业化更高、分工更具体、服务更周全的经济合作组织和专业发展企业。

（一）银山茶场

银山茶场是农场内采取承包方式的非公有制茶叶生产企业，1998 年入驻农场。该茶场员工 28 人，承包种植茶园 1222 亩。茶叶加工厂有扁形茶生产线 1 条，机器 52 台，每小时加工鲜叶 150 公斤；高绿茶生产线 1 条，机器 11 台，每小时加工鲜叶 250 公斤。在山东、上海等地有销售网点 4 个。企业按市场经济的要求实行了生产、加工、销售一条龙，以务实创新的经营理念，不断提高产品质量，根据市场调整所生产的商品，以诚信为宗旨全面提升明英牌“明英翠龙”和“明英绿茶”两大系列产品的绿色食品品牌知名度。

2010—2013 年，银山茶场对承包的 1222 亩茶园进行了系列扶壮改造，每年中耕、施肥、修剪、防病、防虫，增加投入。其中，施肥以有机肥为主，无机肥为辅。非生产季节用石硫（碳和硫黄）合剂封园防病，用低毒、高效、低残农药防虫，注意掌握幼虫高峰期喷施。由于防治措施有力，防虫从 1999 年的每生产季 6 次，下降到 2003 年的每生产季 3 次。在不断增加茶园管理投入的同时也不断增加加工设备和设施投入。在此期间，投资机器设备 40 余万元，建成了能满足生产的两条生产线。同时投资 46 万元对厂房和质检、生活住房进行了改造和新建。在抓好生产、加工的同时，狠抓销售网络建设，及时了解市场行情，调整产品结构。组织业务学习，提高全体员工的整体业务素质，在员工中开展茶叶加工技能比赛，让员工在生产实践中不断提高生产技能。

通过多年的努力，茶园长势达到了贵州省内较好水平，采摘工人收入增加，积极性不断提高，产品质量也一年比一年好。2003 年，银山茶场生产的“明英绿茶”经中国绿色食品发展中心认证为绿色食品。

2018 年以后，银山茶场加大生产转型力度，致力于生产有机茶，进一步扩大机采面积，提升茶叶品质，提高劳动生产率，努力为社会提供更多更好的茶叶产品。2018 年，茶叶产量为 95.42 万公斤，产值为 646 万元。2019 年，茶叶产量为 98.68 万公斤，产值为 660 万元。2020 年，茶叶产量为 101.5 万公斤，产值为 700 万元。

（二）瀑珠茶场

2003 年 6 月，瀑珠茶场入驻农场。该茶场将高海拔优势下的茶园进行了资源整合，[illegible]

珠茶、黑毛茶、毛峰茶等，畅销我国江苏、山东以及非洲和东南亚等地。

随着茶场的逐渐发展，不断引进科学的管理经验和先进的加工工艺，打造了一支素质高、专业强的操作熟练技工和一个完善健全的销售网络，有员工 100 多名。厂区占地近 5 万平方米，拥有茶叶种植基地 1657 亩，年产量为 75 万公斤，创产值 1000 多万元。2010

年6月，在政府的大力支持下，瀑珠茶场组建了安顺市西秀区瀑珠茶业有限公司，成立了董事会。该公司为集茶叶栽培管理、初制生产、精制加工、销售、科研和弘扬茶文化于一体的省级农业产业化重点龙头企业。

公司下辖两个现代化茶叶加工厂，具有一流的优质茶机械化、清洁化生产线。在上级部门的支持下，瀑珠人坚持创新，发展名茶产业，实施“公司＋基地＋农户”的发展模式，充分调动广大茶农的积极性，促进生产基地、市场营销、名牌战略协调发展，走上品牌化、标准化、绿色化的产业化发展道路。

（三）贵州柳江畜禽有限公司

贵州柳江畜禽有限公司（简称“柳江公司”）2004年6月入驻农场。公司注册地址位于黔中安顺市西秀区双堡镇（贵州省山京畜牧场内）。

在各级党委、政府和职能部门的大力关心和支持下，通过几年的发展，柳江公司从小到大，由弱到强，成为农业产业化国家重点龙头企业、贵州省扶贫龙头企业、国家蛋鸡标准化示范场、国内首家通过“双有机”认证的蛋鸡养殖企业、贵州省首家通过国家绿色食品认证的鸡蛋生产企业，是贵州省省级农业科技园区——贵州安顺绿色生态畜禽农业科技园区建设项目的实施单位，是中国农业大学健康生态养殖推广示范培训基地，是贵州省最大的蛋鸡养殖企业之一，也是产、学、研一体化企业。

柳江公司有良种繁育推广中心、种鸡场、蛋鸡场、生态牧养场、后备鸡场、饲料厂、贵州省蛋鸡工程技术研究中心、技术培训服务部、产品回收销售部、鸡粪有机肥加工厂10个单位。核心生产基地覆盖安顺市一区（西秀区）一县（镇宁县）。公司主要产品有鸡蛋、鸡苗、育成鸡、生物饲料、鸡粪有机肥等。2013年6月，公司总存栏商品代蛋鸡90万羽，年产鸡蛋可达1万多吨；父母代种鸡10万套，年推广优质鸡苗1000万羽，年出栏青年鸡100万羽以上。以生态高效蛋鸡养殖技术模式为标准，以农民养殖蛋鸡致富为目的，示范、辐射带动安顺市乃至贵州省5000余农户从事蛋鸡养殖1000余万羽，按每户平均养殖蛋鸡1000羽计算，户均增收3万多元，还间接带动了粮果蔬茶等相关产业的发展。

（四）安顺市西秀区现代烟草农业示范区烤烟专业合作社

现代烟草农业示范区烤烟专业合作社成立于2008年。该合作社是“公司＋农场＋农户”形式的生产经济组织，由贵州省山京畜牧场牵头、组织和管理，西秀区烟草部门给予适当的扶持、引导和监管，从事烤烟生产的农户自愿参加成为社员。

该合作社下设烟农互助组，其农户以农场原生产队为单位从事烤烟生产。共有5个烟农互助组。各互助组成立物资配送、育苗、机耕、植保、采叶、烘烤、分级、收购等专业队，实行专业化服务、社会化运作。其服务收费标准对内实行成本价，对外实行市场价，盈余部分作为该合作社的收入。部分专业队的职责如下。

1. **育苗专业队** 负责组织育苗的相关事宜。培训育苗操作人员，严把技术关。搞好苗床管理和烟苗销售工作。负责育苗物资的回收管理和大棚的综合利用。

2. **植保专业队** 负责组织烟叶大田移栽、田间管理、病虫害统防统治、打顶抹芽相关事宜。

3. **机耕专业队** 负责组织机耕及物资、烟叶运输的相关事宜。负责烟水工程、机耕道的使用、管理和养护工作。

4. **烘烤专业队** 负责组织烟叶的采、烤、分、收工作。参与烤房建设用地协调、施工监督管理和烤房验收工作。搞好烘烤用煤准备和电力保障工作。培训采收、烘烤、分级操作人员，严把技术关。

各项专业化服务价格由烟草部门和合作社共同制定，详情见表 2-3-1。

表 2-3-1 专业化服务价格表

序号	服务项目	收费标准	备注
1	专业化物资配送	肥料、煤炭、烟叶的运输价格由烟农与合作社协商	
2	专业化育苗	2.5～3元/盘	公司补贴育苗物资
3	专业化机耕	对内75元/亩	公司补贴燃油费20元/亩
4	专业化灌溉	根据费用产生情况，由烟农与合作社协商	
5	专业化植保	4元/（亩·次）	公司补贴部分农药
6	专业化采叶	40元/天	
7	专业化烘烤	2元/公斤（干烟）	
8	专业化分级	1元/公斤或40元/天	

合作社对示范区内的种植区域进行了合理规划。在规划区内，全部实行集中连片种植，没有其他作物进入规划区。核心示范区面积为1010.6亩，农户106户，按面积分639亩、22.3亩、142.3亩三个片，户均种植面积为9.5亩，实现了适度规模种植。合作社由地方政府（农场）、村两委进行调剂，确保综合示范区连片成规模，便于机械化操作和管理。

实现了统一管理，降低了生产成本。合作社对示范区各专业化队伍进行统一管理，对示范区各项工作的运行进行指导，形成了一套上下统一、步调一致的管理模式，初步形成以烟草部门为依托，合作社为纽带，育苗、机耕、植保、烘烤专业队为基础的社会化服务体系。合作社的专业化服务，将广大烟农从烦琐的育苗工作中解脱出来，使其每亩烟叶减工17个、降本695元（表 2-3-2）。

表 2-3-2　专业化服务烟农受益减工降本情况

<table>
<tr><th rowspan="3">序号</th><th rowspan="3">服务项目</th><th colspan="3">具体省工环节</th><th colspan="2">烟农减工降本情况</th></tr>
<tr><th rowspan="2">用工名称</th><th colspan="2">用工数量（个/亩）</th><th rowspan="2">减工数量（个/亩）</th><th rowspan="2">降本金额（元/亩）</th></tr>
<tr><th>传统农业</th><th>现代农业</th></tr>
<tr><td>1</td><td>专业化育苗</td><td>育苗</td><td>3</td><td>0</td><td>3</td><td>120</td></tr>
<tr><td rowspan="2">2</td><td rowspan="2">专业化机耕</td><td>翻犁整地</td><td>1</td><td>0</td><td rowspan="2">3</td><td rowspan="2">95</td></tr>
<tr><td>起垄</td><td>2</td><td>0</td></tr>
<tr><td>3</td><td>专业化灌溉</td><td>灌溉</td><td>2</td><td>0</td><td>2</td><td>100</td></tr>
<tr><td>4</td><td>专业化植保</td><td>防治病虫害</td><td>1</td><td>0</td><td>1</td><td>30</td></tr>
<tr><td rowspan="4">5</td><td rowspan="4">专业化烘烤</td><td>鲜烟运输</td><td>1</td><td>0.5</td><td rowspan="4">6.5</td><td rowspan="4">275</td></tr>
<tr><td>编烟</td><td>2</td><td>0</td></tr>
<tr><td>烘烤</td><td>3</td><td>0</td></tr>
<tr><td>解烟</td><td>1</td><td>0</td></tr>
<tr><td>6</td><td rowspan="2">专业化收购</td><td>分级扎把</td><td>4</td><td>3</td><td rowspan="2">1.5</td><td rowspan="2">75</td></tr>
<tr><td>7</td><td>收购</td><td>1</td><td>0.5</td></tr>
<tr><td colspan="5">合计</td><td>17</td><td>695</td></tr>
</table>

通过合作社生产经营实践，实现了现代烟草农业产业化、专业化及生产服务社会化，降低了生产成本，增加了烟农收入。

（五）鑫利中药材农民专业合作社

鑫利中药材农民专业合作社成立于 2014 年。2015 年种植中药材白及 190 亩，种植苗木（樱花、桂花、紫荆花）200 亩，投资 110 万元。

三、农业综合开发

（一）2007—2010年，实施贵州农垦山京畜牧场现代农业示范区建设项目

按照农业部农垦局以及贵州省农业厅关于“发挥农垦在现代农业建设中的示范作用”的要求，农场于 2007 年 4 月编制了《创建农垦现代农业示范区申请书》并报农业部农垦局。2007 年 6 月农场被农业部确定为贵州省第一家“全国农垦现代农业示范区”（以柳江公司养鸡场为中心的养殖业示范）。之后农场又编制了《创建贵州农垦山京畜牧场现代农业示范区申请书》（种植业类），形成既有养殖又有种植的组合型现代农业示范区，以充分发挥示范区的作用。

1. 工作内容。投资[illegible]万元[illegible]鸡舍，实现饲喂、蛋品收集、鸡粪处理等生产环节机械化。投资 300 万元，建设良种繁育中心扩建工程（分二期实施）。该工程建筑面积为 500 平方米，购置安装国内先进的巷道式孵化设备，使年孵化量由 500 万羽增加到 1500 万羽。投资 450 万元，引进优良蛋种鸡，扩大优良种鸡养殖量，从 5 万

套增加到10万套，并发展祖代种鸡1万套。投资300万元，进口一条蛋品生产线，实现蛋品清洗、烘干、消毒、打蜡、喷码、包装自动化生产，使鸡蛋具有明确的身份以及科学、可靠的包装，确保蛋品质量安全。投资6万元，建一栋简易鸡舍，为资金少但又想发展养殖蛋鸡致富的农户提供前期养殖场所，并为其提供带薪顶岗适应性学习的机会。投资300万元，建设生物鸡粪处理厂，日处理鸡粪20吨，变鸡粪为生物有机肥。投资24万元，购置、安装信息化管理体系设备。运用计算机、网络等现代信息技术，实现科学、便捷、高效的数字化管理。安装内部视频管理系统，以便加强管理和供人参观学习。科学制定、推广蛋鸡养殖、孵化、育雏、防疫及蛋品加工的各项规程。建立良种选育、产品质量、饲料生产、防疫、卫生保健、安全生产保障和环保七个标准体系。制定并落实培训农户、蛋鸡养殖、建设鸡舍、安装设备、日常防疫的服务计划和措施。

2. **保障措施** 增强技术支撑，保持与中国农业科学院、中国农业大学、贵州大学的合作与交流。发挥公司事业吸引人才、感情凝聚人才、待遇留住人才的优势，创造良好的人才引进、发展环境，吸引优秀人才到示范区工作，提高示范区的整体科技水平，增强科技成果转化能力。强化制度管理，制定切实可行的岗位责任制，建立工作目标责任制，把实现各阶段创建工作的目标任务和措施分解到组、落实到人，奖罚分明，形成逐级负责的工作机制，为促进示范区功能的不断提升提供制度保障。

（二）2007—2008年，实施贵州省山京畜牧场生态果蔬示范园建设项目

为优化农场种植结构，推进农业产业化进程，增加职工收入，促进农场进一步发展，根据农业部、贵州省农业厅对贵州农垦的有关要求，农场在场部片区百亩大地组织实施贵州省山京畜牧场生态果蔬示范园建设项目。

项目总投入77.8万元。其中，申请上级财政补助30万元，农场自筹47.8万元。

种植新世纪梨200亩。采取行株距3米×2米，坑径深0.5米×0.5米，每亩施用有机肥1吨作为底肥的标准种植。种植水晶葡萄80亩。采取行株距2米×1.5米，开深宽0.8米×0.5米定植沟，每亩施用有机肥1吨作为底肥的标准种植，安置行式篱架。种植时令蔬菜20亩。该项目实施的主要目的是进行探索性试验种植，具体种植的品种及其种植技术由该项目科技组安排指导。以上果蔬种植管护措施均按技术培训资料实施。

2007年底到2008年初，种植梨100亩、葡萄40亩。2008年底再种植梨100亩、葡萄40亩，完成项目建设目标。2008年种植蔬菜20亩，为扩大种植规模打下基础。

通过项目的实施，梨和葡萄第三年开始挂果，第五年进入盛果期。梨进入盛果期后，亩产量可达1500公斤，以单价4元/公斤计，亩产值可达6000元，是种植玉米的近6倍。葡萄进入盛果期后，亩产量可达1500公斤，以单价3元/公斤计，亩产值可达4500元，

是种植玉米的近4.5倍。

生态果蔬示范园，为农场职工以及周边农民种植结构的调整，水果、蔬菜种植技术的推广及种植水平的提高起到示范、推广、引导作用。同时，生态果蔬示范园也可作为专家们的水果、蔬菜试验示范基地，农民的种植技术培训基地。其生产的优质安全的水果、蔬菜也丰富了消费者的果盘子、菜篮子。

生态果蔬示范园与贵州省农业产业化龙头企业柳江公司的养鸡场比邻。养鸡场生产的优质有机肥为优质安全的水果、蔬菜的生产创造了基础，实现了种养业协调发展。建设果园、菜园是创造和谐生态环境的重要部分。随着示范作用的发挥以及优质果园、菜园的扩大，生态果蔬示范园的生态效益更加明显。

（三）2010年，实施安顺市山京畜牧场烟草农业示范区建设项目

在贵州省、安顺市和西秀区烟草、水利等部门的大力支持下，在农场建设烤烟种植生产基地。投入资金200万元，修建机耕道20千米；投入资金300万元，修建可供1.3万亩烤烟种植面积的育苗大棚；投入资金400万元，修建烟水配套工程。

（四）2013—2016年，实施西秀区山京现代高效茶产业示范园区建设项目

西秀区山京现代高效茶产业示范园区是贵州省人民政府于2013年3月21日下发文件批准成立的省级现代高效农业示范园区。是集茶叶生产、加工、销售为一体的全产业链运作的现代高效农业示范经济综合体，属贵州省“5个100工程”项目之一。其主导产业为茶叶、蛋鸡及生态旅游观光。

为加快西秀区山京现代高效茶产业示范园区的建设、确保园区工作顺利完成，经农场办公会议研究，决定成立贵州省山京畜牧场高效茶产业示范园区领导小组。其组成人员如下。

组　长　冯和平（贵州省山京畜牧场场长）

副组长　黄明忠（贵州省山京畜牧场场长助理）

组　员　彭　燕（贵州省山京畜牧场农业科科长）

李财安（贵州省山京畜牧场财务科科长）

张　云（贵州省山京畜牧场农业生产二队队长）

饶贵忠（贵州省山京畜牧场十二茅坡管理区副主任）

黄昌荣（贵州省山京畜牧场烤烟生产办公室副主任）

领导小组下设办公室，办公室设在场长助理办公室。黄明忠兼任办公室主任。领导小组成立后，负责与西秀区相关部门共同完成领导下达的园区各项工作。

作为西秀区山京现代高效茶产业示范园区主要建设项目点，农场组织有关单位、干部职工及家属参与、配合、协助抓好项目相关工作，如园区土地整治、低产茶园改造、茶叶加工技术提高等。

（五）2014年，实施西秀区一般高标准农田建设项目工程山京农场项目区建设

项目实施区域位于农场西北部。在项目区内，实施水土改良、兴修水利、安装铺设喷灌设施、修建道路等工程，改善生产条件，实现增产增收。共完成中低产田土改造3750亩。投资450万元，其中国家财政资金420万元。

完成的主要工程包括：修建苗圃喷灌工程60亩，安装铺设喷灌管网4282米，安装低压喷头160个；整治山塘1座（库容6.5万立方米），修建环塘便道0.91千米；修建机耕道5.56千米，生产通行便道1.13千米，茶坡步道1.07千米，会车道11个，道路涵洞33个。

项目工程竣工后，新增茶园灌溉面积620亩，新增生态茶园观光面积1610亩，新增机耕面积1520亩。

第二节　种 植 业

一、土地开垦

1953年，主要开垦区域为场部黑山片区，开垦土地840亩。

1954年，主要开垦区域为场部黑山片区部分区域、银子山片区、十二茅坡片区部分区域。开垦土地4300亩，其中机垦2850亩。

1955年，主要开垦区域为十二茅坡片区，开垦土地4321亩。

1956年，主要开垦区域为位于场部东南、距场部10千米左右的罗朗坝片区，开垦土地约1000亩。

此后，又在农场勘测规划范围内陆续开垦了一些土地。

二、农田基本建设

从建场到20世纪70年代末，为把低产农田改造成稳产高产的农田，实现旱涝保收，提高农业机械化水平，农场大力开展农田基本建设。其主要内容是兴修水利、修建田间地[illegible]战4次，在工地上劳作的职工可达几百上千人。

（一）兴修水利

20世纪50年代（建场以后），依托国家水利工程建设，组织农场职工参加双海水库、农场辖区内山塘水坝的建设。建成水库2座、蓄水山塘1个，修建干渠0.7千米、支渠13.7千米、斗渠7.9千米。扩建水利渠道7千米。截至2002年末，农场农田水利各类灌溉渠道总长达27.25千米。

（二）修建田间地块道路

1954年，农场创建伊始，以建设机械化现代农场为目标，修建种植作业区机耕道11.3千米。此后，在进行农田基本建设时，均把修建田间地块道路作为计划或规划的重要内容。截至2017年，农场种植作业区机耕道总长达51.62千米。

（三）平整土地

20世纪50年代后期，组织农场职工开展前坝地片（位于农场机关老办公大楼以东约100米）农田基本建设。农场职工从几千米外的新海水库挑运淤泥，填埋石砾瘠土，平整改良了近100亩土地。

1977—1978年，农场组织开展农田基本建设大会战，动员农场干部职工在确保完成各项生产任务的同时，参加移石平土、填坑造地，在荒土石坡上开辟建设大寨田（位于农场机关老办公大楼东北20米），子弟学校师生也要利用节假日支援建设工地。

为推进工程尽快完工，1978年8月5日，农场党委研究决定，成立农场1978年到1980年发展规划和农田水利基本建设领导小组，负责农场农田水利基本建设规划设计、指挥协调、组织实施等工作。邓荣泉任组长，王振武、张士宏、桂锡祥任副组长，吴选美、石仲发、刘羲乐、张升胜、陈永芬、吴启志、王荣维、李德海、雷惠民、雷先华、齐克治、郑绍荣、邹美然、张林秀为组员。在该领导小组的统一部署安排下，农场上下共同努力，在两年的时间里开挖土石方2万多立方米，搬运石头444立方米，垒砌堡坎436米，建成相对集中连片、便于机械耕作的大寨田128亩。

前坝近百亩土地改良改造，大寨田上百亩土地开垦，加上百亩大地良田好土，为建设贵州省级高标准基本农田建设项目创造条件。

（四）土壤改良

1960年，制定了《安顺专区山京农牧场关于一九六〇年至一九六二年土壤改良意见》并组织实施。集中3年时间，根据不同类型土壤的特性，利用施肥改良、石灰改良、深耕改良等措施，着重对灰土、黄泥土、红黄泥等中下等土壤进行改良。

1960—1962年，根据农场土壤改良规划，农场施肥改良土地7200亩（其中，旱地改良5300亩，水田改良1900亩；厩肥改良5600亩，绿肥改良1600亩）；深耕改良土地8716亩（其中，旱地改良5362亩，水田改良3354亩；机耕3593亩）。同时，农场职工开山选石、烧制石灰，对酸性土壤进行改良。

多年来，农场充分利用饲养马、牛、猪等产生的厩肥、圈肥，长期进行土壤施肥改良，实现了养殖业与种植业的良性循环发展。

各种土壤改良措施的综合运用，增加了土壤肥力，降低了土壤酸性，改善了土壤墒情，提高了土地生产力，使农场种植业实现持续发展，为其他产业发展奠定基础。

三、粮食作物种植

农场种植的粮食作物有稻谷、小麦、玉米、高粱、荞麦等。主要种植稻谷、小麦、玉米。

（一）粮食生产组织管理

1955年，了解农场土质、气候、耕作习惯、技术措施等情况，拟定农场的种植计划和各项作物技术措施。加大试种旱谷面积取得成功。

1957年，制定《国营山京农场1957年度包工包产初步方案》，动员各队建立完成产量指标及用工计划的责任制，提高广大职工劳动生产积极性，为完成年度增产计划而努力。

1960年，贯彻落实全国农垦工作会议精神，扩大粮食作物种植面积，努力做到自给自足。

1961年初，在职工代表大会上号召农场为生产92.5万公斤粮食而奋斗，调整劳动力充实粮食生产第一线。

1962年，贯彻包产合同，奖惩兑现，激发广大职工粮食生产积极性，提高粮食总产量，为军马生产打好基础。

1963年，农场首长安排部署抢水打田栽秧工作，深入田间指导三秋生产。农场党委号召抗旱保苗，广大职工克服各种困难，开展抗旱保苗，抓紧农时抢收抢割。

1973年，深入开展农业学大寨运动，加强粮食作物田间管理，促进粮食增产增收。

1978年，农场农业技术人员指导广大职工开展科学种田，引进推广优良品种。

1979年，贯彻落实中共十一届三中全会精神，贯彻社会主义按劳分配原则，实行超产奖励、完不成任务扣罚的制度。

1981年，在农场集体所有制生产队贯彻实行包产到户、包干到户的生产责任制，提高粮食生产自主经营权。

1997年，加大农业科技含量，大力推广杂交水稻、杂交玉米良种种植，提高粮食产量。

2000年，农场组织农业技术人员深入田间指导农业生产，推广水稻两段育秧和拉绳插秧技术，为水稻增产打好基础。

（二）部分年份主要粮食作物播种面积及粮食产量

1955年，主要粮食作物播种面积3916亩，粮食总产量25.3万公斤。其中，稻谷播种面积3206亩，产量22.56万公斤；玉米播种面积378亩，产量2.56万公斤；小麦播种面积332亩，产量0.18万公斤。由于土地贫瘠等，建场以后第一年试种几乎没有收获。第二年，虽然大面积播种，但收成微薄。

1956年，主要粮食作物播种面积3906亩，粮食总产量38.25万公斤。其中，稻谷播种面积2668亩，产量29.96万公斤；玉米播种面积649亩，产量5.81万公斤；小麦播种面积589亩，产量2.48万公斤。

1958年，主要粮食作物播种面积4134亩，粮食总产量38.39万公斤。其中，稻谷播种面积1234亩，产量18.72万公斤；玉米播种面积2250亩，产量18万公斤；小麦播种面积650亩，产量1.67万公斤。

1959年，主要粮食作物播种面积3324亩，粮食总产量48.87万公斤。其中，稻谷播种面积1753亩，产量37.42万公斤；玉米播种面积1221亩，产量9.77万公斤；小麦播种面积350亩，产量1.68万公斤。

1960年，主要粮食作物播种面积3480亩，粮食总产量54.22万公斤。其中，稻谷播种面积2359亩，产量45.88万公斤；玉米播种面积907亩，产量6.89万公斤；小麦播种面积214亩，产量1.45万公斤。

1961年，主要粮食作物播种面积3469亩，粮食总产量55.28万公斤。其中，稻谷播种面积2510亩，产量46.35万公斤；玉米播种面积959亩，产量8.93万公斤。

1962年，主要粮食作物播种面积3876.67亩，粮食总产量51.01万公斤。其中，稻谷播种面积2669.42亩，产量42.83万公斤；玉米播种面积987.86亩，产量6.71万公斤；小麦播种面积219.39亩，产量1.47万公斤。

1963年，主要粮食作物播种面积4100亩，粮食总产量75万公斤。其中，稻谷播种面积3000亩，产量65.25万公斤；玉米播种面积600亩，产量6万公斤；小麦播种面积500亩，产量3.75万公斤。

1967年，主要粮食作物播种面积4111亩，粮食总产量74.58万公斤。其中，稻谷播种面积2880亩，产量67.77万公斤；玉米播种面积663亩，产量4.15万公斤；小麦播种面积568亩，产量2.66万公斤。

1968年，主要粮食作物播种面积3910亩，粮食总产量75.93万公斤。其中，稻谷播种面积 2943 亩，产量 69.16 万公斤；玉米播种面积 657 亩，产量 5.31 万公斤；小麦播种面积 310 亩，产量 1.46 万公斤。

1969 年，主要粮食作物播种面积 3859 亩，粮食总产量 47.11 万公斤。其中，稻谷播种面积 2660 亩，产量 39.85 万公斤；玉米播种面积 746 亩，产量 5.13 万公斤；小麦播种面积 453 亩，产量 2.13 万公斤。

1970 年，主要粮食作物播种面积 3780 亩，粮食总产量 75.48 万公斤。其中，稻谷播种面积 2690 亩，产量 66.15 万公斤；玉米播种面积 650 亩，产量 7.14 万公斤；小麦播种面积 440 亩，产量 2.19 万公斤。

1971 年，主要粮食作物播种面积 4829 亩，粮食总产量 81.09 万公斤。其中，稻谷播种面积 3133 亩，产量 67.78 万公斤；玉米播种面积 862 亩，产量 9.38 万公斤；小麦播种面积 834 亩，产量 3.93 万公斤。

1972 年，主要粮食作物播种面积 802 亩，粮食总产量 18.95 万公斤。其中，稻谷播种面积 757 亩，产量 18.49 万公斤；小麦播种面积 45 亩，产量 0.46 万公斤。

1973 年，主要粮食作物播种面积 721 亩，粮食总产量 16.82 万公斤。其中，稻谷播种面积 360 亩，产量 10.79 万公斤；玉米播种面积 140 亩，产量 3.34 万公斤；小麦播种面积 221 亩，产量 2.69 万公斤。

1974 年，主要粮食作物播种面积 427 亩，粮食总产量 10.33 万公斤。其中，稻谷播种面积 363 亩，产量 8.88 万公斤；玉米播种面积 54 亩，产量 1.32 万公斤；小麦播种面积 10 亩，产量 0.13 万公斤。

1976 年，主要粮食作物播种面积 469 亩，粮食总产量 10.62 万公斤。其中，稻谷播种面积 283 亩，产量 7.47 万公斤；玉米播种面积 116 亩，产量 2.6 万公斤；小麦播种面积 70 亩，产量 0.55 万公斤。

1977 年，主要粮食作物播种面积 4514 亩，粮食总产量 84.45 万公斤。其中，稻谷播种面积 2929 亩，产量 66.69 万公斤；玉米播种面积 1249 亩，产量 16.78 万公斤；小麦播种面积 336 亩，产量 0.98 万公斤。

1978 年，主要粮食作物播种面积 5359 亩，粮食总产量 87.33 万公斤。其中，稻谷播种面积 2918 亩，产量 71.1 万公斤；玉米播种面积 1217 亩，产量 10.85 万公斤；小麦播种面积 1224 亩，产量 5.38 万公斤。

1979 年，主要粮食作物播种面积 5013 亩，粮食总产量 105.57 万公斤。其中，稻谷播种面积 2967 亩，产量 77.5 万公斤；玉米播种面积 1128 亩，产量 19.25 万公斤；小麦播种面积 918 亩，产量 8.82 万公斤。

1980 年，主要粮食作物播种面积 1184 亩，粮食总产量 24.84 万公斤。其中，稻谷播种面积 414 亩，产量 11.75 万公斤；玉米播种面积 356 亩，产量 9.78 万公斤；小麦播种面积 414 亩，产量 3.31 万公斤。

1981 年，主要粮食作物播种面积 3864 亩，粮食总产量 63.35 万公斤。其中，稻谷播种面积 2171 亩，产量 38.12 万公斤；玉米播种面积 1046 亩，产量 17.92 万公斤；小麦播种面积 647 亩，产量 7.31 万公斤。

1983 年，主要粮食作物播种面积 4012 亩，粮食总产量 87.11 万公斤。其中，稻谷播种面积 2790 亩，产量 69 万公斤；玉米播种面积 1008 亩，产量 16.82 万公斤；小麦播种面积 214 亩，产量 1.29 万公斤。

1984 年，主要粮食作物播种面积 4254 亩，粮食总产量 89.29 万公斤。其中，稻谷播种面积 2755 亩，产量 61.66 万公斤；玉米播种面积 1324 亩，产量 26.73 万公斤；小麦播种面积 175 亩，产量 0.9 万公斤。

1994 年，主要粮食作物播种面积 4580 亩，粮食总产量 153.52 万公斤。其中，稻谷播种面积 2601 亩，产量 94.09 万公斤；玉米播种面积 1754 亩，产量 53.55 万公斤；小麦播种面积 225 亩，产量 5.88 万公斤。

1997 年，主要粮食作物播种面积 4569 亩，粮食总产量 162.27 万公斤。其中，稻谷播种面积 2500 亩，产量 99.16 万公斤；玉米播种面积 2069 亩，产量 63.11 万公斤。

1998 年，主要粮食作物播种面积 3862 亩，粮食总产量 192.49 万公斤。其中，稻谷播种面积 2454 亩，产量 130.09 万公斤；玉米播种面积 1408 亩，产量 62.4 万公斤。

1999 年，主要粮食作物播种面积 5804 亩，粮食总产量 160 万公斤。其中，稻谷播种面积 2500 亩，产量 62.5 万公斤；玉米播种面积 3000 亩，产量 95 万公斤；小麦播种面积 304 亩，产量 2.5 万公斤。

2001 年，主要粮食作物播种面积 5256 亩，粮食总产量 188.7 万公斤。其中，稻谷播种面积 2500 亩，产量 94 万公斤；玉米播种面积 2300 亩，产量 92 万公斤；小麦播种面积 456 亩，产量 2.7 万公斤。

2002 年，主要粮食作物播种面积 4237 亩，粮食总产量 134.03 万公斤。其中，稻谷播种面积 1787 亩，产量 42.28 万公斤；玉米播种面积 2050 亩，产量 82 万公斤；小麦播种面积 400 亩，产量 9.75 万公斤。

2003 年，主要粮食作物播种面积 4481 亩，粮食总产量 151 万公斤。其中，稻谷播种面积 2477 亩，产量 63 万公斤；玉米播种面积 2004 亩，产量 88 万公斤。

2004 年，主要粮食作物播种面积 3680 亩，粮食总产量 155.6 万公斤。其中，稻谷播种面积 1680 亩，产量 75.6 万公斤；玉米播种面积 2000 亩，产量 80 万公斤。

2005 年，主要粮食作物播种面积 1884 亩，粮食总产量 86.26 万公斤。其中，稻谷播种面积 1110 亩，产量 55.3 万公斤；玉米播种面积 774 亩，产量 30.96 万公斤。

2006 年，主要粮食作物播种面积 2651 亩，粮食总产量 102 万公斤。其中，稻谷播种面积 842 亩，产量 30 万公斤；玉米播种面积 1809 亩，产量 72 万公斤。

2007 年，主要粮食作物播种面积 4950 亩，粮食总产量 196 万公斤。其中，稻谷播种面积 1200 亩，产量 46 万公斤；玉米播种面积 3750 亩，产量 150 万公斤。

2008 年，主要粮食作物播种面积 3260 亩，粮食总产量 154.7 万公斤。其中，稻谷播种面积 1574 亩，产量 74.7 万公斤；玉米播种面积 1686 亩，产量 80 万公斤。

2009 年，主要粮食作物播种面积 2925 亩，粮食总产量 139 万公斤。其中，稻谷播种面积 1455 亩，产量 65.5 万公斤；玉米播种面积 1470 亩，产量 73.5 万公斤。

2010 年，主要粮食作物播种面积 2923 亩，粮食总产量 139.9 万公斤。其中，稻谷播种面积 1251 亩，产量 56.3 万公斤；玉米播种面积 1672 亩，产量 83.6 万公斤。

2011 年，主要粮食作物播种面积 3590 亩，粮食总产量 107.52 万公斤。其中，稻谷播种面积 1740 亩，产量 52.02 万公斤；玉米播种面积 1850 亩，产量 55.5 万公斤。

2012 年，主要粮食作物播种面积 3631 亩，粮食总产量 164.86 万公斤。其中，稻谷播种面积 1616 亩，产量 72.75 万公斤；玉米播种面积 2015 亩，产量 92.11 万公斤。

2013 年，主要粮食作物播种面积 606 亩，粮食总产量 20.25 万公斤。其中，稻谷播种面积 161 亩，产量 4.75 万公斤；玉米播种面积 445 亩，产量 15.5 万公斤。

2014 年，主要粮食作物播种面积 1130 亩，粮食总产量 56.5 万公斤。其中，稻谷播种面积 150 亩，产量 7.5 万公斤；玉米播种面积 980 亩，产量 49 万公斤。

2015 年，主要粮食作物播种面积 700 亩，粮食总产量 28.8 万公斤。其中，稻谷播种面积 80 亩，产量 4 万公斤；玉米播种面积 620 亩，产量 24.8 万公斤。

2016 年，主要粮食作物播种面积 540 亩，粮食总产量 22.45 万公斤。其中，稻谷播种面积 85 亩，产量 4.25 万公斤；玉米播种面积 455 亩，产量 18.2 万公斤。

四、薯类种植

农场种植的薯类主要有红薯和洋芋（马铃薯）。部分年份的薯类产量如下。

1955 年，薯类作物栽种总面积 375 亩，总产量 6.98 万公斤。其中，红薯栽种面积 350 亩，产量 6.54 万公斤；洋芋栽种面积 25 亩，产量 0.44 万公斤。

1956 年，薯类作物栽种总面积 588 亩，总产量 15.09 万公斤。其中，红薯栽种面积

349 亩，产量 14 万公斤；洋芋栽种面积 239 亩，产量 1.09 万公斤。

1960 年，薯类作物栽种总面积 891 亩，总产量 31 万公斤（仅统计栽种红薯情况）。

1961 年，薯类作物栽种总面积 805 亩，总产量 40.5 万公斤（仅统计栽种红薯情况）。

1962 年，薯类作物栽种总面积 373 亩，总产量 15 万公斤（仅统计栽种红薯情况）。

1973 年，薯类作物栽种总面积 67 亩，总产量 2.8 万公斤（仅统计栽种红薯情况）。

1976 年，薯类栽种总面积 50 亩，总产量 5.5 万公斤（仅统计栽种红薯情况）。

1977 年，薯类作物栽种总面积 130 亩，总产量 14.62 万公斤（仅统计栽种红薯情况）。

1978 年，薯类作物栽种总面积 141 亩，总产量 13.98 万公斤。其中，红薯栽种面积 119 亩，产量 13.09 万公斤；洋芋栽种面积 22 亩，产量 0.89 万公斤。

1980 年，薯类作物栽种总面积 170 亩，总产量 30.62 万公斤。

1994 年，薯类作物栽种总面积 185 亩，总产量 15.64 万公斤。其中，红薯栽种面积 176 亩，产量 15.3 万公斤；洋芋栽种面积 9 亩，产量 0.34 万公斤。

五、油料作物种植

农场栽种的油料作物主要有大豆、油菜、花生、葵花等。部分年份的油料作物产量如下。

1954 年，油菜播种总面积 115 亩，油菜籽总产量 0.21 万公斤。

1955 年，油料作物播种总面积 398 亩，总产量 0.64 万公斤。其中，大豆播种面积 250 亩，大豆产量 0.35 万公斤；油菜播种面积 115 亩，油菜籽产量 0.21 万公斤；花生播种面积 33 亩，产量 0.08 万公斤。

1958 年，油料作物播种总面积 485 亩，总产量 5.8 万公斤。其中，大豆播种面积 429 亩，大豆产量 1.97 万公斤；花生播种面积 56 亩，产量 3.83 万公斤。

1959 年，油料作物总产量 3.27 万公斤。

1960 年，油料作物播种总面积 542 亩，总产量 1.97 万公斤。其中，大豆产量 0.92 万公斤；油菜播种面积 123 亩，油菜籽产量 0.11 万公斤；花生播种面积 419 亩，产量 0.94 万公斤。大豆为套种，未测定种植面积（以下类似情况，均为套种）。

1961 年，油料作物播种总面积 505 亩，总产量 2.09 万公斤。其中，大豆产量 1.7 万公斤；油菜播种面积 236 亩，油菜籽产量 0.28 万公斤；花生播种面积 269 亩，产量 0.11 万公斤。

1962 年，油料作物播种总面积 285 亩，总产量 1.44 万公斤。其中，大豆产量 0.44 万公斤；油菜播种面积 30 亩，油菜籽产量 0.04 万公斤；花生播种面积 255 亩，产量 0.96 万公斤。

1963 年，油料作物播种总面积 344 亩，总产量 1.97 万公斤。其中，大豆产量 1.83 万公斤；油菜播种面积 124 亩，油菜籽产量 0.14 万公斤。

1964 年，油料作物播种总面积 520 亩，总产量 0.88 万公斤。其中，大豆产量 0.6 万公斤；油菜播种面积 170 亩，油菜籽产量 0.28 万公斤。

1965 年，油料作物播种总面积 471 亩，总产量 1.23 万公斤。其中，大豆产量 0.76 万公斤；花生播种面积 262 亩，产量 0.47 万公斤。

1966 年，油料作物播种总面积 218 亩，总产量 0.81 万公斤。其中，大豆产量 0.7 万公斤；油菜播种面积 166 亩，油菜籽产量 0.11 万公斤。

1967 年，油料作物播种总面积 280 亩，总产量 2.67 万公斤。其中，大豆产量 1.02 万公斤；油菜播种面积 170 亩，油菜籽产量 0.31 万公斤；花生播种面积 110 亩，产量 1.34 万公斤。

1968 年，油料作物播种总面积 160 亩，总产量 1.35 万公斤。其中，大豆产量 0.46 万公斤；油菜播种面积 120 亩，油菜籽产量 0.29 万公斤；花生播种面积 40 亩，产量 0.6 万公斤。

1969 年，油料作物播种总面积 230 亩，总产量 1.1 万公斤。其中，大豆产量 0.67 万公斤；油菜播种面积 185 亩，油菜籽产量 0.43 万公斤。

1970 年，油料作物播种总面积 282 亩，总产量 1.78 万公斤。其中，大豆产量 0.8 万公斤；油菜播种面积 217 亩，油菜籽产量 0.48 万公斤；花生播种面积 50 亩，产量 0.5 万公斤。

1971 年，油菜播种面积 290 亩，油菜籽产量 0.43 万公斤。

1972 年，油料作物播种总面积 370 亩，总产量 1.69 万公斤。其中，大豆产量 0.45 万公斤；油菜播种面积 310 亩，油菜籽产量 0.47 万公斤；花生播种面积 60 亩，产量 0.77 万公斤。

1973 年，油料作物播种总面积 449 亩，总产量 2.09 万公斤。其中，大豆产量 0.49 万公斤；油菜播种面积 351 亩，油菜籽产量 1.6 万公斤。

1974 年，油料作物播种总面积 452 亩，总产量 2.61 万公斤。其中，大豆产量 0.56 万公斤；油菜播种面积 391 亩，油菜籽产量 1.41 万公斤；花生播种面积 61 亩，产量 0.64 万公斤。

1975 年，油料作物播种总面积 245 亩，总产量 0.76 万公斤。其中，大豆播种面积 75

亩，大豆产量 0.45 万公斤；油菜播种面积 170 亩，油菜籽产量 0.31 万公斤。

1976 年，油料作物播种总面积 438 亩，总产量 1.7 万公斤。其中，大豆播种面积 68 亩，大豆产量 0.31 万公斤；油菜播种面积 370 亩，油菜籽产量 1.39 万公斤。

1977 年，油料作物播种总面积 278 亩，总产量 2.39 万公斤。其中，大豆产量 0.45 万公斤；油菜播种面积 210 亩，油菜籽产量 1.07 万公斤；花生播种面积 68 亩，产量 0.87 万公斤。

1979 年，油料作物播种总面积 221 亩，总产量 2.08 万公斤。其中，花生播种面积 141 亩，产量 1.7 万公斤；葵花播种面积 80 亩，产量 0.38 万公斤。

1980 年，油料作物播种总面积 690 亩，总产量 1.98 万公斤。其中，油菜播种面积 150 亩，油菜籽产量 0.38 万公斤；葵花播种面积 540 亩，产量 1.6 万公斤。

1981 年，油料作物播种总面积 1320 亩，总产量 5.32 万公斤。其中，油菜播种面积 814 亩，油菜籽产量 3.38 万公斤；花生产量 0.21 万公斤；葵花播种面积 506 亩，产量 1.73 万公斤。

1983 年，油料作物播种总面积 2551 亩，总产量 22.29 万公斤。其中，大豆播种面积 306 亩，大豆产量 1.45 万公斤；油菜播种面积 530 亩，油菜籽产量 0.26 万公斤；花生播种面积 1715 亩，花生产量 20.58 万公斤。

1984 年，油料作物播种总面积 1200 亩，总产量 1.58 万公斤。其中，大豆播种面积 278 亩，大豆产量 0.68 万公斤；油菜播种面积 839 亩，油菜籽产量 0.42 万公斤；花生播种面积 83 亩，花生产量 0.48 万公斤。

1994 年，油料作物播种总面积 3877 亩，总产量 17.7 万公斤。其中，大豆播种面积 592 亩，大豆产量 1.54 万公斤；油菜播种面积 3285 亩，油菜籽产量 16.16 万公斤。

1997 年，油菜播种面积 3238 亩，油菜籽产量 21.3 万公斤。

1998 年，油菜播种面积 4095 亩，油菜籽产量 26.6 万公斤。

1999 年，油菜播种面积 4802 亩，油菜籽产量 7.37 万公斤。

2000 年，油菜播种面积 4418 亩，油菜籽产量 39.76 万公斤。

2001 年，油菜播种面积 5680 亩，油菜籽产量 33.2 万公斤。

2002 年，油菜播种面积 4855 亩，油菜籽产量 36.4 万公斤。

2004 年，油菜播种面积 4510 亩，油菜籽产量 22.55 万公斤。

2005 年，油菜播种面积 4059 亩，油菜籽产量 18.04 万公斤。

2006 年，油菜播种面积 4000 亩，油菜籽产量 20 万公斤。

2007 年，油菜播种面积 4000 亩，油菜籽产量 30 万公斤。

2008 年，油菜播种面积 4000 亩，油菜籽产量 28 万公斤。

2009 年，油菜播种面积 4000 亩，油菜籽产量 29 万公斤。

2010 年，油菜播种面积 4000 亩，油菜籽产量 25 万公斤。

六、烤烟种植

农场烤烟生产的历史可追溯到 20 世纪 50 年代。1955 年农场在十二茅坡片区栽种烤烟 370 亩，生产烟叶 1.25 万公斤。此后两年扩大生产，在烟苗培植、生产技术、烤房建设等方面取得较大进展。1958—1995 年，几乎没有进行烤烟生产。1996 年，重启烤烟生产，试种 22 亩。1997 年以后，大面积种植生产，成为农场较大的产业之一。

（一）烤烟种植生产组织管理

1998 年 2 月 13 日，经场长办公会议研究，决定成立贵州省山京畜牧场烤烟生产办公室，负责农场烤烟生产组织、协调、指导、管理工作，由副场长冯和平兼任烤烟生产办公室主任。烤烟生产采取自愿种植、统一规划、统一指导、统一前期投入、统一收购，种植规范化按高标准要求，主攻质量，提高单产，增加效益。农场的烤烟收购采取单收直调的方式，分管副场长亲自管理收购点，以保证收购工作顺利进行，圆满完成调拨。

1999 年，按照播种标准，种植户精心播种育苗，农场共育苗床 1250 厢，实现良种育苗 100%。加强烤烟生产过程中种子育苗、假植、大田移栽、打顶抹芽、成熟烘烤等环节的技术指导和管理。通过严格管理和耐心指导，育出的烟苗整齐健壮，苗厢无“白板”现象出现。

2001 年，根据贵州省、安顺市、西秀区的有关文件精神，采取计划种植、合同收购并主攻质量。农场领导非常重视，把此项工作列入党委的议事日程，作为一项重要的支柱产业来抓，为企业解困，寻找农场经济增长点，明确了当年的生产任务、奋斗目标、奖惩制度，烤烟生产办公室还专门召开了农场各村村民委员会主任、党支部书记、辅导员会议，安排了农场 2001 年烤烟工作，签订了各村村民委员会主任、党支部书记、辅导员烤烟生产责任状，定任务、定人员、定产值、定方案，层层建立目标管理责任制。坚持每周一召开烤烟生产例会，提出问题，解决问题，计划安排各季节烤烟生产的轻重环节。

2002 年，农场共签订烤烟生产收购合同 431 份，移栽烤烟面积 3070 亩（其中，张家山村 883 亩，银子山村 591 亩，毛栗哨村 885 亩，黑山片区 461 亩，职工队 250 亩）。

2003 年，农场烤烟生产办公室组织精干人员，在生产一线定点进行生产管理、辅导、服务工作，着重帮助、指导烟农抓好烟地优化、种子优化、种植优化、田间管理、病虫害防治、科学烘烤、分级扎把等环节。农场烟农产值收入在 2 万元的 2 户，1 万元以上的 44

户，7000元以上的92户，5000元以上的125户。

2004年，农场组织了专班和生产辅导队伍，切实保障种子、化肥、农药的前期投入，提供播种、育苗、移栽、大田管理、采摘、烘烤、分级扎把、收调等全程服务。

2005年，进行大棚育苗，开展集约化育苗。农场集中在场部3400平方米的钢塑大棚内育苗，共育苗1.42万盘（224万株）。分散的中、小棚面积共计3530平方米，育苗1.13万盘（180万株）。集约化育苗可以降低劳动量，节约种植成本，提高种植水平，提高烟叶品质，增加种植收入。安顺市、西秀区两级人民政府及烟草部门先后两次在农场召开烤烟育苗、移栽现场会，推介贵州省山京畜牧场烤烟生产经验。

2006年2月7日，为了配合安顺市烟草局做好烟水配套工程实施工作，成立贵州省山京畜牧场烟水配套工程实施工作领导小组，负责协调解决农场烟水配套工程实施过程中的有关问题。

2006年，农场制定具体的实施计划和措施，优化烟农结构，种植合同向种烟能手和信誉度好的农户倾斜。继续采用大棚集约化浮盘育苗技术，集中管理，规范操作，向种植户提供合格烟苗1.49万盘。中棚采用集中育苗、分户管理的方式，共育86厢6448盘，确保烤烟适时移栽。

加强烟叶烘烤监管工作，及时入户指导烘烤，不断提高烘烤质量。烟叶收购期间，强化前期分级预检工作，入户指导扎把、分级打捆，坚持标准、平稳收调，全面超额完成收购任务。

2007年11月26日，根据安顺市人民政府、安顺市烟草局、西秀区人民政府、西秀区烟草局有关要求，结合农场实际情况，成立贵州省山京畜牧场现代烟草农业领导小组。其组成人员如下。

组　长　唐惠国（农场党委书记、场长）
副组长　冯和平（副场长）
组　员　彭　燕（农业科科长）
　　　　吴开华（十二茅坡管理区主任）
　　　　周忠祥（农业生产二队党支部书记）
　　　　刘汝元（十二茅坡管理区党支部书记）
　　　　吴　红（张家山村党支部书记）
　　　　周志学（张家山村村民委员会主任）
　　　　韦兴华（银子山村党支部书记）
　　　　吴朝国（银子山村村民委员会主任）

汪仕祥（黑山村党支部书记）

王安忠（黑山村村民委员会主任）

现代烟草农业领导小组的办公室设在农业科，办公室主任由冯和平兼任。

2008年，实施安顺市西秀区现代烟草农业示范区建设项目。按照现代烟草农业规模化种植、集约化经营、专业化服务、信息化管理的要求，加大烤烟生产基础设施建设，在烟草部门的支持下，新建育苗大棚9栋、堆集式散装烤房12栋、贮烟室15间，新修核心示范区机耕道路2970米，现代烟草农业建设初现雏形。在十二茅坡片区成立了烤烟专业合作社，进行了合作社运行的试点工作。

2009年，完善土地轮作制度，普及科学适用技术，着重抓好育苗移栽、大田管理、采摘烘烤、分级扎把等环节的工作，大力推广农家肥有氧堆集发酵、增施有机肥、化学抑芽等烤烟生产实用技术。不断扩大机耕起垄待栽面积，保证移栽质量和进度，缩短移栽时间，确保农场的烤烟移栽按时保质保量完成。

2014年，为确保农场烤烟生产持续发展，进一步完善了土地轮作制度。年初，对烤烟种植面积进行了规划调整，根据实际将任务分解到各片区，逐户落实。

（二）部分年份烤烟种植面积、产量

1955年，烤烟播种面积370亩，烟叶总产量1.25万公斤。

1956年，烤烟播种面积505亩，烟叶总产量4.35万公斤。

1997年，烤烟播种面积2000亩，烟叶总产量31.9万公斤，总产值280万元。

1998年，烤烟播种面积1698亩，烟叶总产量21.8万公斤，总产值133.17万元。

1999年，烤烟播种面积1696亩，烟叶总产量21万公斤，总产值176.5万元。

2000年，烤烟播种面积2019亩，烟叶总产量24.48万公斤，总产值183.51万元。

2001年，烤烟播种面积2012亩，烟叶总产量22.8万公斤，总产值207.6万元。

2002年，烤烟播种面积3020亩，烟叶总产量35.24万公斤，总产值348.87万元。

2003年，烤烟播种面积3270亩，烟叶总产量38.27万公斤，总产值320万元。

2004年，烤烟播种面积4037亩，烟叶总产量41.88万公斤，总产值396.3万元。

2005年，烤烟播种面积3395.5亩，烟叶总产量40万公斤，总产值322.9万元。

2006年，烤烟播种面积2423亩，烟叶总产量28.36万公斤，总产值238万元。

2007年，烤烟播种面积1643亩，烟叶总产量16万公斤，总产值191.53万元。

2008年，烤烟播种面积2600亩，烟叶总产量34万公斤，总产值519万元。

2009年，烤烟播种面积2714亩，烟叶总产量39.9万公斤，总产值630.6万元。

2010年，烤烟播种面积2692亩，烟叶总产量43万公斤，总产值652.88万元。

2011 年，烤烟播种面积 2840 亩，烟叶总产量 44.4 万公斤，总产值 670 万元。

2012 年，烤烟播种面积 2175 亩，烟叶总产量 25.24 万公斤，总产值 510 万元。

2013 年，烤烟播种面积 3087 亩，烟叶总产量 45 万公斤，总产值 678 万元。

2014 年，烤烟播种面积 1500 亩，烟叶总产量 14.57 万公斤，总产值 330.25 万元。

2015 年，烤烟播种面积 1500 亩，烟叶总产量 14.23 万公斤，总产值 268.11 万元。

2016 年，烤烟播种面积 1400 亩，烟叶总产量 25.46 万公斤，总产值 249.3 万元。

七、饲料作物及牧草种植

农场栽种的饲料作物包括青割玉米、燕麦草、黑麦草、胡萝卜等，统计时指其总和。牧草则是指用草种播撒种植、经人工培育后收割的草料，统计时不包括稻草。饲料作物及牧草种植，主要在饲养军马时期。此后，农场重新划归贵州省农业厅管理，在生产经营转型期也栽种了几年。

1962 年，饲料作物播种总面积 882 亩，饲料作物总产量 18.41 万公斤；牧草播种总面积 509 亩，牧草总产量 3.41 万公斤。

1965 年，饲料作物播种总面积 109 亩，饲料作物总产量 12.6 万公斤；牧草播种总面积 1219 亩，牧草总产量 30.24 万公斤。

1967 年，饲料作物播种总面积 256 亩，饲料作物总产量 21.28 万公斤；牧草播种总面积 1795 亩，牧草总产量 60.65 万公斤。

1968 年，饲料作物播种总面积 173 亩，饲料作物总产量 16.5 万公斤；牧草播种总面积 1709 亩，牧草总产量 57.74 万公斤。

1969 年，饲料作物播种总面积 174 亩，饲料作物总产量 20.75 万公斤；牧草播种总面积 1419 亩，牧草总产量 94.99 万公斤。

1970 年，饲料作物播种总面积 86 亩，饲料作物总产量 10.34 万公斤；牧草播种总面积 1650 亩，牧草总产量 79.19 万公斤。

1971 年，饲料作物播种总面积 71 亩，饲料作物总产量 22.28 万公斤；牧草播种总面积 1532 亩，牧草总产量 41.49 万公斤。

1972 年，饲料作物播种总面积 298 亩，饲料作物总产量 35.51 万公斤；牧草播种总面积 1500 亩，牧草总产量 35.51 万公斤。

1973 年，饲料作物播种总面积 231 亩，饲料作物总产量 22.59 万公斤；牧草播种总面积 87 亩，牧草总产量 10.55 万公斤。

1974 年，饲料作物播种总面积 220 亩，饲料作物总产量 37.43 万公斤；牧草播种总面积 2264 亩，牧草总产量 296.9 万公斤。

1976 年，饲料作物播种总面积 1417 亩，饲料作物总产量 285.47 万公斤；牧草播种总面积 1367 亩，牧草总产量 279.88 万公斤。

1977 年，饲料作物播种总面积 90 亩，饲料作物总产量 16.5 万公斤；牧草播种总面积 1285 亩，牧草总产量 259.88 万公斤。

1978 年，饲料作物播种总面积 30.63 亩，饲料作物总产量 5.5 万公斤；牧草播种总面积 1145 亩，牧草总产量 231.43 万公斤。

1979 年，饲料作物播种总面积 1422 亩，饲料作物总产量 260.15 万公斤。

1981 年，饲料作物播种总面积 77 亩，饲料作物总产量 13.81 万公斤；牧草播种总面积 539 亩，牧草总产量 108.89 万公斤。

八、蔬菜种植

建场以来，蔬菜种植从未间断，种类有各种叶菜、根茎菜、瓜果菜、茄果菜、葱蒜、菜用豆等，但都是以自给为主，或者职工家属在居住地附近田边地角少量栽种，未能形成产业，面积和产量没有统计。

2008 年，农场实施的生态果蔬示范园项目中，种植蔬菜 20 亩。

九、水果种植

农场种植的水果有苹果、梨、桃、杨梅、葡萄、枇杷、樱桃、柿子等。

1962 年，水果种植总面积 950 亩，总产量 6.56 万公斤。

1963 年，水果种植总面积 950 亩，总产量 4.09 万公斤。

1964 年，水果种植总面积 567 亩，总产量 2.71 万公斤。

1965 年，水果种植总面积 333 亩，总产量 6.69 万公斤。

1966 年，水果种植总面积 320 亩，总产量 6.43 万公斤。

1967 年，水果种植总面积 659 亩，总产量 7.88 万公斤。

1968 年，水果种植总面积 508 亩，总产量 4.54 万公斤。

1969 年，水果种植总面积 508 亩，总产量 2.77 万公斤。

1970 年，水果种植总面积 250 亩，总产量 6.46 万公斤。

十、茶叶种植

农场种植茶叶始于 1957 年，种植 250 亩。因茶园管理力度不够，加工条件和加工技术落后，销售渠道不畅等，未能形成产业，以自给为主。1977年，由于农场已从部队划归地方管理，停止军马生产，马匹逐年减少，原来用作牧场的土地出现大量闲置。1980年，根据上级主管部门有关文件精神，农场进行产业结构调整，充分利用闲置土地，把茶叶生产作为农场主要产业发展方向。

（一）茶叶生产组织管理

1980年12月10日，经农场办公会议研究，决定成立新建茶园工作领导小组，由副场长桂锡祥负责抓这项工作。丁学顺、段世才、董汝齐、吴利民、黄顺清、赖显豪、刘玉祥、汪传英等为领导小组成员。丁学顺任组长，段世才、董汝齐、吴利民、黄顺清任副组长。农场干部职工投入开荒翻土、栽种茶树、培植茶园生产工作之中。1981年，开垦荒地1650亩，播种茶叶950亩。1982年，投入资金8.89万元，抚育幼龄茶园1777亩。1983年，茶园面积增加到3511.2亩，两年前栽种的茶树可供采摘生产，加工制作的茶叶实现出场销售，茶叶生产取得一定的经济效益。

1982年，农场成立茶叶一队和茶叶二队，专门从事茶园管理和茶叶生产。李龙泉任茶叶一队代理队长，黄绍武任茶叶二队队长。

1984—1995年，农场重视茶叶生产经营管理，不断增加茶叶生产经营投入。在此期间，先后建设了十二茅坡茶叶加工厂和南坝园茶叶加工厂。农场机关设置茶叶科，对茶叶生产经营进行管理。直接从事茶叶生产经营的基层生产单位有十二茅坡茶叶加工厂、南坝园茶叶加工厂、茶叶生产一站、茶叶生产二站、茶叶生产三站、茶叶生产四站、茶叶生产新一队、茶叶生产新二队。农场茶叶生产经营以队、站集体生产经营为主，一些偏远小茶园则以班组承包形式进行管理。

1996年，农场对茶叶生产管理体制进行调整改革。茶叶生产一站与茶叶生产新一队合并。各队、站负责人通过招标承包形式竞聘上岗，竞聘上岗者主持队、站茶叶生产经营管理工作，可自主选聘副职及其他工作人员，按承包合同完成生产指标任务。完成或超额完成任务的队、站按一定的比例给予奖励，完不成任务的队、站则要受一定的经济处罚。

1998年，在茶叶生产管理上，首先，加强茶叶大田管理。冬季，农场茶叶全部开沟亮脚，整形理行，深耕施肥，投工投劳1.2万个，施农家肥202吨、复混肥43吨。在茶叶生产期追肥59吨，及时防虫，抑制了虫害大面积发生，有效地提高了茶青的产量。其次，加大机械采摘量。农场贴息鼓励职工自行购买采茶机，分期还贷。农场新购采茶机15台，全年机采茶71万公斤，是全年茶青产量的48%，仅机采一项便为职工节省支付茶青人工采摘费14.2万元。再次，增加对茶叶加工厂设备的改造和引进名茶生产线，挖掘加工增值的潜力。同年，茶园管理进行向外生产经营承包试点，将原茶叶二队的621亩茶园承包给湖北籍茶叶生产经营户吴汉明。

1999年，加强茶园的大田管理，中耕、除草、修剪、整蓬，整个茶园清沟亮脚，熬制石硫（石灰与硫黄）合剂封园，同时对茶园配施复合肥140吨，达到茶园多年来没有达到的施肥量。改变了过去撒胡椒面的施肥法，为下一年的茶叶增产增收打基础。

2001年，在多方征求职工意见的基础上，经职工代表大会审议通过，决定茶叶生产经营管理转向资产管理，将茶园承包给有生产经营能力的大户经营。其中，发包给湖北咸宁的吴汉明1221亩，贵阳市张渝龙805.4亩，农场职工周鸿等人1108.81亩，张家山村村民罗万富215亩，农场职工齐维义等人140亩；机关科室承包套种杨梅林91亩，赵志祥承包改种果树150亩。

2002年，茶叶生产由生产经营型转变为资产管理型后，茶园管理明显好转，取得一定经济效益和社会效益。仅吴汉明、周鸿、张渝龙三位800亩以上的承包户，2002年向农场及周边村民发放茶青采摘费90余万元，安排农场及周边相对固定工人83人（其中农场人员占80%以上），月工资都在370～600元。本年向国家交纳各种税费6.3万元。

2004年，农场通过对茶园和茶叶加工厂进行巡查，实现国有资产管理。承包户加强茶叶生产经营管理，茶叶生产、加工、销售进入良性循环轨道，国有资产得到保值增值，茶叶加工厂得到充分利用，茶叶加工设备得到更新改造。茶园招用了大量的茶叶采摘工（最多时一天就有3000余人上山采茶），有效地解决了当地农村富余劳动力转移问题，增加了当地农民收入，社会效益十分显著。

2005年，各茶场安置长期员工79人，年收入平均每人5800元。农场茶园招用临时茶青采摘工9万余人次，全年共支出采摘费150余万元。茶园几年来由个体经营者经营。茶场注重茶园的改造、扶壮工作，共更新茶园407亩。

春茶生产期间，西秀区公安分局两次派治安大队的公安人员到现场工作，双堡派出所每天安排警力巡逻，各茶场加强内部管理，以维护春茶采摘生产秩序。

2006年，各茶场注重茶园的改造扶壮工作，加强茶园管理力度，大量追施有机肥，及时中耕除草、防虫。投资2.35万元更新茶园99亩。

2007年，各菜场大力推广以茶园规范化管理为基础的采养结合的扰壮改造措施，茶园园相保持良好，茶叶品质不断提高。各茶场紧紧抓住市场动态，根据市场需求及时调整产品结构，生产适销对路的产品。

2008年，各茶场加大茶园的更新扶壮工作，加强茶园管理力度，实行有机肥、无机肥科学配方施肥，有效改善茶园持续肥力。按照绿色食品生产要求，使用高效低毒、低残留农药，探索生物防治技术，科学掌握最佳时机，及时中耕除草、防虫。投资14.5万元更新改造茶园 1422 亩。

2010—2013 年，根据贵州省茶叶科学研究所专家实地考察后对农场茶园提出的更新复壮建议，农场采取分次逐年台刈，以达到高产、稳产及提高茶叶品质。农场成立茶园更新复壮工作领导小组，主要对各承包户更新茶园面积进行指导督促，对更新茶园面积进行验收。各承包户对需更新茶园提出申请，注明更新面积、地点等，自行组织人力物力在规定时间内完成。对台刈茶园验收合格后，农场当年每亩补助 100 元，第二年恢复原收费标准。

2013 年 12 月 30 日，农场茶园更新复壮工作领导小组对各承包户茶园更新复壮工作进行实地检查验收。验收结果如表 2-3-3 所示。

表 2-3-3　各承包户 3 年改造更新茶园情况统计表

单位：亩

承包户	3 年改造面积	2011 年	2012 年	2013 年
吴汉明	892	300	300	292
郭志仁	1508.14	650	650	208.14
齐维玉	25.95	8	8	9.95
罗万富	215	70	70	75
周兴伦	59.56	20	20	19.56
合计	2700.65	1048	1048	604.65

（二）部分年份茶园面积及茶叶成品产量

1957—1980 年，茶园面积 250 亩。

1981 年，茶园面积 1200 亩。

1982 年，茶园面积 2977 亩。

1983 年，茶园面积 3511.2 亩，茶叶产量 0.55 万公斤。

1984 年，茶园面积 4729 亩，茶叶产量 0.2 万公斤。

1986 年，茶园面积 4729 亩，茶叶产量 15.01 万公斤，产值 73.85 万元。

1987 年，茶园面积 4729 亩，茶叶产量 28.02 万公斤。

1988 年，茶园面积 4729 亩，茶叶产量 35.36 万公斤。

1989 年，茶园面积 4729 亩，茶叶产量 38.9 万公斤。

1990 年，茶园面积 4619 亩，茶叶产量 34.55 万公斤，产值 198.54 万元。

1991 年，茶园面积 4512 亩，茶叶产量 21.68 公斤，产值 48.89 万元。

1992 年，茶园面积 4512 亩，茶叶产量 33.61 万公斤。

1993 年，茶园面积 4512 亩，茶叶产量 34.94 万公斤。

1994 年，茶园面积 4388 亩，茶叶产量 31.93 万公斤。

1996 年，茶园面积 4331 亩，茶叶产量 32.05 万公斤。

1997 年，茶园面积 3531 亩，茶叶产量 29.27 万公斤，产值 147.78 万元。

1998 年，茶园面积 3531 亩，茶叶产量 41 万公斤，产值 219.5 万元。

1999 年，茶园面积 2858 亩（对外承包面积未统计），茶叶产量 26 万公斤，产值 115 万元。

2000 年，茶园面积 2858 亩（对外承包面积未统计），茶叶产量 11 万公斤，产值 76.6 万元。

2003 年，茶园面积 3490 亩，茶叶产量 12.93 万公斤，产值 230 万元。

2004 年，茶园面积 3135 亩，茶叶产量 33 万公斤，产值 283 万元。

2005 年，茶园面积 3135 亩，茶叶产量 36.4 万公斤，产值 396 万元。

2006 年，茶园面积 3135 亩，茶叶产量 28.5 万公斤，产值 405 万元。

2007 年，茶园面积 3135 亩，茶叶产量 35.5 万公斤，产值 581 万元。

2008 年，茶园面积 3135 亩，茶叶产量 38.6 万公斤，产值 478.7 万元。

2009 年，茶园面积 3135 亩，茶叶产量 32.6 万公斤，产值 432.18 万元。

2010 年，茶园面积 3135 亩，茶叶产量 30.1 万公斤，产值 490.55 万元。

（三）茶叶产品质量

2003 年，银山茶场的“明英翠龙”“明英绿茶”通过了国家绿色食品标志产品认证。

2007 年，银山茶场在贵州省茶叶企业评审中荣获“贵州省优秀茶叶企业”称号，顺利通过了食品安全和绿色食品的年检工作。明英牌商标荣获“贵州省著名商标”称号。

2009 年，银山茶场茶叶产品获得国家有机食品认证。在上海国际茶文化节名特优茶评比中获得金奖。在山东烟台绿色食品博览会上获得畅销产品奖。瀑珠茶场经贵州省外贸局审核批准，取得珠茶直接从贵州省出口的许可证。

2016 年，贵州安顺明英茶业有限公司被安顺市茶叶产业协会评为“安顺市茶园示范基地”。

十一、中药材种植

2015 年，鑫利中药材种植农民专业合作社新建钢架大棚 64 栋，投资 100 多万元。

2016 年，鑫利中药材种植农民专业合作社投资 2190 万元，引进设备、种子、人才，在农场原玉米制种基地，建立中药材种苗繁育基地，拥有不同技能员工 47 人。

2017 年，鑫利中药材种植农民专业合作社推广示范种植中药材白及 500 亩。

十二、林木育种育苗与植树造林

1954 年，采集梨、苹果、核桃、板栗等种子 5 万粒。

1956 年，建立了 38 亩果树苗木（砧木等）18.46 万株。从外地购进苹果树苗、梨树苗、桃树苗、橘子树苗共 6500 株。其中，苹果树苗 2500 株，梨树苗 1300 株，桃树苗 2200 株，橘子树苗 500 株。精细管理定植的葡萄和早已种植的 400 株苹果树。同时完成了 1957 年定植坑洞 2408 个的一切准备工作。超计划为金钟农场代育各种果树苗 1.1 万株，为农场增加收入 3000 余元。

1957 年，培育苗木 5679 株，定植苹果树苗 162.7 亩、桃树苗 46 亩、葡萄树苗 5.9 亩。

第三节 养 殖 业

一、军马生产

（一）军马生产基础设施建设

1. 马厩及其配套建设 1962 年，新建五号大马厩 1 栋，建筑面积 938 平方米；改建母马厩 151 平方米。1965 年，修建驹厩 373 平方米，自制水泥马槽 146 个。1966—1968 年集中力量在六枝长箐建设分场。1966 年完成分场建筑面积 1500 平方米，其中马厩 600 平方米。1967 年完成分场建筑面积 2000 多平方米，其中马厩 600 平方米。1968 年完成分场建筑面积 1500 平方米，其中马厩 600 平方米。1969 年，修建公马厩 320 平方米、育种室 300 平方米、兽医室 130 平方米、病马厩 140 平方米，架设电力输送线路 29 千米。1970 年，修建草料库 220 平方米，马料库 200 平方米，马厩 420 平方米。

2. 仪器购置 1964 年，购买显微镜 3 架，分别为德制 2500 倍、日制 1500 倍、苏制 600 倍；购买蒸汽灭菌器、干燥灭菌器各 1 架。

（二）马政管理

中国人民解放军山京军马场机关设置军马科等科室。军马科负责组织、协调、指导农场军马（包括军骡、军驴，下同）生产有关事宜，其他科室根据各自职责给予配合，共同做好军马生产。

基层生产单位有第一军马队、第四军马队、第六军马队、长箐军马队等。军马队负责种马配种、产驹、马匹饲养管理及疾病预防治疗等工作。

军马队以下设厩，另有兽医室。队实行行政与技术相结合的统一领导，正副队长兼任兽医室负责人。通过职工大会、技术研究会、厩长会议等形式安排、联系、协调工作。

饲养员及其他职工，根据马匹情况实行定额管理。每人管理种公马3～4匹、种母马7匹、3岁驹10匹、2岁驹12匹、1岁驹15匹。每6名饲养员设替班工1人，调教员6人，病马护理员1～2人。

1962年，根据全国军马场工作会议精神，中国人民解放军山京军马场在生产经营和建设环节上，落实好军马场经营方针，采取各种有力措施，恢复与健全各项规章制度，要求全体干部职工树立爱马观念，全面开展军马生产工作。

1963年10月28日，总后勤部军马局颁发《军马生产报告制度（草案）》，要求各军马场除及时上报总后勤部军马局原规定年度生产财务计划、统计季报、年报外，在业务上执行配种产驹计划报告制度、配种产驹期间阶段生产电讯快报制度、阶段生产总结报告制度、生产简报制度和年终总结报告。对上报的主要内容和时间进行了明确规定，并要求中国人民解放军山京军马场等军区军马场，上报一式两份，分别报送昆明军区后勤部和总后勤部军马局。

1972年8月16—20日，参加昆明军区后勤部召开的军区军马场工作会议。在座谈会上，中国人民解放军山京军马场作了《抓路线教育，促军马生产》的交流发言。

（三）牧场、饲料与牧草

中国人民解放军山京军马场饲养军马初期，牧场主要分布在场部片区北部、西部，银子山片区北部，十二茅坡片区北部、西部和南部，罗朗坝也有部分。1962年，牧场总面积达4200亩。

随着军马数量增加，牧场土地使用日趋紧张，农场多次向上级反映并派遣专业人员到安顺县内外东屯、织金、毕节、六枝等地寻找适合地片，作为新的牧场。经多方考察比较，请示上级同意，1966年在六枝长箐建立分场，缓解了牧场不足的问题。1968年，农场牧场总面积约1.7万亩，其中总场牧场面积7000亩、长箐分场牧场面积1万亩。1971—1972年，短暂在黔南州长顺县与安顺地区安顺县交界地带建立广顺分场，主要是为了扩大牧场，满足放牧军马需要。

军马饲养以舍饲为主，绝大部分精饲料由当地政府按玉米60%，麸皮、黄豆各20%供给，另外补充盐、钙。农场落实“以农业为基础，以养马为主体，农牧结合，多种经营”的经营方针，自行生产燕麦草、黑麦草、红薯、胡萝卜等多汁青饲料，也生产红三叶、熟地草、毛稗等牧草，基本上做到四季不断青饲料。

由于土壤气候适合、容易栽培、省工省时、产量高、营养丰富等，农场种植的牧草，以红三叶最为普遍，种植面积也最广。

农场自产的饲料作物和牧草，虽然能够满足军马四季不断青饲料，但土地有限，军马逐年增多，草料仍有不少缺口。草丰季节，农场组织职工上山割野生草。每年秋收过后，安排职工分别到附近区域的双堡、猛邦、杨武、鸡场、甘堡、旧州、江平、东屯等公社收购稻草，以保证军马过冬所需。

（四）马匹饲养、繁殖与育成情况

1958年，清镇种马场开始搬迁到山京农场，当年有马294匹。以此为基础，农场开展军马饲养、繁殖、育成、训导等工作，为部队养育、输送合格军马。

1. **饲养** 马匹饲养管理是马匹生产的基本条件。农场饲养人员严格按照饲养管理操作规程办事，在饲养方法上，做到草净水清，先饮后喂，先粗后精，先软后硬，统一饲养、分别对待，定时定量，少给勤添，单味给饲，吃完一样再喂另一样。多汁饲料有胡萝卜、洋芋等。每匹马每日喂4～8斤。为了预防胃肠病，每匹马每月内服1%的高锰酸钾水3～4次。

饲料调制和喂养方法是黄豆煮半熟喂食或将榨油后的豆渣做成豆饼，与粉碎的玉米，加上麸皮拌草发酵喂。喂发酵饲料，对提膘增壮、发情配种受胎、减少胃肠疾病均有一定的好处。

2. **配种** 1962年，总后勤部军马部印发《马匹人工授精实施程序》。此后，农场严格按照总后勤部军马部要求的操作规程开展马匹人工授精。通过多年配种实践，农场技术人员在总结历年马匹人工授精经验的基础上，结合农场自身实际，制定了《中国人民解放军山京军马场马匹人工授精实施程序》，对马匹人工授精进行了详细规定和指导。

饲养人员加强饲养管理，保证种公马有良好的精液品质。采取有效措施，促进母马正常发情。对种公马进行鸡蛋喂食，提高种公马精液品质。对种母马分区集中饲养，增加饲料，加强运动和刷拭，技术人员采取一些措施，提高种母马受孕率。通过各有关人员共同努力，提高了配种受胎率。

产驹实行保产保活保壮。干部分厩负责，下厩住宿。饲养员注意夜间管理，发现产驹及时进行助产。助产时严格遵守操作规程，注意消毒，做好母马和幼驹护理，提高产驹成活率。

1961年，参加配种的母马157匹，配种受胎114匹，受胎率72.61%。上年配种、本年产驹成活101匹，产驹成活率88.6%，繁殖成活率64.33%。

1962年，参加配种的母马185匹，配种受胎152匹，受胎率82.16%。

1963年，上年配种、本年产驹成活114匹，产驹成活率75%，繁殖成活率61.62%。本年参加配种的母马226匹，配种受胎208匹，受胎率92.04%。年末马匹总数569匹。

1964年，上年配种、本年产驹成活106匹，产驹成活率50.96%，繁殖成活率

46.9%。本年参加配种的母马的277匹，配种受胎184匹，受胎率66.43%。年末马匹总数583匹。

1965年，上年配种、本年产驹成活180匹，产驹成活率97.83%，繁殖成活率64.98%。本年参加配种的母马280匹，配种受胎228匹，受胎率81.43%。年末马匹总数761匹。

1966年，上年配种、本年产驹成活210匹，产驹成活率92.11%，繁殖成活率75%。本年参加配种的母马338匹，配种受胎291匹，受胎率86.09%。

1967年，上年配种、本年产驹成活271匹，产驹成活率93.13%，繁殖成活率80%。本年参加配种的母马425匹，配种受胎324匹，受胎率76.24%。年末马匹总数1159匹。

1968年，上年配种、本年产驹成活278匹，产驹成活率85.8%，繁殖成活率65.14%。本年参加配种的母马425匹，配种受胎342匹，受胎率80.47%。年末马匹总数1386匹。

1969年，上年配种、本年产驹成活258匹，产驹成活率75.44%，繁殖成活率60.71%。本年参加配种的母马437匹，配种受胎337匹，受胎率77.12%。年末马匹总数1359匹。

1970年，上年配种、本年产驹成活251匹，产驹成活率74.48%，繁殖成活率57.44%。本年参加配种的母马354匹，配种受胎298匹，受胎率84.18%。年末马匹总数1390匹。

1971年，上年配种、本年产驹成活214匹，产驹成活率71.81%，繁殖成活率60.45%。本年参加配种的母马419匹，配种受胎377匹，受胎率89.98%。年末马匹总数929匹。

1972年，上年配种、本年产驹成活291匹，产驹成活率77.19%，繁殖成活率69.45%。本年参加配种的母马435匹，配种受胎390匹，受胎率89.66%。年末马匹总数959匹。

1973年，上年配种、本年产驹成活341匹，产驹成活率87.44%，繁殖成活率78.39%。本年参加配种的母马402匹，配种受胎374匹，受胎率93.03%。年末马匹总数1135匹。

1974年，上年配种、本年产驹成活329匹，产驹成活率87.97%，繁殖成活率81.84%。本年参加配种的母马480匹，配种受胎373匹，受胎率77.71%。年末马匹总数1189匹。

1975年，上年配种、本年产驹成活329匹，产驹成活率88.2%，繁殖成活率68.54%。年末马匹总数1137匹。

1976 年，年末马匹总数 907 匹。

（五）军马调教与训致

为切实做好军马调教与训致工作，中国人民解放军山京军马场成立专业调教组，加强马匹专业调教训练。饲养管理人员在护养、放牧等环节也开展马匹调教训练。

马匹在 0～3 岁时称为幼驹，3 岁以后即为成年马。军马调教与训致工作从幼驹开始，马匹成年后逐渐加大训练强度。

幼驹产后 5～7 天进行抚摸接触、检测体温等，此后进行前后肢提举、带笼头牵引行进等课目训练。对两岁驹进行装卸鞍具、上下马、慢快步行进、跑步、野外骑乘等科目训练。对三岁驹进行体能训练、速度测验、障碍跨越等训练。马的奔跑速度达 1000 米 1 分 9 秒到 1 分 14 秒。越障达 1.45～1.65 米。此外，还普遍进行骑挽与音响训练，开展爬山、走羊肠小道、夜间行军、模拟枪炮声等项目训练。

马匹调教训练是军马出场前的一项重要工作，其目的是提高马匹体质、体力、耐力、灵活性、对外界的感知能力等，提高马匹综合素质，促进人马亲和，以达到部队挑选要求。

（六）马匹出场

军马出场到部队服役，无论是对部队还是对农场都是一件大事，部队首长和农场领导都高度重视，相关部队接马人员和农场经办人员更不敢有丝毫懈怠。当输送军马的任务下达后，农场就开始对各队养育的军马、军骡进行摸排，按照部队要求，挑选合适的军马或军骡。军马、军骡备选后，就要对备选的军马、军骡进行体检，检查是否需要装钉马掌等马具，然后对即将入伍的军马、军骡进行抓膘饲养，待接送马的时间到达，派专人前去运送。

相关部队接马人员到达农场后，会向有关人员询问挑选出的马匹的情况，并进行抽查、复检、试骑等核实工作。经确认相关情况属实后，双方才办理交接手续。

部队挑选、接收军马，军马出场价格及其等级标准按照总后勤部有关规定执行。

1964 年 5 月 20 日，总后勤部下发《关于军马出场价格和军马等级标准的规定》。其具体规定如表 2-3-4 至表 2-3-6 所示。

表 2-3-4　出场种公马等级标准

项目	二特等			一等			二等		
	纯种	杂种	国产	纯种	杂种	国产	纯种	杂种	国产
体尺：体高	155 厘米以上	145 厘米以上	140 厘米以上	150 厘米以上	140 厘米以上	135 厘米以上	150 厘米以上	135 厘米以上	130 厘米以上
胸围率	118%以上	118%以上	118%以上	115%以上	115%以上	115%以上	113%以上	113%以上	113%以上
管围率	13%以上	13%以上	13%以上	13%以上	13%以上	13%以上	12%以上	12%以上	12%以上
体重	500 公斤以上	450 公斤以上	400 公斤以上	450 公斤以上	400 公斤以上	350 公斤以上	400 公斤以上	350 公斤以上	300 公斤以上

（续）

项目	二特等			一等			二等		
	纯种	杂种	国产	纯种	杂种	国产	纯种	杂种	国产
口齿	4～7岁			4～9岁			4～12岁		
外貌结构	体质类型要求符合合驮用型，精力充沛，富有悍威，头大小适中，头颈结合良好，胸宽深适中，背腰坚实，正尻或水平尻，四肢坚实，骨量重，肢势正。各部肌腱发达。蹄形正、质坚韧，有良好的种用体况，无损征，无慢性疾患和传染病			体质类型一般要求符合该品种的体征，有悍威，性格敏活，各部发育正常，有较好的种用体况，无损征，无慢性疾患和传染病			各部发育良好，无显著缺陷。无损征，无慢性疾患和传染病		
繁殖能力	生殖器发育正常，精液品质优良			生殖器发育正常，精液品质良好			生殖器发育正常，精液品质良好		
营养	上等			中上等			中等		
毛色	纯种和杂种除鼻面及四肢下的白章外，其他各部毛色统一。国产马要求单一的深色毛			除特等条例，杂种马体部分准有少量深色毛			除特等条例，杂种马体部分准有少量深色毛		

注：等级判定以体重、体尺、外貌结构基本符合标准要求为合格。

表 2-3-5　军区及直属马场出场军马等级标准

项目	特等马		一等马		二等马	
	杂种	国产	杂种	国产	杂种	国产
体尺：体高	135厘米以上	135厘米以上	130厘米以上	126厘米以上	130厘米以上	126厘米以上
胸围率	118%以上	118%以上	115%以上	115%以上	113%以上	113%以上
管围率	13%以上	13%以上	13%以上	13%以上	12%以上	12%以上
体重	350～400公斤	300公斤以上	300公斤以上	280公斤以上	300公斤以上	270公斤以上
口齿	3～8周岁		3～8周岁		3～10周岁	
外貌结构	肌腱发达，发毛光泽，结构佳良，背腰坚实，蹄质坚韧，肢势均称，无损征，无慢性疾患和传染病，一般性情温顺，发育良好		肌腱发达，结构良好，肢势均称，无损征，无慢性疾患和传染病，一般性情温顺，发育良好		发育一般良好，无损征，无慢性疾患和传染病	
营养	上等		中等		中等	
毛色	除白章、脱毛外均可		除白章、脱毛外均可		除白章、脱毛外均可	

注：1. 次规格以驮马为主要对象。
2. 等级判定以体重、体尺、外貌结构基本符合标准要求为合格。

表 2-3-6　军区马场及直属马场军马出场和转群内部价格表

类别	马匹等级	单位	单价（元）			备注
			西北区	东北区	中南区	
军马	特等军马	匹	2300	2900	2500	
	一等军马	匹	1920	2400	2060	
	二等军马	匹	1700	2120	1800	
	一岁育成马	匹	1540	1920	1650	
	二岁育成马	匹	1730	2160	1850	

（续）

类别	马匹等级	单位	单价（元）			备注
			西北区	东北区	中南区	
种马	特等种公马	匹	3840	4800	4120	
	一等种公马	匹	2700	3360	2900	
	二等种公马	匹	2300	2900	2500	
	种母马	匹	2300	2900	2500	
	转群马	匹	1000	1500	1200	

注：1. 国外进口优良纯种种马不分地区，军内调拨一律按 5000 元/匹计算。

2. 今后马场与马场之间调拨均按出场价格计算。

（七）军马疫病防治

1. 防疫队伍建设 中国人民解放军山京军马场历来高度重视军马疫病防治工作，各军马队都有兽医室，为军马疫病防治提供保障。根据军马场兽医工作办法草案精神，密切结合农场实际情况，制订了军马疫病防治计划，开展常见病、传染病防治工作。

1972 年 5 月 14 日，由中国人民解放军山京军马场推荐上报，经贵州省军区后勤部政治处批复，对各军马队兽医进行任命。

山京军马场第六军马队兽医学员张祖荣为第六军马队兽医医生。

山京军马场第六军马队兽医学员简庆书为第四军马队兽医医生。

山京军马场第一军马队兽医学员刘洪发为第一军马队兽医医生。

2. 马常见疾病防治

（1）马流行性感冒（马流感）。通过免疫来预防马流感很困难，因为马流感病毒的抗原在不断地变化，因此幼驹应至少免疫 3 次。幼驹的母源抗体会对疫苗有一定的对抗反应。一般马驹 3～4 月龄开始进行第一次疫苗接种，4～5 月龄进行第二次疫苗加强，5～6 月龄进行第三次接种。周岁马和成年马应该每 3 个月进行一次加强免疫。繁殖用母马一年 2 次，在分娩前 4～6 周免疫一次。

（2）马骨软症。供应的饲料中所含的钙、磷不足，造成机体钙、磷的不足，最终骨中的钙、磷逐渐被调出，造成骨骼中的钙、磷不足而发生骨软症。维生素 D 缺乏会影响钙、磷（尤其是钙）的肠道（十二指肠）吸收和在骨中的沉着。如持久舍饲不见阳光或连阴数月极少被日光照射，均能导致马机体维生素 D 的缺乏，这时即使钙、磷供应充足，也会导致骨软症。所以应在饲料中适当加入钙和磷来预防。

（3）幼驹喉骨胀。一般可用马腺疫灭活苗或毒素注射预防。发生本病时，病马隔离治疗。要对被污染的厩舍、运动场及用具等进行彻底消毒。

中国人民解放军山京军马场认真贯彻以防为主、防治结合的方针。坚持季度大消毒，发生传染病时勤消毒。厩内常撒石灰，保持干燥，清洁卫生。对马匹粪便不断地进行检查，发现虫卵，及时驱虫，保证马匹营养及健壮。对运动场的马粪坚持清扫，以防小马吃后引起下痢。发现有个别马出现骨软症现象（其主要原因是缺钙以及饲养管理等），除加强饲料管理外，在没有碳酸钙的条件下，就采用石灰水拌草喂马，增加钙质。兽医人员认真钻研技术，提高医疗质量，牢固树立为军马服务的思想，经常深入厩舍，分厩包干，做到及时发现病马，及时治疗。

3. **马传染病防治**　马的常见病可通过注射免疫疫苗、注射相应药物、加强厩舍管理和饲养管理等办法进行防治，但有的传染病防治难度极大，危害性也很强，最典型的是马传染性贫血病（简称“马传贫”）。

农场发生过三次马传染性贫血病疫情。第一次是1954年进口卡巴金，1955—1957年就大量流行。第二次是1965—1970年，系第一次留下的隐性传贫马传染流行。第三次是1973—1975年，系第二次留下的隐性传贫马和从新疆传贫疫区和硕购入的传贫马传染流行。

第二次和第三次疫情发生后，农场领导高度重视，及时将有关情况向上级汇报，同时深入厩舍，与兽医技术人员一道研究防治措施，启动全场定点隔离封锁，防止疫情扩散。接到有关报告后，总后勤部军马部和昆明军区后勤部军马部先后派人来到农场，组成联合工作组，协助、指导开展防治工作。

第二次疫情发生后，采取了以下具体措施：

①场内各队之间禁止随便调拨马匹。六队各厩的马要重新编群，民寨队和场内马匹一律不准外出活动。

②定点。全场范围内的所有马厩，都是非安全马厩。根据农场的实际情况，确定三角塘为一个封锁点，十二茅坡、银子山和黑山为一个封锁点。这两个点检查出的可疑传贫病马，送到罗朗坝，并将罗朗坝作为一个封锁点。并按照规定进行系统检查，以便确诊传贫病马。至于经过反复检查不够传贫病马条件者，等党委研究具体地点后，再单独集中。

③组成防治办公室。由军马队副队长刘洪奎，兽医曾孟宗，育种技术员李声忠、刘洪发，军马科副主任董福泉5人组成，由刘洪奎负责，办公地点暂设十二茅坡。并立即对农场附近的公社大队进行调查和各项准备工作，以便制订防治计划。各队要成立3～5人的防制小组，各马厩选举出防制委员1人，负责防治工作。

④兽牧医人员的重新分工。三角塘的兽牧医人员有冷顺义、赵正中，银子山有王靖华、邓大勋，十二茅坡有杨彦文、宋杰义和孙永信，罗朗坝有刘会候和潘子征。兽牧医人员在防治办公室的领导下，主要做好以下工作。一是学习总后勤部军马部颁发的相关文

件。二是立即对所有马匹进行检疫。要健全每匹马每日检温一次的制度，做好记录，保管好资料，及时发现高烧马匹。三是对所有马匹进行排队，摸清历史和现时的情况，发现重点可疑马。

⑤组织领导问题。农场党委要求做到月月有安排、有检查、有总结，并由任昌五负责。各党支部、生产大队要有专人负责领导，立即在本单位开展工作，组织实施上述初步安排，做出成效，并召开有农场党委委员和生产大队队长、政治指导员参加的农场党委扩大会议研究落实工作。学习总后勤部军马部和昆明军区后勤部军马部联合工作组对农场“马传贫”问题的调查报告，学习总后勤部军马部颁发的军马传染性贫血防治暂行办法。通过学习，提高认识，统一思想，并结合农场实际情况，制订防疫实施计划。

第二次抗疫，经过近几年的艰苦努力，经联合专家组反复检测确认疫情消失后，于1970年解除封锁。

第三次疫情发生后，昆明军区后勤部、卫生部对中国人民解放军山京军马场疫情防治工作提出了几点要求：

①继续搞好传贫补反普查工作。上半年对中国人民解放军山京军马场的全部马骡再采血做三次补反。下半年对嵩明军马场的全部马骡做一次补反普查。两场均应指定专人参加科研所兽医防治队的马传贫检疫小组，共同完成此项工作。要求做到细致、准确、一匹不漏。

②中国人民解放军山京军马场必须切实贯彻好总参、总后颁发的军马传染性贫血病防治办法。长箐队和六队定为疫点，马匹不得任意调动。执行好检温和发热马的检疫分化制度，要求全部马骡每日检温一次，可疑病马每日早晚各检温一次，做到一匹不漏，看好马号，看准体温表，并详细登记。对高热可疑病马，要做系统的临床和血液学检查，必要时进行肝穿刺组织学检查。同时严格隔离病马，并搞好消毒灭虫等工作。现有的4匹马传贫补反阳性病马可做扑杀处理。

中国人民解放军山京军马场认真贯彻落实上级有关指示，结合自身实际开展疫情防制工作。这次抗疫历经2年多，经上级联合专家组反复检测确认疫情消失后，于1975年解除封锁。

二、大牲畜饲养

建场以来，农场饲养的大牲畜包括水牛、黄牛、马、骡、驴等种类。中国人民解放军山京军马场时期（1961年10月—1976年12月），以养军马（包括军骡、军驴）为主，上面已有叙述。下面的记述，不包括在此期间马、骡、驴的饲养情况。

1954 年，年末农场大牲畜存栏 26 头（匹）。其中，马 5 匹，水牛 21 头。

1955 年，年末农场大牲畜存栏 48 头（匹）。其中，马 5 匹，水牛 43 头。

1956 年，年末农场大牲畜存栏 56 头（匹）。其中，马 5 匹，水牛 51 头。

1957 年，年末农场大牲畜存栏 135 头（匹）。其中，马 5 匹，水牛 130 头。

1958 年，年末农场大牲畜存栏 476 头（匹）。其中，马 294 匹，水牛 182 头。

1959 年，年末农场大牲畜存栏 480 头（匹）。其中，马 350 匹，水牛 97 头，黄牛 33 头。

1960 年，年末农场大牲畜存栏 554 头（匹）。其中，马 346 匹，水牛 205 头，黄牛 3 头。

1961 年，年末农场大牲畜存栏 729 头（匹）。其中，马 496 匹，水牛 223 头，黄牛 10 头。

1962 年，年末农场大牲畜存栏 226 头。其中，水牛 154 头，黄牛 72 头。

1963 年，年末农场大牲畜存栏 248 头。其中，水牛 169 头，黄牛 79 头。

1964 年，年末农场大牲畜存栏 239 头。其中，水牛 185 头，黄牛 54 头。

1965 年，年末农场大牲畜存栏 236 头。其中，水牛 195 头，黄牛 41 头。

1966 年，年末农场大牲畜（水牛）存栏 225 头。

1967 年，年末农场大牲畜（水牛）存栏 219 头。

1968 年，年末农场大牲畜（水牛）存栏 215 头。

1969 年，年末农场大牲畜（水牛）存栏 237 头。

1970 年，年末农场大牲畜（水牛）存栏 257 头。

1971 年，年末农场大牲畜（水牛）存栏 318 头。

1972 年，年末农场大牲畜（水牛）存栏 237 头。

1973 年，年末农场大牲畜（水牛）存栏 243 头。

1974 年，年末农场大牲畜（水牛）存栏 234 头。

1975 年，年末农场大牲畜（水牛）存栏 235 头。

1976 年，年末农场大牲畜（水牛）存栏 228 头。

1977 年，年末农场大牲畜存栏 420 头（匹）。其中，马 391 匹，水牛 28 头，黄牛 1 头。

1978 年，年末农场大牲畜存栏 167 头（匹）。其中，马 118 匹，水牛 48 头，黄牛 1 头。

1979 年，年末农场大牲畜存栏 184 头（匹）。其中，马 116 匹，水牛 68 头。

1980 年，年末农场大牲畜存栏 211 头（匹）。其中，马 144 匹，水牛 67 头。

1981 年，年末农场大牲畜（马）存栏 46 匹。

1983 年，年末农场大牲畜存栏 432 头（匹）。

1984 年，年末农场大牲畜存栏 79 头（匹）。

1985 年，年末农场大牲畜存栏 34 头（匹）。

1991 年，年末农场大牲畜存栏 682 头（匹）。

1992 年，年末农场大牲畜存栏 744 头（匹）。

三、生猪饲养

农场生猪饲养始于建场之初，但是养殖规模较小，直到清镇种马场合并到农场以后，规模才稍有扩大。1977 年，农场划归贵州省农业厅管理以后，马匹饲养逐年减少，农场进行生产经营结构调整，进一步扩大生猪饲养被提上议事日程。

1978 年 5 月，农场向上级申报养猪场扩建事宜，同月贵州省革命委员会基本建设委员会批复同意扩建，批准计划投资 157 万元，规模为年产万头商品猪。

1978 年 5 月 14 日，为切实抓好机械化万头养猪场工程建设，农场党委研究决定，成立机械化万头养猪场工程党支部、指挥部、工程队、团支部等领导班子和组织机构。

党支部委员会：由邓荣泉、邹美然、雷先华、范寿元、张云发、张升富等组成；党支部书记为邓荣泉（兼）、邹美然，党支部副书记为雷先华、范寿元。

工程指挥部：指挥长为邓荣泉，副指挥长为杨友亮、雷先华；指挥部办公组组长为吴前龙；指挥部机电组组长为杨友亮（兼），副组长为杨瑞荣；指挥部基站组组长为雷先华（兼），副组长为董汝齐；指挥部物资采购组组长为邓大勋。

工程队：队长为范寿元，副队长为张云发；政治指导员为邹美然，副政治指导员为张升富；司务长为伍开芳。

团支部：团支部书记为范寿元。

武装民兵排：排长为龚昌荣。

1978 年 6 月，机械化万头养猪场开工建设，1982 年 5 月竣工。整个养猪场占地 7.14 万平方米，年产规模 5000 头，实际总投资 290.64 万元。修建猪舍 15 栋，建筑面积 1.15 万平方米。建成机修车间 503 平方米，饲料加工厂和仓库 2652 平方米，职工宿舍 383 平方米。养猪场验收后即投入试产，购进母猪 200 头，育肥猪 400 头。此后十几年，生猪饲养进入较好的发展时期。进入 21 世纪，生猪生产逐年减少，直到 2004 年，养殖业调整为以养鸡为主。

1954 年，生产猪肉 0.33 万公斤，年末生猪存栏 122 头。

1955 年，生产猪肉 0.22 万公斤，年末生猪存栏 224 头。

1956 年，生产猪肉 0.42 万公斤，年末生猪存栏 450 头。

1958 年，生产猪肉 2 万公斤，年末生猪存栏 683 头。

1959 年，生产猪肉 3.99 万公斤，年末生猪存栏 1400 头。

1960 年，生产猪肉 2.57 万公斤，年末生猪存栏 514 头。

1961 年，生产猪肉 1.28 万公斤，年末生猪存栏 215 头。

1962 年，生产猪肉 0.53 万公斤，年末生猪存栏 167 头。

1965 年，生产猪肉 0.53 万公斤，年末生猪存栏 297 头。

1966 年，生产猪肉 0.28 万公斤，年末生猪存栏 294 头。

1967 年，生产猪肉 0.26 万公斤，年末生猪存栏 321 头。

1968 年，生产猪肉 0.68 万公斤，年末生猪存栏 304 头。

1969 年，生产猪肉 0.68 万公斤，年末生猪存栏 328 头。

1970 年，生产猪肉 2.28 万公斤，年末生猪存栏 433 头。

1971 年，生产猪肉 1.9 万公斤，年末生猪存栏 400 头。

1972 年，生产猪肉 1.18 万公斤，年末生猪存栏 403 头。

1973 年，生产猪肉 0.9 万公斤，年末生猪存栏 368 头。

1974 年，生产猪肉 1.55 万公斤，年末生猪存栏 234 头。

1975 年，生产猪肉 1.63 万公斤，年末生猪存栏 237 头。

1976 年，生产猪肉 1.11 万公斤，年末生猪存栏 227 头。

1977 年，生产猪肉 1.48 万公斤，年末生猪存栏 374 头。

1978 年，生产猪肉 1.73 万公斤，年末生猪存栏 965 头。

1979 年，生产猪肉 14.68 万公斤，年末生猪存栏 2876 头。

1980 年，生产猪肉 3.12 万公斤，年末生猪存栏 624 头。

1981 年，生产猪肉 6.59 万公斤，年末生猪存栏 1318 头。

1982 年，生产猪肉 19.72 万公斤，年末生猪存栏 3944 头。

1983 年，生产猪肉 29.11 万公斤，年末生猪存栏 5293 头。

1984 年，生产猪肉 31.27 万公斤，年末生猪存栏 5686 头。

1985 年，生产猪肉 28.38 万公斤，年末生猪存栏 4730 头。

1988 年，生产猪肉 41.64 万公斤，年末生猪存栏 3371 头。

1989 年，生产猪肉 41.6 万公斤，年末生猪存栏 3205 头。

1990 年，生产猪肉 40.8 万公斤，年末生猪存栏 3068 头。

1991 年，生产猪肉 36.03 万公斤，年末生猪存栏 3077 头。

1992 年，生产猪肉 29.22 万公斤，年末生猪存栏 3329 头。

四、家禽饲养

农场从事家禽养殖业始于 1958 年，此后断断续续，始终没能形成较大规模。

1958 年，饲养家禽 294 羽，蛋品总量 15.75 公斤。

1959 年，饲养家禽 900 羽，蛋品总量 1038.5 公斤。

进入 21 世纪，农场进一步加大招商引资力度，引进一些经济实力强、信誉度高的非公有制企业到农场兴业、创业，以承包、租赁为主要形式的非公有制经济发展良好。其中，柳江公司入驻农场，进行家禽饲养生产经营。

柳江公司部分年份生产情况如下。

2005 年，生产出售肉鸡 47.7 万羽，生产鸡蛋 40 万公斤，孵化雏鸡 30 万羽。

2006 年，生产出售肉鸡 37 万羽，生产鸡蛋 42 万公斤，孵化雏鸡 500 万羽。

2007 年，生产出售肉鸡 85 万羽，生产鸡蛋 330 万公斤。

2008 年，生产出售肉鸡 39 万羽，生产鸡蛋 340 万公斤，孵化雏鸡 1045 万羽。

2009 年，生产出售肉鸡 83.5 万羽，生产鸡蛋 334 万公斤，孵化雏鸡 1070 万羽。

2010 年，生产出售肉鸡 100.7 万羽，生产鸡蛋 1588.5 万公斤，孵化雏鸡 93.4 万羽。

2011 年，生产出售肉鸡 110.26 万羽，生产鸡蛋 750.38 万公斤，孵化雏鸡 475 万羽。

2012 年，生产出售肉鸡 61.48 万羽，生产鸡蛋 630.7 万公斤，孵化雏鸡 563 万羽。

2014 年，生产出售肉鸡 95 万羽，生产鸡蛋 400 万公斤。

2016 年，生产出售肉鸡 50 万羽，生产鸡蛋 251.2 万公斤。

五、水产养殖

农场水产养殖始于 1955 年，当年在山京海子投放鱼苗 6.7 万尾，但未能形成产业，此后几年亦是如此。1956 年，在山京海子南侧浅水区域修建鱼苗、鱼种池 21.6 亩；扩建内凼 2 个 20 亩。1957 年，养殖鱼种 11 万尾。直到 1960 年，才形成较小规模产业，而且几经中断，未能连续发展。1988 年以后，水产养殖水域转移至新海水库。

1960 年，鱼类养殖面积 29.19 万平方米，产鱼 1.8 万公斤。

1961 年，鱼类养殖面积 29.19 万平方米，产鱼 2.83 万公斤。

1993 年，鱼类养殖面积 3.67 万平方米，产鱼 0.28 万公斤。

1997 年，鱼类养殖面积 29.19 万平方米，产鱼 0.2 万公斤。

1998 年，鱼类养殖面积 29.19 万平方米，产鱼 0.35 万公斤。

1999 年，鱼类养殖面积 1.95 万平方米，产鱼 0.32 万公斤。

六、特色养殖

农场的特色养殖有蜂蜜饲养、兔类饲养、波尔山羊饲养等，但持续时间短，几乎没有形成有影响的产业。

1958 年，饲养蜂蜜 4 箱。

1959 年，饲养蜂蜜 31 箱。

1983 年，饲养蜂蜜 27 箱，饲养长毛兔 308 只。

1984 年，饲养蜂蜜 47 箱，饲养长毛兔 205 只。

1985 年，饲养长毛兔 200 只。

2000 年，中汇公司承包农场内的荒山，投资建成了波尔山羊养殖场，当年总产值达 200 余万元。

七、畜禽疫病防治

建场之初，农场就确定了“多样性经营，综合性发展”的经营方针，畜禽养殖业自然是支柱产业之一。从那时起，农场对畜禽疫病防治工作高度重视，维护人、畜、禽安全，保障农场畜牧业生产健康发展。遇到重大疫情，则与当地政府有关部门加强沟通联系，在有关技术部门的指导下，配合所在地政府做好畜禽疫情防控工作。

1956 年，贵州省发生大面积猪喘气病，安顺县及农场周边也出现病例。农场捕杀了当年所有存栏生猪，并认真做好事后消毒工作。

1965 年和 1973 年，农场先后两次发生马传染性贫血病疫情，农场及时采取定点隔离封锁措施，稳定农场内的疫情，防止疫情向周边扩散，并成功消除了疫情。

1982 年 5 月，农场机械化万头养猪场开始试产，计划中专门列支 4000 元，用于防疫工作。

1999 年 5 月，牲畜五号病在农场内传播，农场采取紧急措施，并组织防治小组下到各村寨，出资购买药品，及时进行消毒与防治，仅 5 天时间注射疫苗 3900 毫升（其中，牛 851 头、猪 1297 头），使牲畜五号病得到有效防治，在发病的 89 头耕牛中只有 1 头死亡。

2005 年 11 月 8 日，农场成立畜禽防疫工作领导小组，负责协调、部署、安排农场畜禽防疫工作。其组成人员如下。

组　长　冯和平（副场长）

副组长　彭　燕（农业科科长）

　　　　朱增华（行政办公室主任）

组　员　周兴伦（行政办公室工作人员）

　　　　支优文（行政办公室工作人员）

　　　　黄明忠（农业科工作人员）

　　　　饶贵忠（农业科工作人员）

　　　　龙利江（第一居民委员会主任）

　　　　杨庆菊（第二居民委员会主任）

　　　　吴开华（十二茅坡综合办公室主任）

　　　　周志学（张家山村村民委员会主任）

　　　　吴朝国（银子山村村民委员会主任）

　　　　周忠祥（农业生产二队队长）

　　　　胡克明（毛栗哨村村民委员会主任）

　　　　王安忠（黑山村村民委员会主任）

各单位还安排确定了专职防疫人员。

张家山村　　　　周志学

银子山村　　　　吴朝国

十二茅坡片区　　吴开华

农业生产二队　　周忠祥

毛栗哨村　　　　胡克明

黑山村　　　　　王安忠

场部片区　　　　黄明忠

2005年，在双堡镇兽医防疫部门的指导下，对全农场739户养的猪924头、牛699头、鸡13460羽、鸭485羽、鹅125羽进行了高致病性禽流感疫苗的注射，并在农场范围内开展了畜禽防疫工作知识普及宣传。

2006年9月18日，成立贵州省山京畜牧场2006年秋季动物防疫工作领导小组。其组成人员如下。

组　长　唐惠国（党委书记、场长）

副组长　冯和平（副场长）

成　员　彭　燕（农业科科长）

　　　　周志学（张家山村防疫员）

吴开华（十二茅坡片区防疫员）

吴朝国（银子山村防疫员）

胡克明（毛栗哨村防疫员）

王安忠（黑山村防疫员）

黄明忠（场部片区防疫员）

领导小组下设办公室在农业科，防疫办公室主任由彭燕兼任。

2006年，在西秀区兽医防疫部门的指导支持下，农场6个基层单位建立了防疫室，配备了防疫设施、防疫员，负责春秋两季牲畜、家禽预防工作，减少各种畜禽病害流行，确保畜牧业安全发展。其间对农场599头牛、695头猪、2962羽家禽（养鸡场除外）进行了疫苗注射。同时在农场范围内开展畜禽防疫工作知识普及宣传。

2007年，在西秀区兽医防疫部门的统一安排指导下，抓好春秋两季动物防疫工作，建立畜禽防控档案，工作上做到五不漏，即农场不漏村（队）、村不漏组、组不漏户、户不漏畜（禽）、畜（禽）不漏针，切实做好防疫登记。对农场的畜禽进行禽流感等防疫工作，减少各种畜禽病害的流行。同时，在农场范围内开展畜禽防疫工作知识普及宣传。

2012年，在西秀区兽医防疫部门的统一部署下，进一步完善防疫制度，狠抓防疫措施落实，加强管理，不断提高防疫质量。春防期间，对农场牲畜进行了牲畜五号病、蓝耳病、猪瘟防疫注射，防疫率89%，家禽禽流感防疫1.09万羽。

第四章　第二产业

农场第二产业主要有加工业、建筑业、开采业等，主要为第一产业发展服务，并在很大程度上依托第一产业发展，产业规模、产能、产值有限。

第一节　开 采 业

1971 年 3 月，中国人民解放军山京军马场与安顺县双堡区江平公社达成合作协议，双方商定共同在龙陷坑开采煤矿。农场负责投资设备和后勤供给，江平公社负责开采作业所需的劳动力，开采所得双方平分。

1978—1982 年，农场建设机械化万头养猪场时，因建设需要，在羊鹿山进行沙石开采。

2009—2018 年，农场将双山承包给外商进行沙石开采。

第二节　加 工 业

一、粮食加工

农场从事的农副产品加工有红薯、稻谷、大米等产品加工，主要为大米加工。其产生的经济效益由相关成品销售利润体现，未形成独立的产业。从业人员一般在 3～5 人，有时根据生产需要进行调配。

（一）机器设备

1954 年，自制红薯磨粉机，制作红薯粉条。

1956 年，修建大米加工房，安装打谷机和自动流筛各 1 套。

1958 年，修建米粉加工房，安装米粉加工设备 1 套。

（二）加工生产量

1955 年，加工稻谷 10 万公斤。

1965 年，加工稻谷 14.82 万公斤，加工收入 6.31 万元。

1969 年，加工稻谷 14.13 万公斤。

1970 年，加工稻谷 15 万公斤，加工收入 6.31 万元。

1974 年，加工稻谷 12.48 万公斤。

1978 年，加工稻谷 14.55 万公斤。

二、酿酒

1960 年，农场在农作第一队开办酿酒坊，酿酒坊占地约 300 平方米，酿酒车间占地 160 平方米，配备白酒生产设备 1 套。从业人员在 7～8 人。

酒坊职工通过多年经验积累和不断摸索，还掌握了酒曲制作技术，后来增加了酒曲生产，除自用外还向外销售。酒坊以农场自产的大米（碎米）、玉米为生产原料，以生产米酒和苞谷（玉米）酒为主，取得了一定的经济效益。

1960 年，生产白酒 8392 公斤。

1961 年，生产白酒 3355 公斤。

1962 年，生产白酒 3570 公斤。

1963 年，生产白酒 3750 公斤。

1964 年，生产白酒 6480 公斤。

1965 年，生产白酒 6570 公斤。

1966 年，生产白酒 9.53 万公斤。

1967 年，生产白酒 9.74 万公斤。

1968 年，生产白酒 7.99 万公斤。

1969 年，生产白酒 5.02 万公斤。

1970 年，生产白酒 4.87 万公斤。

1971 年，生产白酒 3.91 万公斤。

1972 年，生产白酒 3.83 万公斤。

1973 年，生产白酒 2.86 万公斤。

1974 年，生产白酒 2.56 万公斤。

1975 年，生产白酒 1.83 万公斤。

1976 年，生产白酒 1.73 万公斤。

1977 年，生产白酒 2.69 万公斤。

1978 年，生产白酒 2.96 万公斤。

1979 年，生产白酒 3.15 万公斤。

1980年，生产白酒7051公斤。

1981年，生产白酒4651公斤。

1983年，以酿酒、酒曲生产为主的副业队，在生产原料和销路无法保证的情况下，派专人多方采购原料和到外地推销产品。负责承包酿酒的工人，互相协作，使玉米酒的出酒率达到55%以上、碎米的出酒率达到73%左右。同年4月底统计，酒曲生产盈利3212元，烤酒盈利1203.4元。

三、茶叶加工

农场茶叶加工始于20世纪60年代。从那时到1985年，均为手工加工。工艺粗糙，产量小，成品质量长期难以提高。1986年，十二茅坡茶叶加工厂建成后，农场茶叶加工业进入机械加工时代。1990年，南坝园茶叶加工厂竣工后，农场茶叶加工能力和水平得到进一步提高，特别是茶叶精加工能力和水平有了跨越式提高，为提升茶叶产品质量创造了条件。茶叶加工从业人员为6～20人，人员多少根据生产实际需要进行调配。

1998年和2003年，客商吴汉明和郭志仁先后租赁农场茶园和加工厂开展生产经营，成立贵州省安顺市明英茶业有限公司和安顺市西秀区瀑珠茶业有限公司，投资更新上述两个茶叶加工厂的设备设施，提高制茶工艺水平。

四、铁器加工

1961年，农场在十二茅坡开办打铁房，生产打造马掌钉、马掌、建筑支架、抓钉等。其产品主要供农场马匹生产单位和基建队使用。此处工房，持续生产至20世纪80年代中期。从业人员在3～5人。

第三节　建筑业

1956年，农场为节省基本建设资金，在农业工人中培养建筑工程备料员2人，成立基建队。此后，这支专业队伍承担农场内的基本建设工程、房屋建筑工程和建筑安装建设任务，为农场节约了大量建设资金。1959年，农场成立基建工程队。1986年1月2日，农场成立山京畜牧场基建科。其主要工作职责是主管农场所有的基建工程。雷先华为基建科科长，兼工程队党支部书记。孙绍忠为基建科副科长，兼工程队队长。魏坤文为基建科副科长，兼工程队副队长。农场对内、对外的承包工程，统一由基建科组织管理，并独立核算。

1979 年，农场基建队基建工程收入 28 万元，超计划 30.5%。

1982 年，农场基建队基建工程收入 9.12 万元。

1986 年，农场基建队，全年收入 48.47 万元、支出 46.15 万元，当年工程获利润 2.32 万元，初步扭转了亏损局面。

1987 年，农场工程队完成工程量 73.46 万元，工程收入 51.05 万元，上交农场利润 2.5 万元。

1991 年，农场基建队维修房屋管理工作收入 64.02 万元，新建及维修房屋面积 9665.7 平方米。全年共完成建筑安装工作量 115 万元，上交农场管理费 2 万元。

1991 年，山京畜牧场基建队改名为贵州省农垦农工商公司第二工程队，注册资金 40 万元，主要业务向农场外发展。工程队法定代表人为魏坤文，工程队承接农场内、外建筑施工工程，具有六层和十五米以下民用房屋建筑施工资质。当年，工程队在册职工 70 人。其中，固定职工 30 人，合同制职工 40 人。工程队有技术经济职称人员 9 人，四级工以上工人 30 人，管理人员 12 人，会计师 1 人，会计员 2 人。

1992 年 2 月，因基建任务少，效益不高，工程队歇业整顿。

第五章　第三产业

农场第三产业包括交通运输业、零售业、餐饮业、金融业、房地产业等。农场自营的只有交通运输业和零售业，主要为农场职工家属生产生活服务。其余为个体经营或公司经营，为农场职工的生活提供了便利。

第一节　交通运输业

农场的交通运输业起步较早，1954 年购进载重汽车 1 台、拖拉机 4 台，主要从事农场内运输，为农场生产生活服务。此后，运输工具增加，有时也承接对外运输业务。

1963 年，农场有载重汽车 1 台，拖拉机 4 台。

1972 年，农场有载重汽车 6 台，拖拉机 7 台。

1984 年，农场有载重汽车 7 台，拖拉机 16 台。

农场从事的交通运输业，对外运输业务所得收入作为副业收入全部上缴农场。

改革开放以后，为拓宽就业渠道、增加家庭收入，农场部分职工购买运输工具，从事客运或货运服务。

2002 年，职工个体户拥有客运中型汽车 5 台、货运汽车 32 台。

第二节　零 售 业

建场初期，农场干部职工的日常生活用品大多到附近的双堡镇、鸡场乡等地的供销社或集贸市场购买。农场划归军队管理以后，大部分日常生活用品实行配给制，农场服务社也向农场内外开展日常生活用品零售业务。从 20 世纪 80 年代中期开始，一些个体商户先后在农场开设零售商店，出售烟酒油盐及其他日常生活用品。

（一）农场零售服务

1963 年，开办服务社，按照贵州省军区军人服务社模式开展服务。

1979 年，服务社商品零售额 21.7 万元。

1981年，服务社商品零售利润2.96万元。

1982年，服务社商品零售利润2.04万元。

1987年，服务社将所得利润3530.92元上交农场，完成计划的141.2%。

1998年，服务社停止营业。

20世纪80年代，农场也先后在场部黑山和十二茅坡开设了集贸市场，为农场职工和周边村寨村民提供农产品零售场所。场部赶集日为每周星期四，十二茅坡赶集日为每周星期二。

（二）个体零售

1. 顺利购物中心 2016年开办，经营烟酒、日用百货、床上用品、厨具、渔具、桶（瓶）装饮用水等。营业店铺面积160平方米。

2. 黄金烟酒店 2010年开办，经营烟酒、日用杂货、桶（瓶）装饮用水等。营业店铺面积40平方米。

3. 李记便利店 2018年开办，经营烟酒、日用杂货、桶（瓶）装饮用水等。营业店铺面积60平方米。

4. 福家康药店 2018年开办，经营中西成药。营业店铺面积30平方米。

5. 中国移动军马场营业厅 2011年开设。主要经营范围：代办移动通信业务，手机及手机配件零售。经营场所面积40平方米。

6. 爱装饰建材服务店 2019年开办，出售房屋装修、装饰材料，提供中高档装修、装饰服务。营业店铺面积30平方米。

（三）民营企业燃气零售供应

2015年，引进商户投入1200万元建设安顺市云丰燃气储配站。该储配站占地13亩，设计总储气量为450立方米，日分装30吨液化燃气。2016年，经各部门检测、验收合格，开始向周边乡镇供气，可满足周边乡镇生产、生活的用气。

第三节 餐饮业

1. 山京人民公社 2012年开办，经营个人和团体餐饮服务、旅游观光接待服务。经营范围占地100余亩，年接待量5万～6万人次。2012年6月，被贵州省旅游局、贵州省农业委员会评为“贵州省休闲农业与乡村旅游示范点”。2013年12月，被国家旅游局、农业部评为“全国休闲农业与乡村旅游示范点”。2015年6月，被西秀区文化旅游发展委员会评为“安顺市西秀区三星级乡村旅游示范点”。

2. 菊之味餐馆 2017 年开办，经营餐饮、个人或团体订餐业务。营业面积 120 平方米。

3. 兴琴餐馆 2010 年开办，经营餐饮业务。营业面积 30 平方米。

第四节 金 融 业

1986—1993 年，中国农业银行贵州省安顺县支行在贵州省山京畜牧场成立业务分理处。中国农业银行贵州省安顺县支行山京畜牧场业务分理处撤离后，贵州省农村信用社安顺市分社入驻农场，面向农场周边村寨开展金融服务。2015 年以后，安顺农商银行双堡支行在农场设立业务服务点，开展现金存取业务。

第五节 房地产业

2005 年 1 月，农场第六届职工代表大会第四次会议通过《关于场部住宅区改造意见》等议案，经合法程序将农场两地块转让给开发商进行房地产开发建设，建成的住宅以双方商定价格优先出售给农场职工，以改善职工住房条件。3 月，农场向贵州省农业厅呈报土地转让等事宜。5 月 25 日，贵州省农业厅对有关报告批复，原则同意场部住宅区改造建设用地转让报告。经现场勘测、地价评估等法定程序后，贵州宏宇房地产开发有限公司安顺分公司取得 5840 平方米土地开发经营权。

2007 年，贵州宏宇房地产开发有限公司安顺分公司启动贵州省山京畜牧场商品房住宅小区开发建设项目。2009 年，完成商品房第一期开发项目，建成商品房 40 套，有 70 平方米、80 平方米、106 平方米三种户型。2011 年，完成商品房第二期开发项目，建成商品房 32 套，有 70 平方米、94 平方米两种户型。先后竣工的房屋均以每平方米 680 元的价格优先向农场职工销售。同时，进行配套设施建设，配套设施完善和购房职工入住后，两期开发项目的楼栋组成宏宇小区，由第二居民委员会统一管理、统一提供服务。

第三编

生产经营管理

中国农垦农场志丛

第一章 机构设置与调整

农场机构按照《国营农场组织规程》有关规定和上级主管机构有关要求设置。在农场发展过程中，会根据管理和服务的需要，对内设机构进行适当调整。由于历史原因，农场部分内设机构还承担着社会职能。进入21世纪以后，农场退休职工逐步被移交给所在地人民政府，其待遇由政府成立的社会保障机构予以保障。

第一节 机构设置沿革

一、领导机构

根据农业部国营农场管理局颁布的《国营农场组织规程》，农场实行场长负责制。20世纪60年代，设立农场管理委员会，由党、政、工、团负责人，主要技术人员，部分职工代表及先进生产者参加农场管理工作，讨论决定生产财务计划、管理制度、职工福利及工作总结等重大事宜。

农场设场长一人，设置副场长一至数人。场长、副场长由上级主管机关党委任命。实行场长聘任制期间，场长通过竞聘上岗，由上级主管机关党委任命。副场长由场长提名，报农场党委任命。

场长领导农场行政、业务及技术工作，是农场管理委员会主席。历任场长任职时间等情况如表3-1-1所示。

表3-1-1 历任场长任职时间表

姓 名	任职时间	备 注
王占英	1954年3月—1956年4月	
申云浦	1956年4月—1958年8月	以副场长代理
谢钦斋	1958年12月—1962年11月	
胡国桢	1962年11月—1965年8月	
任昌五	1965年8月—1976年3月	
王迪英	1976年4月—1976年10月	

（续）

姓　名	任职时间	备　注
刘武志	1976年11月—1982年6月	以农场党委书记兼任
邓荣泉	1982年7月—1983年6月	
曾孟宗	1983年6月—1985年7月 1994年8月—1995年11月	以农场党委书记兼任
王金章	1992年2月—1994年8月	
龙明树	1995年12月—1997年9月	副场长，法人代表，主持农场行政工作
唐惠国	1997年9月—2008年11月	
冯和平	2010年4月—2017年12月	
王兴伦	2018年3月—2018年11月	以农场党委书记兼任
陈　波	2019年7月—2020年	副总经理，主持经理层工作

副场长在场长领导下协助处理场务，负责一个或数个部门工作，向场长负责。历任副场长任职时间等情况如表3-1-2所示。

表3-1-2　历任副场长任职时间表

姓　名	任职时间	备　注
申云浦	1955年9月—1958年8月	
王敬贤	1956年4月—1961年	
贾汉卿	1959年—?	
骆廷瑞	1960年6月—1965年12月	
王富楼	1960年—1962年	
任昌五	1964年1月—1965年7月	
刘武志	1965年8月—1976年11月	
武长海	1971年1月—?	
丁隆海	1976年4月—1983年6月	
桂锡祥	1978年5月—1992年4月	
张士宏	1978年5月—1981年12月	
张九全	1982年8月—1983年10月	
王金章	1983年7月—1992年2月	
邓大勋	1985年7月—1991年8月	
姜文兴	1992年2月—1995年10月	
朱先碧	1992年2月—1994年8月	
冯和平	1992年2月—2010年4月	
陈仲军	1992年2月—1994年5月	
黄国斌	1995年12月—1997年9月	
简庆书	1995年12月—2007年9月	
朱增华	2008年4月—2018年4月	
李财安	2019年7月—2020年	副总经理

注:? 表示已无档案。

在军队管理期间（1961 年 10 月—1976 年 12 月），即中国人民解放军山京军马场时期，农场领导机关实行“双首长制”，除了场长，还设置政治委员职位。政治委员由上级主管机关党委任命，在农场党委领导下，与场长共同负责农场内的各项工作。历任政治委员、副政治委员如下。

1962 年 8 月 29 日，赵广任中国人民解放军山京军马场政治委员。

1971 年 1 月 16 日，李殿良任中国人民解放军山京军马场副政治委员。

1976 年 12 月 24 日，刘武志任中国人民解放军山京军马场政治委员。

1976 年 12 月 28 日，邓荣泉任中国人民解放军山京军马场副政治委员。

二、内部机构设置

农场内部机构设置大致分为农场机关科室（处、部）、基层生产经营单位、农场下设厂场、农场开办的社会职能机构、群团组织五种类型。

1954—1958 年，农场机关科室有行政办公室、财务室、技术室。基层生产经营单位有第一生产队（场部片区）、第二生产队（银子山片区）、第三生产队（十二茅坡片区）、机耕队、基建队。社会职能机构有卫生所。群团组织有农场团支部。

1959—1961 年，农场机关科室有党委办公室、行政办公室、计财室、生产技术研究室、兽医室、总务股。基层生产经营单位有第一队（农作）、第二队（果树）、第三队（民寨黑山）、第四队（民寨毛栗哨）、第五队（民寨银子山）、第六队（十二茅坡农作队与民寨张家山）、第七队（十二茅坡马匹队）、第八队（罗朗坝）、机耕运输队、基建队。农场下设厂（场）有银子山畜牧场、酿酒坊、米面加工厂。社会职能机构有子弟学校、卫生所。群团组织有农场工会、农场团委。

1962—1976 年，农场机关科室有政治处、办公室、计财科、生产技术研究室、军马生产科、农机科、供给科。基层生产经营单位有第一军马队、第四军马队、第六军马队、罗朗坝军马队、长箐军马队、黑山二队、毛栗哨三队、银子山大队、张家山大队、机耕运输队、修缮队、副业队、服务社。各军马队设有兽医室、育种室。农场下设厂（场）有长箐分场、广顺分场、酿酒坊、米面加工厂。社会职能机构有子弟学校、卫生所。

1977—1982 年，农场机关科室有政治处、武装部、办公室、政工科、计财科、生产科、供销科、保卫科。基层生产经营单位有第一生产队、第二生产队、第三生产队、第四生产队、第五生产队、第六生产队、黑山队、毛栗哨队、银子山队、张家山队、茶叶一队、茶叶二队、机修运输队、基建工程队、服务社。农场下设厂（场）有养猪场、酿酒坊、米面加工厂。社会职能机构有子弟学校、卫生所。群团组织有农场工会、农场团委。

1983—2010 年，农场机关科室有党委办公室、场长办公室、十二茅坡综合办公室、武装部、政工科、计财科、生产供销科、行政科、农业科、茶叶科、畜牧科、农作科、农牧科保卫科、土地管理科、基建科。基层生产经营单位有茶叶一队、茶叶二队、茶叶三队、茶叶四队、机耕队、维修队、基建工程队、服务社。农场下设厂（场）有养猪场、酿酒坊、米面加工厂、十二茅坡茶叶加工厂、南坝园茶叶加工厂。社会职能机构有子弟学校、卫生所、法庭、检察室、黑山行政村、毛栗哨行政村、银子山行政村、张家山行政村、第一居委会、第二居委会。群团组织有农场工会、农场团委。

2011—2018 年，农场机关科室有党委办公室、行政办公室、计财科、人事科、农业科、土管科、十二茅坡管理区办公室。农场的土地、茶园、茶叶加工厂、养猪场设备设施等以租赁方式交给承包方经营使用，农场不再设基层生产经营单位，只对国有资产进行管理。社会职能机构有卫生所、黑山行政村、毛栗哨行政村、银子山行政村、张家山行政村、第一居委会、第二居委会。群团组织有农场工会。

2019—2020 年，农场机关科室有党政办公室、计财科、农业土管科、组织人事科。群团组织有农场工会。

第二节　内设机构调整与改革

一、内设机构调整与改革

1965 年 2 月，对农场基层生产单位进行调整，将划归农场管理的集体所有制村寨，按照地域相对集中进行合并的原则，单独编为生产大队。黑山为民寨二队（黑山生产大队），毛栗哨（上、下哨）为民寨三队（毛栗哨生产大队），银子山、红土坡、砂锅泥、马过路四个村寨为银子山大队，张家山、老龙窝为张家山生产大队。

1978 年 5 月 14 日，为确保机械化万头养猪场工程建设顺利推进，经农场党委会议研究，决定成立机械化万头养猪场工程党支部、工程指挥部、工程队、团支部等领导班子和组织机构，以便动员、协调尽可能多的人力、物力、财力投入工程建设，尽快实现建成投产，促进农场经济进一步发展。

1979 年 3 月，机耕队与工程队合并，合并后由机械化万头养猪场工程指挥部统一管理。

1983 年 6 月，根据农场生产经营发展需要，经农场党政领导班子会议研究，决定对农场内设机构进行调整、整顿、改革，增加茶叶三队、机械化万头养猪场等基层生产经营单位编制。

1984 年 10 月，为了适应农场整顿改革发展需要，经农场党政领导班子会议研究，决定对农场机关部分科室和部分基层生产单位进行整合、更名、新组建。将保卫科和武装部的工作职能并入政工科。将茶叶三队和茶叶一队合并，组建为第一生产队。将第一生产队更名为第三生产队，将茶叶二队更名为第四生产队，将茶叶六队更名为第五生产队。新设置茶叶加工厂建制。

1985 年 12 月 25 日，根据工作需要，经农场党委会议研究，决定恢复农场的保卫科建制。

1986 年 1 月 13 日，根据工作需要，经农场党委会议研究，决定设立场长办公室。调张贵清、吴定中、王文祥到场长办公室工作。

1986 年 12 月 19 日，根据工作需要，经农场党委会议研究，决定撤销生产供销科建制，建立茶叶科和畜牧科。

1987 年 1 月 15 日，根据工作需要，经农场党委会议研究，决定成立十二茅坡片区物资供应站。

1987 年 12 月 23 日，为加强农业生产的领导，经农场党委会议研究决定，成立贵州省山京畜牧场农作科，负责管理农场的水田、旱地生产。丁学顺任农作科科长。

1991 年 3 月 20 日，根据工作需要，经农场党委会议研究，决定撤销第五工作站建制，其人员和职能整合并入十二茅坡管理区。

1992 年 2 月 20 日，根据工作需要，经农场领导班子办公会议研究决定，党委办公室工作职能及其人员并入政工科，组建新的政工科。

1994 年 3 月 9 日，根据工作和生产需要，经农场领导班子会议研究，决定将农作科、畜牧科合并为农牧科，由陈仲军负责主持该科工作。武装部、保卫科、法庭（三个单位的业务分别隶属于各上级主管部门）合并为综合治理办公室，冯和平任主任，李大舜任副主任。行政科工作职能及其人员合并到农场行政办公室。政工科、工会合并办公。

1996 年 6 月 24 日，为了加强农场国有土地管理，报请贵州省农业厅人事劳动处批准，成立贵州省山京畜牧场土地管理科。经农场党委扩大会议研究决定，任命李大舜为土地管理科科长。

1996 年 7 月 25 日，为了使农场管理体制适应生产经营发展需要，经农场行政办公会议研究，决定撤销十二茅坡管理区建制，由场长办公室负责十二茅坡片区行政事务。场长办公室由副场长简庆书负责。

1997 年 3 月，经农场党委会议研究，决定将党委办公室、人事劳资科、政工科合并，成立新的政工科，原科室的工作职能由新成立的政工科承担，保留人事劳资科印章，行使对内对外职能。将农业科、农作科、土地管理科合并，成立新的农业科，原科室的工作职能由新成立的农业科承担，保留土地管理科印章，行使对内对外职能。

1998 年 2 月 13 日，为适应农场生产经营发展变化需要，提高生产经营管理和服务效率，经农场党政领导班子会议研究，决定设立农业五队和农业六队，并对部分茶叶生产单位进行整合更名。编组设置、整合更名情况如下。

场部片区承包田土人员组编为农业五队，由农业科主管。

十二茅坡片区承包田土人员组编为农业六队，由十二茅坡综合办公室主管。

茶叶生产一站整合更名为茶叶一队。

茶叶生产二站整合更名为茶叶二队。

茶叶生产三站整合更名为茶叶三队。

茶叶生产四站整合更名为茶叶四队。

2000 年 12 月 25 日，为适应农场茶叶生产经营体制改革需要，经农场党政领导班子会议研究，决定撤销农场茶叶科、十二茅坡茶叶加工厂、茶叶三队、茶叶四队单位建制，同时免去上述四个单位原全部管理人员的聘任职务。

上述单位的管理人员和工人，由农场逐步安排转岗，并鼓励其自谋职业。茶叶科工作职能移交给农场行政办公室。十二茅坡茶叶加工厂的厂房、设备、物资、用具等由农场组织移交给承包者，茶叶三队、茶叶四队的部分办公桌、文件柜、用具等借给承包者使用，其余的移交给十二茅坡管理区（十二茅坡管理区建制在 1996 年撤销，但没有成立新的机构，习惯上仍采用该称谓）。

2019 年 2 月 21 日，经西秀区驻贵州省山京畜牧场临时工作组及农场党政领导班子联席会议研究，决定对农场内部机构设置及其管理岗位人员进行调整。农场党委办公室与行政办公室合并，成立农场党政办公室。

二、内设机构负责人任命与调整

1959 年 9 月 20 日，根据农场生产经营发展需要，经农场党委会议研究，决定对部分农场机关科室和基层生产单位的管理岗位人员进行调整充实，并做如下任命。

董福泉任生产技术研究室主任，但仲民任副主任。

张士宏任财务室第一副主任，廖逢春任第二副主任。

张升元任第一生产队副队长。

王金发任第二生产队副队长。

罗起明任第三生产队副队长。

刘洪民任第四生产队副队长。

刘羲乐任第六生产队队长，张云发任副队长。

唐兴任畜牧技师兼第七生产队（马匹队）队长。

1960 年 1 月 4 日，经农场党委会议研究，决定对农场部分单位的管理岗位人员进行调整充实。

龙源芳任党委办公室组织干事。

郁文涛任党委办公室保卫干事。

于大文任党委办公室青年干事。

江亨龙任财务股股长。

雷焕然任财务股副股长。

张升胜任第四生产队副队长。

蔡祖德任第七生产队副队长。

1962 年 2 月 15 日，根据农场生产经营发展需要，经农场党委会议研究，决定对农场的总务股和部分基层生产单位的管理岗位人员进行调整充实。

江亨龙任总务股股长，雷焕然任副股长。

张云发、张升胜、蔡祖德任生产队副队长。

李善友任农场机关直属机关党支部书记。

1963 年 6 月 11 日，根据农场生产经营发展需要，经农场党委会议研究，决定对农场部分基层生产单位的管理岗位人员进行调整充实。

孙绍忠任第二生产队副队长。

段世才任第三生产队副队长。

滕传珍任第一生产队副小队长。

罗锦礼任第一生产队副小队长。

杨进华任第一生产队班长。

张植梅任第一生产队班长。

1963 年 7 月 14 日，根据农场生产经营和工作需要，经农场党委会议研究，决定对农场部分基层单位的管理岗位人员进行调整充实。

李忠武为武装班班长。

王锡荣为第四生产队生产小队长。

1963 年 8 月 14 日，根据农场生产经营发展需要，经农场党委会议研究，决定对农场基层生产单位的管理岗位人员进行调整充实。

张升胜任副业队副队长。

金致明任副业队副队长。

邹美然任第七生产队副队长。

杨友亮任机耕队副队长。

桂锡祥任机耕队副队长。

李德惠任子弟小学教导处副主任。

1965 年 8 月 14 日，根据贵州省军区后勤部政治处命令（7 月 31 日），农场政治处转发此任命。农场的军马队和政治处有关人员任命如下。

姜子良任军马队队长。

李万彩任政治处干事。

1971 年 1 月 18 日，根据贵州省军区后勤部政治处命令（1 月 16 日），农场政治处转发此任命。农场政治处有关人员任命如下。

王米锁任政治处主任。

1971 年 4 月 19 日，根据贵州省军区后勤部政治处命令［〔1971〕后政干令字第 17 号］，农场政治处转发此任命。农场的修缮队和政治处有关人员任命如下。

刘同顺任修缮队政治指导员。

柏应全任政治处干事。

1972 年，根据贵州省军区后勤部政治处命令［〔1971〕后政干令字第 76 号、〔1972〕后政干令字第 8 号］和农场生产工作需要，经农场党委会议研究，决定对部分内设机构的管理（技术）岗位人员进行调整充实。这次调整，有关人员任命如下。

石仲发任场直政治指导员。

齐德亮任第一生产队政治指导员。

张升富任修缮队副政治指导员。

王恩元任机耕队副队长。

刘质彬任第一生产队分队长。

周素岩任第八生产队分队长。

张祖荣任第六生产队兽医医生。

简庆书任第四生产队兽医医生。

刘洪发任第一生产队兽医医生。

蔡祖德任第六生产队副队长。

齐克治任副业队队长。

孙连智任场部司务长。

王锡荣任第一生产队分队长。

张升元任第一生产队分队长。

范寿元任第四生产队分队长。

1973 年 10 月 13 日，农场政治处转发贵州省军区后勤部政治处命令（10 月 4 日），对农场供给科和生产科的负责人进行调整充实。这次调整，有关人员任命如下。

张士宏任供给科副科长。

董福泉任生产科副科长。

1974 年 11 月 25 日，农场政治处转发贵州省军区后勤部政治处命令，对农场长箐军马队和机耕队的管理（技术）岗位人员进行调整充实。这次调整，有关人员任命如下。

金致明任长箐军马队政治指导员。

雷惠民任机耕队队长。

杨友亮任机耕队农业机械技师。

1975 年 4 月 12 日，农场政治处转发贵州省军区后勤部政治处命令［〔1975〕后政干令字第 17 号］，对农场第六生产队、生产科和长箐军马队的管理（技术）岗位人员进行调整充实。此次调整，有关人员任命如下。

石仲发任第六生产队政治指导员。

姜子良任生产科助理员。

简庆书任长箐军马队兽医医生。

1976 年 4 月 14 日，农场政治处转发贵州省军区后勤部政治处命令［〔1975〕后政干令字第 24 号］，对农场政治处和第四生产队的管理岗位人员进行调整充实。这次调整，有关人员任命如下。

吴利民任政治处干事。

邹美然任第四生产队副队长。

张升胜任第四生产队政治指导员。

1976 年 11 月，农场政治处转发贵州省军区后勤部政治处命令［〔1976〕后政干令字第 10 号、〔1976〕后政干令字第 14 号］，对农场机关部分处、室、科的管理岗位人员进行调整。此次调整，有关人员任命如下。

李大舜任办公室主任。

王振武任生产科科长。

张士宏任供给科科长。

金宜睦任政治处主任。

1979 年 4 月 20 日，根据工作需要，经农场党委会议研究，决定对部分基层生产单位负责人进行调整。有关人员任命如下。

邹美然任第四生产队代理政治指导员。

范寿元任第五生产队代理副队长。

张云发任第六生产队副队长。

张升胜任银子山生产队政治指导员。

1979 年 6 月 26 日，贵州省农业局政治部批复，对农场机关部分科和基层生产单位的负责人进行调整，做出如下任命。

雷惠民任供销科科长。

丁学顺任生产科副科长。

徐定禄任第三生产队政治指导员。

邹美然任第四生产队政治指导员。

郑绍荣任第五生产队政治指导员。

周素岩任第五生产队队长。

范寿元任第五生产队副队长。

董汝齐任第六生产队政治指导员。

杨树清任第六生产队队长。

王恩元任机耕队队长。

1983 年 1 月 18 日，根据工作需要，经农场党委会议研究，决定对茶园开垦工作临时领导小组、第四生产队、第一生产队的负责人进行调整，有关人员任命如下。

吴利民任茶园开垦工作临时领导小组组长兼党支部书记。

张升胜任第四生产队代理队长兼党支部书记。

王俊任第一生产队代理队长。

1983 年 4 月 13 日，根据工作需要，经农场党委会议研究，决定对农场机关部分科和基层单位的负责人进行调整，做出如下任命。

雷惠民任生产供销科科长。

付凤书任计财科科长。

洪之林任保卫科副科长。

伍开芳任工程队党支部书记。

支继忠任服务社主任。

周士友提任卫生所副所长。

1983年8月3日，经组织考核并进行民意测验，农场党委对基层单位领导班子进行调整，有关人员任命如下。

张升元任第一生产队党支部书记。

李友祥任第一生产队队长。

王俊任第一生产队技术副队长。

董汝齐任第六生产队党支部书记。

杨树清任第六生产队队长。

阎士军任第六生产队副队长。

刘汝元任第六生产队副队长。

张升胜任第四生产队党支部书记。

简庆书任第四生产队队长。

祝德胜任茶叶一队党支部书记。

黄绍武任茶叶二队党支部书记。

袁家州任茶叶二队副队长。

李伟民任茶叶二队技术副队长。

徐定禄任茶叶三队党支部书记。

石世祥任茶叶三队副队长。

王恩元任机务队队长兼党支部书记。

伍开芳任基建工程队党支部书记。

曹华明任基建工程队队长。

彭友仁任基建工程队副队长。

张祖荣任机械化万头养猪场党支部书记。

李声忠任机械化万头养猪场场长。

范寿元任机械化万头养猪场副场长。

班学龙任机械化万头养猪场副场长。

曾荫梧任子弟学校校长兼党支部书记。

李谋谛任子弟学校副校长。

唐惠国任子弟学校教导处主任。

姜文兴任子弟学校教导处副主任。

支继忠任服务社主任。

田兴珍任服务社副主任。

邹家蓉任卫生所所长。

1983 年，农场内部机关科室及办事机构调整改革后，其负责人任职报告，由农场党委组织民意测评及考核考查，拟定初步人选，报贵州省农业厅党组审批。1984 年 2 月 29 日，贵州省农业厅党组批复如下。

李大舜任办公室主任。

陈治维任政工科副科长。

洪芝林任保卫科副科长。

邓大勋任生产供销科科长。

丁学顺任生产供销科副科长。

刘德贵任财务科副科长。

金宜睦任工会副主席（正科级）。

1984 年 10 月，经农场党政领导班子会议研究，决定对经整合、更名、新组建的内设机构的管理岗位人员进行任命。有关人员任职情况（原任相关职务同时免除）如下。

陈治维任政工科科长，负责管理政工工作。

李大舜任政工科科长，负责管理武装保卫工作。

金宜睦任办公室主任，谭黎明任副主任。

杨友亮任生产供销科副科长。

吴利民任计财科科长。

齐克治任农场机关直属党支部书记。

徐定禄任第一生产队党支部书记，李友祥任队长，张升元任副队长，王俊任技术副队长。

祝德胜任第三生产队党支部书记，张云发任队长，罗炳义任副队长。

邹美然任第四生产队党支部书记，罗克华任队长，石世祥任副队长。

杨树清任第五生产队党支部书记，刘汝元任队长，龚友斌任副队长。

董汝齐任茶叶加工厂厂长兼党支部书记，蔡祖德任副厂长。

1986 年 11 月 7 日，根据工作需要，经农场党委会议研究，决定对养猪场领导班子进行调整（相关原任职务自然免除）。调整后农场养猪场领导成员如下。

陈仲军任养猪场场长。

李声忠任养猪场副场长。

李浩平任生产供销科副科长兼养猪场党支部书记。

范寿元任养猪场副场长兼党支部副书记。

1986 年 12 月 19 日，根据工作需要，经农场党委会议研究，决定对部分基层生产单位的负责人和农场机关部分科的管理人员进行调整充实。

汪传发任机耕队副队长。

张祖荣兼任养猪场场长。

郑绍荣任第二工作站副站长。

杨友亮任茶叶科科长。

胡成均任茶叶科副科长。

李浩平、丁学顺任畜牧科副科长。

1987 年 12 月 23 日，经农场党委会议研究决定，对农场机关部分科及部分基层生产单位的负责人进行调整，有关人员任职（相关原任职务自然免除）如下。

柏应全任政工科科长，洪之林任副科长（正科级）。

张贵清任场长办公室主任。

段世才任茶叶精制加工厂党支部书记。

范寿元任养猪场场长兼党支部副书记。

邹美然任第二工作站党支部书记。

罗炳义任第三工作站党支部书记。

罗克华任第四工作站党支部书记。

1988 年 1 月 9 日，经农场党委会议研究决定，对十二茅坡茶叶加工厂领导班子进行调整，有关人员任职如下。

董汝齐兼任十二茅坡茶叶加工厂厂长。

蒙友国任十二茅坡茶叶加工厂党支部副书记。

蔡祖德任十二茅坡茶叶加工厂副厂长。

同日，经农场党委会议研究决定，对基建队领导班子进行调整，并做出聘任：

孙绍忠任基建队党支部书记。

魏坤文任基建队队长。

彭友仁任基建队副队长。

张洪智任基建队副队长。

1989 年 2 月 27 日，经场长提名推荐，农场党委会议研究决定，对基层生产单位部分管理岗位人员进行调整，做出聘任（相关人员原任职务自然免除）。

石世祥任第一工作站站长。

张升元任第一工作站党支部书记兼副站长。

简庆书任第二工作站站长。

邹美然任第二工作站党支部书记。

张云发任第三工作站站长兼党支部书记。

罗炳义任第三工作站副站长。

蒲敏任第四工作站站长。

黄顺清任第四工作站副站长。

朱先碧兼任茶叶生产新一队队长。

陈明福任茶叶生产新二队队长。

柴廷珍任十二茅坡茶叶加工厂副厂长。

1989 年 3 月 13 日，为切实加强对十二茅坡片区各项工作的领导，加强茶叶生产经营管理，经农场党政领导班子会议研究，决定对十二茅坡管理区和部分生产单位的管理岗位负责人进行调整，有关人员任职：

董汝齐任农场党委副书记兼十二茅坡管理区主任、党支部书记。

朱增华任十二茅坡茶叶加工厂厂长。

张美华任茶叶生产新二队试用副队长，试用期为一年。

齐维军任茶叶生产新一队试用副队长，试用期为一年。

洪之林任茶叶精制加工厂党支部书记兼副厂长。

桂光荣任茶叶精制加工厂试用副厂长，试用期为一年。

王素清任茶叶精制加工厂副厂长。

1990 年 3 月 3 日，农场党委会议研究决定，对农场机关科室及基层生产单位的部分管理岗位人员进行调整，有关人员任职（相关人员原任职务自然免除）如下。

张贵清任党委办公室主任。

柏应全任党委办公室副主任（正科级）。

金宜睦任农场直属党支部书记。

李浩平任养猪场党支部书记兼场长。

罗炳义任第三工作站党支部书记。

姜盛文任场部片区离退休干部党支部书记。

1990 年 3 月 5 日，根据工作需要，经场长提名推荐，农场党委会议研究决定，对农场机关科室及基层生产单位的部分管理岗位人员进行调整，做出聘任（相关人员原任职务自然免除）：

丁乃胜任行政科副科长。

吴定中任政工科副科长。

陈仲军任畜牧科副科长。

朱先碧任茶叶科副科长。

范寿元任养猪场副场长。

陈金鹏任养猪场副场长。

胡成钧任农作科副科长。

蒲敏任第三工作站站长。

罗克华任十二茅坡物资站站长兼管理区食堂事务长。

齐维军任茶叶生产新一队队长。

王贵军任茶叶生产新一队副队长。

黄平勇任茶叶生产新一队副队长。

1991 年 3 月 20 日，根据工作需要，经农场党委会议研究，决定对十二茅坡管理区和农场机关的部分管理岗位人员进行调整，有关人员任职（相关人员原任职务自然免除）：

熊顺云任保卫科科长。

吴定中任政工科科长。

孙绍忠任计财科科长。

蒙友国任十二茅坡管理区管理委员会主任。

刘汝元任十二茅坡管理区管理委员会副主任。

祝德胜兼任十二茅坡管理区管理委员会副主任。

1992 年 2 月 20 日，根据工作需要，经农场领导班子办公会议研究，决定对农场新组建的政工科及基层生产单位的部分管理岗位人员进行调整，有关人员任职（相关人员原任职务自然免除）：

吴定中任政工科科长。

柏应全任政工科副科长。

曹华明任茶叶生产新一队政治指导员。

简庆书任十二茅坡茶叶加工厂厂长。

朱增华任十二茅坡茶叶加工厂副厂长。

邹美然兼任茶叶生产二工作站站长。

周忠祥任茶叶生产二工作站副站长。

唐惠国兼任子弟学校教导处主任。

1992 年 4 月 12 日，根据工作需要，经农场党委会议研究决定，对农场基层生产单位的部分管理岗位人员进行调整，有关人员任职（相关人员原任职务自然免除）：

石世祥任第一工作站站长，张升元任副站长兼党支部书记，董国民任副站长。

周忠祥任第二工作站站长，邹美然任副站长兼党支部书记，汪兴华任副站长。

蒲敏任第三工作站站长，罗炳义任十二茅坡管理区党支部书记兼第三工作站副站长，周永国任第三工作站副站长。

黄顺清任第四工作站站长，张美华、王安宁任副站长。

齐维军任茶叶生产新一队队长，彭燕、张明任副队长。

陈明福任茶叶生产新二队队长，吴开华、饶贵忠任副队长。

阎怀贵任茶叶精制加工厂厂长，龙利江任党支部书记，桂光平任副厂长，李争奇任车间主任。

简庆书任十二茅坡茶叶加工厂厂长，朱增华任副厂长，洪明星、李重九任车间主任。

1994 年 4 月 7 日，根据工作和生产需要，经农场领导班子会议研究，决定对生产系统行政管理岗位人员进行调整。农牧系统和茶叶生产系统调整情况如下。

陈仲军任农牧科科长，李浩平任副科长。

陈华松负责养猪生产。

石世祥任第一工作站站长，董国民任副站长。

周忠祥任第二工作站站长，汪兴华任副站长。

蒲敏任第三工作站站长，周永国任副站长。

黄顺清任第四工作站站长，张美华、王安宁任副站长。

彭燕任茶叶生产新一队队长，黄明忠、饶文华任副队长。

陈明福任茶叶生产新二队队长，吴开华、饶贵忠任副队长。

阎怀贵任茶叶精制加工厂厂长，李争奇、阎世伟任副厂长。

简庆书任十二茅坡茶叶加工厂厂长，朱增华任副厂长，李重九、侯建华任车间主任。

李远志、苏宏任茶园更新组组长。

罗克华任十二茅坡片区生产办公室总会计。

1996 年 3 月 11 日，根据工作需要，经农场党委会议研究决定，对履行社会职能的基层单位的行政管理岗位人员进行调整。根据精简放权公开招标、个人投标自荐、组织考察认定、各生产单位主要负责人优化组合提名推荐等情况对茶叶生产系统基层生产单位的管理岗位人员进行调整充实。调整情况：

陈治维任子弟学校副校长，主持工作。

张克勤任子弟学校教导处主任。

唐惠民任子弟学校总务处主任。

谢秀英任卫生所所长。

石世祥任茶叶生产一站站长。

张云任茶叶生产二站站长。

蒲敏任茶叶生产三站站长。

王安林任茶叶生产四站站长。

陈明福任茶叶生产新二队队长。

李争奇任茶叶精制加工厂副厂长，主持工作。

朱增华任十二茅坡茶叶加工厂副厂长，主持工作。

彭燕、董国民、李远志任茶叶生产一站副站长。

周忠祥、汪兴华任茶叶生产二站副站长。

吴洪华、张美华任茶叶生产三站副站长。

罗炳义、周德玲任茶叶生产四站副站长。

黄昌荣任茶叶精制加工厂副厂长。

周鸿任十二茅坡茶叶加工厂副厂长。

1996 年 3 月 14 日，根据茶叶生产新二队生产管理人员优化组合提名报告，经农场领导班子会议研究，同意充实茶叶生产新二队生产管理人员，做出批复：

吴洪芬、吴开华任茶叶生产新二队副队长。

1996 年 4 月 4 日，根据工作需要，经农场领导研究决定，调程志平任十二茅坡茶叶加工厂副厂长。

1996 年 5 月 16 日，根据工作和生产需要，经农场党委扩大会议研究，决定对农场机关科室的部分主要负责人进行调整，有关人员任职：

龙明树兼任保卫科科长。

冯和平兼任农牧科科长。

1997 年 2 月 26 日，根据精简放权公开招标、个人投标自荐、组织考察认定、各生产单位主要负责人优化组合提名推荐等情况，经农场党委会议研究，决定对茶叶生产系统基层生产单位管理岗位人员进行调整，有关人员任职：

董国民任茶叶生产一站站长。

张云任茶叶生产二站站长。

吴开华任茶叶生产三站站长。

陈明福任茶叶生产四站站长。

朱增华任十二茅坡茶叶加工厂厂长。

李争奇任茶叶精制加工厂厂长。

李金华任茶叶生产一站副站长。

周忠祥任茶叶生产二站副站长。

蒲敏任茶叶生产三站副站长。

朱增义、李贵元任茶叶生产四站副站长。

程志平任十二茅坡茶叶加工厂副厂长。

1997年3月12日，根据场长办公会议酝酿提名推荐，经农场党委会议研究，决定对农场机关科室领导岗位人员进行调整充实，有关人员任职：

金宜睦（副场级）任政工科科长。

吴定中（正科级）任政工科副科长。

伍开芳任行政办公室副主任，主持工作。

程志明任行政办公室副主任。

李卫平任计财科副科长，主持工作。

周兴伦任保卫科副科长，主持工作。

刘汝元任农业科副科长，主持工作。

李大舜（正科级）任农业科副科长。

祝德胜任茶叶科副科长，主持工作。

周鸿任茶叶科副科长。

1997年3月19日，经农场党政领导班子会议研究，决定对茶叶精制加工厂负责人进行调整。经民意测评、民主推荐、组织考察，做出任命：

黄学英任茶叶精制加工厂厂长。

张先英任茶叶精制加工厂副厂长。

1998年3月13日，根据工作需要，经农场党委扩大会议研究，决定对部分基层单位负责人进行调整，做出任命：

石世祥任十二茅坡综合办公室副主任，兼任十二茅坡片区党支部书记。

陈明福任茶叶一队队长兼党支部书记。

1998年4月2日，根据工作需要，经农场党政领导班子会议研究，决定对部分茶叶生产单位管理人员进行调整充实，有关人员任职：

段周祥任茶叶一队副队长。

罗克华兼任茶叶四队队长。

1999年3月15日，为适应企业内部调整改革需要，经农场党委会议研究，决定对农场机关及生产单位的部分行政管理岗位人员进行调整充实，有关人员任职（相关原任职务同时免除）：

伍开芳任行政办公室主任。

李卫平任计财科科长。

周兴伦任保卫科科长。

刘汝元任农业科科长。

周鸿任茶叶科副科长。

吴开华任茶叶科副科长，主持工作。

祝德胜任十二茅坡综合办公室主任。

1999年3月24日，经农场党委会议研究，决定对农场茶叶生产单位部分行政管理岗位人员进行调整充实，有关人员任职（相关原任职务同时免除）：

艾慎忠任茶叶四队队长。

黄德祥任茶叶四队副队长。

蒲敏任茶叶三队队长。

吴洪华任茶叶三队副队长兼统计。

唐兰英任茶叶三队副队长。

2000年4月19日，根据工作需要，经相关生产队推荐，农场领导班子会议研究，决定对部分茶叶生产单位行政管理岗位人员进行调整，做出聘任（相关原任职务同时免除）：

黄德祥任茶叶四队队长。

李重九任茶叶三队副队长。

2001年2月12日，经农场党委会议研究，决定对农场科室主要负责人进行调整。根据农场工作需要，通过民主推荐和组织考察，做出聘任：

李为平任计财科科长。

伍开芳任农场办公室主任。

刘汝元任农业科科长。

周兴伦任保卫科科长。

艾慎忠任十二茅坡综合办公室主任。

2002 年 3 月 7 日，根据工作需要，经农场场长办公会议研究，决定对农业科主要负责人进行调整。调整后，陈华松任农业科科长。

2003 年 1 月 23 日，根据农场子弟学校教育教学需要，经农场党委会议研究，决定对子弟学校领导班子进行调整，有关人员任职：

何仁德任子弟学校副校长，主持工作。

万贤德任子弟学校教导处主任。

余朝贵任子弟学校教导处副主任，负责十二茅坡教学点工作。

唐惠民任子弟学校总务处主任。

2004 年 2 月 9 日，根据工作需要，经农场党委会议研究，决定对农场部分内设机构主要负责人进行调整，有关人员任职：

朱增华任办公室主任。

李财安任财务科科长。

彭燕任农业科科长。

吴开华任十二茅坡综合办公室主任。

周忠祥任银子山职工队队长。

2010 年 4 月 1 日，为加强干部队伍建设，培养后备干部，根据工作需要，经农场党委会议研究，决定对党委办公室和行政办公室管理岗位进行调整充实，有关人员任职：

蔡国发任党委办公室副主任，试用期为一年。

黄明忠任行政办公室副主任，试用期为一年。

2011 年 9 月 30 日，为加强十二茅坡片区管理，根据农场工作需要，经农场党政领导班子会议研究，决定聘龙远树任十二茅坡综合办公室副主任，主持工作，试用期为一年。

2017 年 11 月 14 日，经农场党委会议研究，决定对农场管理人员岗位进行调整。副科级以上管理人员调整如下。

吴开华任党委办公室主任，曾翠荣任副主任。

黄平勇任行政办公室主任，黄明忠任场长助理兼行政办公室副主任。

李财安任财务科科长，丁宁任出纳员（享受副科级待遇）。

蔡国发任工会主席。

蔡国发兼任人事科科长，赵刚任副科长。

饶贵忠任农业科科长。

龙远树任土地管理科科长。

黄昌荣任十二茅坡管理区办公室主任兼烤烟生产办公室主任。

2019 年 2 月 21 日，经西秀区驻贵州省山京畜牧场临时工作组及农场党政领导班子联席会议研究，决定对农场内部机构设置及其管理岗位人员进行调整，有关人员任职：

吴开华任党政办公室主任。

黄明忠任党政办公室副主任。

曾翠荣任党政办公室副主任、离退休党支部书记。

张云任农场机关直属党支部书记、党政办公室工作员。

李德华任党政办公室工作员。

支优文任党政办公室专职驾驶员、农业土管综合科工作员。

丁宁任财务科科长。

黄平勇任财务科出纳。

饶贵忠任农业土管综合科科长。

李小波任十二茅坡管理区党支部书记、农场农业土管综合科工作员。

蔡国发任工会主席、人事科科长。

赵刚任人事科副科长。

黄昌荣任十二茅坡管理区主任。

黄禄贵任十二茅坡管理区工作员。

2020 年 10 月 10 日，经农场党委会议研究，决定对农场机关科室管理人员岗位实行竞聘上岗。有关聘任如下。

吴开华任党政办公室主任。

曾翠荣任党建办公室主任。

蔡国发任工会主席。

丁宁任财务科科长。

李小波任农业土管资源科科长。

黄明忠任工会副主席。

赵刚任农业土管资源科副科长。

第三节　场办社会职能改革

一、社区移交双堡镇人民政府管理

1989 年 12 月 26 日，国家颁布《中华人民共和国城市居民委员会组织法》，自次年 1

月 1 日起实施。

1990 年 9 月，经安顺市人民政府批准同意，贵州省山京畜牧场的 2 个（场部片区、十二茅坡）社区成立居民委员会，组织社区居民进行自我管理、自我教育、自我服务。10 月 22—23 日，根据安顺市城市居民委员会选举工作指导小组统一安排部署，贵州省山京畜牧场居民委员会选举出工作指导小组来组织居民投票，民主选举产生第一届居民委员会。

根据《中华人民共和国城市居民委员会组织法》有关规定，居民委员会每届任期 3 年。

2005 年，农场 2 个社区的第五届居民委员会任期届满后，根据中共中央、贵州省、安顺市、西秀区有关文件精神，原属于农场管理的 2 个社区与双堡镇人民政府共同管理。

二、子弟学校整体移交西秀区人民政府管理

2006 年 12 月 31 日，根据贵州省人民政府办公厅《关于做好省属国有企业分离办全日制普通中小学工作有关问题的通知》精神，成立贵州省山京畜牧场学校移交工作小组。其组成人员如下。

组　长　唐惠国（场长、党委书记）

副组长　蒙友国（纪委书记）

成　员　朱增华（办公室主任）

　　　　李财安（财务科科长）

　　　　何仁德（子弟学校校长）

　　　　万贤德（子弟学校党支部书记）

　　　　唐惠民（子弟学校总务处主任）

2008 年 8 月，完成学校移交前的所有前期准备工作。

2008 年 9 月 1 日，贵州省山京畜牧场子弟学校被正式整体移交给西秀区教育局管理。

三、行政村移交双堡镇人民政府管理

2013 年 4 月 22 日，根据此前贵州省山京畜牧场和双堡镇人民政府有关报告，西秀区人民政府 2013 年第 11 次区办公会议研究批复，同意将贵州省山京畜牧场管辖的黑山村（面积 2400 亩，其中耕地面积 850 亩，人口 551 人）、毛栗哨村（面积 5900 亩，其中耕地面积 2000 亩，人口 802 人）、张家山村（面积 3400 亩，其中耕地面积 1780 亩，人口 484 人）、银子山村（面积 3048 亩，其中耕地面积 2000 亩，人口 586 人）共四个行政村移交

双堡镇人民政府管辖。

调整管辖关系后，农场企业负担减轻，也有利于西秀区、双堡镇两级人民政府及其有关部门在这四个行政村落实国家惠农政策和安排投入，改善这些行政村的生产生活条件，促进这些行政村的经济社会进一步发展。

第二章　办公室综合管理

农场办公室综合管理事务一般由农场行政办公室承担。有时根据农场领导意见，由农场行政办公室组织协调有关科室参与，共同完成相关工作任务。

第一节　文秘工作

一、日常性一般工作

文秘工作是农场行政办公室日常工作的重要组成部分，是实现机关职能的重要手段，又是承上启下、联系内外、沟通左右的纽带，为机关领导工作起着参谋和助手作用。

农场文秘工作主要包括以下内容：

（1）负责文件收发、分文批注、阅读管理、缮印、运转递送、立卷归档、清缴销毁等工作。

（2）负责文件起草、拟办核稿、综合材料、会务安排、会议记录、政务接洽、信访接待等工作。

（3）负责领导安排的需要统筹协调的其他工作。

二、部分年份工作

1991 年，农场行政办公室协助农场领导处理农场内的事务性工作。呈报各科室、基层单位及个人等报告 79 份，收阅上级来文 148 份，起草各类文件 112 份，办理干部、职工调进调出 12 人、退休 14 人。刻印各类文件 15511 页、各种表格 25375 页，装订文件 2406 份。制作农场内各类生产资料统计台账 7 本，工资及销售台账 2 本。年内共填报各类统计报表 1357 份，提供生产资料报表 57 份。对建场以来的各类历史资料进行分类建档、装订存档。对农场物资供应站的 900 余种材料做到账物相符，收发无误差。

1999 年，农场行政办公室负责农场的事务管理和后勤服务工作，联结内外，协调上下，对行政办公会议议定的事项，基层单位和职工、村民呈送的报告及时请示、查办落实。协助其他科室签订承包合同和物资交接工作等。

当年，对内、外接待 3189 人次。为方便职工，利用节假日为职工承办酒席 1260 人次，收餐具租赁费 1949 元，打印各类文件表格 26575 份。

2014 年，认真组织农场管理人员、党支部书记集中学习 15 次，出专栏 6 期、有关活动简报 53 期。报送各类资料、台账等 125 份，收到有关活动的文件 232 份。整理归档 351 份。

2016 年，重点搞思想政治宣传工作，共出专栏 10 期、简报 15 期，中共西秀区委下发的文件资料整理汇总入档 298 份，对保密文件进行收发、登记、入档。

2017 年，重点搞思想政治宣传工作，出专栏 5 期、简报 20 期，对中共西秀区委、西秀区人民政府下发的文件资料进行整理汇总入档，对保密文件进行收发、登记、入档。

第二节　保密工作

一、保密工作机构

1982 年 4 月 13 日，根据中共贵州省委保密委员会和贵州省农业厅党组有关通知精神，成立中国共产党贵州省山京马场委员会保密委员会，负责农场保密宣传、监督、检查等防泄密工作。委员会由金宜睦等三人组成，金宜睦任委员会主任，吴定中、陈学明任委员。

1987 年 7 月 25 日，因原中国共产党贵州省山京马场委员会保密委员会成员人事变动，为健全农场的保密机构组织，经农场党委会议研究，决定由党委副书记董汝齐、保卫科科长李大舜、法庭副庭长兼场长办公室机要员吴定中组成中国共产党贵州省山京畜牧场委员会保密工作领导小组。由董汝齐任组长，李大舜、吴定中任工作员。

1990 年 8 月 23 日，因原中国共产党贵州省山京畜牧场委员会保密工作领导小组人事变动，经农场党委会议研究，决定调整小组成员。调整后小组由姜文兴等 3 人组成。其中，党委保密、保卫委员姜文兴任组长，政工科副科长、机要员吴定中及法庭庭长李大舜为委员。

二、保密工作措施

1959 年，农场党委组织有关人员对农场行政办公室、财务室、生产技术研究室、水产站等单位在文件处理、保管等环节的保密工作进行检查。通过这次保密工作大检查，对存在泄密风险、保密工作有疏漏环节的单位和个人进行了批评教育，并责令其立即纠正、整改。

1987 年 9 月 25 日，中国共产党贵州省山京畜牧场委员会保密工作领导小组印发通知，要求农场各党支部及其成员遵守保密规定。

1990年，贯彻落实“积极防范，突出重点，既确保国家秘密又便利各项工作”的方针。农场党委把保密工作纳入议事日程，根据农场工作调整，及时建立健全保密组织机构，并确保一名党委成员亲自抓保密工作，经常了解过问、指导和支持保密工作。进一步建立健全各项保密工作制度，积极开展中华人民共和国保密法宣传工作，开展保密工作检查，对上级机关分发至农场的各类文件，做到件件有着落，无泄密现象。

2005年，建立涉密载体登记和保管制度。同年7月下旬，中国共产党贵州省山京畜牧场委员会保密工作领导小组对密级为机密、秘密的文件的收发、管理进行检查。经过检查，发现并未出现涉密文件丢失和失密泄密事故。

第三节　档案工作

1959年，农场要求各生产队建立田间档案。

1960年，制定《安顺专区山京农牧场技术档案规定》，要求认真贯彻执行技术档案，对一切技术资料系统进行记载，形成档案资料，予以妥善保存，以便总结、积累生产经验，服务于今后的生产。

2012年，开展危旧房改造立卷归档工作。坚持档案规范管理制度，从项目工程实施起，将确定的每一个危旧房改造户均实施档案管理。实行一户一档，批准一户、建档一户，做到永久备查。

农场建立档案资料保管室1个，配备铁皮档案柜10个、木质档案柜5个。收藏建场以来的重要文书、财务会计、工资人事、工程建设等方面的档案。截至2020年，共存档案盒、装订成册和袋装档案5个文件柜。

农场历来重视档案资料管理，在不同时期由农场行政办公室、政治处、政工科等有关科室安排专人（或兼职）管理，并适时进行整理。

在农场生产建设计划和规划、生产和建设项目前期筹备工作、史志资料编写、干部职工调资晋级等工作中，农场保存的档案资料都起到了很好的参考作用。

第四节　场务公开

1998年，农场印发《贵州省山京畜牧场关于推行场务公开民主监督制度的实施方案》，明确了场务公开、民主监督的重要意义、指导思想和总体要求，并就其组织保障、内容、形式、程序等做了明确规定。

（一）场务公开、民主监督的组织保障

（1）建立场务公开、民主监督领导小组。农场党委统一领导，场长负总责，党政工齐抓共管。领导小组负责组织领导、制定规划、协调督导、考核评比等工作。小组主要成员：党委书记、场长、工会主席、纪委书记、行政办公室主任。

（2）成立场务公开具体工作小组。工作小组根据场务公开、民主监督领导小组确定的公开方案，做好有关事项的公开实施工作，并负责对职工群众提出的问题、意见做出解释和解答。同时，建立场务公开档案，以便保存备查。小组主要成员：工会主席、组织人事科科长、工会委员。

（3）成立场务公开监督评议小组。由纪委书记任组长。监督评议小组的职责是根据场务公开、民主监督的有关规定，评议公开事项内容是否真实、全面，公开的时间是否及时，程序是否合法，群众反映的问题是否得到解决等，促进场务公开工作良性运行。小组成员：纪委书记、工会主席、职工代表大会主席团成员。

（二）场务公开、民主监督的内容

（1）年度目标任务完成情况公开。

（2）农场内部改革方案、经营管理体制、资产重组、重大技改项目、土地、企业承包方案及完成情况、基建工程发包等重大决策事项公开。

（3）业务招待费使用情况公开。

（4）干部的聘任及民主评议领导干部，领导干部廉洁自律情况公开。

（5）劳动用工，职称评聘及工资晋升，奖惩情况公开。

（6）农场人员精简、分流、下岗、评先评优等公开。

（7）建房、售房、分房情况公开。

（8）计划生育情况公开，包括生育条件、申请、审批程序、审批结果等。

（9）主要原材料的采购和供应产品销售价格，标准程序公开。

（10）其他与职工切身利益相关的事项公开。

（三）场务公开、民主监督的形式

以职工代表大会为基本形式，以公开栏为主要载体，以协商会、联席会、议政会等为辅助形式。针对不同的公开内容采取不同的形式，根据农场实际不断发展其他形式。

（四）场务公开、民主监督的程序

（1）提出。农场行政依据有关制度提出公开内容。

（2）审查。场务公开、民主监督领导小组审查准备公开的内容。

（3）公开形式。通过职工代表大会、公开栏等形式向职工公开。

（4）公开时间。除了在每年职工代表大会上公开，还可根据实际情况确定具体公开时间。阶段性的工作要及时公开。

（5）议政。由工会组织职工群众参与农场政务，对相关问题提出意见和建议，监督农场相关事务。

（6）整改。由行政负责人责成有关部门按照群众意见制订整改措施。

此后，场务公开、民主监督形成制度。农场坚持场务公开工作制度，对企业经营目标、规划、重大项目财务预决算、经济责任制方案及考核结果、职工工资福利资金的使用、物资采购招标等方面进行公开，增强了企业管理的透明度，为职工知情参政创造了条件，推进了企业民主管理，密切了干群关系，促进了农场各项工作顺利开展。

第三章 计划财务管理

通过半个多世纪的生产经营实践工作，农场已逐渐形成比较完整的计划管理体系和财务管理规章制度。高度重视统计管理，切实加强审计管理。通过职工代表大会讨论审议等形式增强计划（工作方案）的科学性、时效性、可靠性，提高财务管理的透明度，实现职工对经济运行和财务管理的监督。

第一节 计划管理

农场工作计划按时间划分，有年度计划、阶段性计划和半月计划等。按产业划分，有种植业生产计划、养殖业生产计划、基本建设计划等。从层次上划分，有全场总体工作计划、农场机关各科室计划、下设各厂场计划、各基层生产经营单位计划、履行社会职能各单位计划、各群团组织计划等。

建场以来，农场历届党政领导班子高度重视农场年度工作计划的制定和落实，计划制定阶段都会明确一位领导全程参与并指导计划制定工作。负责此项工作的领导根据上级下达的年度生产经营目标任务，结合农场党政领导班子有关会议精神和农场实际，对农场年度计划制定的目标任务提出具体要求，使计划充分体现上级有关精神和农场年度生产经营目标。

在宏观上，农场年度计划一般包括以下文件。

1. **计划说明** 阐述编制年度计划的基本原则、主要依据，说明出现的个别特殊情况等。

2. **计划建议指标表** 即年度计划生产经营目标任务。分产业、分类别，有时甚至分生产环节，以数据形式体现。

3. **计划实施方案** 重申计划建议指标表中的主要指标和重要工作任务，对不宜用数据体现的工作提出要求，提出实现年度工作目标的指导意见和奖惩方案等。此类文件一般须经农场管理委员会或农场职工代表大会通过。

农场年度计划是最重要的计划，各部门、各单位在制定计划时都是围绕其筹划有关工作。

为统一编制和加强计划管理工作，1959 年农场还对生产作业计划编制工作提出了要求。生产作业计划一般包括：生产作业计划编制的基本原则；编制生产作业计划的主要依据；生产作业计划编制必须注意贯彻统一性、科学性、先进性和群众性；劳力平衡计划和工作调度计划；落实生产作业计划的制度、措施。

第二节　统计管理

一、统计人员培训与管理

农场是全民所有制农垦企业，其生产经营及其他活动必须遵循经济规律，为社会生产出更多合格的产品，不断提高生产经营效益。必须做好统计工作，做好成本核算，以此为依据开展生产经营统筹、安排、调整工作。

农场创办初期，职工大都来自农村，文化水平普遍较低，能胜任统计工作的职工很少，农场统计业务工作人员缺口大，等待上级分配安排显然不现实。1955 年冬，农场开办了统计知识短期学习班，从工人当中抽出了大组长以上的骨干 40 多人参加学习。培训结束后，将这些人员安排到相关岗位，从事统计工作，缓解统计人员严重不足的状况。

农场统计汇总工作由场部会计人员兼任，各基层单位统计工作一般也由会计兼任，有的单位还配备专职统计员，其职务由农场任免。

二、统计汇报程序与统计信息利用

为了及时掌握生产经营计划推进情况，农场统计工作一般以生产经营月报表、季度报表、阶段性报表、年报表等形式，由各基层单位向农场汇报。场部统计人员汇总农场情况后，按上级有关要求，向上级汇报。

农场领导班子根据统计信息反映的相关情况，有针对性地开展生产进度督导、劳动力和生产资料调配、生产技术经验交流推广等工作。

第三节　财务管理

建场初期，农场按照国家和上级主管机关的有关规定，逐步建立健全财务管理制度，不断加强财务管理，严格执行材料采购、保管、领发、报销等手续。在报账、记账、算账、结账、核对等方面做到及时、准确、清楚、完整，为农场领导掌握企业资金流向和用途提供准确信息，为领导班子进行生产经营决策提供参考。

一、财务管理

1963年10月17日，总后勤部财务部下发《军马场财务管理办法（草案）》。此后直至1976年，农场财务管理工作都是按照这个财务管理办法的有关规定执行。

农场认真做好财务计划编制工作，并按规定的程序和时间上报。财务计划得到上级批复后，严格按计划执行。加强固定资产管理和流动资金管理。重视成本管理，做好成本核算，不断提高劳动生产率。切实加强会计核算，建立健全会计核算制度，保护和监督国家财产不受损失，力争获得最大经济效率。

1985年5月以后，农场严格执行《中华人民共和国会计法》和相关的财务会计制度，接受财政、税务、审计等部门的检查、监督，保证会计资料合法、真实、及时、准确、完整。

1987年12月16日，农场印发《山京畜牧场一九八八年财务管理实施办法》，对农场财务实行一级核算、两级管理。除各基层单位和茶叶、畜牧科设一名统计核算人员外，各种资金的收支和财务结算，统一由农场财务科核算管理。农场的会计统计人员和财务科是对农场生产经营活动情况的实现进行事前事后的反映，农场的财务科是对农场实现的财务成果进行事前事后的监督。为确保农场生产经营的顺利进行和财务成果的实现，农场会计统计人员在业务上必须接受农场财务科的指导。为严肃财经纪律，遵守财务制度，有计划地安排、使用和调节资金，农场要求各业务口、各生产单位，务必在新年度开始前编制新的年度财务计划，经农场的有关会议或农场领导批准后，抄送财务科审计，由财务科根据轻重缓急和资金的组织情况安排使用，由农场审计人员进行监督。实行财务统一管理后，采取收支两条线办法。因此，各单位的开支按计划办理，各单位的产品、物资等收入一律如数及时上交财务科，不得截留、挪用、私设“小钱柜”。如不及时上交或截留、挪用、私设“小钱柜”，一经查出，除按税收、财务、物价大检查有关规定处理外，还要追究直接责任。

对外经济往来结算。按照现金管理制度和银行结算制度规定，对外结算现金在3000元以内的，经协商，由主管财务领导批准后方能支付。现金额在3000元以上的，一律通过银行结算。如不经过批准或者违反现金管理、银行结算制度而擅自处理的，除造成的后果由本人负责外，还要追究责任。

2019年3月1日起，施行《西秀区山京畜牧场差旅费管理办法》，对农场职工因公出差产生的交通费、住宿费、途中伙食补助费等开支标准及报销程序等做出明确规定。

二、国有资产监管

建场以来，农场始终重视国有资产管理，逐步建立健全国有资产监督管理体制，切实加强农场财物管理，采取有力措施加强国有土地监管，防止国有资产流失。

1955 年，为加强财务管理、合理使用资金，确立了必要的材料采购、保管、领发、报销手续。凡购入物资，一般均由仓库工作人员验收入库，按计划批准核发，不得直接向采购员索取，避免混乱造成浪费。大型农具由场部仓库或生产队集中管理，专人或兼职负责。小型农具则由固定个人使用并负责保管。各生产队在向场部仓库报领后，由生产队发给小组，再由小组转发生产队队员使用，同时造册登记，由领用人（队员）盖章以备查收。

1959 年，进一步健全采购、保管、领发、报销制度。

1988 年，农场固定资产是国家投资和企业自筹购置的财产，财产权属于国家和企业。因此，各单位对固定资产只有使用权和维护保养的责任。对于固定资产的调拨、变价、报废等处理，必须按管理权限逐级申报，待批准后才能处理，否则造成的经济损失由单位或经办人负完全责任。

第四节　审计管理

一、内部审计机构

1965 年，在农场编制中设置审计 1 人，由财务科副科长兼任。

1996 年 8 月，设立贵州省山京畜牧场审计室。同年 8 月 5 日，根据贵州省农业厅指示，以及农场的审计工作需要，经农场党委研究，决定成立贵州省山京畜牧场审计组。由张贵清、甘玉勤任审计组工作员，负责农场内的审计工作。

1997 年，因原审计组人员工作变动，为理顺农场基层财务工作，清理旧账，建立符合国家财务制度的基层制度，经农场党委研究，决定调整农场财务审计小组。付凤书为审计小组组长。蒙友国为审计小组副组长，负责日常事务。支继忠、李财安为审计小组组员。

二、内部审计制度

1997 年 7 月 3 日，根据《中华人民共和国审计法》《审计署关于内部审计工作的规定》和《农业部内部系统审计工作规定》的有关要求，为贯彻落实贵州省农业系统内部审计工作会议精神，农场印发了《贵州省山京畜牧场内部审计制度（试行）》。

农场实行财务、经济、物资报表月报制度，各单位须在每月 5 号前报送上月收支、消耗、库存等情况。实行账、物核对检查制度，收到报表后农场审计室与计财科联合进行检查或抽查。实行定期报账制度，采购物资、因公出差等产生的费用，必须在出差回农场一周内完成报账手续。实行工程验收制度，对工程质量、项目经费开支等进行监督、审核。实行单位领导离任交接制度，对账目交接、现金交接、物资交接等情况进行审计监督。实行政务与财务分离制度，各单位主要领导不得兼任会计或统计。

三、外部审计监督

除了由农场内部审计部门不定期开展审计监督之外，农场也会根据需要，委托有审计资质的专门机构对农场重大工程项目和年度财务报表进行审计。

2005 年 8 月，委托贵州省六盘水安信会计师事务所对贵州省国家级原种场山京分场基地建设工程项目进行审计。

分别在 2010 年 2 月、2012 年 4 月、2014 年 7 月，委托安顺东方会计师事务所对 2009 年度、2011 年度、2013 年度农场财务报表进行审计。

2020 年 6 月，委托贵州经纬益会计师事务所对农场 2019 年度财务报表进行审计。

第四章　经营管理机制调整改革

计划经济时期，农场经营管理按照上级主管部门制定的政策执行，生产经营业务主要由上级主管部门确定，根据国家经济社会发展需要进行调整改革。生产经营指标由上级主管部门以任务的形式下达农场。中共十一届三中全会以后，随着农场改革开放的不断深入，企业生产经营自主性逐步提高，生产经营业务主要由农场征询职工意见后确定，报上级主管机关批复备案。生产经营管理方式也根据有利于促进生产经营发展的原则进行调整与改革。

为适应生产经营管理转变的需要，农场适时对人事和用工制度做了相应的调整改革。

第一节　生产经营管理体制调整改革

一、生产经营业务调整改革

1954年，农场根据建场设计目标，结合自身资源等各方面实际，提出了“多样性经营，综合性发展”的经营方针，根据国家的发展需要和国营农场的任务，明确了农业、畜牧、水产、果树及经济林木、副业加工等5个生产经营发展方向，并在此后的生产经营过程中加以落实和探索。

1959年，清镇种马场搬迁至山京农场，两场实现合并生产经营后，加大了畜牧业在生产经营中的比重，形成了粮食生产与畜牧业生产两大产业为主，其他产业为辅的生产经营格局。

1962年，农场划归昆明军区后勤部管理以后，根据中央军委有关要求和全国军马场工作会议精神，为尽快提高部队装备水平和出于中国人民解放军山京军马场工作任务的需要，实行“以军马为主，农牧结合，多种经营”的方针。

1977—1982年，农场重新划归贵州省农业厅管理以后，军马生产任务取消，企业生产经营处于转型期。在深入调查和广泛征求意见的基础上，经农场党政领导班子会议讨论研究，上报主管部门批准，将生猪生产、茶叶生产、建筑工程施工作为农场三大基础产业。农场围绕这三大产业发展需求，对土地、资金和人才等各种资源进行合理调配和整合，打牢相关产业发展基础，力求使这三大产业成为推动农场发展的强大动力。

1987 年，根据过去十年生产经营经验，结合农场相关产业发展实际，经中国共产党山京畜牧场第四届委员会第二十七次（扩大）会议讨论研究，决定在生产经营领域扬长避短，进一步提高经济效益，促进农场可持续发展。会议研究同意，适当收缩生猪生产和工程队规模，进一步加大茶叶生产领域投入，夯实茶叶生产持续发展基础，使茶叶生产经营逐步成为农场支柱产业。

1997 年，在西秀区人民政府及其烤烟生产管理部门的大力支持下，农场对产业发展进行调整，适当压缩粮食作物和油料作物的播种面积，逐年扩大烤烟生产规模，使烤烟生产成为农场重要产业之一。

2004 年，农场充分利用原有生产基础设施，将原机械化万头养猪场场地、圈舍、设备等整体租赁给柳江公司发展养鸡产业，发挥其龙头企业示范带动作用，带动部分职工（家庭）发展相关产业。

二、生产经营管理方式调整改革

1954—1958 年，实行全民所有制计划经济管理体制。每年年初，农场根据经批准的生产经营业务范围，按照上级主管部门下达的年度生产经营任务，制订年度生产经营各项具体指标任务，报上级主管部门批复同意后，分解下达到各生产经营单位执行。农场基层各生产经营单位制订具体生产经营计划，组织干部职工开展相关生产经营。农场机关科室根据各自的工作职责和业务范围，对生产经营过程进行管理、督促，为生产经营顺利开展提供指导和服务。年末，农场根据基层各生产经营单位上报结果和检查核实情况，汇总农场年度生产经营目标任务完成情况，对农场生产经营运行情况进行分析总结，一并报上级主管部门。生产资料、产品成本投入、职工工资等由国家承担，生产的产品归国家所有。

1959—1978 年，实行全民所有制计划经济为主、集体所有制计划经济为辅的经济管理体制。农场对全民所有制计划经济，如以上所述实行严格规范的计划管理。对集体所有制生产单位，也实行计划经济管理模式。但是对集体所有制生产单位的管理，着重于对生产计划和生产任务的引导和指导，使之尽可能服从服务于农场发展大局的需要。农场对其干部任免等事项进行管理，为其提供农业生产技术、教育、医疗等服务，为其顺利完成国家农业税提供便利。集体所有制生产单位的土地使用权、生产资料、生产收益等仍归相应集体所有，劳动产品等劳动成果归相应集体所有并按照有关规定在相应集体成员中进行分配。

中共十一届三中全会以后，全党全国工作重点转移到社会主义经济建设上来。农场根据自身实际，在生产经营管理上积极进行改革探索，逐步推进生产经营管理体制调整改革。随着改革的不断深入，农场生产经营管理体制由计划经济管理体制逐渐向市场经济管理体制转变，经济所有制形式也呈现出多样性。

1979年，实行财务包干、超产奖励的生产经营管理体制。在国家、企业、职工个人的利益关系上做了初步调整，划分了生产经营中的责、权、利。

1982年，实行联产计酬专业承包责任制。各生产经营单位向农场承包，班组或户、个人向所在生产经营单位承包。各生产经营单位结合自身劳动力、生产条件，统一安排专业承包。

1983年，根据国家有关政策，农场管理的4个集体所有制生产单位进行第一轮土地承包，实行家庭联产承包经济责任制。农场全民所有制职工实行以家庭（包括个人）联产承包为主要形式的多种经济责任制。

1984年8月，农场整顿改革方案经农场职工代表大会审议通过。整顿改革方案对农场机构设置等五个方面进行调整改革。在生产经营领域，进一步完善以“大包干”为核心的多种形式的经济责任制。明确规定，在完成农场下达的生产计划和经济指标的基础上，各生产经营单位可自主安排其他生产经营项目，处理按计划生产的产品和超产部分的产品。超产部分，50％用于扩大再生产，20％用于职工福利，30％用于奖励基金。

1995年，根据国家有关政策和贵州省农垦工作会议精神，农场实行经农场职工代表大会审议修改通过的《贵州省山京畜牧场深化改革方案》，在生产经营管理和人事管理领域进一步调整改革。

农场对国有资产资源进行宏观管理，对生产经营进行宏观协调、指导并提供相关服务，根据生产经营能力大小将土地、茶园等分片划拨给职工承包生产。承包人以户核算，两费（生产投入费用及生活费）自理，自主生产，自负盈亏。进一步加强对机关科室人员的管理，将管理和服务职责落实到人，年终进行考核，考核结果与工资挂钩。不愿承包或不愿在岗的人员，允许其按有关规定停薪留职，保留其正式职工福利待遇。

通过深化改革，激发广大职工的生产积极性，提高管理人员的工作责任感，打破劳动报酬上的平均主义，促进企业职工从业渠道多样化，为多种经济所有制并存共生、融合发展创造条件。

1997年以后，农场充分利用生产资源、基础设施、生产机械设备等优势，加大招商引资力度，先后引进银山茶业有限公司、安顺市西秀区瀑珠茶业有限公司、柳江公司等民营企业投资农场茶叶生产、家禽养殖等产业，以承租土地、茶园、厂房及机器设备等形式开展生产经营。

此后，随着更多商户入驻农场投资，从事生产经营活动，民营经济不断发展壮大，农场辖区内形成了国有经济、集体经济、民营经济、个体经济等多种经济成分相互补充、相互促进、融合发展的良好局面。

为适应经济形势发展变化的需要，扩大投资者生产经营自主权，农场生产经营管理方式及经济管理体制也进行了相应调整改革。生产经营管理方式从生产经营过程、环节、产品销售等微观管理逐步向国有资源用途、国有资产保值增值、合同履行情况等宏观管理转变。

第二节　人事及用工制度调整改革

一、实行干部岗位责任制

1964 年 3 月，经农场党政领导班子会议讨论研究，决定印发《山京军马场试行科室（所）工作职责》，下发各科室（所）执行。该文件明确了农场机关管理人员岗位职责。

1984 年 8 月，为了更好地为基层生产单位服务，建立干部岗位责任制。各级管理人员、科技人员、顾问、调研员、医疗卫生人员等，根据农场制定的相应岗位职责，其工作业绩与生产一线挂钩，按照年终经济指标完成情况进行奖惩。同年 11 月，对农场机关科室管理人员岗位职责进行健全补充，印发《山京畜牧场场部科室岗位责任制规定》，实行机关管理人员岗位责任制。

1995 年 1 月，经农场党政领导班子会议讨论研究，决定印发《山京畜牧场各科室、队（站）工作职责》，下发农场机关各科室及基层各生产经营单位执行。该文件明确了农场机关、基层各生产经营单位管理服务人员的岗位职责。

二、扩大基层干部人事任用权限

自 1984 年 8 月起，农场实行分级管理。农场各科室科长或主任、服务公司经理、各队队长、卫生所所长均由场长任免。各科室副科长或副主任、服务公司副经理、各队副队长、卫生所副所长和科室工作人员均由正职提名，场长批准。各单位的会计、统计、出纳、保管、司务长（或车间主任）等由各单位正级领导任免，报农场备案。

三、用工制度调整改革

1984 年 8 月，实行固定工、合同工和临时工相结合的用工制度。为鼓励广大合同工、临时工积极投入生产，实行职工身份动态管理。根据生产发展的需要，可以将表现好、考核成绩优良的合同工招收为固定工；在工作中积极肯干、业绩优良的临时工，征得其本人同意，农场可以将其吸收为合同制工人。

1991年4月，农场与紫云县劳动就业办公室签订《招收季节性临时工合同》，由该办公室代理招收季节性临时工360人到农场采摘茶青。在农场生产期间，这些工人享受农场医疗待遇，享受农场在食宿上提供的便利。

此后，随着农场茶叶产业不断发展壮大，招收季节性临时工逐渐成为农场劳动用工的主要方式。在春、夏、秋采茶时节，每天都有成百上千的临时工到农场茶园采摘茶青，既增加了劳动者收入，又有效地解决了农场季节性劳动力不足的困难。

第五章　人力资源和劳动保障管理

农场重视人力资源管理，根据国家有关政策规定确定职工工资待遇，建立健全工资晋级晋升机制。结合农场实际，进行有利于促进生产经营发展的薪酬调整改革。按照国家有关政策和农场有关规定，落实职工福利待遇，落实离退休人员有关待遇。加强专业技术人员和军队转业干部管理，充分发挥其在农场生产工作中的重要作用。做好机构编制管理，促进生产工作效率提高。

第一节　劳动工资管理

根据不同时期农场内部机构职能，劳动工资由政工科、组织人事科、财务科、计财科等管理。人员劳动工资发放标准、人员工资晋级晋升、工资调整改革、奖惩兑现等，由农场劳动工资管理部门，根据国家劳动工资有关政策和上级有关文件相关规定，结合农场生产经营实际，按照相关规定所需的程序逐级上报审批后执行。

1953—1955 年，实行月薪固定工资制，大部分职工的月薪为 15 元。

1956 年，农场试行计件工资制。根据上级有关规定，结合农场实际进行工资调整改革。改革前，职工人数为 198 人（1955 年末），工资总额为 4078 元/月，人均月工资为 20.60 元。改革后，农场月增工资总额 1300 元，人均月增工资 6.57 元。

1959 年，在生产领域实行“三包一奖”制度。“三包一奖”，就是以生产队为承包核算单位，包原材料消耗（饲料、种子、肥料、农药、农具配件等），包工资总额和成本，包总产量和质量，对增产单位给予奖励。

1961 年，调整完善劳动工资制度。把级薪工资分为两个部分：一部分是基本工资，一部分是计件工资。多劳多得，少劳少得。

1965 年 2 月，对于全民所有制职工，将原来执行的无限计件工资制改为计时工资制。农场按职工工资等级，对职工个人采取评工记分分配总工资。

1972 年 3 月，在第一生产队开展工资调整试点。该生产队共有干部、工人 114 人，根据上级有关文件规定，属于这次调升范围的有 53 人（其中，1957 年以前参加工作的 32

人，1960 年底以前参加工作的 13 人，1961—1966 年参加工作的 8 人）。

1983 年 11 月，农场职工代表大会审议通过“一九八三年调整工资实施方案”，根据国务院《国务院批转劳动人事部关于一九八三年企业调整工资和改革工资制度问题的报告的通知》和劳动人事部《关于贯彻国务院国发〔1983〕65 号文件若干问题的规定》两个文件的有关规定调整晋升职工工资。

1984 年，实行“三包”经济责任制。

1984 年 8 月，为促进农场外出进修学习职工在校学习期间取得优异成绩，鼓励学员学成后返回农场参加生产经营管理工作，农场印发《关于外出进修学习职工的奖惩规定》。农场对达到一定工作年限，学成后愿意返回农场工作的外出进修人员，给予带薪就读待遇。

1985 年 12 月，由农场将工资改革方案报贵州省农业厅。贵州省农业厅审核后出具审核意见，报贵州省企业工资改革办公室批准。根据上级审核批复意见，同意农场进行工资改革。农场工资改革从 1985 年 7 月 1 日起执行。

1986 年 1 月，根据黔府办 1985 年《关于调整我省企业职工工资标准的报告通知》、1985 年 13 号《关于企业内部工资改革的实施办法》文件精神，对农场内部工资进行改革。

在不突破增资限额的前提下，给职工升格增资（人均月增资 12.5 元以内）。参加工资改革的职工系指 1985 年 7 月 1 日在册的正式职工。

各级在职领导干部和管理人员可按黔劳资字〔1985〕13 号文件中附表规定的县级企业职务等级线的最低等级建立职务补贴。实行过程中，只能对升格后其工资达不到该职务等级线的进行该补贴，补贴到该职务等级线的工资标准。农场在职领导干部、管理人员、后勤人员按职级分为 6 个档次，实行补贴后补齐的月工资标准分别为 118、105、80、69、59、43 元。

子弟学校教师、医务卫生人员实行教龄、护龄津贴。教（护）龄每满 5 年为一个档次，分为 4 个档次，教（护）龄津贴分别为每月 3、5、7、10 元。

1999 年 3 月 28 日，经农场第五届职工代表大会第三次会议通过，农场管理人员试行岗位工资制。工资标准：正场级每月 400 元，副场级每月 370 元，正科级每月 330 元，副科级每月 300 元，科员每月 270 元，一般工作员每月 250 元。

1999 年 10 月，根据上级有关文件精神，对 1998 年 12 月 31 日在册在岗职工劳动工资进行调整，增加工资的人员有 518 人，农场月增工资 11540 元。

2000 年，科室实行科长（主任）责任制，科长（主任）根据工作需要择优选聘、优化组合本科室工作人员，并按职务、岗位、能力、实绩兼顾的办法试行岗位工资制。

2004年4月，经请示贵州省农业厅农垦局、人事处研究，同意调整管理人员岗位工资。农场管理人员实行原档案工资加岗位补贴。补贴的标准：正场级月补贴320元，副场级月补贴290元，正科级月补贴260元，副科级月补贴230元，工作人员月补贴200元。岗位工资调整后，管理人员每月预留10%作年终考核。

2012年3月，根据农场第七届职工代表大会第五次会议通过的有关决议，对管理人员工资进行调整，适当增加其工资待遇。

2014年，根据2014年5月14日农场发布的《关于发放土地流转职工困难补助的通知》，对享受困难补助的一线职工每月发放500元生活补贴费。

2017年，根据农场2014年第八届职工代表大会第二次会议的有关决议，决定从2017年5月起，一线职工生活补贴增加20%。这次调整后一线职工生活补贴每月按600元发放。

2018年5月，调整一线职工生活补贴，在原基础上提高10%。这次调整后一线职工生活补贴每月按660元发放。

第二节 劳保福利及离退休人员管理

一、劳保福利

农场在发展生产的基础上，重视落实职工劳动保障及福利待遇。

1962年4月，农场印发《劳保福利暂行规定（草案）》，对农场职工加班、事假、病假、女职工产假、因工伤残、养老、退休、探亲等的工资及生活待遇进行了规定。

此后，根据各个时期农场经济社会发展实际，以这个文件有关规定为基础，对其进行完善补充，对职工给予相应的福利待遇。

二、离退休人员管理

农场重视落实离休干部“两项”待遇（政治待遇和工资待遇)。多方筹措资金，保证退休职工基本生活费的发放。

1990年9月，根据安地办〔1989〕14号文件有关规定，给刘武志等9名离休干部增发交通费。刘武志从每月15元增加到每月20元。雷惠民、王振武、李生文、郁文涛、张绍先5人从每月10元增加到每月15元。王锡荣、朱占魁、李友来3人从每月8元增加到每月13元。

1990年，农场在安顺市西水路购买了两套住房（西秀85-62单元二楼四号房、西秀

85-62 单元三楼六号房），作为农场离休干部的周转用房。

1997 年 8 月，根据贵州省人民政府办公厅黔府办发〔1996〕152 号文件《关于 1996 年企业离退休人员基本养老金正常调整的通知》、黔府办发〔1996〕182 号文件《关于企业离休人员生活待遇有关问题的通知》、黔府办发〔1996〕183 号文件《关于给企业部分退休人员增加生活补贴费的通知》及贵州省农业厅 1997 年《关于直属农垦场贯彻执行黔府办发〔1996〕152 号、182 号、183 号文件的通知》文件精神，增加离退休人员离退休金。

对离休干部，执行黔府办发 1996 年文件，除按贵州省农业厅人事处安排补发 1996 年 7 月—1997 年 6 月增加的生活费外，农场配额补发 1997 年 7、8 两月所增加部分，并从 1997 年 9 月起顺延，足额发放。

对退休职工，按黔府办发 1996 年文件，从文件规定执行之月起记入档案工资。除贵州省农业厅人事处安排拨给增加部分的 30%外，农场配额补发增加部分的 20%，合计补发从应执行之月起到 1997 年 8 月止增加生活费的 50%。以后视农场经济情况临时确定是否足额发放。

正副场级领导干部退休后按档案工资和有关政策规定计发退休费，从 1997 年 9 月起执行。

1999 年 1 月，根据上级有关规定，结合农场实际，决定给王振武等 8 名离休人员增加岗位补贴。王振武每月增发 130 元。雷惠民、李生文、郁文涛每月增发 120 元。朱占魁、王才家、王锡荣、李友来每月增发 110 元。

2000 年 3 月，根据中共贵州省委老干部局和贵州省农业厅有关文件精神，给 3 名离休干部的遗孀发放医药补助费 4500 元。根据上级有关文件精神，结合农场实际情况，给退休职工发放交通费、洗理费、书刊费。

2000 年 3 月，根据贵州省劳动和社会保障厅《关于提高企业离休人员基本养老金水平的通知》和《关于离休人员 2001 年增加离休费的通知》文件精神，给 7 名离休干部增发养老金和离休费。

2001 年，根据贵州省劳动和社会保障厅《关于提高企业离休人员基本养老金水平的通知》的要求，给 7 名离休干部增发养老金。王振武每月增发 190 元，雷惠民、郁文涛、李生文、王才家、王锡荣、李友来等 6 人每人每月增发 163 元。

2002 年，根据贵州省劳动和社会保障厅《关于离休人员 2001 年增加离休费的通知》文件精神，给 7 名离休干部增发离休费。王振武每月增发 50 元，雷惠民、郁文涛、李生文、王才家、王锡荣、李友来等 6 人每人每月增发 40 元。

2007 年 2 月，根据贵州省农业厅有关文件精神，给 4 名退休军转干部发放新中国成立初期生活补助费 1800 元（每人 450 元）、退休军转干部生活补助费 2400 元（每人 600 元），给 1 名在职军转干部发放困难补助费 4080.1 元。

2007 年 7 月，根据贵州省农业厅有关文件精神，给 4 名退休军转干部发放新中国成立初期生活补助费 1800 元（每人 450 元）、退休军转干部生活补助费 480 元（每人 120 元）、退休军转干部职务补贴 2400 元（每人 600 元）。

2008 年 3 月，给农场 6 名离休干部发放年度生活补贴 4500 元（每人 750 元）。

2009 年给农场 6 名离休干部发放各种补贴共计 199257 元。

2010 年给农场 5 名离休干部发放各种补贴共计 166825 元。

2011 年给农场 5 名离休干部发放各种补贴共计 173651 元。

2012 年给农场 5 名离休干部发放各种补贴共计 153281 元。

2013 年给农场 4 名离休干部发放各种补贴共计 202240 元。

2014 年给农场 4 名离休干部发放各种补贴共计 143086 元。

2015 年给农场 3 名离休干部发放各种补贴共计 136800 元。

2016 年给农场 2 名离休干部发放各种补贴共计 114440 元。

2017 年给农场 2 名离休干部发放各种补贴共计 117340 元。

2018 年给农场 2 名离休干部发放各种补贴共计 76740 元。

2019 年给农场 1 名离休干部发放各种补贴共计 50690 元。

2020 年给农场 1 名离休干部发放各种补贴共计 56390 元。

第三节 专业技术人员管理

农场重视落实专业技术人员待遇，重视专业技术人员职称评聘管理工作。

1991 年 1 月 15 日，成立贵州省山京畜牧场企业政工师评审领导小组。领导小组办公室设在党委办公室。领导小组组成人员如下：

主　任　王金章

副主任　曾孟宗

　　　　曾荫梧

委　员　董汝齐

　　　　桂锡祥

　　　　邓大勋

杨友亮

姜文兴

张贵清

1991年5月14日，成立贵州省山京畜牧场评聘专业技术职务复查工作小组。其组成人员如下：

组　长　王金章

副组长　曾孟宗

董汝齐

成　员　桂锡祥

邓大勋

曾荫梧

周士友

张贵清

丁学顺

杨友亮

朱先碧

孙绍忠

陈仲军

1993年9月28日，成立贵州省山京畜牧场职称改革工作领导小组：

组　长　王金章

副组长　曾孟宗　姜文兴

组　员　董汝齐　朱先碧　陈仲军　付凤书　柏应全　唐惠国

周士友　唐惠群　刘汝元

1996年8月7日，建立健全农场专业技术职务考核、推荐领导小组。领导小组办公室设在人事劳资科。其组成人员如下：

组　长　龙明树

副组长　唐惠国

黄国斌

金宜睦

成　员　简庆书

冯和平

曾孟宗

陈治维

谢秀英

祝德胜

石世祥

1957 年，农场专业技术人员 20 人。

1963 年，农场专业技术人员 58 人。

2014 年，农场专业技术人员 20 人。其中，初级专业技术职务 19 人，中级专业技术职务 1 人；工程技术人员 6 人，农业技术人员 10 人，卫生技术人员 2 人，政工人员 2 人。

2016 年，农场专业技术人员 18 人。其中，初级专业技术职务 17 人，中级专业技术职务 1 人；工程技术人员 5 人，农业技术人员 9 人，卫生技术人员 2 人，政工人员 2 人。

2018 年，农场专业技术人员 13 人，都是初级专业技术职务。其中，工程技术人员 4 人，农业技术人员 8 人，卫生技术人员 1 人。

2020 年，农场专业技术人员 10 人。其中，初级专业技术职务 9 人，中级专业技术职务 1 人；工程技术人员 2 人，农业技术人员 7 人，卫生技术人员 1 人。

第四节 军队转业干部安置与管理

1965 年 6 月，安排军队转业干部 9 人在农场工作，并且保留原职级。其职级具体如下。

场长任昌五，十五级。政治委员赵广，十二级。副场长刘武志，十六级。政治处主任李殿良，十五级。财务科科长王迪英，十七级。军马队队长姜子良，十七级。政治指导员贾润生和刘同顺，均为十七级。政治处干事李万彩，十九级。

2004 年 8 月，根据贵州省军队转业干部安置办公室有关文件精神，上报农场军转干部有关数据情况表。经统计汇总，农场军转干部 8 人，具体为在岗 1 人、离休 3 人、退休 4 人。

2007 年 7 月，根据上级有关文件精神，对农场军队退役人员和军队转业干部基本劳动保障情况进行调查，登记有关人员 13 人。其中，1970 年以前入伍的人员 6 人，1970 年及以后入伍的人员 7 人。

第五节 机构编制管理

计划经济时期（1979年以前），机构编制名额和正式工人名额均由上级主管部门管理，机构编制名额指标下达后，农场才能配备。改革开放以后，企业自主权得到提高，农场可根据生产经营管理实际情况，制定机构编制计划，报上级主管部门备案后执行。有时甚至将管理人员任免权下放到科、队、所等中层管理（或生产经营）机构，报农场备案后即可执行。

1959年末，农场编制822人。其中，管理人员56人，工人766人。

1962年，农场场部机关设置政治处、行政管理科、供给科、军马兽医科、农业机务科、卫生所、办公室7个部门。人员编制57人。其中，干部编制42人，工人编制15人。

农场机关直属设立机耕队、修缮队、加工厂、服务社4个服务经营单位，干部编制4人。

农场机关直属设7个生产队，干部编制36人。

1963年，农场编制978人。其中，行政管理人员31人，工人901人，技术人员16人，服务人员30人。

1965年，农场首长4人。其中，场长1人，政治委员1人，副场长2人。

政治处（含行政办公室）7人。其中，主任1人，秘书1人，干事4人，收发员1人。

军马生产科5人。其中，科长1人，军马助理员2人，农业助理员2人。

财务科5人。其中，科长1人，副科长兼审计1人，会计2人（其中1人由学员担任，暂不配备干部），出纳1人。

管理科6人。其中，科长1人，场部政治指导员1人，助理员2人，会计1人，保管员1人（由工人担任）。

卫生所9人。其中，所长1人，医生3人，卫生员4人，调剂员1人。

全民所有制生产队4个，共配备干部9人。其中，第六生产队（军马队）配备队长1人、政治指导员1人、副队长兼育种员1人、会计1人，共4人；第四生产队、第一生产队（农牧结合队）各配备队长1人、政治指导员1人；第七生产队配备队长1人。

农场军马队共配备兽医、育种干部10人。

农场子弟学校10人。

1988年，根据《贵州省山京畜牧场企业标准·企业组织机构设置及编制》有关规定，农场机构编制如下。

1. 农场场部管理、服务科室设置及编制

党委纪检组　1人

政工科　3人

农场办公室（含审计、统计）　2人

财务室（含物资管理）　5人

行政科（含计划生育）　5、6人

保卫科（含武装）　4、5人

法庭　3人

农场直属党支部　1人

标准计量办公室　2人

2. 农场机关直属经营管理科室及编制

茶叶生产科　6人

畜牧生产科　3、4人

农作科　3人

3. 农场各基层单位设置及编制

茶叶生产一站（含农作）　5人

茶叶生产新一队　4人

茶叶生产二站（含农作）　4人

茶叶生产新二队　3人

茶叶生产三站　3、4人

第五工作站（含农作）　4人

机械化万头养猪场（含农作）　3人

机耕队　1人

基建队　3人

子弟学校　3人

服务社　1人

十二茅坡茶叶加工厂　4、5人

茶叶精制加工厂　3、4人

4. 农场场部各职能科室分管单位（事务）及人员编制

（1）政工科分管单位及人员编制。

农场电话、广播室　3人

农场子弟学校　　　　　　　　　37 人

(2) 行政科分管单位（事务）及人员编制。

房屋修建及管理　　　　　　　　3 人

水电管理及维修　　　　　　　　3 人

卫生所（含计生技术指导）12 人

场部伙房、招待所　　　　　　　3 人

(3) 农场办公室分管事务及人员编制。

审计（兼）

统计（兼）

机要（兼）

文印收发　　　　　　　　　　　1 人

驾驶员　　　　　　　　　　　　1 人

(4) 茶叶生产科分管单位（事务）及人员编制。

机电组、物资组　　　　　　　　2、3 人

仓库　　　　　　　　　　　　　1 人

茶青验收组　　　　　　　　　　4 人

茶叶审评组　　　　　　　　　　2 人

十二茅坡物资站　　　　　　　　2 人

2004 年 2 月 9 日，农场下达各科、室、队人员主要岗位编制计划。

农场办公室：共 10 人，具体为主任 1 人、工作员 4 人、打字员 1 人、驾驶员 1 人、炊事员 1 人、值班员 2 人。

计财科：共 2 人，具体为科长 1 人、出纳 1 人。

农业科：共 3 人，具体为科长 1 人、工作员 2 人。

十二茅坡综合办公室：共 3 人，具体为主任 1 人、工作员 2 人（其中 1 人暂时为拖拉机驾驶员）。

银子山职工队：1 人。

通过领导班子集体考察及征求群众意见，进行了机构重组，精简科室工作人员，农场机关直属机关只设 3 个科室。

2020 年 4 月，农场领导干部 4 人，管理岗位干部 13 人。

第六章　安全生产管理

农场始终高度重视安全生产工作，采取多种形式开展安全教育。在生产领域的各个环节，切实加强安全监察，定期或不定期进行安全排查、检查、巡查，防止和杜绝安全事故发生。加强安全应急管理，以便及时有效处置突发安全事件。

第一节　安全教育

建场以来，农场通过多种方式开展安全教育。要求各基层生产单位在安排生产劳动时，必须强调安全生产的重要性。举办群体性活动，必须预先进行安全教育并制定安全措施预案。农场通过有线广播适时对农场干部职工进行安全教育，各基层生产单位也通过会议等多种形式开展安全生产教育，树立“安全第一，预防为主”和“安全生产，人人有责”的安全意识。

第二节　安全管理

农场历来重视安全管理工作。农场成立安全生产委员会，工程队、机耕队成立安全生产领导小组，未成立安全生产领导小组的单位，配备安全生产检查员。根据人员变动情况，农场适时调整充实安全管理机构和人员。基层各生产经营单位建立安全管理制度，并根据实际情况适时进行补充完善。

1981 年 12 月 7 日，农场领导刘武志、丁隆海、桂锡祥以及各党支部书记、治保主任、爆破员、油料保管员等共 30 多人参加安全工作会议，传达安顺县公安局“冬防会议”精神，安排农场治安保卫和安全生产工作。

1984 年 4 月 18 日，农场调整充实安全生产委员会，调整后安全生产委员会由桂锡祥、邓大勋、李大舜、杨友亮、汪传发、班学龙、黄少武、简庆书、洪之林 9 人组成。同时，调整农场工程队和机耕队的安全生产领导小组。

1987 年 7 月，根据贵州省安全生产工作会议的通知，经农场领导研究决定，重新调整健全农场安全生产委员会，由副场长桂锡祥分工抓此项工作，王昌印任安全生产委员会组长，具体抓工作，组员有陈学明、蒙友国、汪传发、魏坤文、简庆书、班学龙、沈良明。

1994 年 12 月 1 日，成立农场安全委员会，冯和平任主任，李大舜任副主任，冷明山、张克家、阎怀贵、简庆书、蒙友国、支继忠、唐惠国为委员。

1996 年 8 月 7 日，对农场安全委员会组成人员进行调整。调整后其组成人员如下：冯和平任主任，周兴伦任副主任，吴定中、张克家、黄昌荣、朱增华、支优文、唐惠民、程志明为委员。

2001 年 4 月 23 日，调整农场安全委员会组成人员，调整后蒙友国任主任，周兴伦、朱增华任副主任，委员有吴定中、张克家、龙远树、熊金国、艾慎忠、周忠祥。

四个民寨村的党支部书记（张家山村吴显美，银子山村韦兴华，毛栗哨村陈华松，黑山村王严荣）和三个茶叶承包大户的主要负责人（分别为吴汉明、张渝龙周鸿）为安全生产工作的联系人。

2006 年 6 月 3 日，在农场领导的带领下，农场安全委员会组织检查组全面检查农场各单位的安全生产机构建设，安全生产规章制度建立和执行情况，安全生产责任制的落实情况，安全生产存在的隐患和治理情况等，并提出整改意见。

2006 年 6 月，农场安全委员会按照“谁主管谁负责，谁受益谁负责”的原则，根据各单位辖区内的不同情况，分别与各单位签订安全生产责任书，进一步明确安全生产管理职责。

2007 年 6 月，农场安全委员会组织开展安全生产隐患排查治理专项行动。这次专项行动的主要排查范围：农场办公大楼、老办公楼、十二茅坡办公楼、仓库的用电、消防设施，场部职工休闲园的枯枝清除情况；柳江公司的用电、用水、防疫等；场部子弟学校、十二茅坡教学点的消防设施安全、管理制度；银山茶场、十二茅坡茶叶加工厂、南坝园茶叶加工厂的用电、机械操作规程、农药使用保管规定；居民委员会市场安全管理措施；四个民寨村的易燃物品堆放治理；山塘水库防洪措施。根据检查情况，对有关单位提出整改意见，并要求 6 月 25 日前完成整改，将整改情况书面报告给农场安全委员会。

第三节　安全监察

1984 年 5 月，农场组织有关人员，对农场各单位进行安全生产检查，督促各单位抓好“安全月”活动，做到以月促年，把安全生产搞好。

2008 年，按照贵州省农业厅安全委员会的工作部署，积极开展百日安全生产督查专项行动，提高抓好安全生产工作的自觉性，推动安全隐患的排查治理工作。并以此为契机，完善安全生产责任制及各种规章制度，建立安全生产长效机制，制定应急预案和防范措施，大力营造安全生产氛围，进一步增强安全意识，提高安全防范能力。农场安全委员会、办公室每季度和节假日都会对农场的安全工作进行检查，对危房进行复查登记，并采取补救措施或设立警示标志；对车辆、电器设施等存在的安全隐患进行限期整改，对影响安全的危险树木进行处理，对农作物秸秆堆放做出具体安全要求，并经常巡视，发现隐患则及时纠正处理。

第四节　应急管理

1991 年，成立贵州省山京畜牧场应急分队，规模为 23 人，由农场武装部领导和管理。农场 1991 年核定 1 万元总费用作为应急分队专项开支，以劳养武门市、墙内土地、鱼塘作为应急分队生产基地。

农场应急分队的主要任务是处置农场范围内发生的突发事件，负责茶园保卫、农场范围内的治安工作和双堡镇综合治理办公室临时安排的工作。

1996 年 7 月 25 日，应急分队队员李连朋、黄顺忠、朱增清 3 人组成十二茅坡片区治安组，由李连朋负责。治安组划归场长办公室直接领导。治安组有关保卫安全等方面的业务工作受农场保卫科指挥。

第七章　土地管理

农场根据不同区域土地的特性，科学编制土地利用规划，充分利用境域内的土地资源，因地制宜开展生产经营。采取有效措施，加强土地管理，长期坚持对境域内国有土地的巡查监管，及时制止非法占用土地行为，防止国有土地流失。

第一节　土地利用与管理

一、土地利用

1957 年 6 月，在贵州省农林厅土地利用局的协助和支持下，农场对辖区内的土地利用进行规划。粮食作物及饲料作物主要分布在地势平坦、土层较深、适于机械耕作的区域，规划面积 5961.33 亩。果园主要分布在十二茅坡至朱官一带，规划面积 1335.7 亩。茶园主要分布在毛栗哨水渠以上一带，规划面积 483.87 亩。菜园用地主要在场部附近一带，规划面积 248.17 亩。畜牧业用地规划总面积 3551.63 亩，具体为第一生产队及墨腊一带 739.69 亩、银子山及砂锅泥一带 1986.13 亩、十二茅坡背后一带 269.21 亩、罗朗坝东南面一带山坡 556.6 亩。水产养殖规划水面面积共 160 亩，具体为海子水库 100 亩、海坝水库 40 亩、水塘 20 亩。石山陡坡为封山育林区，较陡的土坡为用材林区，场部附近不宜耕作的土地为经济林区。此后 4 年，农场土地利用基本按照此规划执行。

农场划归军队管理以后，为适应军马生产需要，对上述规划进行了适当调整，扩大了牧场和饲料作物用地。1962 年，牧场用地 4200 亩。1968 年，牧场用地面积扩大到 1.7 万亩。1965 年，饲料作物用地 109 亩。1974 年，饲料作物用地 220 亩。根据以军马生产为主业的原则，保持粮食生产基本农田不变，对其他方面用地也做了适当调整。

1988 年的土地利用情况：耕地 7873.3 亩（旱地 5811.3 亩，稻田 2062 亩），茶园 5000 亩，山塘水库 1533.21 亩，林地、建筑占地及其他不能开垦使用的土地 7156.49 亩。

2018 年，农场总面积 11373 亩。其中，旱地 4361 亩，稻田 106 亩，茶园 3500 亩，果园 1000 亩，其他 2406 亩。

农场开展招商引资，出租土地、茶园使用权和经营权以来，截至 2020 年，共签订各类合同共计 47 份，涉及土地总面积 5573.04 亩。其中，外来承包人员 28 户，承包面积 5278.26 亩；职工承包人员 19 户，承包面积 294.78 亩。2018 年，各类合同总计承包收入 215.8 万元。

二、土地管理

（一）土地管理组织机构

1991 年 1 月 8 日，经农场领导研究，决定成立农场土地管理工作领导小组。小组成员有邓大勋、丁乃胜、熊顺云、李大舜、阎世红、石世祥、简庆书、朱增华、洪之林、龚友斌、蒙友国、刘汝元、丁学顺、陈明福、齐维军、祝德胜、金宜睦、姜盛文、蒲敏、陈仲军、唐惠国、杨发超、文明祥、刘国译、李登明、韦兴华。邓大勋任组长，丁乃胜、熊顺云、李大舜任副组长。

1994 年 12 月 20 日，成立贵州省山京畜牧场土地管理小组，成员有李大舜、周兴伦、冷明山、杜永顺、周忠祥以及四个民寨村（黑山村、毛栗哨村、张家山村和银子山村）的党支部书记、村民委员会主任。李大舜任组长。

1996 年 6 月 24 日，成立农场土地管理科，负责农场内土地管理的相关工作。李大舜任土地管理科科长。

1997 年 3 月 12 日，农场成立土地清理工作领导小组。小组成员有冯和平、刘汝元、李大舜、刘兴顺、杜永顺、罗克华、周忠祥、王安林、周兴伦等。冯和平任组长，刘汝元任副组长。

2019 年 6 月 13 日，为加强对农场国有资产清收工作的领导，防止国有土地流失，确保国有资产保值增值，经农场领导班子会议研究，决定成立贵州省山京畜牧场国有资产清收工作领导小组。小组成员如下。

组　长　罗仁保（履行党委书记、董事长职责）
　　　　陈　波（履行总经理职责）
副组长　高维富（履行副总经理职责）
　　　　李财安（履行副总经理职责）
　　　　龙远树（履行副总经理职责）
组　员　饶贵忠（农业土管综合科科长）
　　　　李小波（十二茅坡管理区党支部书记）
　　　　吴开华（党政办公室主任）
　　　　黄明忠（党政办公室副主任）

蔡国发（人事科科长、工会主席）

丁　宁（财务科科长）

小组办公室设在农业土管综合科，龙远树（兼）任办公室主任，饶贵忠任副主任，工作人员从场部各科室抽调，具体负责国有土地清收工作相关事宜。

（二）土地管理措施

1984年11月，根据全国农垦工作会议关于“职工住宅建设，应由农场统一规划，逐步实现由职工自建自有、自建公助、公建自购、产权归己”的原则，经研究决定，场部地区职工住宅建设用地，第一步规划在工程队前面公路以东，北从职工高昌贵已建地基起，南抵黑山生产队稻田边。凡职工建房用地，由本人申请，经农场批准后方可在指定地点施工。

1996年，农业科牵头与贵州省山京畜牧场土地管理小组普查、丈量、登记承包地、自用地等8876亩，为国有土地的有偿使用规范化打下基础。农场行政办公室与贵州省山京畜牧场房屋改革工作小组对农场职工住房进行丈量、测算、审评24922平方米，为房改工作做好前期准备。

同年，农场清收被强占多年的国有土地87亩。

1999年初，农场第五届职工代表大会通过《关于禁止在耕地及茶山内葬坟的规定》。此后，对农场土地加强巡查，及时禁止和纠正违法违规占用土地的行为。

2017年4月11日，安顺市委常委、西秀区委书记郭伟谊在区委4楼8号会议室主持召开专题会议，研究贵州省山京畜牧场土地使用相关事宜。经会议讨论研究，决定由安顺市国土资源局西秀区分局牵头，贵州省山京畜牧场、双堡镇、鸡场乡、杨武乡等有关单位配合，对农场土地进行栽桩定界，并对农场内未确权的国有土地进行确权登记。同时，双堡镇、鸡场乡、杨武乡要依法严厉打击侵占农场土地的行为，确保国有土地不被侵占。同年10月9日，郭伟谊在贵州省山京畜牧场三楼会议室主持调研会议，对农场贯彻落实进一步推进农垦改革发展进程中出现的土地确权等相关事宜进行研究。

2019年，为充实农场农业土地管理力量，加大对国有资产的巡查和管控力度，对在农场乱搭乱建和破坏公共设施的人员，强制拆除其私自搭建的建筑，并对其进行约谈教育，对屡教不改的，农场纳入不诚信人员管理。

收回与双堡镇黑山村村民存在争议导致荒废3年的土地78亩，承包给种植大户发展产业。

严厉打击私自侵占国有土地修建坟墓的违法行为。依法依规收回被长期侵占的国有土地45亩。

2010年1月，为了加强农场辖区内国有土地的管理，根据《中华人民共和国土地管理法》的有关规定，农场印发《贵州省山京畜牧场建房用地补充规定》。结合农场各片区实际，在自1997年以来历次规划的基础上，确定农场场部片区、十二茅坡片区、石油队片区建房用地规划。场部片区以取得土地使用证的土地［安国用〔2007〕78号］为规划区，十二茅坡片区以李贵平住房至左光华菜地至老晒坝住房为规划区，石油队片区以007县道两旁（耕地除外）距公路10米范围以外为规划区。

2020年，农场共清收、整合国有土地500亩，除贵州师范大学苦荞项目用地外，剩余的250亩全部重新发包，引进企业两家进驻农场，从事养鸡产业。

第二节　土地权属管理

一、勘界划界

山京农场是经中共贵州省委批准同意设立的国有农场。建场之初，在中共贵州省委、贵州省人民政府的领导和支持下，贵州省农林厅、山京农场积极与安顺县人民政府、安顺县双堡区及安顺县鸡场区有关单位和个人协商边界划分事宜，此事也得到了安顺县两区相关方的支持和配合。通过实地踏勘，本着公平合理、协商一致的原则，在各当事方的见证下划分了农场与安顺县两区相关方的边界。农场与相关利益方就插花地的补偿等有关事项达成一致意见，并按照协商意见支付了插花地补偿款。

在此后相当长的一段时期，农场边界得到各当事方认可，场界稳定，未发生任何边界纠纷。

1966年以后，场界纠纷时有发生，对农场生产经营造成了一定影响。1977年，农场由军队划归贵州省农业厅管理以后，边界纠纷问题更加突出，对农场生产经营造成了较大影响。农场就此问题向贵州省农业厅和安顺县人民政府请示汇报，请求贵州省主管部门和安顺县人民政府协调解决。

为此，1986年，安顺县人民政府派出工作组，对农场与鸡场区甘堡乡、鸡场乡的相邻边界进行实地踏勘划界。1988年3月，安顺县人民政府再次组织工作组［由安顺县副县长徐文考（组长），安顺县政协副主席杨诗书（副组长），双堡区委副书记常有才（副组长），贵州省山京畜牧场副场长桂锡祥（副组长），安顺县及有关乡镇相关部门的领导和工作人员组成］，对贵州省山京畜牧场与双堡区江平乡、双堡镇、猛帮乡，鸡场区鸡场乡、甘堡乡相邻的边界进行踏勘划界。实地踏勘划界工作完成后，工作组向安顺县人民政府呈报划界工作意见的请示报告。1988 年 4 月 16 日，安顺县人民政府签发《对〈关于贵州省山京畜牧场划界意见的请示报告〉的批复》（县府〔1988〕20 号），批转双堡区、鸡场区人民政府执行。

2012 年 2 月 21 日，西秀区政府办副主任王保亚组织安顺市国土资源局西秀区分局、双堡镇、鸡场乡、杨武乡、贵州省山京畜牧场有关负责人在西秀区政府三楼会议室召开专题会议，研究贵州省山京畜牧场土地权属勘界确权等有关事宜。此后，西秀区人民政府办公室印发《关于成立山京畜牧场确权等相关工作领导小组的通知》，组成相关工作领导小组，由安顺市国土资源局西秀区分局牵头，开展农场土地划界、土地确权等工作。

2012 年 11 月 19 日，为配合安顺市国土资源局、安顺市国土资源局西秀区分局做好农场土地划界、土地确权等工作，成立贵州省山京畜牧场土地划界工作小组，负责参与配合开展相关工作。其组成人员如下。

组　　长　蒙友国

副 组 长　朱增华　黄明忠

其他成员　吴开华　张　云　李小波　饶贵忠　龙远树　汪仕祥　王安忠
　　　　　王国胜　胡克明　韦兴华　罗志江　吴达伦　周志伦

二、被占用土地情况

1997 年，双堡镇人民政府租用农场农业生产二队土地 78 亩种植烤烟。只交了 1997 年和 1998 年两年的承包费，此后一直没有向农场交承包费。2017 年，双堡镇农旅公司在该地块种植黄金芽茶叶，截至 2020 年，尚未归还。

2012 年 1 月，双堡镇左官村（老年协会）强行占用农场南坝园耕地 105 亩及荒山荒坡 400 余亩。截至 2020 年，尚未归还。

三、公共牧区土地使用情况

根据安顺县府〔1988〕20 号文件规定，农场于 1981 年 4 月 16 日划出一部分土地作为公共牧区。这些土地均属国有，用于发展生产、共同放牧，不能另作他用。

（1）十二茅坡（甘沟）公共牧区 260 亩，保留完整。

（2）农业生产二队（张溪村）公共牧区 288.51 亩。2017 年，双堡镇人民政府开垦种植黄金芽茶叶。

（3）三角塘（煤子井）公共牧区 145 亩。1998 年，被黑山村、毛栗哨村、豆豉寨的村（寨）民强占开垦种植。

（4）三角塘（双山）公共牧区 125 亩。双堡镇人民政府开垦后发包给附近村民 60 亩，另 65 亩均被豆豉寨和农场家属开垦种植。

四、土地使用权颁证情况

（一）组织机构

2017 年 7 月 12 日，成立贵州省山京畜牧场国有土地使用权登记发证领导工作小组。其组成人员如下。

组　长　冯和平

副组长　朱增华

　　　　龙远树

组　员　黄明忠

　　　　吴开华

　　　　黄平勇

　　　　蔡国发

　　　　李财安

　　　　饶贵忠

　　　　张　云

　　　　赵　刚

领导小组办公室设在行政办公室。

（二）土地使用权证颁发情况

1998 年，发证 2 宗，土地面积 1657.5 亩，中汇公司租用。

2019 年，发证 15 宗，土地面积 10704.75 亩。

十二茅坡公共牧区 260 亩，未办证。

农业生产二队公共牧区 288.51 亩，未办证。

三角塘（双山）公共牧区 125 亩，未办证。

2020 年末，农场总面积为 10704.75 亩。

第三节　土地管理方式

农场对辖区内的国有土地行使管理权、使用权、经营权。对辖区内集体所有制生产单位如何使用土地进行指导，并支持有关单位行使管理权、使用权、经营权。在计划经济时期，农场赋予全民所有制基层生产单位土地的管理权、使用权、经营权。全民所有制基层生产单位对其使用的土地负有管理职责，按照农场确定的土地用途使用管理农场划拨的用于生产经营的土地。在生产经营中，要变更土地用途，必须经农场审批同意。发生土地流失现象，必须及时向农场上报，并与农场一道采取有力措施挽回，防止国有土地流失。

20 世纪 90 年代，农场先后成立土地管理工作协调机构和土地管理工作专门职能机构，负责农场土地的巡查、规划、监管等事宜。

随着农场改革开放不断深入，为适应招商引资促进农场进一步发展的需要，经上报主管机关批准，农场对国有土地管理方式进行了调整和改革。调整和改革后，土地所有权不变，仍为国家所有；土地管理权不变，仍由农场宏观管理。进驻农场投资生产经营的承租方有偿获得使用权和经营权，但不得随意变更土地用途，因生产经营确实需要变更土地用途的，必须经农场研究批准。在承租合同有效期内，承租方必须确保土地及其附着物（树木、经济林）和附属物（房舍及其设备设施等）不流失、不毁坏。农场及其土地管理工作专门职能机构有权对土地进行宏观管理，负有巡查、监管等职责。合同期满，承租方必须如数归还土地及其附着物和附属物。

第四编

党团组织

中国农垦农场志丛

第一章　农场党组织

坚持党的领导、加强党的建设是农场的优良传统和政治优势。农场党委切实加强自身建设，把加强党的领导融入农场生产经营管理的各个环节。认真开展党建工作，组织全体党员开展学习教育实践活动，提高党员政治思想素质。积极发展党员，加强基层党支部建设，把党建党务工作与农场各项工作紧密结合，充分发挥党员的先锋模范作用和基层党支部的战斗堡垒作用，促进农场经济社会发展。

第一节　中国共产党代表大会

一、党员和党代表的产生

（一）部分年份党员人数

1959 年，农场党员 48 人。1978 年，农场党员 164 人。1982 年，农场党员 187 人。1986 年，农场党员 198 人。1990 年，农场党员 199 人。1992 年，农场党员 193 人。1996 年，农场党员 175 人。2001 年，农场党员 177 人。2006 年，农场党员 182 人。2007 年，农场党员 185 人。2017 年，农场党员 107 人。2018 年，农场党员 103 人。2019 年，农场党员 95 人。2020 年，农场党员 38 人。

（二）民主评议党员

1989 年 11 月，农场党委对农场共 13 个党支部安排部署开展民主评议党员的工作。农场 198 名党员，都参加了民主评议。其中，合格党员有 160 名，占党员总数的 80.8%；基本合格党员有 37 名，占党员总数的 18.7%；不合格党员有 1 名。

1993 年，农场 192 名党员参加民主评议。优秀的有 6 名，占全体党员的 3%；合格的有 181 名，占全体党员的 94%；基本合格的有 4 名，占全体党员的 2%；不合格的有 1 名。

（三）党代表的产生

1. 出席农场党员代表大会的党代表的产生　参加农场党员代表大会的代表的选举产生程序：由农场党委党代会筹备组向各党支部分配参会名额，明确评选代表的基本条件。

各支部委员会召开全体党员会议，根据分配名额和规定条件，进行无记名投票选举，产生本支部的代表，报农场党委审查批准。

1967 年 2 月，农场各党支部陆续召开各自支部的全体党员大会，根据农场党委分配的名额和有关要求，选举产生出席中国共产党中国人民解放军山京军马场第二次党员代表大会的代表共计 38 名。

1986 年 6 月，农场各党支部陆续召开各自支部的全体党员大会，根据农场党委分配的名额和有关要求，选举产生出席中国共产党贵州省山京畜牧场第四次党员代表大会的代表共计 50 名。

1990 年 6 月，农场各党支部陆续召开各自支部的全体党员大会，根据农场党委分配的名额和有关要求，选举产生出席中国共产党贵州省山京畜牧场第五次党员代表大会的代表共计 50 名。

1995 年 12 月 29 日至 1996 年 1 月 4 日，农场各党支部陆续召开各自支部的全体党员大会，根据农场党委分配的名额和有关要求，选举产生出席中国共产党贵州省山京畜牧场第六次党员代表大会的代表共计 53 名。

2. **出席上级党组织党员代表大会的代表的产生**　参加上级党组织党员代表大会的代表的选举产生程序：根据上级党组织分配给农场的代表名额，以及上级党组织规定的评选条件、有关比例要求（领导干部、基层一线、专业技术人员、年龄段、少数民族等所占的比例），农场党委研究确定候选人名单，报上级党委批复。上级党委审查批准候选人名单后，农场党委组织召开党员代表大会或全体党员大会，以无记名投票方式，选举产生农场出席上级党组织党员代表大会的代表，报上级党委。上级党委审核同意后，即产生出席上级党组织党员代表大会的代表。

1990 年 1 月 20 日，农场党委召开党员代表大会，根据贵州省农业厅直属机关党委分配给农场的代表名额，结合此前农场党委上报的经贵州省农业厅直属机关党委批复的候选人预备名单，以无记名投票方式，从 11 名候选人中选举产生 8 名代表出席中国共产党贵州省农业厅直属机关第一次党员代表大会。当选的 8 人为曾孟宗、周忠祥、陈治维、柴廷珍、韦兴华、杨友亮、柏应权、黄学芬。

2001 年 7 月，农场党委召开党员代表大会，根据贵州省农业厅直属机关党委分配给农场的代表名额，结合此前农场党委上报的经贵州省农业厅直属机关党委批复的候选人预备名单，以无记名投票方式，选举产生出席中国共产党贵州省农业厅直属机关第三次党员代表大会的代表 13 名，唐惠国、蒙友国、蔡国发、吴开华、黄少武、王振武、王文祥、吴朝明、韦兴华、陈华松、张启芬、杨明珍、叶守芳当选。

2011 年 9 月 19 日，农场党委召开党员代表大会，根据中共西秀区委分配给农场的代表名额，结合此前农场党委上报的经中共西秀区委批复的候选人预备名单，以无记名投票方式，选举产生出席中国共产党西秀区第四次党员代表大会的代表 3 名，朱增华、蒙友国、李财安当选。

此后，经中共西秀区委推选，李财安当选为中国共产党安顺市第三次党员代表大会代表，并于 2011 年 11 月出席中国共产党安顺市第三次党员代表大会。

二、党员代表大会（部分）

（一）中国共产党中国人民解放军山京军马场第一次党员代表大会

1963 年 1 月 20—21 日，中国共产党中国人民解放军山京军马场第一次党员代表大会召开，谢钦斋在会上作党委工作报告。会议选举产生了中国共产党中国人民解放军山京军马场第一届委员会委员和第一届监察委员会委员。

中国共产党中国人民解放军山京军马场第一届委员会由 7 名委员组成。具体人员姓名及分工如下。

书　记　胡国桢（全面负责行政业务工作）

副书记　赵　广（全面负责政治思想工作）

　　　　谢钦斋（负责财务工作）

委　员　李殿良（协助负责政治工作）

　　　　王敬贤（协助负责农业生产工作）

　　　　骆廷瑞（协助负责军马生产工作）

　　　　王振武（协助负责抓直属队工作）

中国共产党中国人民解放军山京军马场第一届监察委员会由 5 名委员组成，分别为李殿良、张士宏、龙源芳、王振武、邓荣泉，其中李殿良任主任。

（二）中国共产党中国人民解放军山京军马场第二次党员代表大会

1967 年 3 月 21 至 23 日，中国共产党中国人民解放军山京军马场第二次党员代表大会召开。会议听取审议了赵广代表中国共产党中国人民解放军山京军马场第一届委员会作的工作报告，听取审议了农场场长任昌五作的 1967 年工作任务报告，选举产生了中国共产党中国人民解放军山京军马场第二届委员会。参加会议的代表有 38 名。

选举产生的中国共产党中国人民解放军山京军马场第二届委员会，由赵广担任书记，任昌五担任副书记。

（三）中国共产党中国人民解放军山京军马场第三次党员代表大会

1971年7月25日，中国共产党中国人民解放军山京军马场第三次党员代表大会召开。会议听取审议了赵广代表中国共产党中国人民解放军山京军马场第二届委员会作的工作报告，选举产生了中国共产党中国人民解放军山京军马场第三届委员会。

中国共产党中国人民解放军山京军马场第三届委员会由11名委员组成，分别为赵广、任昌五、刘武志、武长海、李殿良、王米锁、王迪英、郭家庆、贾润生、桂锡祥、李万彩。

同日，中国共产党中国人民解放军山京军马场第三届委员会第一次全体会议选举产生了书记、副书记、常务委员会委员。

赵广为党委书记，任昌五为党委副书记，赵广、任昌五、刘武志、武长海、李殿良为党委常委。

（四）中国共产党贵州省山京畜牧场第四次党员代表大会

1986年7月5日，中国共产党贵州省山京畜牧场第四次党员代表大会召开。会议听取审议了中国共产党贵州省山京畜牧场第三届委员会的工作报告，选举产生了中国共产党贵州省山京畜牧场第四届委员会和第二届纪律检查委员会。应到会代表50人，实到代表47人。

根据选举结果和贵州省农业厅党组有关批复，中国共产党贵州省山京畜牧场第四届委员会由7人组成，中国共产党贵州省山京畜牧场第二届纪律检查委员会由3人组成。

中国共产党贵州省山京畜牧场第四届委员会委员分别为曾孟宗、王金章、董汝齐、丁隆海、桂锡祥、邓大勋、张贵清。曾孟宗任党委书记，王金章、董汝齐任党委副书记。

中国共产党贵州省山京畜牧场第二届纪律检查委员会委员分别为丁隆海、柏应全、张贵清。丁隆海任纪委书记。

（五）中国共产党贵州省山京畜牧场第五次党员代表大会

1990年7月9日，中国共产党贵州省山京畜牧场第五次党员代表大会召开。会议选举产生了中国共产党贵州省山京畜牧场第五届委员会和第三届纪律检查委员会。应到会代表50人，实到代表48人。

根据选举结果和贵州省农业厅党组有关批复，中国共产党贵州省山京畜牧场第五届委员会由7人组成，中国共产党贵州省山京畜牧场第三届纪律检查委员会由3人组成。

中国共产党贵州省山京畜牧场第五届委员会委员分别为曾孟宗、王金章、董汝齐、桂锡祥、邓大勋、张贵清、姜文兴。曾孟宗任党委书记，王金章任党委副书记。

中国共产党贵州省山京畜牧场第三届纪律检查委员会委员分别为董汝齐、柏应全、蒙友国。董汝齐任纪委书记。

（六）中国共产党贵州省山京畜牧场第六次党员代表大会

1996年2月2日，中国共产党贵州省山京畜牧场第六次党员代表大会召开。会议听取审议了唐惠国代表中国共产党贵州省山京畜牧场第五届委员会所作的工作报告和董汝齐代表中国共产党贵州省山京畜牧场第三届纪律检查委员会所作的工作报告。会议选举产生了中国共产党贵州省山京畜牧场第六届委员会和第四届纪律检查委员会。参加会议的代表有51人。

根据选举结果和贵州省农业厅党组有关批复，中国共产党贵州省山京畜牧场第六届委员会由5人组成，中国共产党贵州省山京畜牧场第四届纪律检查委员会由3人组成。

中国共产党贵州省山京畜牧场第六届委员会委员分别为唐惠国、龙明树、冯和平、吴定中、石世祥。唐惠国任党委书记，龙明树任党委副书记。

中国共产党贵州省山京畜牧场第四届纪律检查委员会委员分别为蒙友国、李大舜、陈华松。蒙友国任纪委副书记。

第二节　中国共产党组织机构

一、农场党组织领导机构

根据各个不同时期农场的党员人数和党员发展情况，农场党组织领导机构先后为党的支部委员会、总支部委员会、党委委员会。农场党组织领导机构负责人有时由上级管理机关党组织直接任命，有时经农场党员代表大会选举产生，报上级管理机关党组织批复任命。

1954年3月，贵州省农林厅党组批准，成立中国共产党贵州省国营山京机械农场支部委员会，任命王占英为党支部书记。

1956年7月，贵州省农林厅党组批准，成立中国共产党贵州省国营山京农场总支部委员会。王敬贤兼任党总支书记。

1958年12月，经中共安顺专区工委批准，成立中国共产党贵州省国营山京农场委员会。谢钦斋任党委书记。

1963年1月，中国共产党中国人民解放军山京军马场第一届委员会由中国共产党中国人民解放军山京军马场第一次党员代表大会选举产生，共7名党委委员。

1964年12月14日，中国共产党贵州省军区后勤部常务委员会讨论决定，补选孙建彬、任昌五、李万彩为农场党委委员。由孙建彬代理党委书记，赵广、任昌五为党委副书记。并决定增设农场党委常委会，成员为孙建彬、赵广、任昌五、李殿良、刘武志。

1967年3月，中国共产党中国人民解放军山京军马场第二届委员会由中国共产党中国人民解放军山京军马场第二次党员代表大会选举产生。赵广担任党委书记，任昌五担任党委副书记。

1971年7月，中国共产党中国人民解放军山京军马场第三届委员会由中国共产党中国人民解放军山京军马场第三次党员代表大会选举产生。

1976—1985年，农场党组织领导机构为党委，党委负责人由上级主管机关党组织直接任命，其情况如下。

1976年4月27日，贵州省军区政治部党委研究决定：刘武志任中国人民解放军山京军马场党委书记，邓荣泉任党委副书记。

1983年6月25日，贵州省农业厅党组研究决定：邓荣泉任贵州省山京畜牧场党委书记。

1985年4月5日，贵州省农业厅党组会议研究决定：刘武志任贵州省山京畜牧场党委代理书记，王金章任党委副书记。

1985年7月22日，贵州省农业厅党组研究决定：曾孟宗兼任贵州省山京畜牧场党委书记，董汝齐任党委副书记。

1986年7月，中国共产党贵州省山京畜牧场第四次党员代表大会选举产生中国共产党贵州省山京畜牧场第四届委员会。

1990年7月，中国共产党贵州省山京畜牧场第五次党员代表大会选举产生中国共产党贵州省山京畜牧场第五届委员会。

1995年11月30日，经贵州省农业厅党组研究决定：唐惠国任贵州省山京畜牧场党委书记，龙明树任党委副书记。

1996年2月，中国共产党贵州省山京畜牧场第六次党员代表大会选举产生中国共产党贵州省山京畜牧场第六届委员会。

1997年9月20日，贵州省农业厅党组会议研究决定：免去龙明树的贵州省山京畜牧场党委副书记职务（调贵州省农业厅），蒙友国任贵州省山京畜牧场党委副书记。

2010年4月，贵州省农业厅党组会议研究决定：中国共产党贵州省山京畜牧场委员会由3人组成。党委委员分别是蒙友国、冯和平、朱增华。蒙友国任党委书记，冯和平任党委副书记。

2018年3月，中共西秀区委研究决定：中共西秀区委常委、宣传部部长王兴伦兼任贵州省山京畜牧场党委书记。

2019年7月，中共西秀区委研究决定：中国共产党贵州省山京畜牧场委员会由4人组成。党委委员分别是罗仁保、陈波、高维富、李财安。罗仁保任党委副书记，主持党委工作。陈波任党委副书记。

二、党委机构

（一）党委办公室

农场党委成立以后，设置党委办公室，作为党委开展各项工作的日常办事机构。党委办公室具体负责党委文秘、党委全场性会议会务、党委系统内外沟通联系协调、保密机要、党委领导参谋助手等工作。根据农场党委工作实际，党委办公室有时独立设置，有时与农场有关科室合并，其职能工作并入相关科室。

1960年1月4日，龙源芳任党委办公室组织干事，郁文涛任保卫干事，于大文任青年干事。

1990年3月3日，张贵清任党委办公室主任，柏应全任副主任。

1992年2月20日，党委办公室与政工科合并，原党委办公室的工作并入政工科，组建新的政工科。吴定中任科长，柏应全任副科长。

1996年，第六届党委成立后，恢复党委办公室设置，金宜睦任党委办公室主任。

1997年3月，党委办公室、人事劳资科与政工科合并，原党委办公室、人事劳资科的工作并入政工科，组建新的政工科。金宜睦任科长，吴定中任副科长。

2010年4月，蔡国发任党委办公室副主任，2011年3月31日—2014年4月24日，任党委办公室主任。

2014年4月，吴开华任党委办公室主任。

2017年11月，曾翠荣任党委办公室副主任。

2019年2月，党委办公室与行政办公室合并，组建党政办公室，原党委办公室职能工作由党政办公室承担。吴开华任党政办公室主任，黄明忠、曾翠荣任副主任。

（二）党组织纪律检查委员会（监察委员会）

农场党的纪律检查委员会（监察委员会），是农场党委负责党内纪律监督检查，查处党内违规违纪行为，确保党组织革命性、纯洁性、先进性的专门工作机构。

1963年1月，中国共产党中国人民解放军山京军马场第一次党员代表大会选举产生了农场的第一届监察委员会，作为党委具体负责党内纪律监督检查的专门机构。

1967年3月—1986年6月，农场党组织未独立设置纪律检查委员会。

1986年7月，恢复设置党组织纪律检查委员会。

1986 年 7 月，中国共产党贵州省山京畜牧场第四次党员代表大会选举产生第二届纪律检查委员会。

1990 年 7 月，中国共产党贵州省山京畜牧场第五次党员代表大会选举产生第三届纪律检查委员会。

1996 年 2 月，中国共产党贵州省山京畜牧场第六次党员代表大会选举产生第四届纪律检查委员会。

1997 年 9 月，贵州省农业厅党组会议研究决定由蒙友国任农场纪委书记。

2019 年 7 月，中共西秀区委研究决定由高维富任农场纪委书记。

（三）政治处

1961 年，贵州省安顺专区山京农牧场设立政治处，作为党委具体负责组织人事及安全保卫工作的办事机构。

成立中国人民解放军山京军马场后，任命政治处主任。政治处主任一般由 1 名党委委员担任，李殿良、王米锁、金宜睦等先后担任政治处主任。除主任外，政治处配备干事 1 人，邓荣泉、李万彩、柏应全、吴利民、金致明、李先林等先后担任政治处干事。

1984 年，农场政治处撤销，其组织人事工作职能划归新成立的政工科，其安全保卫等工作划归新成立的保卫科。

第三节　党务工作

一、组织工作

（一）党员发展

农场党委认真执行坚持标准、严格程序、确保质量的党员发展原则，积极平稳开展发展党员工作，注重吸纳农场优秀人员入党，为党组织注入新的活力。部分年份（时期）发展党员的情况如下。

1977 年 1 月—1986 年 7 月，共发展新党员 61 名。其中，发展知识分子入党的 7 人，优秀团员输送入党的 25 人，生产第一线的职工骨干入党的 29 人。

1987 年，全年发展预备党员 8 名。经预备期考查合格，将 5 名预备党员转为正式党员。

1990 年，发展预备党员 2 人。

1991 年，举办了入党积极分子培训班（23 人），发展 2 名优秀青年为预备党员。

1992 年，发展 4 名优秀青年为预备党员。经预备期考查合格，将 2 名预备党员转为正式党员。

1996 年，培养入党积极分子 21 人。

2007 年，发展预备党员 2 人。

2008 年，经预备期考查合格，将 1 名预备党员转为正式党员。

2016 年，农场党委组织 6 名入党积极分子参加西秀区企业党工委开展的有关培训。

2017 年，发展预备党员 5 人，培养入党积极分子 2 人。

2018 年，发展预备党员 5 人。经预备期考查合格，将 5 名预备党员转为正式党员。培养入党积极分子 2 人。

2019 年，发展预备党员 1 人。

2020 年，经预备期考查合格，将 1 名预备党员转为正式党员。

（二）基层党支部建设

农场党委根据生产经营实际和党员分布等情况，切实加强基层党支部建设，适时调整基层党支部设置，健全支部委员会（支委会）班子，使基层党支部成为团结、带领广大党员投身农场各项工作的战斗堡垒，促进农场各项事业发展。

1956 年，农场党的总支部委员会成立，负责组织开展基层党支部建设工作。在场直成立农场机关直属党支部，在党员人数达到相关规定的基层生产单位建立党支部。

1959—1961 年，根据四个集体所有制单位划归农场管理的实际情况，进一步加强基层党支部建设，及时健全黑山生产队、毛栗哨生产队、银子山生产队、张家山生产队的党支部领导班子。

1960 年，任命李善友为农场机关直属党支部书记。

1962—1976 年，根据军马生产发展需要及党员发展和人数增加情况，适时增加基层党支部设置，建立第一军马队、第四军马队、第六军马队等基层生产单位的党支部。

1978 年 5 月 14 日，建立机械化万头养猪场工程党支部，邓荣泉（兼）、邹美然先后任党支部书记，雷先华、范寿元任党支部副书记。

1980 年 9 月 15 日，建立子弟学校党支部，郁文涛任党支部书记。

1981 年 10 月 15 日，建立机械化万头养猪场党支部，郑绍荣任党支部书记。

1982 年 2 月 15 日，成立茶叶一队党支部和茶叶二队党支部，段世才任茶叶一队党支部书记，姜胜文任茶叶二队党支部书记。

1982 年 4 月 13 日，建立基建工程队党支部，伍开芳任党支部书记。

1983 年 8 月 3 日，为适应农场管理体制改革发展，根据工作需要，农场党委对部分基层生产单位的党支部进行调整充实。

张升元任第一生产队党支部书记。

董汝齐任第六生产队党支部书记。

张升胜任第四生产队党支部书记。

祝德胜任茶叶一队党支部书记。

黄绍武任茶叶二队党支部书记。

徐定禄任茶叶三队党支部书记。

王恩元兼任机务队党支部书记。

伍开芳任基建工程队党支部书记。

张祖荣任机械化万头养猪场党支部书记。

曾荫梧兼任子弟学校党支部书记。

1986 年 11 月 7 日，根据工作需要，农场党委对养猪场党支部进行调整充实。

李浩平兼任养猪场党支部书记。

范寿元兼任养猪场党支部副书记。

1987 年 12 月 23 日，根据工作需要，农场党委对部分生产单位的党支部进行调整充实。

段世才任茶叶精制加工厂党支部书记。

邹美然任第二工作站党支部书记。

罗炳义任第三工作站党支部书记。

罗克华任第四工作站党支部书记。

1988 年 1 月 9 日，根据工作需要，农场党委对基建工程队党支部主要负责人进行调整。调整后，孙绍忠任基建工程队党支部书记。

1989 年 2 月 27 日，根据工作需要，农场党委对部分生产单位党支部负责人进行调整充实。

张升元任第一工作站党支部书记。

邹美然任第二工作站党支部书记。

张云发兼任第三工作站党支部书记。

1989 年 5 月 14 日，根据黑山村党支部改选结果报告，经农场党委会议研究决定，对黑山村党支部委员会组成人员及其分工批复任命。黑山村党支部委员会由王严荣、汪传义、程继全组成。王严荣任党支部书记。

1990 年 1 月 19 日，根据银子山村党支部改选结果报告，经农场党委会议研究决定，对银子山村党支部委员会组成人员及其分工批复任命。银子山村党支部委员会由韦兴华、班顺志、杨发超组成。韦兴华任党支部书记，班顺志任宣传委员，杨发超任组织委员兼青年委员。

1990 年 3 月 3 日，根据工作需要，经农场党委会议研究，决定对部分基层党支部进行调整充实。

金宜睦任农场直属党支部书记。

李浩平兼任养猪场党支部书记。

罗炳义任第三工作站党支部书记。

姜盛文任场部片区离退休干部党支部书记。

1990 年 3 月 27 日，根据养猪场党支部改选结果报告，经农场党委会议研究决定，养猪场党支部委员会组成人员为李浩平、范寿元、陈金鹏、李声忠、张培森；李浩平任党支部书记，范寿元任党支部副书记兼治保安全委员，陈金鹏任青年委员兼妇女委员，李声忠任宣传委员。

1990 年 4 月 3 日，根据工作需要，经农场党委会议研究决定，对十二茅坡管理区党支部主要负责人进行调整。调整后，蒙友国任十二茅坡管理区党支部书记。

1990 年 5 月 17 日，根据子弟学校党支部改选结果报告，经农场党委会议研究决定，对子弟学校党支部分工批复任命。曾荫梧任子弟学校党支部书记，唐惠国任宣教委员兼青年委员，陈治维任组织委员。

1990 年 7 月 13 日，根据第五工作站党支部改选结果报告，经农场党委会议研究决定，对第五工作站党支部分工批复任命。刘汝元任党支部书记，李信林任宣传委员，黄学芬任组织委员。

1991 年 1 月 12 日，根据张家山村党支部改选结果报告，经农场党委会议研究决定，对张家山村党支部委员会组成人员及其分工批复任命。张家山村党支部委员会由吴选美、文明祥、周志祥组成。吴选美任党支部书记兼纪检委员，文明祥任组织委员兼青年委员，周志祥任宣传委员。

1991 年 3 月 19 日，根据工作需要，经农场党委会议研究决定，对茶叶生产新一队党支部主要负责人进行调整。调整后，曹华明任党支部书记。

1991 年 6 月 1 日，根据农场机关直属党支部和第二工作站党支部改选结果报告，经农场党委会议研究决定如下。

农场机关直属党支部委员会由金宜睦、柏应全、熊顺云、陈华松、黄平玉、汪传发、谢秀英组成。金宜睦任党支部书记，柏应全任组织委员，熊顺云任治保委员，陈华松任青年委员，黄平玉任宣传委员，汪传发任纪检委员，谢秀英任妇女委员。

第二工作站党支部委员会由邹美然、周忠祥、汪应祥组成。邹美然任党支部书记兼纪检委员，周忠祥任宣传委员兼青年委员，汪应祥任组织委员兼治保委员。

1992年5月21日，根据农场离退休党支部改选结果报告，经农场党委会议研究，对农场离退休党支部委员会组成人员及其分工批复任命。

农场离退休党支部委员会由姜盛文、王振武、王锡荣组成。姜盛文任党支部书记兼纪律检查委员，王振武任组织委员，王锡荣任宣传委员。

1992年7月3日，根据茶叶生产一站党支部改选结果报告，经农场党委会议研究决定，茶叶生产一站党支部委员会由张升元、曹华明、石世祥组成。张升元任党支部书记兼纪律检查委员，曹华明任宣传委员，石世祥任组织委员。

1993年4月12日，根据工作需要，经农场党委会议研究，决定对部分基层党支部建制进行调整。撤销第三工作站党支部的建制，组建十二茅坡片区茶叶系统党支部，管理第三工作站、第四工作站、茶叶生产新二队、十二茅坡茶叶加工厂的党员。组建十二茅坡管理区党支部。上述新建党支部先任命党支部书记，支部委员会委员则由新建的党支部按规定选举产生并分工后报农场党委审批。

罗炳义任十二茅坡片区茶叶系统党支部书记。

刘汝元任十二茅坡管理区党支部书记。

1993年5月31日，根据茶叶精制加工厂党支部改选结果报告，经农场党委会议研究决定，茶叶精制加工厂党支部委员会由龙利江、段士才、张金英组成。龙利江任党支部书记兼纪检委员，段士才任组织委员兼治保委员，张金英任宣传委员兼青年委员。

1993年7月3日，根据第一工作站党支部改选结果报告，经农场党委会议研究决定，对第一工作站党支部委员会组成人员及其分工批复任命。第一工作站党支部委员会由张升元、曹华明、石世祥组成。张升元任党支部书记兼纪律委员，曹华明任宣传委员，石世祥任组织委员。

1993年11月12日，根据工作需要，农场党委对农场机关直属党支部主要负责人进行调整。调整后，李大舜兼任基建工程队党支部书记。

1994年3月10日，根据工作需要，农场党委对农场机关直属党支部主要负责人进行调整。

1994年3月24日，根据工作需要，农场党委对两个基层生产单位的党支部主要负责人进行调整充实。

段世才任茶叶精制加工厂党支部书记。

周忠祥兼任第二工作站党支部书记。

1996 年 4 月，为适应工作需要，经农场党委会议研究，决定将十二茅坡管理区党支部与十二茅坡片区茶叶系统党支部合并，组建十二茅坡片区党支部，并指导其进行党支部委员会选举工作。4 月 22 日，根据十二茅坡片区党支部改选结果报告，经农场党委会议研究决定，对该党支部委员会组成人员及其分工批复任命。十二茅坡片区党支部委员会由蒙友国、罗克华、陈明福、罗炳义、杨明珍组成。蒙友国任党支部书记，杨明珍任宣传委员兼青年委员，陈明福任保卫委员，罗炳义任组织委员，罗克华任纪检委员。

1996 年 5 月，根据工作需要，农场党委对银子山村党支部委员会和农场离退休党支部委员会进行调整充实。

吴启志任银子山村党支部书记，杨发超任银子山村党支部委员。

农场离退休党支部委员会由姜盛文、王振武、王锡荣组成。姜盛文任党支部书记兼纪律检查员，王振武任组织委员，王锡荣任宣传委员。

1996 年 7 月 22 日，根据工作需要，经农场党委会议研究，决定对毛栗哨村党支部主要负责人进行调整；根据农场离退休党支部和场部片区茶叶系统党支部的改选结果报告，对以上两个党支部的委员会组成人员及其分工批复任命。

刘洪发任毛栗哨村党支部书记。

农场离退休党支部委员会由支继忠、王振武、丁隆海、王文祥、周士友组成。支继忠任党支部书记，王振武任党支部副书记，丁隆海任组织委员兼纪律检查委员，王文祥任宣传委员，周士友任保卫委员。

场部片区茶叶系统党支部委员会由石世祥、龙利江、彭燕组成。石世祥任党支部书记兼保卫委员，彭燕任组织委员兼纪检委员，龙利江任宣传委员兼青年委员。

1996 年 11 月 26 日，根据子弟学校党支部和农场机关直属党支部的改选结果报告，经农场党委会议研究决定，对上述党支部的委员会组成人员及其分工批复任命。

陈治维任子弟学校党支部书记。

农场机关直属党支部委员会由吴定中、李大舜、谢秀英组成。吴定中任党支部书记兼宣传委员，李大舜任纪律委员和保卫委员，谢秀英任组织委员和青年委员。

1997 年 1 月 9 日，根据第二工作站党支部改选结果报告，经农场党委会议研究，对上述党支部的委员会组成人员及其分工批复任命。第二工作站党支部委员会由周忠祥、赵春城、汪应祥组成。周忠祥任党支部书记兼宣传委员，赵春城任组织委员兼青年委员，汪应祥任纪检委员。

1997 年 7 月 10 日，根据黑山村党支部改选结果报告，结合该党支部党员人数等实际，经农场党委会议研究，决定任命王严荣为黑山村党支部书记，不设支部委员会。

1998年3月13日，根据工作需要，经农场党委会议研究，决定对十二茅坡片区党支部和茶叶一队党支部的主要负责人进行调整。石世祥兼任十二茅坡片区党支部书记，陈明福兼任茶叶一队党支部书记。

1998年11月10日，根据农场离退休干部党支部改选结果报告，经农场党委会议研究决定，对该党支部的委员会组成人员及其分工批复任命。农场离退休党支部委员会由王振武、支继忠、丁隆海、王文祥、齐秀兰组成。王振武任党支部书记，支继忠任党支部副书记，丁隆海任组织委员，王文祥任宣传委员，齐秀兰任安全委员。

1999年3月15日，根据银子山村党支部和张家山村党支部改选结果报告，经农场党委会议研究决定，对上述党支部的委员会组成人员及其分工批复任命。韦兴华任银子山村党支部书记，杨发超任组织委员，杨应书任宣传委员；文明祥任张家山村党支部书记。吴达顺任组织委员。吴朝明任宣传委员。

1999年7月14日，根据工作需要，农场党委对十二茅坡片区党支部主要负责人进行调整。调整后，祝德胜任十二茅坡片区党支部书记。

2000年2月25日，根据工作需要，农场党委对毛栗哨村党支部主要负责人进行调整。调整后，陈华松任毛栗哨村党支部书记。

2001年10月1日，根据农场机关直属党支部改选结果报告，经农场党委会议研究决定，对上述党支部的委员会组成人员及其分工批复任命。农场机关直属党支部委员会由吴定中、龙利江、董国民组成。吴定中任党支部书记（兼保密委员），龙利江任组织委员（兼纪检委员），董国民任宣传委员（兼青年委员）。

2004年2月9日，根据工作需要，农场党委对张家山村党支部和银子山村党支部主要负责人进行调整。调整情况如下。

文明祥任张家山村党支部书记。

韦兴华任银子山村党支部书记。

2004年6月22日，根据工作需要及黑山村党支部改选结果报告，农场党委对毛栗哨村党支部和黑山村党支部的主要负责人进行调整。

刘开珍任毛栗哨村党支部书记。

汪仕祥任黑山村党支部书记。

2005年8月2日，根据工作需要，农场党委对十二茅坡片区党支部主要负责人进行调整。调整后，刘汝元任十二茅坡片区党支部书记。

2008年12月19日，根据毛栗哨村党支部、张家山村党支部、农业生产二队党支部的改选结果报告，经农场党委会议研究决定，对上述党支部的委员会组成人员及其分工批复任命。

毛栗哨村党支部委员会由王国胜、胡克明、刘开华组成。王国胜任党支部书记，胡克明任宣传委员兼安全委员，刘开华任组织委员兼青年委员。

张家山村党支部委员会由吴达伦、吴达顺、吴朝明组成。吴达伦任党支部书记，吴达顺任安全委员兼纪检委员，吴朝明任组织委员兼宣传委员。

农业生产二队党支部委员会由张云、赵春城、周忠祥组成。张云任党支部书记，周忠祥任组织委员兼安全委员，赵春城任宣传委员兼纪检委员。

2010 年 11 月 3 日，根据农场机关直属党支部改选结果报告，经农场党委会议研究决定，对该党支部的委员会组成人员及其分工批复任命。农场直属机关党支部委员会由蔡国发、李财安、支优文组成。蔡国发任党支部书记，李财安任宣传委员，支优文任组织委员。

2011 年 9 月 30 日，根据工作需要，农场党委对十二茅坡片区党支部主要负责人进行调整。调整后，吴开华任十二茅坡党支部书记。

2012 年 11 月 23 日，同意成立瀑珠茶业有限公司党支部，蔡国发任党支部书记。

2012 年 11 月 23 日，同意山京农业旅游发展有限公司成立党支部，王朋任党支部书记。

2014 年 4 月 23 日，根据工作需要，经农场党委会议研究，决定将农业生产二队党支部与十二茅坡片区党支部合并，组建十二茅坡管理区党支部，张云任党支部书记。

2015 年 1 月 6 日，根据十二茅坡管理区党支部改选结果报告，经农场党委会议研究决定，对该党支部的委员会组成人员及其分工批复任命。十二茅坡管理区党支部委员会由张云、李贵元、唐宏光组成。张云任党支部书记，李贵元任组织委员，唐宏光任宣传委员。

2016 年 5 月 15 日，根据农场离退休第二党支部（在安顺）实际情况，经农场党委会议研究，决定撤销农场离退休第二党支部建制。经与农场外有关党支部联系，结合党员实际情况，撤销后该党支部联系的 14 名党员，将党组织关系转到离其居住地最近的北街社区居委会等党支部。该党支部 7 名未转出的党员，安排到农场离退休第一党支部或农场机关直属党支部过组织生活。

2017 年 12 月 2 日，根据农场机关直属党支部和十二茅坡管理区党支部改选结果报告，经农场党委会议研究决定，对以上两个党支部的委员会组成人员及其分工批复任命。

农场机关直属党支部委员会由张云、曾翠荣、丁宁组成。张云任党支部书记，曾翠荣任组织委员，丁宁任宣传委员。

十二茅坡管理区党支部委员会由李小波、李桂元、唐宏光组成。李小波任党支部书记，李桂元任组织委员，唐宏光任宣传委员。

2018 年 7 月 12 日，根据工作需要，经农场党委会议讨论研究，决定对农场离退休党支部主要负责人进行调整。调整后，曾翠荣兼任农场离退休党支部书记。

2020年10月29日，根据农场离退休第一党支部和十二茅坡管理区党支部的有关请示，农场党委召开专题会议，讨论研究撤销农场离退休第一党支部和十二茅坡管理区党支部的相关事宜。经农场党委讨论研究，决定撤销农场离退休第一党支部和十二茅坡管理区党支部建制。撤销后，以上两个党支部的党员合并到农场机关直属党支部过组织生活。

二、宣传工作

建场以来，农场党委始终重视宣传工作，坚持正确的舆论导向，把开展宣传教育作为联系群众、动员群众、启迪群众、形成共识、鼓舞干劲的重要抓手，通过多种形式和渠道开展宣传工作。

建场初期，负责宣传工作的干部深入生产一线，向广大干部职工宣传创办国营农场的重要性和紧迫性，使农场干部职工树立主人翁意识，自力更生，艰苦奋斗，为创办和建设社会主义新型农场做出贡献。

1979年，根据中共中央、中共贵州省委有关文件精神，广泛开展中共十一届三中全会精神宣传教育工作，使农场干部职工对中共中央的决策部署有较全面深刻的了解和认识，凝聚农场上下力量，把工作重点转移到经济建设上来。

1987年，农场党委坚持多年来的宣传工作传统，通过广播室播报、创办宣传栏等形式，宣传党的路线、方针和政策，宣传农场党委和行政管理的重要决定。全年播报广播稿件、通知590次，开办宣传栏10期。

1989年7月，创办农场半月刊《政工简报》。简报刊发农场内外重大事件、国家方针政策、农场主要工作动态、干部职工优秀文稿等内容，成为农场开展宣传教育工作的重要平台。全年编辑《政工简报》13期，创办宣传栏10期。

1998年，通过有线广播、黑板报、宣传画巡展等形式，广泛宣传经农场职工代表大会通过的关于农场生产经营转型的重大决定，使农场干部职工对农场未来发展方向有较多了解，对农场各项工作给予支持和配合。对农场涌现出的好人好事、先进典型进行宣传，树新风、立正气，激励广大干部职工做好本职工作，在不同的岗位上建功立业。

进入21世纪以后，除了上述宣传形式和渠道，还利用户外电子显示屏开展宣传工作，着重宣传党的惠民政策，宣传农场解决民生的措施，宣传农场棚户区改造工作，宣传农场基础及其配套工程建设情况等。

三、纪检工作

1980—1985年，农场纪检组织先后受理群众控告、申诉、反映和上级指示的有关工作共 11 项。其中，办结 9 项，待查落实 2 项。在处理过程中，遵照“惩前毖后，治病救人”的方针，以教育为主，政纪处分和经济手段相结合。

2002 年，对一名违纪党员进行了警告处分。

2007 年 4 月 20 日，为贯彻落实中国共产党第十六届中央纪律检查委员会第七次全体会议精神，进一步巩固保持党员先进性教育的成果，根据贵州省农业厅党组《关于开展机关作风教育整顿活动的实施意见》的要求，成立贵州省山京畜牧场作风教育整顿活动工作小组。

组　长　唐惠国

成　员　简庆书

　　　　冯和平

　　　　蒙友国

工作小组下设办公室，蒙友国任主任，朱增华任副主任。

2013 年，落实党风廉政建设责任制。结合贯彻学习《中国共产党党员领导干部廉洁从政若干准则》和《四项监督制度》等规章制度，落实中央的“八项规定”，充分认识反腐倡廉、加强党风廉政建设的重要性。将党风廉政教育具体化，明确机关党组织领导班子成员、党员在党风廉政建设中的责任，层层签订党风廉政建设责任书。开展学习党风廉政建设宣传教育活动，组织党员干部学习廉政准则、撰写心得体会、观看警示教育片、参加廉政测试，强化对党员干部的廉政教育。

2018 年，全面落实“两个责任”。农场党委年初逐项分解党风廉政建设工作内容，细化量化到分管领导和各科室，签订党风廉政建设责任制“一岗双责”责任书和党风廉政建设目标管理责任书。农场党委召开专题会议听取党风廉政建设工作情况汇报，做到党风廉政建设与业务工作同部署、同落实、同检查、同考核。农场党委纪检部门定期检查、落实和报告职责范围内的党风廉政建设，强化党内监督责任，严明党的政治纪律和政治规矩。

2020 年，持续整治庸懒散奢贪，全面加强从严治党，教育引导广大党员增强纪律意识、廉洁意识，筑牢拒腐防变的思想防线，坚持把纪律规矩放在前面，深入贯彻党章党规党纪活动，引导党员干部把党章党规党纪内化于心、外化于行。加强纪律教育，强化纪律执行，开展主题党日、党员活动日、革命传统与警示教育活动，让党员干部知敬畏、存戒惧、守底线，习惯在受监督和约束的环境中工作生活。

四、党员干部专项教育学习实践活动

农场党委高度重视政治思想工作，始终坚持通过政治思想教育学习实践活动提高广大干部职工的思想觉悟，以此凝聚人心，鼓舞干劲，落实好党的各项方针政策，上下一心抓好农场生产和建设，推动农场各项事业向前发展。

1962年，农场党委贯彻落实全国军马场工作会议精神，在农场开展创“四好”单位、“五好”个人运动。通过对农场干部职工进行深入细致的政治思想教育，切实转变干部的领导作风和工作作风，密切联系群众，切实为广大职工服务，为生产经营一线服务；号召广大职工在生产上克服困难，努力完成各项生产任务，争创“四好”单位、“五好”个人。

1964年，组织开展社会主义教育运动，强化干部职工坚持社会主义道路的信念。要求农场干部必须参加生产劳动，深入生产一线，解决实际问题。号召全体职工坚持自力更生，勤俭办场，采取有力措施，以军马生产为主，做好其他生产经营，为国防建设和社会主义经济建设做出应有的贡献。

1998年，组织开展“三讲”（讲学习、讲政治、讲正气）教育。农场党委制订工作计划，结合农场生产经营实际，抓好以“三讲”为主要内容的领导班子思想建设，抓好以基层党支部战斗堡垒作用为基础的组织建设，抓好以党风廉政、树党员形象、为党旗增辉为目标的作风建设。

2005年，组织开展保持党员先进性教育活动。在贵州省农业厅党组的统一部署安排下，成立贵州省山京畜牧场保持党员先进性教育活动领导小组。通过活动的开展，农场广大党员加深了对邓小平理论和“三个代表”重要思想的理解，提高了对加强党的执政能力建设的认识，增强了实践“三个代表”重要思想的自觉性和坚定性，更加明确了新时期保持共产党先进性的重要性，进一步增强了贯彻党的方针政策的自觉性，立足岗位，爱岗敬业，无私奉献，奋发进取，开拓创新。

2014年，组织开展党的群众路线教育实践活动。根据中共中央、中共贵州省委、中共安顺市委、中共西秀区委的总体安排部署，为了加强农场党的群众路线教育实践活动组织领导，经农场党委会议研究，决定成立贵州省山京畜牧场党的群众路线教育实践活动工作领导小组，负责农场党的群众路线教育实践活动协调安排、组织领导工作。

组　长　蒙友国

副组长　冯和平

　　　　朱增华

成　员　蔡国发

　　　　吴开华

　　　　张　云

　　　　董国民

谢秀英

王　朋

领导小组下设办公室，负责具体安排落实有关工作。蔡国发任办公室主任，李财安（计财科科长）任办公室副主任，曾翠荣（联络员）、彭燕、龙远树、李小波为工作员。

在开展党的群众路线教育实践活动期间，农场党委及班子成员召开专题民主生活会，班子成员之间开展批评与自我批评。农场基层党组织召开民主生活会，支部班子成员开展批评与自我批评，接受广大党员的批评意见。农场党委在整改落实、建章立制环节提出了20条具体整改措施，健全了21项规章制度。农场党委和各基层党支部开展了正风肃纪、落实惠民专项行动。

2019年，按照中共西秀区委“不忘初心、牢记使命”主题教育要求，在区委巡回第十二指导组的指导下，开展“不忘初心、牢记使命”主题教育，做到早部署、早安排、早动员、找差距、抓落实，针对群众意见反馈和查摆发现的问题，抓好党建工作方面突出问题的整改，确保主题教育取得实效。

2020年，农场党委组织党员干部学习习近平新时代中国特色社会主义思想、《习近平谈治国理政》《中国共产党章程》《中国共产党党员教育管理工作条例》《中国共产党支部工作条例》、习近平总书记系列重要讲话精神等。通过学习教育，持续深化巩固“不忘初心、牢记使命”主题教育成果，促进农场党员干部作风大整顿、大转变、大提升，使农场党员干部政治站位得到提升，增强“四个意识”，坚定“四个自信”，做到“两个维护”。

五、人民代表大会代表与政协委员选举推荐工作

（一）人民代表大会代表选举

1978年，杜惠珍当选为第五届全国人民代表大会代表。

1979年11月5日，根据安顺县人民代表大会代表选举工作指导小组总体安排部署，农场党委组织贵州省山京马场选区选民，通过无记名投票方式直接选举产生安顺县人民代表大会代表2名，公社人民代表大会代表5名。

安顺县人民代表大会代表：杨友亮、丁隆海。

鸡场公社人民代表大会代表：蔡祖德。

甘堡公社人民代表大会代表：王志州。

猛帮公社人民代表大会代表：段世才。

江平公社人民代表大会代表：胡尧成。

双堡公社人民代表大会代表：王荣维。

此后，在安顺县（安顺市、西秀区）人民代表大会代表选举工作指导小组及有关乡镇人民代表大会代表选举指导小组的指导下，农场党委组织开展农场选区人民代表大会代表选举推荐工作。经民主选举推荐，以下人员先后当选人民代表大会代表。

1988 年 4 月，冯和平当选为安顺县双堡镇人民代表大会代表。

1992 年，唐惠国当选为安顺市第三届人民代表大会代表。

1993 年 6 月，冯和平当选为安顺市人民代表大会代表。

2000 年，唐惠国当选为西秀区第二届人民代表大会代表，任期为 2000—2005 年。

2005 年，冯和平当选为西秀区第三届人民代表大会代表。

2010 年 10 月，冯和平当选为西秀区第四届人民代表大会代表，任期为 2011—2015 年。

2016 年，吴开华当选为西秀区第五届人民代表大会代表，任期为 2016—2021 年。

（二）政协委员推荐

在中国人民政治协商会议安顺县（今西秀区）委员会代表推选工作领导小组的指导下，农场党委充分听取广大干部职工和各界群众的意见，开展政协委员推荐工作。经农场党委推荐，报所在地县级政协委员会审核同意。先后被推选为政协委员的人员如下。

1982 年 3 月，曾孟宗当选为中国人民政治协商会议安顺县第一届委员会委员，任期为 1982 年 3 月—1984 年 9 月。

1984 年 9 月，曾孟宗当选为中国人民政治协商会议安顺县第二届委员会委员，任期为 1984 年 9 月—1987 年 7 月。

1987 年 7 月，曾孟宗当选为中国人民政治协商会议安顺县第三届委员会委员，任期为 1987 年 9 月—1990 年 3 月。

2011 年 1 月，蒙友国、周鸿当选为中国人民政治协商会议西秀区第四届委员会委员，任期为 2011 年 1 月—2015 年 12 月。

2016 年 1 月，李财安、朱增海当选为中国人民政治协商会议西秀区第五届委员会委员，任期为 2016 年 1 月—2021 年 12 月。

六、其他党务工作

1962 年，农场党委对困难的职工，在生活上给予经济补助达 2800 余元，计 126 人。重点解决了部分职工的家属迁到农场的问题，全年共计迁入 65 人，解决了部分职工后顾之忧，使职工安心生产，树立以农场为家的思想。

2001 年，毛栗哨村党支部、银子山村党支部带领群众，自筹部分资金，投工投劳，改善人畜饮水条件、所属村寨交通条件、村民通信条件和村支委办公条件。

2015 年，在“七一”前后和春节期间，农场党委对贫困党员、贫困职工进行慰问。全年慰问贫困党员、贫困职工共计 23 户。

2016 年，在春节期间，农场党委对 10 名长期生病的老党员进行慰问。

2017 年，在“七一”前后和春节期间，农场党委对长期生病的老党员进行慰问。全年慰问困难党员 22 人。

第二章　人民团体

农场成立的人民团体有农场工会委员会、职工代表大会、共青团委员会（团委）等。每年年初召开职工代表大会，审议农场生产经营计划（方案），反映职工意见和建议，以推动和改进有关工作。农场通过职工代表大会等人民团体，密切联系群众，加强民主监督和民主管理，保障职工的合法权益。

“文化大革命”期间，上述民主管理机构停止正常工作。直到20世纪80年代，恢复成立农场工会委员会和职工代表大会。

第一节　工　　会

一、工会组织机构

（一）农场工会组织领导机构

贵州省山京畜牧场第一届工会委员会（1984年2月29日，贵州省农业厅党组批复）：

主　　席　金宜睦

贵州省山京畜牧场第二届工会委员会（1989年3月12日第二次工会会员代表大会选举产生）：

主　　席　桂锡祥

副 主 席　董汝齐

组织委员　柏应全

宣传委员　王尚伦

财经委员　支继忠

女工委员　朱先碧

经费审查　曹华明　朱先碧

贵州省山京畜牧场第三届工会委员会（1992年3月30日贵州省农林工会批复换届选举产生）：

主　　席　张贵清

副 主 席　吴定中

组织委员　柏应全

女工委员　朱先碧

宣传委员　唐惠国

农场第三届工会委员会下设女职工委员会和经费审查委员会。

女职工委员会由 5 人组成。

主　　任　朱先碧

委　　员　黄淑英　谢秀英　金松琼　黄　海

经费审查委员会由 5 人组成。

主　　任　支继忠

副 主 任　曹华明

委　　员　简庆书　祝德胜　唐惠民

贵州省山京畜牧场第四届工会委员会（1997 年 1 月 27—28 日第四次工会会员代表大会选举产生）：

主　　席　简庆书

副 主 席　吴定中

宣教委员　周忠祥

财经委员　唐惠民

女工委员　黄平玉（兼组织委员）

贵州省山京畜牧场第五届工会委员会（2012 年 2 月 14 日第五次工会会员代表大会选举产生，2013 年 3 月西秀区总工会批复）：

主　　席　蔡国发

委　　员　李财安　龙远树　李金华　张　云

农场第五届工会委员会下设经费审查委员会和女职工委员会，未设置主任委员。其组成人员如下：

经费审查委员会由 3 人组成。

委　　员　李财安　丁　宁　吴开华

女职工委员会由 3 人组成。

委　　员　张　云　曾翠荣　朱雪梅

贵州省山京畜牧场第六届工会委员会（2018 年 3 月 23 日第六次工会会员代表大会选举产生，2018 年 4 月 14 日西秀区总工会批复）：

主　　席　蔡国发

副 主 席　李财安

委　　员　龙远树　张　云　赵　刚

农场第六届工会委员会下设经费审查委员会和女职工委员会，其组成人员如下。

经费审查委员会由 3 人组成：

主　　任　李财安

委　　员　吴开华　丁　宁

女职工委员会由 3 人组成：

主　　任　张　云

委　　员　丁　宁　曾翠荣

（二）**基层工会组织**（载录仅为查阅现存有关资料所得，其余待考）

1992 年，贵州省山京畜牧场第三届工会委员会对工会委员会各基层分会进行调整改选，经 1992 年 3 月 5 日第三届工会委员会会议研究批复如下。

农场第三届工会委员会直属分会由 5 人组成：

主　　席　支继忠

副 主 席　黄平玉（兼组织委员）

女工委员　杨沙丽

宣传委员　陈秀英

生产委员　刘启益（兼生产安全委员）

农场第三届工会委员会第一工作站分会由 3 人组成：

主　　席　张升元

组织委员　董国民

女工委员　齐绍芬

农场第三届工会委员会茶叶生产新一队分会由 3 人组成：

主　　席　曹华明

组织委员　王贵军

女工委员　彭　燕

农场第三届工会委员会茶叶精制加工厂分会由 3 人组成：

主　　席　洪之林

组织委员　龙利江

女工委员　黄学英

二、工会工作

（一）发展工会会员

1989年，恢复建立了农场工会组织。在原有的86名老会员的基础上，发展新会员429人。

1990年，农场工会审查批准152名职工加入工会。全场共有会员554人，会员占职工总数的74%。

1992—1997年，第三届工会委员会期间，积极开展职工加入工会组织审批工作，工会会员发展到600多名。

（二）关心职工生活

1990年，农场工会组织有关人员到医院看望住院职工（包括离退休职工）家属38人次。春节期间，慰问困难职工并进行一定的经济补助。

1996年，毛栗哨村下哨几户村民因火灾在经济上遭受不同程度的损失。农场工会积极配合政工、团委发起向受灾户捐款捐物活动。

1999年春节期间，农场工会主动配合农场行政部门慰问贫困职工、贫困党员、村民52户。

（三）激发职工生产工作热情

1990年，农场工会发动广大职工开展“双增双节”的社会主义劳动竞赛。农场工会利用宣传车深入基层，对活动的意义进行广泛宣传，鼓励广大职工发扬主人翁精神，调动广大职工生产积极性，掀起降低生产成本、提高经济效益的热潮。8月24日，根据农场劳动竞赛领导小组的考核和评议意见，经农场党政领导班子会议研究，决定对在劳动竞赛活动中成绩显著的集体和个人进行表彰奖励。决定授予茶叶生产新一队等6个集体“突出单位”光荣称号，授予朱增海等34人“突出个人”光荣称号，并颁发了奖旗和奖金。

1992年，农场工会在农场的主要茶叶生产区，组织发动茶工开展采茶质量劳动竞赛。

1999年，农场工会委员会倡导农场职工向贵州省“五一劳动奖章”获得者唐兰英学习，学习她热爱本职工作，在平凡的工作岗位上做出不平凡的成绩。

（四）维护职工权益

农场工会委员会成立以来，一直负责组织召开工会会员代表大会和职工代表大会，听取审议农场年度工作报告和生产经营工作方案，听取审议农场决算和预算报告，向农场党政领导班子提交提案。通过会议程序安排，工会会员代表和职工代表参与农场生产经营重大事务决策，了解农场生产经营和财务收支状况，反映职工对农场工作的意见和建议，确保职工的参与权、知情权和建议权。工会会员代表大会和职工代表大会闭会期间，农场工会委员会及其基层分会，常年受理职工意见和建议，成为农场职工表达诉求的重要渠道，为广大职工维护自身合法权益提供了有效途径。

农场工会委员会组织职工依法通过职工代表大会、职工大会和其他形式，参加企业民主管理和民主监督，检查督促职工代表大会或职工大会决议的执行。引导广大职工正确处理国家、企业和职工三者的利益关系，识大体，顾大局，团结一致促进农场经济社会发展，为切实提高职工待遇提供保障。

（五）组织开展文体娱乐活动

1990 年，农场工会利用节假日组织职工开展篮球比赛、象棋比赛、扑克比赛等，举办联欢晚会，丰富职工业余生活。

1992—1997 年，农场第三届工会委员会任职期间，多次配合党、政、团利用节假日及国家重大纪念日，因地制宜，组织职工开展全场性的“学雷锋歌咏晚会”“纪念毛泽东诞辰一百年”“国庆文艺汇演”“纪念中国工农红军长征胜利六十周年演唱会”及全场性的篮球比赛等活动。为农场离退休职工和老年人在场部和十二茅坡片区开办“职工娱乐室”各一个，使他们老有所乐。

1999 年，农场工会组织排练文艺节目，参加贵州省农业厅系统举办的“庆祝中华人民共和国成立五十周年暨迎接澳门回归歌咏比赛”。

三、职工代表大会

1956 年 12 月 20—25 日，贵州省国营山京农场职工代表大会暨先进生产者表彰大会召开。会议传达了贵州省国营农场工作会议精神，总结了 1956 年农场生产经营工作，讨论通过了 1957 年度各项生产任务计划和财务计划。

1963 年 2 月 5—7 日，中国人民解放军山京军马场职工代表大会召开。会议听取政治处主任李殿良所作的“目前形势和上半年工作安排报告”，听取场长胡国桢作的会议工作总结报告。出席会议的职工代表 72 人。会议评选出“四好”单位 10 个、“五好”个人 151 名，并对先进集体和先进个人进行表彰。

1983 年 11 月 17 日，贵州省山京畜牧场第一届职工代表大会第一次会议召开。会议选举产生了第一届职工代表大会主席团成员。会议审议通过《贵州省山京畜牧场关于推行家庭联产承包责任制的方案及 1984 年度生产计划和包干经济指标》《山京畜牧场职工代表大会暂行条例》《山京畜牧场职工劳动规则》《山京畜牧场场规场纪条例》《山京畜牧场各生产队（场、厂）管理人员岗位责任制规定》《山京畜牧场技术人员岗位责任制》等 6 个决议。出席会议的职工代表 97 人。

1987 年 12 月 11—12 日，贵州省山京畜牧场第二届职工代表大会第一次会议召开。会议选举产生了第二届职工代表大会主席团成员。这次会议对农场场级领导干部进行民主评议，讨论通过了《贵州省山京畜牧场关于贯彻执行省企业工改办〈关于 1987 年企业使用人均每月 1.80 元增资指标问题的通知〉的实施办法》等文件。出席会议的职工代表 39 人，列席代表 26 人。

1990 年 12 月 3—4 日，贵州省山京畜牧场第三届职工代表大会第一次会议召开。会议选举产生了第三届职工代表大会主席团成员。会议听取审议农场场长对三年来生产经营承包工作的总结报告，集体学习《全民所有制工业企业厂长工作条例》《中国共产党全民所有制工业企业基层组织工作条例》《全民所有制工业企业职工代表大会条例》。出席会议的职工代表 46 人，列席代表 32 人。

1993 年 12 月 16—17 日，贵州省山京畜牧场第四届职工代表大会第一次会议召开。会议审议通过第三届职工代表大会主席团工作总结，选举产生贵州省山京畜牧场第四届职工代表大会主席团成员。

1997 年 2 月 27—28 日，贵州省山京畜牧场第五届职工代表大会第一次会议召开。会议选举产生了第五届职工代表大会主席团成员。会议听取审议通过了《贵州省山京畜牧场第四届职工代表大会工作报告》《贵州省山京畜牧场第三届工会委员会工作报告》《贵州省山京畜牧场第三届工会财经委员会工作报告》等 9 个报告和方案。贵州省农业厅工会领导、历届副场级以上领导出席会议。贵州省农业厅工会主席刘桂华、原工会主席黎富荣都分别讲了话。出席会议的职工代表 34 人，列席代表 40 人。

会议选举产生的第五届职工代表大会主席团，由 7 人组成：

主席团主席　朱增华

主席团成员　周忠祥　徐启珍　周武琼　李金华　蒲　敏　黄平玉

2003 年 1 月 17 日，贵州省山京畜牧场第六届职工代表大会第一次会议召开。会议选举产生第六届职工代表大会主席团成员。参加大会的职工代表 33 人。

2008 年 12 月 11 日，贵州省山京畜牧场第七届职工代表大会第一次会议召开。会议选举产生第八届职工代表大会主席团成员。该主席团由 7 人组成：

主席团主席　朱增华

主席团成员　李财安　吴开华　张小菊　黄昌荣　王玉菊　周　鸿

会议审议通过《第七届职代会代表资格审查报告》《第六届职代会工作总结报告》。

2012 年 12 月 17 日，贵州省山京畜牧场第八届职工代表大会第一次会议召开。会议选举产生第八届职工代表大会主席团成员。该主席团由5人组成：

主席团主席　吴开华

主席团成员　蔡国发　李财安　吴　英　齐维军

2013年3月1日，贵州省山京畜牧场第八届职工代表大会第一次会议召开。会议审议通过《2012年农场工作总结》《2013年农场工作方案》《2012年农场财务预算执行情况和2013年农场财务预算报告》等文件。会上，对农场2012年度先进集体和先进个人进行表彰。

第二节　共 青 团

一、共青团组织机构

（一）农场团组织领导机构

因农场有关共青团的资料有限，农场第一届至第四届团委的组成情况（包括团组织工作等情况）待考。

共青团贵州省山京畜牧场第五届委员会（不完整，载录仅为采访和查阅现存零星资料所得，1984年选举产生）：

团委副书记　吴定中

团委委员　　黄　海　金松琼

共青团贵州省山京畜牧场第六届委员会（不完整，载录仅为采访和查阅现存零星资料所得，1987年3月选举产生）：

团委副书记　洪之林

团委委员　　金松琼　黄　海　蔡国发

共青团贵州省山京畜牧场第七届委员会（不完整，载录仅为采访和查阅现存有关资料所得，1990年3月20日选举产生）：

团委副书记　陈华松

团委委员　　金松琼　黄　海　蔡国发

共青团贵州省山京畜牧场第八届委员会（1992年9月22日选举产生，1992年11月6日贵州省农业厅团工委批复）：

团委副书记　彭　燕

团委委员　　蔡国发　金松琼　姜兴德　黄　海　刘洪勇　董国民

共青团贵州省山京畜牧场第九届委员会（1996年10月10日选举产生，1996年11月

6 日贵州省农业厅团工委批复）：

团委书记　蔡国发

组织委员　程志明

宣传委员　周德玲

文体委员　姜兴德

劳动委员　丁　宁

（二）**农场基层团组织**（载录仅为查阅现存有关资料所得，其余情况待考）

1983 年 10 月，农场基层团组织设置 15 个支部委员会：

共青团第一生产队支部委员会

共青团第二生产队支部委员会

共青团第三生产队支部委员会

共青团第四生产队支部委员会

共青团第五生产队支部委员会

共青团第六生产队支部委员会

共青团农场机关直属支部委员会

共青团工程队支部委员会

共青团子弟学校支部委员会

共青团养猪场支部委员会

共青团茶叶一队支部委员会

共青团茶叶二队支部委员会

共青团张家山生产队支部委员会

共青团银子山生产队支部委员会

共青团机耕队支部委员会

1990 年 5 月 11 日，经团委会研究决定，同意共青团农场直属机关支部委员会等 6 个团支部委员会改选分工任职报告。

共青团农场机关直属支部委员会（包括农场直属的机关科室、茶叶精制加工厂、工程队）：

团支部书记　郁春华

组织委员　周　鸿

宣传委员　王贵忠

文体委员　陈　刚

生产委员　　王彩云

共青团第一工作站支部委员会：

团支部书记　彭　燕

组织委员　　刘明华

宣传委员　　段春芝

共青团茶叶生产新一队支部委员会：

团支部书记　詹国珍

共青团银子山支部委员会（包括银子山村、茶叶生产二站）：

团支部书记　杨发超

共青团十二茅坡茶叶加工厂支部委员会：

团支部书记　黄　海

组织委员　　董国华

文体委员　　朱增清

共青团茶叶新二队支部委员会（包括茶叶生产新二队以及茶叶生产三、四、五站）：

团支部书记　吴开华

组织委员　　徐启英

宣传委员　　吴松香

文体委员　　姜兴德

生产委员　　段国芬

二、团员与共青团代表大会

（一）团员发展

1962 年，全年共发展新团员 20 名。

1987 年，共发展新团员 30 名。

1991 年，正式吸收 15 名优秀青年加入团组织。

1995 年，全年共发展新团员 28 名。

（二）部分年份团员人数

1960 年，农场团员 109 人。

1961 年，农场团员 108 人。

1991 年，农场团委所属 8 个团支部，在册团员 140 名。其中，男性团员 68 名，女性团员 72 名；汉族团员 117 名，少数民族 23 名；中专文化程度的团员 15 名，高中文化程度的团员 7 名，初中文化程度的团员 107 名，小学文化程度的团员 11 名。共有团干部 29 名，包括其中专职团干部 1 名、党员团干部 4 名。

1995 年，农场团员 93 人。

1996 年，农场团员 81 人。

（三）共青团代表大会

1990 年 3 月 20 日，共青团贵州省山京畜牧场第七次代表大会召开。会议审议通过了共青团贵州省山京畜牧场第六届委员会工作总结报告，选举产生了共青团贵州省山京畜牧场第七届委员会。

1992 年 9 月 22 日，共青团贵州省山京畜牧场第八次代表大会召开。会议审议通过了共青团贵州省山京畜牧场第七届委员会工作总结报告，选举产生了共青团贵州省山京畜牧场第八届委员会。

1996 年 10 月 10 日，共青团贵州省山京畜牧场第九次代表大会召开。会议审议通过了共青团贵州省山京畜牧场第八届委员会工作总结报告，选举产生了共青团贵州省山京畜牧场第九届委员会。

三、共青团组织活动

1959 年，团员团结和带领全体青年站在生产最前线，大搞生产技术改革和技术创新。

1960 年，农场团委组织农场团员及青年职工，开展“青年社会主义建设红旗手运动”。号召全体团员青年用毛泽东思想武装自己，积极投入农场生产和建设，为农场发展献计出力。

1961 年，农场团委组织开展争创“五好”青年团员活动。要求各团支部紧紧围绕党的中心工作任务开展各种活动，充分发挥党的助手作用，为完成农场各项工作任务贡献力量。

1983 年，农场团委组织农场团员青年参加采摘收集树种活动。根据农场实际，安排分配给各支部采摘收集杨槐、柏枝、梧桐、马尾松树种子 1 公斤。

1984 年 4 月，为纪念五四运动六十五周年，农场团委组织农场团员、青年进行革命传统教育以及“五讲四美三热爱”的教育活动。并开展男女篮球锦标赛和象棋比赛。

1991 年，农场团委加强团组织管理。颁发团员证 29 个，颁证率 66%。办理退团 3 名，办理团员迁移手续 14 名。编制年度团员花名册，推行使用《团支部工作手册》。带领团员参加采茶、农业生产、闭路电视线路安装等工作。

1996 年，农场团委组织团员青年开展“学英模·讲奉献”活动，学习雷锋、孔繁森、徐虎等英雄模范人物先进事迹。

同年10月22日，农场团委组织举办以“发扬红军长征精神，为农场的建设作贡献”为主题的演讲会，50多名团员、青年代表参加演讲会。其中18名团员、青年登台演讲。

1999年，农场团委组织开展五四运动八十周年纪念活动。5月3日早晨，农场团委组织团员、青年40人，前往张家山村参加烤烟种植义务劳动。同日晚上，召开纪念会，团委负责人讲述五四运动历史及其伟大意义，号召广大团员青年发扬五四运动精神，增强使命感，在新时期生产建设中建功立业。

第三节　妇女工作

一、妇女工作组织机构

山京农场没有成立专门的妇联组织，但农场工会委员会设置了女职工委员会，农场工会委员会各基层单位（队、站、厂）分会的也设有女工委员。女职工委员会承担维护女职工合法权益、开展妇女工作、组织广大女职工参加有关活动等职能。

具体从事上述工作的人员是女职工委员会委员与各基层单位（队、站、厂）分会女工委员。

二、妇女工作及“三八”妇女节（国际劳动妇女节）活动

1992年3月7—8日，农场工会委员会组织农场女职工开展纪念国际劳动妇女节系列活动。活动内容包括拔河赛（以分会为单位开展）、群众性的抽奖活动、女职工300米接力赛、家庭老幼80米接力赛等。

1998年3月6日，农场工会委员会组织3个片区分别召开“庆祝国际劳动妇女节座谈会”。座谈会上，组织学习妇女权益保护法，由各片区党支部、单位负责人向全体妇女讲解国际劳动妇女节的来历。号召农场妇女发挥“半边天”作用，勉励农场女职工在不同的工作岗位上爱岗敬业。

2001年3月8日，农场工会委员会组织开展国际劳动妇女节纪念活动。组织女职工到黄果树风景区专程游览。在旅途中，农场工会领导与女职工亲切交谈，鼓励广大女职工积极参加“三个代表”重要思想的学习活动，发挥妇女在农场生产工作中的“半边天”作用。

2003年，农场工会委员会组织开展国际劳动妇女节纪念活动。通过座谈会等形式，鼓励广大女职工发展多种经营，增加职工、村民的收入，改变农场精神面貌，发挥“半边天”作用。同时开展游园活动。

2006 年 4 月 6 日，农场各党支部认真组织本单位职工、本村村民学习和贯彻实施《中华人民共和国妇女权益保障法》，营造有利于农场妇女发展的社会舆论环境。

2012 年 2 月 24 日，农场工会委员会组织各单位分场部、十二茅坡（含农业生产二队）、安顺三个点开展纪念国际劳动妇女节活动。通过召开座谈会等形式，激励农场广大女职工弘扬“四有”精神，做“四有”时代新女性，立足岗位，争创一流，努力推动农场科学发展和农场经济社会全面发展。

第三章　安全保卫

为维护农场社会稳定，为经济发展保驾护航，维护社会公平正义，形成依法办事、依法行政的良好格局，农场先后设立安全保卫、审判、检察、监察等职能工作机构，开展上级机关授权的有关工作。

第一节　安全机构和社会治安

一、安全机构

1954—1955 年，农场设立保卫班，负责农场安全保卫工作，由农场办公室兼管。办公室主任为李宁，保卫班班长为杨茂林。保卫人员 6～7 人。

1956—1959 年，农场保卫班单独设置，不再由农场办公室兼管。保卫人员 3～8 人。

1960 年，农场办公室设保卫干事 1 人，负责安全保卫工作。保卫干事为郁文涛。

1961 年，农场设立政治处，配保卫干事 1 人。保卫干事为邓荣泉。

1962 年，农场政治处配主任和保卫干事各 1 人。政治处主任为李殿良，保卫干事为邓荣泉。

1963—1965 年，农场政治处下设警卫班，保卫人员 5 人。

1966—1974 年，农场政治处下设警卫通讯班，保卫人员 5～7 人。邓荣泉、柏应权、吴锡宾、雷成宽先后担任警卫通讯班班长。

1975 年以后，农场政治处不再设置警卫通讯班，安全保卫工作由保卫干事负责。至 1978 年，邓荣泉、李先林先后任保卫干事。

1979—1983 年，农场政治处设保卫干事和助理员各 1 人，负责安全保卫工作。保卫干事为洪芝林，助理员为熊顺云。

1985 年，撤销农场政治处，成立农场保卫科。政治处的安全保卫工作职能划归新成立的保卫科。在农场保卫科存续期间，其业务由安顺县（市）公安局指导。洪芝林、李大舜、熊顺云、周兴伦等先后任保卫科科长。保卫人员 2～6 人。

1994 年 3 月以后，农场保卫科、武装部、法庭合并，成立农场社会综合治理办公室，配合协助所在地有关部门开展维护社会稳定工作。冯和平任主任，李大舜任副主任。

二、社会治安工作

在几十年的发展过程中，农场除了设置政治处、警卫班、警卫通讯班、保卫科等机构，专门负责农场公共安全保卫工作外，还成立了社会治安组织领导协调机构和业余参与农场社会治安工作的内部组织。

（一）社会治安组织领导协调机构

1991 年 9 月 4 日，为进一步加强对农场范围内社会治安综合治理的领导工作，成立贵州省山京畜牧场社会治安综合治理领导小组：

组　　长　曾孟宗（党委书记）
副 组 长　熊顺云（保卫科科长）
　　　　　李大舜（法庭庭长）
其他成员　陈　刚（武装部干事）
　　　　　唐惠国（子弟学校副校长）
　　　　　张升元（茶叶生产一站党支部书记）
　　　　　曹华明（茶叶生产新一队党支部书记）
　　　　　周士友（卫生所所长）
　　　　　王锡荣（第一居民委员会主任）
　　　　　汪仕祥（黑山村村民委员会主任）
　　　　　李登明（毛栗哨村村民委员会副主任）
　　　　　简庆书（茶叶生产二站站长）
　　　　　韦兴华（银子山村党支部书记）
　　　　　罗炳义（茶叶生产三站党支部书记）
　　　　　祝德胜（茶叶生产四站站长）
　　　　　蒙友国（十二茅坡管理区管理委员会主任）
　　　　　刘汝元（十二茅坡管理区党支部书记）
　　　　　陈明福（茶叶生产新二队队长）
　　　　　龚有彬（第二居民委员会主任）
　　　　　周志学（张家山村村民委员会主任）

（二）农场社会治安的业余组织机构

1961 年，在农场政治处的指导下，农场各基层队站建立治安保卫小组 10 个、矛盾纠纷调解小组10个。1968年，农场成立义务消防队1个。这些业余组织机构，为强化农场社会治安的基层基础、保护人民生命财产安全、维护社会和谐稳定起到了积极的作用。

参加治安保卫、调解、消防工作的人员都是热心农场社会治安工作的干部职工，其工作性质具有自愿性、义务性、业余性。几十年来，参加上述工作的人员，风雨无阻，参加巡逻、参与调解、参加训练和救援，默默奉献，为农场稳定发展做出了贡献。

部分年份农场社会治安的业余组织机构情况如下。

1961年，治安保卫小组10个，共28人。矛盾纠纷调解小组10个，共22人。

1965年，治安保卫小组10个，共32人。矛盾纠纷调解小组10个，共26人。

1968年，治安保卫小组11个，共36人。矛盾纠纷调解小组11个，共30人。义务消防队1个，共20人。

1971年，治安保卫小组12个，共40人。矛盾纠纷调解小组12个，共34人。义务消防队1个，共26人。

1975年，治安保卫小组12个，共38人。矛盾纠纷调解小组12个，共34人。义务消防队1个，共22人。

1980年，治安保卫小组12个，共47人。矛盾纠纷调解小组12个，共33人。义务消防队1个，共51人。

1985年，治安保卫小组16个，共45人。矛盾纠纷调解小组15个，共40人。义务消防队1个，共13人。

1988年，治安保卫小组17个，共47人。矛盾纠纷调解小组16个，共42人。义务消防队1个，共13人。

（三）社会治安综合治理

1959年，处置影响社会治安的重大事故1起。

1961年，处置影响社会治安的重大事故1起。

1963年，处置影响社会治安的重大事故2起。

1969年，处置影响社会治安的重大事故1起。

1973年，处置影响社会治安的重大事故1起。

1974年，处置影响社会治安的重大事故1起。

1976年，处置影响社会治安的重大事故1起。

1977年，处置影响社会治安的重大事故2起。

1978年，处置影响社会治安的重大事故1起。

1979年，处置影响社会治安的重大事故1起。

1981年，处置影响社会治安的重大事故1起。

1984年，处置影响社会治安的重大事故5起。

1989年，清查外来人员120人次，办理外来人口暂住证118人次。加强消防工作，增添消防标志牌47块、消防桶80个。

1991年，对农场物资仓库、油库、十二茅坡茶叶加工厂、茶叶精制加工厂等单位进行安全检查，对人口加强管理，严格执行“三证一包”手续，对符合暂住手续的外来人员逐个进行清理审查并办理暂住证。

1998年，保卫科以治安保卫、安全消防为重点，加强政治、业务方面的学习。夜间巡逻215天，清查流动人员3次，安全消防检查4次，调解农场内发生的纠纷、治安事件94次。同时加强了茶山的保护及集市秩序，保证农场稳定。

1999年，调解民事纠纷案件18起，处置交通事故2起。夜间巡逻410人次，清查流动人员365人次，开展安全消防检查3次。培训消防骨干24人。另外，办理了户口迁入迁出、出生登记、死亡注销等工作。

2000年，发生民事纠纷案件17起，调解17起，调解率100%。清查流动人口421人次，办理户口迁入迁出15人次，安全消防检查4次，配备干粉灭火器33个。对茶山、集市、烤烟收购点、粮食入库工作都给予了有效的治安维护。

2001年，调解处理民事治安案件34起，夜间巡逻300余人次，清查流动人员400余人次，进行安全生产、安全防火检查4次，并对存在隐患问题的单位提出整改意见。

2009年，配合双堡派出所加强农场的社会治安综合治理力度和落实群防群治工作，建立群防群治的联防体系，重点打击偷、盗等扰乱社会秩序的行为，加强流动人员的登记管理工作。

2016年，加强对两个集市和农场辖区的环境卫生工作管理，维护市场正常秩序，使辖区内的环境卫生状况得到改善。经常对农场辖区内的人口流动情况进行摸底调查，及时掌握人员变动情况。调解群众纠纷，把矛盾解决在基层。

第二节　农场法制工作

1986年12月，经安顺县第八届人民代表大会常务委员会和安顺县人民法院批准，成立安顺县山京人民法庭。安顺县山京人民法庭是代表国家审理民事案件的专门场所，主要审理贵州省山京畜牧场辖区内的民事案件。安顺县山京人民法庭实行双重领导：案件审理业务工作由安顺县人民法院领导和指导，人事管理权属于贵州省山京畜牧场。

1986年12月19日，经农场党委研究推荐，安顺县第八届人民代表大会常务委员会第五次会议和安顺县人民法院对安顺县山京人民法庭组成人员做出任命。

吴定中任安顺县山京人民法庭副庭长。

张祖荣任安顺县山京人民法庭审判员。

周兴伦任安顺县山京人民法庭书记员。

1988年12月25日，调保卫科科长李大舜到法庭任庭长职务，同意吴定中辞去法庭副庭长职务。

1993年，法庭配有工作人员3人。其中，李大舜任庭长，周兴伦任助理审判员，邹琼任书记员。

一、案件受理

1987年，民事审判工作立案12起，结案8起。处理人民群众来信来访35件（人次）。

1989年，依法审结案件7起，追回外欠公款3万多元。

1991年，受理民事案件7起，审结8起（含1990年遗留的1起），收取案件诉讼费400元，按规定上交安顺市人民法院50%，计200元，交农场计财科200元。接待人民群众来访49人次，调解家庭纠纷、邻居纠纷等20人次。

1992年，根据地域业务的管辖范围，立案审理民事案件5起。其中，买卖房屋纠纷1起，山林承包合同纠纷1起，离婚3起。收取案件诉讼费250元，组织原被告双方自愿达成协议调解的案件4起，已执行。

1993年，受理民事案件5起，离婚案件5起，山林承包合同纠纷案1起。

二、普法宣传教育

1987年，开办法制宣传专刊12期，开展法律法规宣传8次。

1991年4月8日，为了普及法律知识，提高农场干部职工学法、守法的自觉性，增强法律意识，经农场党委研究，决定成立贵州省山京畜牧场普法教育领导小组：

组　长　桂锡祥

副组长　吴定中　姜文兴　张贵清　李大舜

组　员　蒙友国　陈　凯　邹美然　唐惠国

1991年，出动宣传车进行法律知识宣传教育2次，创办法制专栏5期，开展法律知识宣传6次。

1993年，农场法庭配合农场政工科组织法律知识竞赛，编写设计复习题60道、案例分析问答题10道。通过广播室进行法制宣传教育3次，创办法制专刊12期。

三、检察机构及其组成人员

1991年1月，经安顺市人民检察院批复同意，成立安顺市人民检察院驻贵州省山京畜牧场检察室。检察室编制3人（含安顺市人民检察院派出1人）。其中，专职1人，兼职2人。检察室设主任1人，副主任1人。主任由农场的姜文兴担任，副主任由安顺市人民检察院的李斌担任。法律职称由检察长依法任命。农场检察室人员的人事管理权等仍由农场管理，检察业务工作由安顺市人民检察院领导和指导。

四、案件受理

农场检察室是安顺市人民检察院的派出机构，履行检察机关授予的部分检察权，重点侦破属于检察机关管辖的经济案件和违纪案件。

1991年，农场检察室受理了贪污、挪用公款、侵权等5起案子。全年共接待来访群众50人次。

检察室与保卫科共同研究制定了农场综合治理方案，给民工上法制课2次，成立了十二茅坡片区住场民工治安工作小组和贵州省山京畜牧场综合治理领导小组，采取了领导包职工、职工包家属、家属包子女、教师包学生、村委包村民的“五包”措施。

1992年，农场检察室查办经济案件1起，做法制宣传专栏8期，全场巡回宣传2次，协助保卫部门宣传“严打”斗争6次。

1993年，农场检察室在安顺市人民检察院和农场党委的双重领导下，履行上级检察机关授予的部分检察权，结合农场实际，依法办理了属于检察室受理的案件，并与农场保卫、法庭等部门密切配合，狠抓农场综合治理。全年受理案件4起，协助法庭追回欠款1.4万元，协助保卫科处理刑事案件5起。

1994年，农场检察室在安顺市人民检察院党组和农场党委的领导下，狠抓社会治安综合治理，打击在农场场区范围内出现的严重刑事犯罪活动。

五、监察机构

1991年7月2日，经贵州省农业厅批复同意，成立贵州省山京畜牧场监察室。金宜睦任监察室主任。

农场监察室是农场内部行政行为监督查处机构，负责对农场各部门及其工作人员行使管理权过程中存在的违法、违纪、违规行为进行监督检查，及时纠正、查处相关行为。

六、行政监察

1991年，根据群众反映，有工作人员对嫌疑人进行刑讯逼供。监察室工作人员对此事进行调查了解。经查属实，但未造成较严重的后果，监察室对相关工作人员进行了批评教育，责令其改正错误，讲究工作方法，提高办案质量。

根据群众反映，农场粮食仓库管理不严，存在漏洞。农场监察室调查后发现情况属实，因此向农场行政科提出建议，完善粮仓稻谷发放制度，提高加工大米出米率，完善产品的回收核算制度，以维护农场的利益。

第四章　农场民政管理

农场没有设立专门的民政管理机构。境域内的民政事务在上级主管机关和所在地县级人民政府民政部门的指导下，由农场根据实际情况指定相关科室办理。涉及多个科室的民政事务，则由农场设立协调机构，统筹各有关科室共同办理，确保国家有关政策得到落实。

第一节　优抚安置管理

一、优抚安置工作机构

2000 年 6 月 15 日，成立贵州省山京畜牧场“拥军优属、拥政爱民”工作领导小组，其领导成员如下。

组　长　冯和平（副场长、武装部部长）

组　员　伍开芳（行政办公室主任）

周兴伦（保卫科科长）

吴定中（工会副主席）

程志明（武装部干事）

韦兴华（银子山村党支部书记）

领导小组办公室设在农场办公室，伍开芳兼任主任。

二、优抚安置

1965 年 6 月，根据总后勤部有关文件精神，安置退役军官 7 名在农场就业工作。

2008 年，根据有关文件规定，给在职原连、排级 4 名军转干部发放职务补贴、生活补贴；根据贵州省农业厅有关文件精神，安置退伍人员 1 名。

2009 年 7 月，对农场老复员军人进行登记汇总。农场老复员军人 27 名。其中，1949 年 10 月 1 日前入伍 1 人，已病故 2 人。

2010 年，农场根据有关文件规定，安置退伍人员 2 名。

1986年10月以后，根据农场所在地县级人民政府有关文件精神以及《中华人民共和国兵役法》有关规定，筹集收取优待金。将筹集到的优待金连同应收对象人数名册一并转交所在地县级人民政府民政部门。

2002年，春节期间开展“双拥”工作（地方拥军优属、军队拥政爱民），农场领导向16户军属上门发放优待金2800元、慰问金390元。

2017年，安顺市西秀区民政局拨老复员军人生活费5.328万元。农场如数转发给有关人员。

2018年，安顺市西秀区民政局拨老复员军人生活补贴5.085万元。农场如数转发给有关人员。

第二节　社区居民自治组织建设

1990年9月，根据《中华人民共和国城市居民委员会组织法》和安顺市人民政府有关文件精神，在农场场部片区设立安顺市双堡镇山京畜牧场第一居民委员会（简称“第一居民委员会”），在农场十二茅坡片区设立安顺市双堡镇山京畜牧场第二居民委员会（简称“第二居民委员会”）。

1990年10月22—23日，农场居民委员会选举工作指导小组组织居民投票，选举产生第一届居民委员会。

王锡荣当选为第一居民委员会主任。

张林秀当选为第一居民委员会副主任。

丁翠兰当选为第一居民委员会副主任（兼治安保卫委员）。

刘显珍当选为第一居民委员会公共卫生委员。

罗素珍当选为第一居民委员会人民调解委员。

龚友斌当选为第二居民委员会主任。

杨兰清当选为第二居民委员会副主任（兼人民调解委员）。

张升明当选为第二居民委员会副主任（兼公共卫生委员）。

吴明芬当选为第二居民委员会公共卫生委员。

刘树华当选为第二居民委员会人民调解委员。

1993年，农场居民委员会换届选举工作指导小组组织居民投票，选举产生第二届居民委员会。

王锡荣当选为第一居民委员会主任。

张林秀当选为第一居民委员会副主任。

丁翠兰当选为第一居民委员会副主任（兼治安保卫委员）。

刘显珍当选为公共卫生委员。

罗素珍当选为人民调解委员。

龚友斌当选为第二居民委员会主任。

杨兰清当选为第二居民委员会副主任（兼人民调解委员）。

张升明当选为第二居民委员会副主任（兼公共卫生委员）。

吴明芬当选为公共卫生委员。

刘树华当选为人民调解委员。

1996年，农场居民委员会换届选举工作指导小组组织居民投票，选举产生第三届居民委员会。

伍良群当选为第一居民委员会主任。

杨兰清当选为第二居民委员会主任。

1999年，农场居民委员会换届选举工作指导小组组织居民投票，选举产生第四届居民委员会。

丁隆海当选为第一居民委员会主任。

丁学顺当选为第一居民委员会副主任。

刘显珍、丁翠兰、范寿元当选为第一居民委员会委员。

杨兰清当选为第二居民委员会主任。

张启珍当选为第二居民委员会副主任。

黄少武、吴明芬、何应巧当选为第二居民委员会委员。

2002年，农场居民委员会换届选举工作指导小组组织居民投票，选举产生第五届居民委员会。

丁隆海当选为第一居民委员会主任。

丁学顺当选为第一居民委员会副主任。

刘显珍、丁翠兰、范寿元当选为第一居民委员会委员。

杨兰清当选为第二居民委员会主任。

张启珍当选为第二居民委员会副主任。

黄少武、吴明芬、何应巧当选为第二居民委员会委员。

2005年4月，上述两个居民委员会由西秀区双堡镇人民政府和贵州省山京畜牧场共同管理。并组织开展民主选举工作。

龙利江当选为第一居民委员会主任。

陈秀英当选为第一居民委员会副主任。

黄学英当选为第一居民委员会委员。

蔡忠英当选为第一居民委员会人口工作副主任。

杨庆菊当选为第二居民委员会主任。

李红当选为第二居民委员会副主任。

毛世慧当选为第二居民委员会人口工作副主任。

2006 年 12 月，“安顺市双堡镇山京畜牧场第一居民委员会”更名为“安顺市双堡镇山京畜牧场第二居民委员会”（简称“第二居民委员会”），“安顺市双堡镇山京畜牧场第二居民委员会”更名为“安顺市双堡镇山京畜牧场第三居民委员会”（简称“第三居民委员会”）。

2007 年 7 月，根据所在地政府民政部门关于城乡基层自治组织换届选举的总体安排，经农场党政会议研究，决定成立第七届居民委员会换届选举工作指导小组，组织对农场第二居民委员会和第三居民委员会进行改选。

董国民当选为第二居民委员会主任。

张小菊当选为第二居民委员会副主任。

蔡忠英当选为第二居民委员会人口工作副主任。

李贵元当选为第三居民委员会主任。

李红当选为第三居民委员会副主任。

毛世慧当选为第三居民委员会人口工作副主任。

2011 年，贵州省山京畜牧场组织对农场居民委员会进行换届改选，选举产生第八届居民委员会。

陈明福当选为第二居民委员会主任。

张小菊当选为第二居民委员会副主任。

蔡忠英当选为第二居民委员会人口工作副主任。

李贵元当选为第三居民委员会主任。

李红当选为第三居民委员会副主任。

毛世慧当选为第二居民委员会人口工作副主任。

2014 年，贵州省山京畜牧场组织对农场居民委员会进行换届改选，选举产生第九届居民委员会。

李红当选为第二居民委员会主任。

张小菊当选为第二居民委员会副主任。

王燕当选为第二居民委员会委员。

吴英当选为第二居民委员会计生员。

李贵元当选为第三居民委员会主任。

毛仕慧当选为第三居民委员会副主任。

朱雪梅当选为第三居民委员会计生员。

2017 年，贵州省山京畜牧场组织对农场居民委员会进行换届改选，选举产生第十届居民委员会。

李红当选为第二居民委员会主任。

张小菊当选为第二居民委员会副主任。

王燕当选为第二居民委员会委员。

吴英当选为第二居民委员会计生员。

李贵元当选为第三居民委员会主任。

艾慎忠当选为第三居民委员会副主任。

朱雪梅当选为第三居民委员会计生员。

第三节　农村村民自治组织建设

1998 年 11 月 4 日，第九届全国人民代表大会常务委员会第五次会议通过《中华人民共和国村民委员会组织法》。该法颁布实施之前，农场所属集体所有制村寨成立民寨生产队、贫下中农协会、村民委员会等组织。民寨生产队既是农场的基层生产单位，又履行村民自治的部分职能。贫下中农协会和村民委员会则是村民自治组织。其人员构成有时由基层党支部推荐、经农场党委批复任命，有时通过村民民主选举产生。

根据现存资料和采访，1999 年以前农场村民自治组织的部分组成人员如下。

1971 年 1 月 25 日，根据第二生产队（黑山生产队）党支部推荐报告，农场党委批复任命第二生产队有关自治组织负责人。

王荣维任第二生产队队长，程继全、陈万珍任副队长。

龙云富任第二生产队贫下中农协会主任，金宜书、张少华任副主任。

1975 年 4 月 18 日，根据第二生产队（黑山生产队）党支部推荐报告，农场党委批复任命第二生产队有关自治组织负责人。

王荣维任第二生产队队长，程继全、陈万珍、汪传义任副队长。

汪传义任第二生产队贫下中农协会主任，张少华任会副主任。

1975年4月26日，根据银子山生产队党支部推荐报告，农场党委批复任命银子山生产队负责人。

韦兴明任银子山生产队队长，吴启志任副队长。

1976年12月21日，根据第三生产队（毛栗哨生产队）党支部推荐报告，农场党委批复任命第三生产队负责人。

胡尧成任第三生产队队长，周尚元、刘开忠、周尚达任副队长。

1979年1月22日，根据银子山生产队党支部推荐报告，农场党委批复任命银子山生产队负责人。

吴启志任银子山生产队队长，罗顺民、韦开华、谢茂荣任副队长。

1979年2月14日，根据第二生产队（黑山生产队）、第三生产队（毛栗哨生产队）党支部推荐报告，农场党委批复任命第二生产队、第三生产队负责人。

王荣维任第二生产队队长，程继全、汪传义、叶守芳任副队长。

胡尧成任第三生产队队长，周尚元、刘开忠任副队长。

1995年12月11日，根据选举法及安顺市民政局的安排意见，农场决定成立村民委员会、居民委员会换届选举工作指导小组。冯和平任组长，李大舜任副组长，吴定中、邹琼、黄明忠为组员。

1999年，地方各级人民政府组织实施《中华人民共和国村民委员会组织法》，农场也在西秀区人民政府民政部门的指导下开展农村居民自治组织建设工作。

1999年2月，在西秀区人民政府民政部门的指导下，农场组织对管辖的4个行政村的村民委员会进行民主推荐选举，选举产生了各村村民自治组织负责人。

周志学当选为张家山村村民委员会主任。

吴朝元当选为张家山村村民委员会副主任。

吴永富当选为张家山村村民委员会委员。

韦开华当选为银子山村村民委员会主任。

李泽荣当选为银子山村村民委员会副主任。

刘兴齐当选为银子山村村民委员会委员。

周志华当选为毛栗哨村村民委员会主任。

胡克明当选为毛栗哨村村民委员会副主任。

刘开远当选为毛栗哨村村民委员会委员。

王安忠当选为黑山村村民委员会主任。

王安金当选为黑山村村民委员会副主任。

王荣刚当选为黑山村村民委员会委员。

2004 年 2 月，农场党委根据工作需要，对 4 个行政村的村民委员会主任进行调整。

文明祥任张家山村党支部书记兼代村民委员会主任。

韦兴华任银子山村党支部书记兼代村民委员会主任。

王安忠任黑山村村民委员会主任。

胡克明任毛栗哨村代村民委员会主任。

上述人员待届满选举产生新的人选后，其职务自然免除。经选举当选的重新任命。

2005 年 1 月，在西秀区人民政府民政部门的指导下，农场组织对管辖的 4 个行政村的村民委员会进行换届选举，选举产生各村村民委员会主要负责人。

周志学当选为张家山村村民委员会主任。

吴朝国当选为银子山村村民委员会主任。

王安忠当选为黑山村村民委员会主任。

胡克明当选为毛栗哨村村民委员会主任。

2010 年 6 月，农场党委研究决定，同意吴朝国辞去银子山村村民委员会主任职务，银子山村党支部书记兼职代理村民委员会主任。

2010 年 9 月，在西秀区人民政府民政部门的指导下，农场组织对管辖的 4 个行政村的村民委员会进行换届选举，选举产生各村村民委员会负责人。

周志伦当选为张家山村村民委员会主任。

王家庆当选为张家山村村民委员会副主任。

罗志江当选为银子山村村民委员会主任。

班正海当选为银子山村村民委员会副主任。

王安忠当选为黑山村村民委员会主任。

王安全当选为黑山村村民委员会副主任。

胡克明当选为毛栗哨村村民委员会主任。

李登明当选为毛栗哨村村民委员会副主任。

2013 年 4 月，农场 4 个集体所有制行政村被划归双堡镇人民政府管辖，村民自治组织建设管理工作由当地人民政府负责。

第四节　劳动社会保障管理

1998年，根据国家有关政策，农场采取“老人老办法，新人新办法”的过渡方式，建立统筹养老金专户，当年共筹集养老金15.6万元，其中个人账户4.3万元。同年，农场退休职工4人开始领取使用该项资金全额支付的退休金。

2003年起，农场大力宣传国家社会保障有关政策，支持、鼓励职工参加养老、医疗、工伤、生育四项保险，并根据国家有关政策和个人参保人员情况，承担企业应缴纳部分的相应保险金。

2003年，农场缴纳养老保险金242759元，个人缴纳85124.4元，合计32.79万元。2003年7月开始交社保。

2004年，农场缴纳养老保险金500707.4元，个人缴纳190941.6元，合计69.16万元。

2005年，农场缴纳养老保险金539917元，个人缴纳224947.2元；农场缴纳工伤保险金34569.37元。两项保险缴纳总金额79.94万元。

2006年，农场缴纳养老保险金562852.8元，个人缴纳224947.2元；农场缴纳工伤保险金25169.4元；农场缴纳生育保险金6916.5元。四项保险缴纳总金额81.99万元。

2007年，农场缴纳养老保险金759643.2元，个人缴纳303860.4元；农场缴纳单位医疗保险金319594.2元，个人缴纳67652.2元；农场缴纳工伤保险金21622元；农场缴纳生育保险金15393.2元。四项保险缴纳总金额148.78万元。

2008年，农场缴纳养老保险金840349.2元，个人缴纳336229.2元；农场缴纳单位医疗保险金405332.4元，个人缴纳84309.6元；农场缴纳工伤保险金20571.4元；农场缴纳生育保险金17324.4元。四项保险缴纳总金额170.41万元。

2009年，农场缴纳养老保险金843336元，个人缴纳337416元；农场缴纳单位医疗保险金432816元，个人缴纳82587.6元；农场缴纳工伤保险金21502.5元；农场缴纳生育保险金16078.3元。四项保险缴纳总金额173.37万元。

2010年，农场缴纳养老保险金950133.6元，个人缴纳379906.8元；农场缴纳单位医疗保险金491276.4元，个人缴纳89872.8元；农场缴纳工伤保险金24291.8元；农场缴纳生育保险金15270.6元。四项保险缴纳总金额195.1万元。

2011年，农场缴纳养老保险金1193400.4元，个人缴纳477505元；农场缴纳单位医疗保险金350477.3元，个人缴纳107866元；农场缴纳工伤保险金27021.9元；农场缴纳生育保险金 22523.4 元。四项保险缴纳总金额 217.88 万元。

2012 年，农场缴纳养老保险金 1182941.6 元，个人缴纳 473376.1 元；农场缴纳单位医疗保险金 272438.3 元，个人缴纳 115062.8 元；农场缴纳工伤保险金 29492.9 元；农场缴纳生育保险金 23768 元。四项保险缴纳总金额 209.71 万元。

2013 年，农场缴纳养老保险金 1314491.6 元，个人缴纳 525960.7 元；农场缴纳单位医疗保险金 379529.4 元，个人缴纳 116955.9 元；农场缴纳工伤保险金 29708.8 元；农场缴纳生育保险金 24674.1 元。四项保险缴纳总金额 239.13 万元。

2014 年，农场缴纳养老保险金 1033093 元，个人缴纳 411381 元；农场缴纳单位医疗保险金 343412.8 元，个人缴纳 105747.6 元；农场缴纳工伤保险金 26901.7 元；农场缴纳生育保险金 22430.4 元。四项保险缴纳总金额 194.30 万元。

2015 年，农场缴纳养老保险金 1012203.1 元，个人缴纳 404974.5 万元；农场缴纳单位医疗保险金 290103.8 元，个人缴纳 89374.7 元；农场缴纳工伤保险金 29703.2 元；农场缴纳生育保险金 19223.9 元。四项保险缴纳总金额 184.56 万元。

2016 年，农场缴纳养老保险金 1031550.3 元，个人缴纳 423044.7 元；农场缴纳单位医疗保险金 655839 元，个人缴纳 94624 元；农场缴纳工伤保险金 77472.51 元；农场缴纳生育保险金 20053.5 元。四项保险缴纳总金额 230.26 万元。

2017 年，农场缴纳养老保险金 1061304.9 元，个人缴纳 446874.1 元；农场缴纳单位医疗保险金 545834.8 元，个人缴纳 156051 元；农场缴纳工伤保险金 72360.1 元；农场缴纳生育保险金 27025.2 元。四项保险缴纳总金额 230.95 万元。

2018 年，农场缴纳养老保险金 1213016.2 元，个人缴纳 510750.8 元；农场缴纳单位医疗保险金 523003.2 元，个人缴纳 149587.0 元；农场缴纳工伤保险金 63656.90 元；农场缴纳生育保险金 28705.15 元。四项保险缴纳总金额 248.87 万元。

2019 年，农场缴纳养老保险金 1172426.6 元，个人缴纳 550590.4 元；农场缴纳单位医疗保险金 481933.6 元，个人缴纳 129023.4 元；农场缴纳工伤保险金 40319.4 元；农场缴纳生育保险金 34612.2 元。四项保险缴纳总金额 240.89 万元。

2020 年，农场缴纳养老保险金 174865 元，个人缴纳 423222.2 元；农场缴纳单位医疗保险金 363718.25 元，个人缴纳 130680.65 元；农场工伤保险金免缴；农场缴纳生育保险金 20849.35 元。四项保险缴纳总金额 111.77 万元。

以上资金按比例分摊到职工个人，与职工个人部分组成个人专户，农场所有职工个人专户组成企业集体专户，由专人负责管理。2006 年 5 月 8 日，成立贵州省山京畜牧场社会保险科，具体负责社会保险管理工作。

第五节　社会救助

一、最低生活保障

（一）社区居民最低生活保障

1. 社区居民低保组织领导机构

2002年4月30日，成立贵州省山京畜牧场城市居民最低生活保障工作领导小组（简称“低保工作小组”），负责农场社区居民最低生活保障有关工作。其人员组成如下：

组　长　简庆书

副组长　伍开芳

组　员　朱增华　陈华松　祝德胜　周忠祥　丁隆海　杨兰清

低保工作小组设在农场办公室，朱增华负责日常工作。

2005年8月30日，由于工作调动、退休、居民委员会改选等，低保工作小组缺员较大，为切实做好农场社区居民最低生活保障工作及其动态管理，确保该项工作的正常开展，对低保工作小组进行必要调整：

组　长　简庆书

副组长　朱增华

组员有7人。

2009年3月，由于工作调动、退休、居民委员会改选等，低保工作小组缺员较大，为切实做好农场社区居民最低生活保障工作及此项工作的动态管理，确保该项工作的正常开展，对低保工作小组进行必要调整：

组　长　朱增华

副组长　张克家

组员有6人。

2011年3月15日，根据人员变动和部门工作调整，为切实做好城镇居民最低生活保障工作及此项工作的动态管理，确保该项工作的正常开展，成立贵州省山京畜牧场城镇居民最低生活保障工作领导小组：

组　长　朱增华（副场长）

副组长　黄明忠（场长助理）

组员有7人。

2. 居民低保户核实与低保金发放

2002 年，农场社区居民低保户有 28 户 41 人。

2003 年，按照城市居民最低生活保障条件规定，农场低保工作小组与西秀区、双堡镇低保办公室联系，严格把关，遵循动态管理，做到应保尽保。农场社区居民低保户有 36 户 72 人。全年共发放低保金 3.21 万元。12 月份上报的 8 户待审批。

2004 年，农场社区居民低保户有 43 户 57 人，全年共发放低保金 6.16 万元。

2005 年，农场社区居民低保户有 33 户 48 人，全年共发放低保金 5.5 万元。

2006 年，农场社区居民低保户有 46 户 58 人，全年共发放低保金 6.8 万元。

2007 年，农场社区居民低保户有 54 户 89 人，全年共发放低保金 8.5 万元。

2008 年，农场社区居民低保户有 45 户 66 人，全年共发放低保金 7 万余元。

2009 年，农场社区居民低保户有 50 户 85 人，全年共发放低保金 12.8 万元。

2010 年，农场社区居民低保户有 44 户 56 人。

2011 年，农场低保户有 83 户 128 人（含城镇居民低保和农村居民低保）。

2012 年，农场低保户有 50 户 82 人。

2016 年，农场低保户有 61 户 65 人，月发放低保金约 2.6 万元（含城镇居民低保和农村居民低保）。

2017 年，农场低保户有 61 户 65 人，月发放低保金约 2.6 万元（含城镇居民低保和农村居民低保）。

（二）农村村民最低生活保障

1. 农村村民低保组织领导机构

2008 年 4 月 24 日，为切实做好农村最低生活保障工作及此项工作的动态管理，确保该项工作的正常开展，经研究决定，成立贵州省山京畜牧场农村村民最低生活保障工作领导小组：

组　长　冯和平

副组长　朱增华　彭　燕

组　员　吴　洪　韦兴华　刘开珍　汪仕祥　周志学　吴朝国　胡克明　王安忠

领导小组下设办公室，办公室设在农场农业科，彭燕兼任主任。

2010 年 5 月 13 日，根据人员变动和部门工作的调整，为切实做好农村最低生活保障工作及此项工作的动态管理，确保该项工作的正常开展，对贵州省山京畜牧场农村村民最低生活保障工作领导小组进行必要调整：

组　长　朱增华（副场长）

副组长　黄明忠（副主任）

组员有 9 人。

2. 村民低保户核实与低保金发放

2009 年，农场农村低保户有 11 户 26 人，全年发放低保金共计 1.6 万元。

2010 年，农场农村低保户有 31 户 56 人。

二、住房救助

1978 年，农场职工张庆范退休回原籍农村居住，由于老家无住房，向农场申请建房补助，经农场党委于 7 月 10 日研究，同意给张庆范建房补助 400 元。

2009 年，落实住房困难户危房改造 2 户，补助危房改造款共计 1 万元。

2010 年，落实住房困难户危房改造 1 户，补助危房改造款 8000 元。

三、就业救助

1981 年农场职工胡理庆因工被人杀害，经农场会议研究，决定对胡理庆的家庭进行就业救助，将其妹胡理秀接收为农场合同制工人。

2003 年农场子弟学校十二茅坡教学点组织师生开展校外活动时，教师周永国为营救两个不慎掉进溶洞的学生献出生命。经农场会议研究，同意对周永国的家庭进行就业救助，将其妻文忠婵接收为农场合同制工人。

2011 年农场管水工人刘福祥因工受伤，经医治无效死亡。考虑其儿子生活困难，经农场会议研究，对刘福祥家庭进行就业救助，同意将其儿子刘康接收为农场合同制工人。

四、临时救助

农场职工朱润于 1968 年 5 月病逝。1969 年 6 月 10 日，农场按照规定发放抚恤金。朱润病逝后，留下妻子和五个孩子，大的孩子 13 岁，小的 3 岁。由于人多收入少，生活困难，经农场党委研究，决定给予 30 元救济。

1972 年 1 月 19 日，农场退职职工田丰稷和王琼英夫妇在退职后，因孩子多且年幼，在生活上的确存在困难，夫妇二人到农场来反映实际困难情况。经农场会议研究，决定对其家庭给予救济金 60 元，粮票 25 公斤。

1981 年，农场职工胡理庆因工被人杀害。农场鉴于其父母生活困难，经农场会议研究，决定每月给予其母生活困难补助。

1986年，农场向家庭经济困难的13户职工发放困难救助费770元。

1989年，农场职工汪德贵因工死亡。农场鉴于其妻生活困难，经农场会议研究，决定每月给予其妻刘显珍生活困难补助。

1993年，农场外来人员薛德昌在第六生产队与人打架致亡。农场鉴于其妻韦开凤家庭困难，给予生活困难补助费600元。

2003年，农场教师周永国为营救两个不慎掉进溶洞的学生献出生命。农场考虑其子女年幼，家中无生活来源。经农场会议研究，同意对周永国的子女进行救助，直至18岁。

2009年，协助申请落实低保医疗救助1户。发放救助金4600元，发放棉被、衣服等救助物品50件（套），大米750公斤。

2010年，协助申请落实低保医疗救助3户。发放棉被、衣服等物品87件（套），大米1980斤。落实危房1户，改造补助8000元。

五、“五保”户供养

农场对达到“五保”（保吃、保穿、保医、保住、保葬）条件的人员，按国家有关政策尽到“五保”责任，为“五保”户提供粮油和燃料，提供服装、被褥等用品和资金，提供符合基本条件的住房；安排其及时治疗疾病，对生活不能自理者安排人照料；妥善办理丧葬事宜。供养标准根据当地村民平均生活水平适时调整。

1966年，银子山生产队有“五保”户1人，毛栗哨生产队上哨小队有“五保”户1人。

1992年，银子山村有“五保”户1人。

2005年，银子山村有“五保”户2人。

第五章　农场保卫与征兵工作

第一节　农场武装部

20 世纪 70 至 90 年代，中国人民解放军空军某部驻扎于农场境域。

1981 年 1 月，根据安顺军分区党委、安顺县人民武装部党委有关命令，建立贵州省山京马场武装部。李忠武任武装部部长。

1988 年 7 月，冯和平任贵州省山京畜牧场武装部部长。

2001 年 3 月，蒙友国任贵州省山京畜牧场武装部部长。

农场武装部主要负责民兵组织管理、军事训练，农场辖区内征兵等工作。

第二节　征兵工作

一、征兵工作组织领导机构

1998 年 10 月 28 日，为加强征兵工作协调、组织、领导工作，经农场党委和农场武装部研究，决定成立贵州省山京畜牧场征兵工作领导小组。其组成人员如下。

组　长　唐惠国（党委书记）

副组长　冯和平（武装部部长）

　　　　蒙友国（纪委书记）

　　　　伍开芳（农场办公室副主任）

组　员　吴定中（政工科副科长）

　　　　周兴伦（保卫科副科长）

　　　　程志明（武装部干事）

　　　　谢秀英（卫生所所长）

　　　　支优文（应急分队队员）

　　　　熊金国（应急分队队员）

小组下设办公室，办公室设在农场武装部。冯和平兼任办公室主任，吴定中、周兴伦兼任办公室副主任。

二、征兵体检与兵员输送

1989 年，农场武装部对农场职工进行国防意识教育，组织适龄青年参加征兵体检，向部队输送合格新兵 3 名。

1990—1995 年，组织适龄青年参加征兵体检，向部队输送合格新兵 20 名。

1996 年，组织适龄青年参加征兵体检，向部队输送合格新兵 2 名。

2001 年，组织农场 24 名适龄青年报名参加征兵体检，向部队输送合格新兵 3 名。

2002 年，组织农场 14 名适龄青年报名参加征兵体检，向部队输送合格新兵 2 名。

第三节　民　　兵

一、民兵领导管理机构

农场民兵领导管理机构为农场武装部。

农场武装部实行双重领导。其业务受安顺县（安顺市、西秀区）人民武装部指导和领导；其负责人及工作人员身份待遇等人事权仍归农场管理。

农场武装部政治委员由农场党委书记兼任。武装部历任政治委员有邓荣泉、曾孟宗、唐惠国等。

农场武装部部长由农场党委考察推荐，报安顺县（安顺市、西秀区）人民武装部党委、安顺军分区党委批复任命。武装部历任部长为李忠武、冯和平、蒙友国等。

二、民兵组织调整改革

1999 年 7 月 13 日，为贯彻落实安顺军分区、安顺市人民武装部深化民兵工作调整改革有关文件精神，确保农场民兵组织调整改革工作的顺利完成，经农场党委和农场武装部会议研究，决定成立贵州省山京畜牧场民兵组织调整改革领导小组。其组成人员如下。

组　长　唐惠国（党委书记、武装部政治委员）

副组长　冯和平（副场长、武装部部长）

组　员　伍开芳（农场办公室主任）

程志明（武装部干事）

吴定中（工会副主席）

周兴伦（保卫科科长）

熊金国（保卫科干事）

三、民兵训练

1978 年，在参加安顺县武装部纪念“六一九”活动比武中，荣获制式武器隐显目标射击第一名。在各队党支部的领导下，工程队民兵建立了工地站岗放哨制度，张家山生产队的民兵在秋收季节组织站岗放哨，不要报酬，保护集体粮食。

1989 年，农场武装部组织青年民兵进行军事训练，开展国防教育和政治思想教育。

1990 年 3 月，在农场党委的领导下，农场武装部对民兵“新战士”进行国防教育和政治思想教育，并组织开展民兵训练。培训结束后，根据考查考核结果，经农场党委同意，农场武装部讨论研究，决定授予罗会刚“全优学员”光荣称号，授予张庭勇等 10 人“优秀学员”光荣称号。

全优学员

罗会刚

优秀学员

张庭勇　阎世祥　张　红　熊金国　刘　荣　王　勇　王贵忠　张成梅

吴　英　金　健

1991 年，农场武装部在上级业务部门的指导下，对农场民兵进行了训练，成立了 23 人的应急分队。

1997 年 12 月，农场组建 2 个排 7 个班（共 60 人）参加安顺市人民武装基干团野营拉练实战演习。

2001 年，农场武装部选派 10 名优秀青年参加安顺市西秀区民兵集训，在 6 个项目的训练中取得 3 个第一、2 个第二的好成绩，总成绩在 15 个参训单位中名列第二。

2002 年 7 月 29 日，根据上级有关文件精神，成立贵州省山京畜牧场“六项工作”领导小组，负责民兵整组、兵役登记、退伍军人预备役核对登记、地方与军事专业对口技术人员预备役登记、国防潜力调查贵州省预备役师三团直属队组建 6 项工作。蒙友国任组长，程可清（西秀区人民武装部政工科科长兼任）、周兴伦任副组长。

第五编

科教文化与卫生体育

中国农垦农场志丛

第一章　科学技术

农场科学技术人员认真钻研业务，积极开展科学技术研究和试验，大力推广先进科学技术，为农场养殖业和种植业发展提供技术支持。积极开展技术交流活动，开展技术业务培训，为农场培养后备技术人才，为上级主管部门及农场周边公社培训技术业务骨干，促进农业生产发展。

第一节　科学技术事业

一、养殖业领域的科学研究与试验

（一）马匹剖宫产手术研究与实施

为提高马匹繁殖成活率，为部队生产更多马匹，1963 年兽医技术人员杨彦文、宋结义、孙永信、曾孟宗等结合工作实际，开展马匹剖宫产手术研究，在取得可靠的研究成果并做好各种预案的基础上，在农场的大力支持下，组织进行了剖宫产手术，获得满意的效果。

（二）马匹人工授精技术研究

农场育种室成立以来，全体马匹育种技术人员积极开展马匹人工授精技术研究，并将研究成果应用在马匹生产实践中，提高了配种受胎率。到 20 世纪 60 年代，山京农场马匹人工授精技术处于贵州省马匹养殖界领先水平。

农场马匹育种技术人员根据农场自身实际，在长期的马匹人工授精实践中不断积累经验，对总后勤部军马部 1962 年颁布的《马匹人工授精实施程序》进行补充完善，制定了《中国人民解放军山京军马场马匹人工授精实施程序》，以此作为农场马匹人工授精技术参考。在此基础上，逐年对此项技术进行探索、研究、完善，1971 年 12 月形成较为完备的修订本，并以之为农场马匹人工授精技术指南。

（三）提高生猪瘦肉率试验

1984—1985 年，农场机械化万头养猪场生猪饲养技术人员开展提高生猪瘦肉率试验。

试验目的：通过试验，找出生长发育快、饲料报酬高、瘦肉率高的杂交组合。

试验程序、数据采集依据：试验各项测量项目及屠宰测定方法按照全国猪育种科研协作组 1982 年 12 月发布的《关于猪种选育若干技术问题的意见》（第三次修订稿）的有关要求进行，并参考北京农业大学畜牧系编写的全国第二次提高猪瘦肉技术训练班教材。

试验材料和方法：选择长白公猪 3 头、大约克公猪 2 头，与苏关杂种母猪进行配种，在其后代中随机抽样，每窝选公母各 1 头用作育肥试验。对照组苏关杂种猪随机抽样，公母各一半。繁殖试验猪群每组各 10 头。

配种繁殖分组情况：长白公猪＋苏关杂种母猪，大约克公猪＋苏关杂种母猪，苏关杂种公猪＋苏关杂种母猪（对照组）。

试验结果：

（1）各组饲料利用率差别不大。

（2）日增重以“长白公猪＋苏关杂种母猪”组合最佳，全期平均日增重 490 克。

（3）胴体瘦肉率以“长白公猪＋苏关杂种母猪”组合最高，达 53.18％。

二、种植业领域的科学研究与试验

（一）水稻区域适应试验

1956 年，受贵州省综合农业试验站委托，农场开展水稻区域适应试验。

试验品种：马尾粘、黔农 5782 号、水南粘、川农 422 号。

试验范围：秧田一块，1.4 亩；本田二块，分别为 2.04 亩、2.56 亩。

结论：

（1）马尾粘、黔农 5782 号较高产，可继续试验后重点推广。

（2）土层深厚、水源方便、移栽较早的较高产。

（二）旱稻、水稻直播试验

1959 年，在农场张家山生产队进行旱稻直播试验。秋收，经称测验收，一丘亩产 456 公斤，一丘亩产 377.5 公斤，比同一坝区移栽的旱稻亩产 283 公斤分别高 61％、33％。在农场第四生产队开展水稻直播试验。秋收，经称测验收，平均亩产 256 公斤，最高一丘亩产 328.5 公斤，分别比同一坝区移栽的水稻亩产 222 公斤高 15％、48％。试验结果：在同样的栽培和管理施肥条件下，直播的产量较高，且从整地到播种，直播每亩能节省人工 3、4 个。

第二节　科技交流和技术推广服务

一、科技交流

1972 年 8 月，昆明军区召开军马生产座谈会，农场向会议提交了 3 份生产技术交流材料。座谈会上，农场代表作交流发言，就军马马匹选种、催情配种、保胎防流产、幼驹护理与防病、军马卫生防疫、牧草种植等生产技术进行交流。

二、技术推广服务

（一）养殖技术推广

1960年3月27日—4月27日，农场开办马匹人工授精训练班，对安顺专区各县市选派的20名学员进行马匹人工授精技术培训。同年，举办种猪人工授精训练班，为安顺专区的部分县及部分公社培训了数十名技术员。帮助农场周边公社建立民用马配种站。农场从职工中挑选部分人员参加培训班学习，充实农场实用技术人才队伍。

农场加强良种马和良种猪推广力度，1960年支援周边公社及安顺专区有关单位种马43匹、良种猪1482头。

1964年，根据上级指示，开办马匹人工授精培训班，为农场驻地周边县市和公社培训技术骨干。农场育种室专业技术人员通过深入浅出的讲解和示范操作，向学员传授马匹人工授精技术技能。培训内容包括“马匹发情鉴定”“配种前公种畜精液检查”“人工授精器材准备与使用”“马匹妊娠鉴定”等。

（二）种植技术推广

1979年7月17—18日，在贵州省农业厅及其业务部门的指导帮助下，举办了化学除草剂试验及使用培训班，山京农场内外29人参加培训学习。

1997年及以后，农场加大杂交水稻、杂交玉米良种推广，指导农户实行水稻宽窄行拉绳插秧、玉米育苗定向移栽，推广油菜优良品种和育苗移栽技术。这些优良品种和新技术的推广使用，促进了有关农产品产量的大幅度提高。1997年，农场推广“两杂”良种5200公斤，栽种水稻2500亩，玉米育苗定向移栽90亩，油菜育苗定向移栽3238.4亩。

2004年，农场大力推广烤烟大棚集约化漂浮育苗技术，以减少假植工序，降低劳力投入，节约种植成本，提高种植水平，提高烟叶品质，增加种植收入。此后，持续对这项技术进行推广，农场内外广大种植户从中受益，也得到所在地政府及其有关单位的关注和重视。安顺市、西秀区人民政府及其烟草部门先后两次在山京农场组织召开烤烟育苗、移栽现场会，共计1000多人到场参观学习。

2006年，驻农场的柳江公司充分发挥自身优势，分期对周边县区农户进行养鸡技术培训。参加者共计2000多人次，扶持带动周边1000多个农户，并将农户的产品纳入公司销售渠道，共同进入市场。积极推广食用鸡和蛋鸡养鸡先进技术。

2008年，农场的烤烟生产办公室大力推广烤烟机耕起垄待栽技术，缩短移栽时间，确保移栽工作的顺利进行。

（三）加工技术推广

2005年，农场的茶叶生产经营企业，通过安顺市、西秀区有关单位的大力支持和协助，推广先进采茶、制茶技术。安顺市扶贫办、安顺市关工委在农场召开名优扁形茶制作现场培训会。安顺市五县一区（平坝县、普定县、紫云县、镇宁县、关岭县，西秀区）有关人员共130余人到会参观、学习银山茶场扁形茶制作工艺。西秀区工商联在农场召开机采夏秋茶现场会，西秀区有茶园分布的乡镇的领导和茶农到现场参观学习。

第二章 教　育

农场学校教育始于1960年。农场教育机构的设立，为广大干部职工解决了后顾之忧，为农场干部职工子弟健康成长和进步成才创造了基本条件。学校经过多年发展，形成了学前教育、小学教育与初中教育协调发展的格局。农场还根据自身实际，积极开展职工教育，大力支持职工进修学习，为农场生产经营和管理工作储备骨干力量，为农场可持续发展奠定基础。

第一节　教育发展概况

1960年2月，农场子弟小学成立，同时开设学前班，开启农场创办教育的历史。同年3月，开始招收学生，开办小学1～6年级。此后，为方便农场管理的集体所有制村寨子女就近入学，在毛栗哨、银子山、砂锅泥、张家山等村寨设置教学点。长箐分场成立后，又在该分场设立教学点。这些教学点招收小学低年级（主要为1～3年级）学生。教育教学业务由场部子弟小学统一管理和指导。

1972年，经所在地教育行政部门批准，分别在场部和十二茅坡开设初中部。20世纪70年代末、80年代初，为进一步提高教育教学质量，集中资源办学，先后撤销毛栗哨教学点、张家山教学点、十二茅坡初中部。1980年，学校更名为“山京马场子弟学校”，包括小学部和初中部。从此，农场教育事业进入一个新的发展阶段。

除了办好学校教育，农场还十分重视职工教育，组织干部职工利用业余时间学文化、学技术，提高干部职工整体素质。又与贵州省内有关中专学校和大专院校联合办学，选拔优秀的农场子弟到相关中专学校和大专院校就读，毕业后返回农场工作，从而为农场长远发展培养后备人才。

第二节　学校管理岗位设置

农场子弟学校设置校长室、教导处、总务处等行政管理机构，负责教育教学等管理工作。设置党支部、团支部、少先队（中国少年先锋队）等党群组织，负责学校政治思想工作、党建工作、青年工作、少先队工作。学校本部及其有关机构和组织对农场辖区内各教学点的相关工作进行管理和指导。

学校校长室、党支部等机构的负责人由农场及其党组织，或者所在地县级教育部门及其党组织根据干部管理权限进行任命。团支部负责人由团员选举产生，报农场团委批准任命。少先大队辅导员经学校党支部与行政领导班子会议研究决定人选，由学校党支部任命。

学校行政管理机构和党群组织及其负责人岗位设置，也一直在健全完善。1960 年，设置校长、教导处主任岗位。1980 年，学校党支部成立，设党支部书记岗位。1976 年，设总务处主任岗位。1978 年，学校团支部和少先大队成立，设团支部书记和少先大队辅导员岗位。有时根据工作需要设立相应副职，作为主要负责人的助手。

一、历任党支部书记

郁文涛，任职时间为 1980—1983 年。

曾荫梧，任职时间为 1983—1992 年。

唐惠国，任职时间为 1992—1996 年。

陈治维，任职时间为 1996—2002 年。

万贤德，任职时间为（2002）—2008 年。

何仁德，任职时间为 2008—2014 年。

潘　熙，任职时间为 2014—2017 年。

汪厚平，任职时间为 2017—2020 年（统计截止时间）。

二、历任校长

谢钦斋，任职时间为 1960—1961 年（兼任）。

李殿良，任职时间为 1962—1966 年（兼任）。

雷惠民，任职时间为 1967—1969 年（兼任）。

在以上人员兼任校长期间，学校日常管理工作由教导处主任负责。

郁文涛，任职时间为 1970—1980 年。

曾荫梧，任职时间为 1980—1992 年。

唐惠国，任职时间为 1992—1995 年。

陈治维，任职时间为 1996—2002 年。

何仁德，任职时间为 2003—2008 年。

肖　峰，任职时间为 2009 年 1—8 月。

何仁德，任职时间为 2009—2012 年。

李　祥，任职时间为 2013—2016 年。

汪厚平，任职时间为 2017—2019 年。

陈有明，任职时间为 2019—2020 年（统计截止时间）。

三、历任副校长

李谋谛，任职时间为 1981—1989 年。

汪厚平，任职时间为 2008—2017 年。

四、历任教导处主任（教导处副主任）

李德惠，任职时间为 1963—1968 年（教导处副主任，1965 年以前负责学校教育教学日常管理工作）。

曾荫梧，任职时间为 1965—1972 年。

姜文兴，任职时间为 1977—1980 年。

陈治维，任职时间为 1980—1981 年。

张克勤，任职时间为 1981—1985 年、1995—1996 年。

唐惠国，任职时间为 1985—1995 年。

王尚伦，任职时间为 1989—1992 年。

余朝贵，任职时间为 1992—2008 年。

万贤德，任职时间为 1996—2007 年。

李　祥，任职时间为 2008—2012 年。

王　梅，任职时间为 2013—2017 年。

杨　燊，任职时间为 2017—2019 年。

罗兴华，任职时间为 2019—2020 年（统计截止时间）。

注意：“十二茅坡教导处副主任”职务为农场子弟学校校教导处副主任，负责十二茅坡教学点工作。

五、历任总务处主任

张克勤，任职时间为 1976—1981 年。

伍良勤，任职时间为 1981—1989 年。

唐惠民，任职时间为1989—2008年。

姜兴德，任职时间为2008—2018年。

柏礼胜，任职时间为2018—2020年（统计截止时间）。

六、历任团支部书记

陈金山，任职时间为1978—1987年。

金松琼，任职时间为1988—1991年。

姜兴德，任职时间为1992—2006年。

2006年，学校撤销初中部，不再设置团支部。

七、历任少先大队辅导员

陈金山，任职时间为1978—1987年。

金松琼，任职时间为1988—1991年。

杨明珍，任职时间为1991—2012年。

王孟敏，任职时间为2013—2015年。

赵露薇，任职时间为2015—2018年。

卫方丽，任职时间为2018—2020年（统计截止时间）。

第三节　学前教育

一、学前班

1960年，农场开办学前班，招收5～6周岁农场职工子女接受学前教育。20世纪70年代末，学前班搬迁到农场子弟小学，在学校食堂一间面积约为50平方米的教室开办。教师为朱玉桂，学生近40人。业务严格按当时安顺县教育局制定的相关规定进行，设有识字、课外活动课等。学前班学满一年后，升入小学一年级。1991年，农场选派到安顺市（县级）幼儿师范学校学习的罗梅、陈雪毕业返回农场工作。罗梅被农场分配在场部小学学前班任教，陈雪被分配到十二茅坡小学学前班任教。农场学前班首次迎来了经过专业学校培养的教师，学前教育更加规范化。

二、幼儿园

2013年9月，从子弟学校校园划出300平方米土地及1栋两层楼房开办幼儿园，聘请罗溢美、胡耀扬、赵敏三位西秀区教师进修学校幼师班毕业的教师上课。分别开设小班、中班、大班，学制三年，招收3～6周岁儿童入园就读。课程有阅读、识字、趣味教学、语言、科学、艺术、健康、社会、课外活动等。幼儿园办学规模达150人。

2015年，采取官办民助方式，由镇宁县人黄江临承办学校附属幼儿园，投资购买一台接送学生的校车，美化室内外、操场环境，购进滑梯、秋千等室外大型玩具，置办桌面玩具、方块、趣味魔方以及各种小球类等小型玩具，聘请张强、李丽等五名幼儿教师，办学规模达到200人。

2018年，西秀区教育局、双堡镇人民政府将农场学校附属幼儿园彻底从学校剥离，划归西秀区第八学前教育集团管理，由罗锦春院长统管，聘请具有办学资质的徐代玲任园长，聘请西秀区教师进修学校幼师班毕业的李春燕、朱芳、张敏任教，蒋倩、唐小娜、徐英任保育员，农场学前教育向系统化、正规化迈进。

第四节　小学教育

一、学校建设

1960年2月，农场创办小学。因农场南北相距12千米，依据农场实际情况，分别在场部、十二茅坡开办教学点。此后，为方便农场管理的集体所有制村寨的子女就近入学，在毛栗哨、银子山、砂锅泥、张家山等村寨设置小学低年级教学点。场部片区办学地点最早是在今军马村黑山自然村，校舍为一排茅草公房。

20世纪70年代，在场部办公大楼西南900米原烤烟房增设初中部，并将周边土地规划为校园，修建石木结构校舍两栋。小学部从黑山寨子搬迁至新建校园，与初中部合并办学，形成九年制学校。20世纪70年代末、80年代初，为进一步提高教育教学质量，集中资源办学，撤销毛栗哨和张家山教学点。1979年，农场投资兴建一栋600平方米、砖混结构的二层综合楼，办学条件有所改善。1980年，进一步整合教育资源，撤销十二茅坡初中部，初中阶段适龄学生全部到场部学校就读，学校更名为“山京马场子弟学校”。2005年，农场争取贵州省、安顺市财政资金50万元，其余资金自筹，共投资61.06万元，修建建筑面积为1166平方米的教学楼1栋。

2008年9月，农场子弟学校被划归西秀区教育局管理，更名为“安顺市西秀区山京畜牧场学校”。其主要服务对象仍然为农场职工子弟及农场管理的集体所有制村寨子女。

2015年，增拨土地18亩，用于学校扩建。同年，修建女生宿舍楼1栋，占地500平方米，能满足150人住宿。2016—2017年，在子弟学校实施义务教育均衡发展建设项目

（2016年6月16日开工，2017年5月30日竣工）。修建综合大楼1栋，建筑面积为1000平方米，工程总投资320万元。工程完工后，配备了图书室、音乐室、书画室等。图书室配备各类图书15400册，28个书柜，阅览座位23个。音乐室配备钢琴1架，电子琴50架，大鼓30面。投资90万元修建占地300平方米的学生食堂。修建占地800平方米的塑胶操场，改造塑胶篮球场。学校办学条件得到极大改善。

十二茅坡教学点最早是在十二茅坡油榨房的一间茅草房内办学，后搬迁至水坝一排青砖瓦房内办学。20世纪70年代，从水坝迁至现场坝附近。在十二茅坡场坝北面修建石木结构校舍1栋，占地面积为200平方米，现场坝所在区域则用作学生操场。2000年，迁到原第六生产队队部办学，除第六生产队队部房舍外，新建380平方米砖混结构教学楼1栋，修建水泥砖墙体围墙120米（高2.2米），校园占地面积为2465平方米。

其他教学点利用农场或生产队公房办学，没有专门修建教学楼。

二、学制

1960—1969年，实行小学六年学制。

1970—1980年，实行小学五年学制。

1981年及以后，实行小学六年学制。

三、课程设置

1960—1966年，设置的课程有语文、算术、音乐、体育、美术、自然常识等。

1967—1976年，没有固定的课程设置，有时甚至没有教材。一般情况下，设置毛主席语录、语文、算术、军体等课程。

1977—1983年，逐步恢复“文化大革命”之前的课程设置。

1984年及以后，增设小学地方课程，安排的课程有环境教育、健康教育、乡土教材及实用技术等。

2003年，义务教育课程设置实验方案，课程实行“三新”标准（新课程、新课标、新计划）。小学1、2年级开设品德与生活、语文、数学、音乐、体育、美术，小学3、4、5、6年级开设品德与社会、科学、语文、数学、英语、体育、艺术（音乐、美术）、综合实践等。

四、教学计划

1960—1966年，执行安顺县小学每周教学计划，教师每周工作5.5天，每周上课28

课时。

1967—1976 年，“文化大革命”时期，没有统一教学计划。一般情况下，教师每周工作 5.5 天，每周上课 28 课时。

1977—1980 年，进行教育整顿，教育教学工作逐步走向正轨，但没有颁布统一的教学计划。

1981 年，贵州省颁布小学教学计划，农场子弟学校安排工作时按照此计划执行。

1984 年，贵州省教育厅重新修订六年制的小学教学计划，规定每周上课 5 天，各年级每周最低上课 28 课时。

2002 年，执行国家九年义务教育教学计划。

五、教育教学研究

为提高教育教学质量，学校组织广大教师开展教育教学交流、探讨和研究。学校教师参与听课评课、公开课与示范课、校内外教学交流学习等教育教学活动。部分教师结合自身教育教学实践，对教育教学过程进行总结和研究，撰写教育教学论文，使教育教学实践与理论同步提高。

1991 年 9 月刊《学校工作简讯》，选载何仁德《对症下药，抓好“双基”》、张克勤《布列方程思路》、李绍华《“读写例话”教学初探》、汪厚平《朗读在语文教学中》等教学研究文章。同年 11 月刊《学校工作简讯》，选载康大昌《变教为导》、陈金山《怎样教好定义、概念、法则》、张启先《作文教学中的几点粗浅体会》等教学研究文章。

2016 年 8 月，农场子弟学校原校长曾荫梧的文集《春华秋实》装订成册印刷。其中收录了部分教育教学研究文章，有《班主任的多重角色》《有水平≠教得好》《闲话高考作文题》等。

第五节 初中教育

一、子弟学校初中部设置

1972 年，农场在十二茅坡和场部分别开办初中部。十二茅坡初中部与小学部共用校舍，1980 年撤销并入场部初中部。场部初中部在场部办公大楼西南 900 米原烤烟房办学。此后，随着扩大校园、增修校舍，场部小学从黑山寨子迁入合并，形成九年制学校。

二、课程设置

学校初中部开办初期，主要课程为毛主席著作、语文、数学、物理、化学、历史、地理、农基、革命文艺和军体等。1978 年，教育部颁布《全日制十年制中小学教学计划试行草案》，全国统一课程设置。1981 年，由于学制过渡，课程及课时有不同程度的增减。1994 年，初中调减了语文、数学、地理、生物、历史、外语、音乐、体育等学科的课时，增设思想政治、劳动技术、课外活动、职业技术教育等课程。2003 年，落实新课改方案，课程包含思想品德、语文、数学、外语、科学（物理、化学、生物）、社会（历史、地理、体育与艺术）等。

三、教学计划

1972 年，实行《普通中学周计划表》。1985 年，执行《全日制普通中学周教学计划》。2003 年及以后，为完成九年义务教育，落实新课程方案，实行贵州省统一的新教学计划。

第六节　教育管理

一、幼儿园教育管理

农场幼儿园主要通过幼儿教师言传身教、欣赏简易的图画音乐、开展集体活动等方式开展品德行为教育。1996 年 3 月国家教育委员会（现教育部）颁布《幼儿园管理规程》以后，幼儿园实行保育与教育相结合的原则。农场幼儿园认真贯彻落实幼儿园保育和教育目标，要求幼儿教师通过简单的讲解、示范及组织适合幼儿身心特点的活动等，启发幼儿爱家乡、爱祖国、爱集体、爱劳动、爱科学的情感，培养幼儿诚实、自信、好问、友爱、勇敢、爱护公物、克服困难、讲礼貌、守纪律等良好的品德行为和习惯等。

二、子弟学校德育工作

农场子弟学校自创办以来，高度重视德育工作，紧密结合农场和学校实际，制订切实可行的德育工作计划和德育工作常规管理制度，坚持德育管理制度化、德育内容系列化、德育途径社会化、德育活动多样化。

学校重视德育工作队伍建设，注重对德育工作的检查、考核、考评。建立由学校党支部书记和校长负责，以教导处和班主任为骨干，共青团和少先队充分发挥作用，学校教师全员参与的德育工作队伍。每学期开学前，党支部、共青团、少先队制订相应的学生德育教育工作计划，根据自身工作职能和特点开展教育活动，培养学生的良好品德，使《中小学生守则》《小学生日常行为规范》《中学生日常行为规范》的有关要求落到实处。学校建立切实可行的德育工作检查、考核、评价、奖惩制度，定期或不定期对德育工作进行检查。

学校通过国旗下的讲话、团会、队会、班会等形式，开展爱国主义、集体主义教育，进行思想品德教育和行为习惯教育，使学生树立正确的理想信念和远大目标，养成良好的道德品质和文明行为。学校通过开展内容丰富、形式多样、吸引力强的校园文化活动，调动学生参与积极性，增强学校生活的吸引力，让学生在学校留得住、学得好，自觉杜绝校外一切不良事物的诱惑，健康快乐地学习、生活和成长。

学校充分利用“五四”青年节、“六一”儿童节、“七一”建党纪念日、“十一”国庆节等重大节庆活动，培养学生热爱祖国、热爱人民、热爱中国共产党的情怀，自觉把个人的理想信念与祖国的繁荣富强和人民的幸福安康联系在一起，为实现中华民族伟大复兴勤奋学习。

第七节　学校教学管理

农场子弟学校历来重视教学管理，学校领导和教学管理人员长期坚持狠抓教学常规管理工作。每个学期开学前，学校均会根据上级教育主管部门的有关要求，结合本校实际编制教学工作计划，制定相应的教学常规管理制度和考核考评办法，对教师备、教、改、辅、考、评等教学中的重要环节进行明确要求。每个学期，学校都要组织有关人员定期或不定期对教学常规进行检查指导。

一、备课要求

（1）把握正确的教学理念，了解学生的基本情况，收集相关的教学资料。熟悉教材，钻研教材，明确教学目的、任务和要求。以此为基础，精心设计课时计划（教案）。

（2）以高度负责的精神，精心备课，不上无准备的课。备课要做到“五备”，即备课标、备教材、备教法、备学法、备学生实际。

（3）要认真编写教学计划。教学计划包括学期或学年教学计划、单元或课题教学计划、课时教学计划（教案）。课时教学计划要重视教学过程的设计。教案设计与撰写应包含课题，课型，教学目标，重点、难点，教学方法，使用的教具与辅助教学手段，教学过程，学生活动，板书设计，作业布置，教学后记（反思）。其他内容则可视教学的具体情况而定。

（4）鼓励教案形式多样化，可采用文本、图文结构、电子化教案等多种形式。鼓励利用现代信息技术来提升教学的效果，要充分利用丰富的网络资源。

（5）要有集体备课活动。在每章教学之前要安排1～2次的集体备课（说课、听课、评课等），明确章节教学目标、教学方法、学生活动、测评方式等。每次活动应有详细记录。一般以年级备课组为单位，设组长一名。每次备课要有主讲人及具体的备课目标，以研究解决教学中的共性问题为主。

二、上课要求

教师应上好每一堂课，力求课堂教学的高质有效。

（1）要依据课程标准和教学计划，保证教学有序进行。要遵循学生的认知规律和学科特点，杜绝随意性。

（2）必须用普通话进行教学。要求教师精神饱满、教态自然，不允许带着个人情绪进课堂。教学思路清晰，语言规范，板书工整，布局合理。教学艺术性强，善于启发学生思维、开发学生智力。

（3）每堂课应根据课前设计的教案进行授课，不允许无教案上课。

（4）要认真组织教学，要管教管导，妥善处理课堂上出现的问题，保证课堂教学顺利进行。

（5）教师要仪表端庄，教态自然，手势得体，语言准确生动、规范精练、具有感染力。板书、图示设计合理，字迹清楚、工整，绘图规范，（电化）教具使用操作熟练。

（6）教学过程要层次分明，思路清晰，突出重点，突破难点。讲解科学，不出知识性错误。

要结合教学内容和学生的年龄特点，有选择地提供学生参与课堂学习活动的时间和方式（如阅读、讨论、实验、解题练习等）。要讲练结合，每堂课应有10～15分钟（低年级更多）的时间让学生独立练习，并加强对后进生的指导。要注意信息反馈，有效调控教学进程。

三、作业布置批改要求

（1）每次布置的作业，数量要适中，要兼顾各个学科的作业量，要让学生有充分的自学机会与休息时间，要考虑到学生的全面发展。

（2）要求批改认真，并做好记录，并帮助、指导学生分析错误，及时订正，定期进行讲评。

（3）作业批改的方式重在讲实效，提倡教师批改、学生自改、学习小组互改等多种形式的批改方式。教师要加强方法上的指导，培养学生自己订正错误、修改文章的习惯和能力，教师批改必须占作业总量的70%以上。

（4）教师要及时认真批改作业，书写要规范，并使用正确的批改符号。

（5）改作业要有评价，有针对性地指出作业中存在的问题。批改作业应能体现教师对学习困难学生的关注。对批改作业的方式应积极进行改革探索，提高批改质量和效率。严禁让学生代教师批改作业。

四、教学辅导要求

（1）坚持以个别辅导为主，集体辅导为辅的原则。不占用学生的自习时间或休息、活动时间集体补课。

（2）要贯彻因材施教的原则。辅导要尊重学生的个性发展，不要搞成变相的知识灌输。

（3）辅导不是补课，不能停留在单纯的知识辅导上，要帮助学生明确学习目的，掌握正确的学习方法，培养自主学习的能力。对学习较困难的学生，要倍加关心，鼓励其树立信心，克服困难，提高学习能力。

（4）要有辅导计划。辅导的形式可以灵活多样，可采用集体辅导、小组辅导、个别辅导等形式，以不过多占用学生的时间为宜。

五、教学效果测评要求

（1）学科考试试题要以“课程标准”为依据，避免偏窄、偏深、偏旧、偏繁杂。试题要体现出层次与梯度，一般难、中、易题的比例为1∶2∶7。

（2）单元测验可由科任教师轮流命题，也可直接使用教研室提供的单元测验题。期中测查、期末考试由教研室组织统一命题。

（3）单元测验可由教师各自评卷。期中、期末测验由备课组统一标准、集中评卷、流水作业。

（4）考试成绩要登记入册，要统计分析，对各班各级的教学质量做出评价。

（5）对于考试试题应及时进行有针对性的讲评。

第八节　学校后勤管理

农场子弟学校后勤工作立足于教学，保证教学，促进教学，把为教学服务和为师生服务放在第一位。

2008 年 9 月以前，学校经费主要来源于农场拨款。学校按照农场计财科要求，开支教育教学等各项经费，严格遵守农场制定的财务制度和财经纪律，按要求选派有关人员参加农场组织的财务人员业务培训，接受农场财务及审计机构的财务检查、监督和指导。2008 年 9 月及以后，经费主要来源于西秀区人民政府财政拨款。学校按照西秀区教育主管部门和财政部门的要求建立财务账簿，科学规范地开展财务活动，严格遵守财务制度和财经纪律，参加上级主管部门组织的业务培训，接受西秀区财政部门和审计部门的财务检查、监督和指导。

为使学校后勤财务工作程序符合财经纪律要求，提高学校后勤工作效率，促进学校各项工作发展，学校制定了《财务人员规章制度》《财务报销制度》。

学校重视校产管理，对学校财产进行登记造册，并根据教育教学及师生生活需要进行合理分配。每学期对学校财产进行一次清查，需要补充、维修的，制订出补充、维修计划，报学校校长审批后实施，在下学期开学前完成，为教育教学正常开展和师生在校生活提前做好准备工作。

第九节　教师与学生

一、教师

（一）教师配备

2008 年 9 月以前，子弟学校教师主要由农场选派配备。农场从干部职工中选拔文化程度较高的人员担任，或者将分配到农场工作的大中专院校毕业生安排到学校任教。子弟学校本部、十二茅坡教学点、银子山教学点、六枝长箐分场教学点的教师，大多数都是由农场通过上述渠道选派，有时临时聘用少量代课教师。毛栗哨、砂锅泥、张家山 3 个教学点既有农场选派的教师，又有由生产队选聘的民办教师。2008 年 9 月及以后，学校教师主要由西秀区教育局选派聘任。

（二）教师继续教育

农场子弟学校认真组织教师参加各种有关学历、知识、技能提高的学习培训，大力支持和鼓励教师通过参加培训和自学提高自身综合素质，从而提高教书育人的能力，促进学校教育教学质量不断提高。

1983 年，组织中小学全体教师统一参加教材教法“过关”考试。1985 年，组织全体未达标的小学教师参加贵州省中等师范函授学习培训。1993 年，组织不具备初中学历的教师参加“三沟通”培训。1996 年，组织全体教师参加第一阶段的“中小学教师继续教育培训”（表 5-2-1）。2001 年，组织全体教师参加西秀区教育局组织的计算机初级培训。2002 年，组织全体教师参加普通话统一测试。2005 年，组织部分教师在西秀区党校参加计算机中级培训。2011 年，组织全体教师参加法制渗透教育活动。

表 5-2-1 子弟学校教师参加的中小学教师继续教育培训内容一览表

阶段	时间	培训学习课程		培训人次
第一阶段	1996 年 1 月—2000 年 12 月	职业道德教育		38
		基本职业技能	口语表达 写字 中小学教育活动 教具制作及应用 简笔画	
		九年义务教育学科	语文、数学任选一科，其他学科自选一科	
第二阶段	2001 年 1 月—2005 年 12 月	职业道德修养，普通话，新课改知识培训，信息技术，语文、数学两选一		39
第三阶段	2006 年 1 月—2010 年 12 月	新时期师德修养、新课程推进中的问题与反思		50
第四阶段	2011 年 1 月—2015 年 12 月	教师师德智慧；工业强省战略知识；教师教学智慧；新课程：我们怎样上课；有效上课；有效学业评价；语文、数学两选一		64

（三）教师专业技术职称评定及专业技术职务聘任

子弟学校鼓励教师根据自身实际积极申报专业技术职称，认真做好推荐工作。农场专业技术职务考核评审工作领导小组根据国家有关规定，对具备中级和初级专业技术职称资格的教师进行专业技术职称评定，对具备高级专业技术职称资格的教师进行初评，并推荐到贵州省农业农村厅专业技术职称管理部门复评。

学校教师获得专业技术职称以后，农场工资人事管理部门根据相关规定对其进行聘任，明确教师担任的相应岗位，履行相应岗位职责，享受相应的待遇。

1991 年 9 月，专任教师有 29 人。其中，高级专业技术职务 1 人，中级专业技术职务 4 人，初级专业技术职务 24 人。

2005 年 9 月 20 日，农场对子弟学校 22 名教师进行专业技术职务聘任。其中，高级专业技术职务（中学高级教师）1 人，中级专业技术职务（中学一级教师、小学高级教师）12 人，初级专业技术职务（中学二级教师、中学三级教师、小学一级教师）9 人。

二、学生

（一）学生来源

农场场部和十二茅坡开办完全小学，招收小学1～6年级学生（主要为7～12周岁适龄儿童）。主要接收农场职工子弟进校就读，也招收少量来自农场附近村寨的学生。

毛栗哨、银子山、砂锅泥、张家山、六枝长箐分场等教学点招收相关村寨和分场的小学低年级学生（主要为7～9周岁适龄儿童）。

（二）初中毕业生升学情况

20世纪80年代和90年代，农场加大教育投入，进一步加强师资队伍建设，子弟学校教育教学质量显著提高，初中部教育教学成绩尤为突出（表5-2-2）。

表5-2-2 学校初中部中考成绩统计表（1985—1990年）

年度	升学类别	报考人数	预选上线人数	被录取人数
1985	中技	45	41	16
	中专	4	3	1
	中师	23	3	1
	高中	10		10
	合计	82	47	28
1986	中技	37	25	9
	中专	5	3	2
	中师	5	0	0
	高中	20		20
	合计	67	28	31
1987	中技	39	20	9
	中专	15	6	4
	中师	9	4	0
	高中	15		15
	合计	78	30	28
1988	中技	37	30	8
	中专	10	8	5
	中师	8	0	0
	高中	11		11
	合计	66	38	24
1989	中技	24	9	9
	中专	29	8	2
	中师	21	1	1
	高中	9		9
	合计	83	18	21

（续）

年度	升学类别	报考人数	预选上线人数	被录取人数
1990	中技	24	11	2
	中专	26	8	4
	中师	31	3	1
	高中	11		11
	合计	92	22	18

注：高中不进行预选考试，故无预选上线人数数据。

1991 年，子弟学校初中毕业生参加中考，达到各类学校录取分数线以上的学生 25 人。其中，考取中专 5 人，中师 2 人，中技 7 人，地区重点高中 1 人，其他普通高中或职业高中 10 人。

三、教职工与学生人数

随着农场经济社会发展，学校办学条件、教育教学质量不断提高，农场子弟学校教职工和在校学生人数也比较稳定，为学校持续发展奠定了基础。到 20 世纪 80 年代中后期，学校师生人数达到所在地县域中等水平规模（表 5-2-3）。

表 5-2-3　部分年份的教职工与学生人数

年度	教职工数（人）	学生数（人）
1962	11	150
1988	41	735
1989	38	663
1994	41	503
1995	35	570
1996	35	551
1997	32	602
1998	33	833
2002	30	764
2003	33	622
2004	31	668
2006	31	645
2008	31	564

第十节　职工教育

一、职工教育管理机构

农场较大范围的职工教育始于 1956 年。当时，农场党总支请申云浦参加农场党的总支部委员会的工作。按照党总支分工，申云浦给工人上文化课，给干部上理论课。他发挥自己在这方面的优势，把每次课都讲得通俗易懂、深入浅出、生动活泼，其讲授的课程受到工人和干部的喜爱，农场掀起学文化、学知识的热潮。

1982 年 7 月 24 日，为提高农场干部职工的文化知识水平和实用技术技能，为农场持续发展培养后备人才，根据上级有关文件精神，经农场政治工作会议研究，决定成立贵州省山京马场职工教育委员会，负责农场干部职工文化知识和技术技能学习辅导培训的组织协调工作。主任为邓荣泉，副主任为曾荫梧，委员为吴定中、陈学明、陈治维、杨友亮、姜文兴、陈永芬。

由农场政治处、办公室专管职工教育的具体工作。

二、职工业余学习

1982 年，根据农场职工分布实际，农场职工教育委员会分别在场部片区和十二茅坡（第六生产队）片区建立职工教育领导小组，分片区开展职工业余学习辅导工作。

农场场部片区学习辅导班的辅导对象为场直属机关、子弟学校、第一生产队、第五生产队、猪场、工程队参加学习的职工。

十二茅坡（第六生产队）学习辅导班的辅导对象为第六生产队、茶叶组、茶叶一队、茶叶二队参加学习的职工。

经过农场职工教育委员会及各片区学习辅导班工作人员的大力宣传，农场形成了学知识、学文化、学技术的良好氛围。许多干部职工主动放弃休息时间，积极参加学习辅导班学习，1982—1983 年农场参加辅导班集中学习的学员达 300 多人。

农场结合自身实际，聘请教学业务能力强的中学教师和专业技术技能水平高的农业技术员、机械施工员对学员进行教学辅导和技术技能培训，并集中为干部职工提供必要经费和学习场所。

三、职工中等专业技术教育

（一）贵阳农业学校农学专业

1984 年，经贵州省农业厅协调，贵阳农业学校为贵州省山京畜牧场培养专业技术人才。开设课程有植保、育种、水稻种植等。农场职工黄平勇、彭燕、吴开华、杨明珍、苏胜勇、吴洪山、龙利江 7 人通过单独招生统一考试，被贵阳农业学校录取，进入该校农学专业班学习。这些学员三年后毕业，回到场里工作，享受中专待遇，为农场生产经营服务。

（二）安顺农业学校茶叶专业

1986 年，农场职工子弟饶贵忠、杨彬、朱仁芬、王安琼 4 人参加贵州省农业系统定向招生考试，被安顺农业学校录取，在茶叶专业学习。1987 年，农场职工子弟董国民、蔡国洪参加贵州省农业系统定向招生考试，被安顺农业学校录取，在茶叶专业学习。在校学习期间，这些学员除了学习基础文化知识，还接受专业知识技术培训，完成了制茶学、土壤肥料学、茶树栽培等专业课程。这两批学员学成毕业后，回到场里工作，享受中专待遇。1986 年同批参加学习的湄潭籍学员周鸿、何江也到农场参加工作，享受同等待遇。这些专业人员的加入，为农场茶叶生产注入了新的技术力量。

（三）安顺农业学校茶畜专业

1988 年，经贵州省农业厅协调，安顺农业学校为贵州省农业厅下辖的湄潭茶场、夏云农场、贵州省山京畜牧场等农场开办茶畜专业班，培养中等专业技术人才。

同年，贵州省山京畜牧场在辖区内的石油队开办茶畜培训班，农场职工子弟 60 多人参加学习。农场任命子弟学校李谋谛为茶畜培训班班主任，聘请农场专业技术人员陈仲军、胡成均、秦贯中等为茶畜培训班上课。课程以基础文化课为主，兼授农业、茶业、畜牧业方面的知识。12 月，这批学员经培训后被农场招收为职工。

1989 年 9 月，经安顺农业学校组织单独招生统一考试，上述茶畜培训班学员有 25 人被安顺农业学校录取，进入安顺农业学校茶畜专业班学习。开设课程有植物学、土肥管理、会计原理、茶树栽培、茶叶加工、养牛学、养猪学、畜牧兽医等。在这些学员于安顺农业学校学习期间，农场选派何江任班主任，参与全程管理。这些学员学习三年后毕业，被分回贵州省山京畜牧场工作，享受中专待遇。

四、职工高等教育

1988 年，经联系协调，贵州省农业厅与贵州农学院（今贵州大学农学院）联办职工大专班，学生来自贵州省农业厅下辖的湄潭茶场、夏云茶场、贵州省山京畜牧场等农场。贵州省山京畜牧场的职工李远志、苏洪，以及子弟赖建华（女）、王凯共四名青年参加学习，学制两年，毕业后回到农场工作，享受大专待遇。

第三章　卫　　生

农场卫生所牢固树立为农场生产建设服务，为农场职工服务的理念，认真做好诊断治疗及病人护理等工作。认真履行传染病防治、妇幼保健等工作职责。积极开展公共卫生服务，为农场开展爱国卫生运动提供合理建议和意见。

第一节　卫生防疫

一、卫生防疫机构

农场卫生防疫机构为农场卫生所。农场卫生所编制有6～10人。一般情况下，由农场卫生所根据医务人员专业特长，指定1、2名医务人员负责农场卫生防疫工作。

二、传染病的防治

农场卫生所成立以来，认真贯彻落实以预防为主、治疗为辅的方针，积极开展传染病防治工作，配合所在地卫生防疫部门做好传染病防治工作，为农场职工及其家属身体健康提供保障。

1961年，农场卫生所指导组织农场各片区做好环境卫生，先后4次对饮用水蓄水池进行消毒。分三个批次进行百日咳、白喉预防疫苗注射接种，为350人次接种相关疫苗。

1969年8月，农场卫生所根据贵州省军区后勤部“做好夏秋季卫生防病工作的通知”精神，广泛开展卫生防病宣传教育，提高农场职工、家属做好卫生防病工作的积极性和自觉性。发动群众，人人动手，铲除居住区杂草垃圾，清扫居住区，消灭蚊蝇，防止传染病发生。农场卫生人员积极宣传、制定各项卫生防病措施，预防痢疾、肝炎、疟疾、流行性乙型脑炎、钩端螺旋体病以及食物中毒和意外伤害事故。

1986年8月，农场邻近的双堡镇山京村发现伤寒病病例，很快蔓延到农场管辖的毛栗哨生产队。农场卫生所一方面抽出医务人员在毛栗哨伤寒病防治医疗点隔离治疗毛栗哨生产队的伤寒病人，另一方面积极为农场职工及其家属注射预防疫苗，宣传防病知识。经过一个多月的精心医治，治好了22名伤寒病病人，并有效地防止了疾病蔓延到职工队，保证了农场内职工及其家属的身体健康。

1991 年，农场卫生所进行基础免疫疫苗接种 52 人次，完成年计划的 96.1%。四苗复种 1095 人次，接种流脑（流行性脑脊髓膜炎）疫苗 865 人次、流行性乙型脑炎疫苗 741 人次、乙肝疫苗 96 人次，先后安排 2 批次口服强化疫苗 579 人次。

1996 年，根据上级卫生防疫部门指导意见和农场年度卫生防疫工作实际，农场卫生所进行各类预防针注射、发放预防口服药品 1648 人次。

1999 年，农场卫生所发放预防口服药品 1326 人次。

2000 年，农场卫生所为 508 人次发放各种预防药品。

2001 年，农场卫生所为农场辖区内的儿童发放百白破、乙肝等预防药品 1038 人次。

2003 年 11 月，为贯彻全国预防“非典”电视电话会议精神，确保中共中央、国务院、贵州省人民政府、安顺市人民政府关于预防“非典”下发的各项政令及时、准确地贯彻落实，根据上级的安排，农场成立“非典”防治工作领导小组，组织开展“非典”防治相关工作。

2005 年，农场卫生所接种各类疫苗 1070 余人次。

第二节 医疗及护理

一、医疗机构

（一）医疗机构及其医护人员

1956 年，农场卫生所成立。此后不久，分别在银子山和十二茅坡片区设立卫生室，作为农场卫生所基层医疗点。早期医务人员有刘凡良、韦开珍、吴秀英、唐芝仙、芦凤池等。张绍先、周家蓉、周士友、谢秀英、黄禄兵先后担任卫生所负责人。农场卫生所是安顺市社会保障局指定的医保刷卡医疗点。

2002 年，农场卫生所医护人员有 8 人。其中，医师 3 人，医士 2 人，药剂师 1 人，卫生员 2 人。

2012 年，农场卫生所在职医务人员有 6 名。其中，黄禄兵、雷星为执业助理医师，徐启明为药剂师，李莉为内科医士，张若丽为妇产科医师，潘小安为卫生员。有退休医务人员 9 名。其中，邹家蓉是副主任医师，周士友是主治医师，唐芝仙是内科医师，黄平书是内科医师，谢秀英是主管药剂师，杨庆兰是卫生员，龚友凤是内科医师，黄学芬是妇产科医师，金玉芳是内科医士。

（二）卫生所用房及其配套设施建设

农场卫生所用房始建于1956年，位于场部东南约200米，砖木结构一层悬山顶式建筑，盖小青瓦，建筑面积为336平方米。20世纪60年代初在场部西南约250米（现址）择地另建，砖木结构一层硬山顶箱房式建筑，盖水泥瓦，建筑面积为406平方米。

2009年，投资18万元改造。其中，中央农村卫生基础设施建设项目预算内资金13万元，农场自筹资金5万元。为使工程顺利实施，农场成立卫生所改造工程工作小组，负责协调、组织、安排卫生所改造有关工作。农场党委副书记蒙友国任组长，副场长朱增华任副组长，财务科科长李财安、卫生所所长黄禄兵、办公室工作员张克家为组员。改造工程于2009年2月上旬开工建设，3月下旬完成。

2013年，由安顺市财政局从农场办社会事业项目投资资金中划出15万元，对农场卫生所用房进行改造并完善相关设备设施。改造规划由西秀区卫生局制定，工程建设由安顺第三建筑工程公司第八工程队实施，农场负责工程建设具体事宜协调保障工作。5月28日开工建设，7月10日竣工。这次改造提升，使农场卫生所病床床位增加至10个，B超室、手术室等的医疗设备得到更新。

二、诊疗

农场卫生所诊治范围有内科、外科、儿科、妇科、牙科等。卫生所建立初期，主要为农场职工及其家属服务。后来，服务范围逐渐扩大。改革开放以后，完全对外开放。

农场卫生所医务人员始终秉承救死扶伤的人道主义精神，认真钻研业务知识，努力提高医疗及护理技术，不断改善服务质量，扩大服务范围，创新服务方式，树立良好的医德、医风。对前来卫生所就诊和治疗的病人进行认真诊治和细心护理，对行动不便不能前来卫生所诊治的老职工，实行上门诊治。

1961年，全年门诊1.5万人次，住所治疗1000人次。

1981年，全年门诊3527人次。

1987年，全年门诊2.2万人次。

1998年，全年门诊4000人次。

1999年，全年接诊病人4000余人次，住所治疗350人次，上门诊治服务100余人次，抢救危重病人10余人次。

2001年，全年门诊300人次，为300人次住所病人治疗，上门治疗70人次，抢救危重病人10人次。

2002年，全年接收住所患者近800人次，门诊5000人次。

2007 年，全年共门诊 400 人次，接收住所治疗病人 750 人次、上门诊治服务 150 余人次。

2008 年，全年共门诊 300 人次，住所治疗 500 人次，防疫 321 人次，上门诊治服务 120 人次。

2009 年，全年共门诊 3500 余人次，住所治疗 520 人次，上门诊治服务 140 人次。

2010 年，全年共门诊 3500 余人次，住所治疗 620 人次，上门诊治服务 140 人次。

2012 年，全年共门诊 2200 余人次，住所治疗 300 人次，上门诊治服务 30 人次。

2013 年，全年共门诊 5000 余人次，住所治疗 1000 余人次，上门诊治服务 60 人次。

三、护理

农场卫生所护理人员一般配备 1、2 人，能够提供三级护理服务。上岗前，护理人员均在安顺卫生学校或农场卫生所接受护理知识技能及见习实习培训。护理对象大多数是在卫生所住院的常见病患者，疑难杂症和重症患者则建议其到上一级医院诊治。特殊情况下，在医生指导下进行危重病人护理。

第三节　妇幼保健

一、妇幼保健机构

农场没有设置专门的妇幼保健机构，妇幼保健工作职责由农场卫生所承担。农场卫生所同时也履行初级卫生保健组织职责，积极开展初级卫生保健工作。

农场卫生所成立以来，始终重视配备妇产科和儿科医务人员，擅长妇产科和儿科的医生一直保持在 2～4 名，确保妇幼保健持续开展。

二、妇女保健

1961 年，为了保证孕妇安全生产，农场卫生所医务人员主动到家属区相关职工家中做产前检查，宣传孕期保健知识，提醒孕妇及其家属应注意的事项。1999 年，助产 16 人次。2001 年，助产 12 人次。2007 年，开展妇检 783 人次。2008 年，开展妇检 452 人次。

三、幼儿保健

1981 年，农场卫生所医务人员到农场子弟学校给小学生上生理卫生课。1998 年，完成上级下达的计划免疫工作，发放口服脊髓灰质炎减毒活疫苗 1339 人次。2001 年，为农场辖区内的儿童发放百白破、乙肝等预防药品1038人次。

四、计划生育技术服务

1975年4月28日，根据国务院和中央军委有关文件精神，为加强农场计划生育工作的领导，成立农场计划生育领导小组。刘武志任组长，刘同顺、张绍先任副组长。计划生育领导小组负责日常计划生育管理工作，办公地点设在农场办公室。为使计划生育工作顺利开展，各队都要成立计划生育三人领导小组。积极开展计划生育和晚婚宣传教育，将这项工作落实到人。

1981年12月29日，根据贵州省人民政府有关文件规定，对农场1980年和1981年12月份已领取了独生子女证的夫妇给予一次性奖励100元。有关部门给予独生子女办理入户手续，供应主副食品。

1984年1月，农场因企业整顿，原各队计划生育小组成员都有所变动，缺额较多。为贯彻落实相关文件精神，搞好计划生育工作，经农场党委研究同意，新成立农场计划生育领导小组。

组　长　桂锡祥

副组长　李大舜　邹家蓉　吴启志

组　员　刘汝元　袁家周　祝德胜　文明祥　胡尧成　王荣邦　石世祥　王恩元

　　　　吴定中　胡启春　谢秀英　张升胜　余祥林　范寿元　张发喜

1984年12月，根据中共安顺县委、安顺县人民政府关于抓紧抓好计划生育工作的安排意见，农场计划生育领导小组要求场属各单位立即摸清本单位超胎怀孕和多胎怀孕孕妇的人数，及时报农场办公室，并耐心热情地做好怀孕家庭人员的思想工作。

1986，全年办理独生子女证19人，办证率达36%。计划内出生40人，计划外生育11人，人口出生率为16.2‰。死亡人数为23人，自然增长人数为28人，自然增长率为8.9‰。

1987年，计划出生人口47人，实际出生人口32人，出生率为10.07‰。死亡9人，人口自然增长率为10.01‰。

1989年，恢复和组建了工会，配备齐计划生育人员，人口自然增长率为9.5‰。

1992年5月21日，因人事变动，经农场党委会议研究决定，对农场计划生育领导小组人员进行适当调整。

组　长　吴定中

副组长　周士友　李大舜

组　员　汪仕祥　艾忠培　韦兴华　吴选美　曹华明　龙利江　李浩平
　　　　金宜睦　王志英　刘汝元

1996年8月，经农场领导会议研究决定，农场计划生育领导小组成员如下：

组　长　冯和平

副组长　谢秀英　吴定中

组　员　周兴伦　李连朋　支优文　黄昌荣　石世祥　邹　琼　彭　燕
　　　　汪士启　刘洪发　吴启志　吴达顺　程志明

2000年，在计划生育方面，以宣传教育为主。

全年全场出生人口36人，出生率为9.95‰。死亡19人，死亡率为6‰。人口自然增长率为4.7‰。办理结婚证明56份，办理独生子女证4人。

2001年4月23日，由于农场计划生育领导小组的成员有的已退休，有的已不在工作岗位，现有人员已不适应工作需要，经农场研究，对之进行调整。

组　长　蒙友国

副组长　周兴伦　蔡玉琼（负责具体工作）

组　员　吴定中　程志明　祝德胜　朱增清　文明祥　支继忠　周忠祥
　　　　韦兴华　陈华松

2001年，在计划生育方面，摸底建档516户共1642人，做计划生育报表26份，办理婚姻状况证明21人。

2002年，办理婚姻状况证明18人，办理独生子女证5人、准生证4人。农场人口出生率为12.77‰，死亡率为7.2‰。

2005年，全年各类计划生育措施都得到落实，各项指标任务全面完成。全年新生人口29人，人口增长率为6.3‰。

2007年，新生人口38人，人口增长率为11‰。

2008年，农场新增人口42人，人口增长率为12‰。

第四节　公共卫生

一、饮水卫生

建场以后，农场组织有关人员对场区水资源进行勘查，确认黑山大井水量最充足，水质也较好。此处水源为天然涌泉之水，经检测达到饮用水标准，于是选择黑山大井为农场饮用水主要水源，并对大黑山及其周边地带进行水源地保护。

20 世纪 90 年代以后，黑山大井水量不能完全满足农场饮用水需求，故先后在场部、十二茅坡、石油队钻探深井，抽取地下水，经检测化验符合饮用水标准后，将其作为农场饮用水主要水源。利用泵站设备进行水质净化，在饮水中投放适量杀灭大肠杆菌的消毒水进行消毒，然后经输水管网送达用户家中，确保饮用安全卫生。

二、食品卫生

农场始终高度重视食品安全卫生工作，切实加强农场场部及十二茅坡集体食堂、农场子弟学校及幼儿园食堂的食品安全卫生管理。积极配合协助所在地食品卫生监管部门，对农场食品经营户进行食品安全卫生监管。农场开展安全卫生检查时，将食品安全卫生列入主要检查内容，对有关单位和经营户进行重点检查，确保食品安全卫生。

三、三级预防保健网建设

农场根据自身实际，积极支持、配合参与所在地三级（县、乡、村）预防保健网建设，认真履行村级预防保健职责。在四个集体所有制行政村被划归双堡镇人民政府管辖以前，组织部分农场机关人员深入各行政村、自然村，协助村两委开展新型农村合作医疗保险政策宣传活动，使更多村民了解国家新型农村合作医疗保险有关政策，积极参加新型农村合作医疗保险，进一步扩大新型农村合作医疗保险受益面。

农场卫生所始终坚持为农场生产建设服务的宗旨，逐步提高医疗服务水平，不断改进工作作风，努力创造更好的医疗服务条件，采取有效措施，为广大人民群众就医提供便利。

第五节　爱国卫生运动

1960 年，农场开展春季生产（春耕、牲畜繁殖）和积肥运动，大搞集体卫生、环境卫生，处理蚊蝇滋生场所，开展防治痢疾、伤寒、痢疾、寄生虫病等春季爱国卫生运动。

1971 年 3 月，农场动员、开展每周打扫一次环境卫生，生产队每月检查一次，农场每季度检查一次，每季度开一次总结会，预防流脑、流感、麻疹、水痘，搞好个人卫生的除害灭病春季爱国卫生运动。

为促进农场物质文明和精神文明建设，1984 年 12 月 19 日场长办公会议决定，成立农场爱国卫生运动委员会，负责领导、督促、检查农场的卫生工作。

主　任　邹家蓉

副主任　王锡荣　董汝齐

委　员　龚友斌　金玉芳　罗炳义　石世祥　龚友明　徐定禄　齐克治

　　　　张祖荣　伍开芳　张发喜　王荣邦　胡尧成　吴启志　戴世明

农场爱国卫生运动委员会于12月27日召开了第一次全体委员会议。针对农场“一脏二乱”（“一脏”指环境卫生差；“二乱”指垃圾乱倒、污水乱流）的状况，农场以家属区为片，单独或联合指定倒垃圾的地点。对不遵守者，加强思想教育，屡教不改的，给予罚款处理。以党支部为单位，对职工家属和村民进行讲卫生与爱国主义和法治连为一体的教育。元旦和春节期间，全面进行一次清洁大扫除。爱国卫生运动委员会进行深入细致的检查评比，大力表扬卫生搞得好的单位、集体和个人。教育群众，加强对粪、灰、柴、草的管理，严禁堆放在大路上、小巷里及影响美观的地方。提倡职工家属区每幢房子推选一名大家公认的义务卫生员，督促职工家属经常搞好房屋前后的环境卫生，形成制度。

1985年10月，根据贵州省农业厅政治处转发的贵州省农业厅直属机关党委的《关于治理“三乱”，建设文明机关的通知》精神，农场通过广播宣传，不定期检查室内外的环境卫生，将治理“三乱”列为年终评比先进单位和先进个人的条件等措施，确保农场治理“三乱”活动正常开展。

2006年7月，成立农场“整脏治乱”行动领导小组，负责组织协调、安排部署农场有关工作。有关任命如下：

组　长　唐惠国

副组长　简庆书　蒙友国　冯和平

组　员　朱增华　刘汝元　周忠祥　汪志祥　刘开珍　韦兴华　文明祥　龙利江

　　　　杨庆菊　万贤德　黄禄兵　许　禄　吴汉明　郭志仁　张渝龙

农场“整脏治乱”行动领导小组下设办公室。

办公室主任　　简庆书

办公室副主任　朱增华

2006年8月，农场动员广大群众共同参与“整脏治乱”行动，落实《贵州省山京畜牧场“整脏治乱”行动实施意见》。

2008年6月，为有效预防控制各类传染病和地方病在农场的流行和发生，逐步改善农场内的公共卫生状况，进一步营造安全和谐的社会环境，保障人民群众身体健康，切实维护社会稳定，促进农场经济协调发展，农场开展夏季爱国卫生运动。

2011年，农场机关各科室分别承包相应的垃圾池清理工作，并及时焚烧池内垃圾，以改善环境卫生。

2012 年，农场居民区比较分散，南北长 12 千米，职工居住分散，总体分为场部、农业生产二队、十二茅坡 3 个片区。住宅区内个人搭建的猪舍、牛棚、烟叶烤房杂乱，房前屋后开垦现象严重。农场坚持以人为本、农场统一规划、美化农场环境的原则，推行“改危”与“改观”并举，一方面做职工、家属的思想工作，配合农场环境整治，另一方面筹措资金对规划区内的搭建物及农作物进行补贴拆除。3 个片区共支付补贴资金 5.3 万元。

第四章 文化艺术

农场结合自身实际，开展广播、电视、文化娱乐设施建设，组织开展文化艺术活动。注重档案资料收集整理、归档保存等工作，组织有关人员编写阶段性史料和专业性资料。农场干部职工根据自己的兴趣爱好和特长参加文娱活动，进行文学艺术创作。

第一节 文化事业

一、群众文化

每逢春节、国庆节等重要节日，由农场工会、团委、政工、学校互相配合开展丰富多彩的活动。农场业余文艺社团和文艺爱好者也自发开展一些文艺活动。

1960 年，农场建立了业余京剧团。参加业余京剧团的人员都是农场中喜欢京剧的职工。他们利用业余时间练习京剧演唱技巧，在重大节庆活动前集中排练，互相交流京剧演唱技艺，在节日文艺晚会上向观众展示技艺，充实自身业余生活，并丰富广大职工的文化活动。

1962—1976 年，农场组织业余文艺宣传队，利用业余时间编排文艺节目，在节假日为职工表演文艺节目，或者到基层队、站、分场等进行演出，丰富广大职工的业余文化生活。有时还到农场周边公社、生产队进行慰问演出，促进农场与周边单位的联系，增进农场职工与周边群众的友好交往。

1986 年，在纪念新中国成立 37 周年之际，农场举行大型群众性的文艺晚会。

1987 年春节期间，为丰富农场职工、村民节日文化生活，农场组织开展一系列群众性文体活动。文娱活动包括文艺晚会 2 场、灯会 4 场。10 月 1 日，农场组织开展歌咏比赛，分为团体赛和个人赛。团体赛是每个党（团）支部有 10 人以上参加，个人赛由党（团）支部推荐优秀选手参加。

1990 年，“五一”国际劳动节和“五四”青年节期间，农场组织开展演唱歌颂雷锋歌曲和革命歌曲比赛。各单位在备选的 20 首歌曲中挑选两首排练后参加。比赛分独唱和合唱两种形式进行。

1999 年，为纪念新中国成立 50 周年华诞，农场组织歌咏队参加贵州省农业厅举办的文艺汇演。

2005 年重阳节，农场老年歌舞队在十二茅坡、场部表演歌舞节目，为农场职工展示了近年来老年歌舞队的演练成果，展现了农场老年人健康向上的精神风貌。

二、图书馆

1982 年，为促进农场职工文化科学素质提高，农场将原冰棒房改造为图书馆，购进一批社会科学、自然科学图书供农场职工阅读。图书馆面积为 80 多平方米，设有阅览座位 30 多个。馆藏图书 10000 多册。配备图书管理员 1 人。在业余时间和节假日提供借阅和在馆内阅览服务。图书管理员报农场批准，每年购进部分图书逐步充实馆藏图书量，订购报纸、杂志、期刊若干种供职工到馆阅览。

2017 年，在子弟学校实施义务教育均衡发展建设项目，修建综合大楼 1 栋。工程完工后，在综合大楼配备了图书室、音乐室、书画室等。图书室定制书柜 28 个，配备阅览座位 23 个，具有各类图书 15400 册，有兼职图书管理员 1 人。

三、文物事业

2016 年 4 月，贵州省山京畜牧场办公楼旧址被西秀区人民政府列为“西秀区文物保护单位”。

第二节　文学艺术

贵州省山京畜牧场的《政工简报》于 1989 年 7 月 1 日正式创刊，其宗旨是旗帜鲜明地坚持四项基本原则，宣传党的各项方针政策，及时反映农场改革开放的新人、新事。

《政工简报》还选载农场干部职工、子弟学校教师撰写的文学创作作品。农场子弟学校创办的《学校工作简讯》也选载子弟学校教师撰写的文学创作作品。例如，1990 年 3 月 15 日，《政工简报》刊发姜文兴的散文《温馨的风》；1990 年 5 月 1 日，《政工简报》刊发姜文兴的散文《茶花赞》；1991 年 11 月，《学校工作简讯》刊发汪厚平的散文《温暖》。

2012 年，农场子弟学校教师汪厚平撰写的《我们的周围开满鲜花》获西秀区“创建文明城市”征文一等奖。

农场子弟学校原校长曾荫梧撰写的《春风・春雨・杏花》《虹山湖畔品诗》《清明时节雨纷纷》等多篇散文在市级以上报刊发表。2016 年 8 月，这些作品被收录于其文集《春华秋实》中。

2019年，农场子弟学校教师杨明珍撰写的《我和我的祖国》获安顺市纪念新中国成立70周年征文一等奖。2020年，其撰写的《以书为侣，乐在其中》获安顺市纪念国际劳动妇女节征文一等奖。

第三节　档案与地方史志

一、档案事业管理

农场建立档案资料保管室1个，配备铁皮档案柜8个、木质档案柜6个。收藏建场以来重要文书、财务会计、工资人事、工程建设等方面的档案资料。现存档案356盒，装订成册和袋装档案共6个铁皮柜。

农场历来重视档案资料管理，在不同时期由政治处、政工科、办公室等有关科室安排专人（或兼职）管理，并适时进行整理装订。

在农场发展过程中，档案资料得到了充分利用。在农场生产建设计划和规划、生产和建设项目前期筹备、史志资料编写、干部职工调资晋级等工作中，农场保存的档案资料都起到了很好的参考作用。

二、史料及地情资料编写

1959—1961年，农场组织有关人员编写《安顺专区山京农牧场土壤志》。该志记述了农场土壤分类、各类土壤分布状况及其特性、土壤改良和利用意见等情况，对农场农业生产和土地开发利用具有重要参考价值。现存《安顺专区山京农牧场土壤志》稿本为手刻油印16开本，全书5700多字，共9页。

1986年，贵州省公安厅、安顺地区公安处要求各企业开展安全保卫史志资料征集、研究工作。农场党政领导班子对此高度重视，针对编写公安保卫史工作有关事宜进行专题研究，抽调李大舜、桂锡祥、王振武、柏应全、洪芝林、张祖荣组成《贵州省山京畜牧场公安保卫史》编写组，负责开展此项工作。在1986年前期资料收集、整理的基础上，1988年2月开始着手此书的编写工作。1988年5月23日，完成书稿编写工作任务。

《贵州省山京畜牧场公安保卫史》记述起止时间为1954—1988年。简要叙述了这段历史时期农场的发展历程，记录了农场35年公安保卫的主要工作，记述了农场公安保卫方面的重大事件，载录了农场发展过程中的一些史料，是了解农场发展情况的重要参考资料之一。

现存《贵州省山京畜牧场公安保卫史》为打字油印16开本，全书2.6万字，共计42页。书稿由张祖荣执笔编写，洪芝林制图，曾孟宗审阅。

第四节　广播、电视、电影放映

一、广播

20世纪60年代，农场建立有线广播系统。在场部设立广播站，分别在场部片区、银子山片区、十二茅坡片区和民寨各生产队安装高音喇叭，实现有线广播全农场覆盖。农场通过这套有线广播系统，向农场广大干部职工、场属生产队干部群众宣传党和国家的方针政策，宣传农场生产经营决策，传达生产经营工作安排，通报表扬农场的好人好事，播报农场内外新闻。

这套有线广播系统直到20世纪90年代中后期电视普及面扩大后才停止使用。

二、电视

1991年7—9月，农场实施安装闭路电视系统工程。场部片区的施工及技术提供单位为贵州省广播电视厅761台，银子山和十二茅坡片区的施工及技术提供单位为贵州省广播电视学校维修经营部。这套系统能够满足农场职工用户收看中央电视台一套和二套、贵州省电视台、云南省电视台等六套节目的需求。

三、电影放映

1980年，安顺地区放映队下达中共中央、贵州省驻安顺28家国有企业放映任务，其中安排农场放映110场，农场实际放映118场。

1986年，农场放映电影75场、录像22场。

1987年，农场放映电影25场。

1990年元旦期间，农场十二茅坡、银子山、场部3个片区分别组织安排电影晚会。

1991年，农场主动联系了相关单位在农场内巡回放映具有历史意义和教育意义的影片。在农场共放映75场。

2007年9月，由安顺市文化局主办、安顺市影业发展中心承办的“优秀国产影片金秋展映月”公益放映活动，深入安顺全市各社区、城镇、学校、厂矿、乡、村开展巡回放映活动。

第五章 体　　育

农场注重体育设施和场地建设，组织职工开展体育活动，增强职工体质。加强子弟学校体育设施和场地建设，为学校开展文体活动创造条件。支持鼓励职工参加体育赛事。

第一节 群众体育

一、学生体育

农场子弟学校自建立以来，便高度重视学生身体健康，注重学生体育锻炼，千方百计配好配强体育教师。学校体育教师精心安排组织体育课教学，组织学生认真做好广播体操，指导学生开展课余体育活动，根据学校总体安排部署组织开展学生运动会。

（一）体育课

农场子弟学校根据上级颁布的周课程计划，结合学校教育教学实际，每周体育课课时安排如下：小学1～5年级，每周体育课4节；小学六年级，每周体育课2～3节；初中1～3年级，每周体育课2节。

（二）课余体育活动

课余时间，学生根据自身兴趣爱好和体育课学到的运动技能，结合学校场地、体育器材等实际，开展课余体育活动。运动项目有跳绳、跳皮筋、跳高、跳远、乒乓球、篮球、象棋、军棋等。

一般情况下，农场子弟学校每年举办两次运动会，分别安排在夏季和冬季举行。

夏季运动会在6月1日举办，以“六一”儿童节庆祝活动为主。如果交通等条件具备，农场辖区内各教学点就组织全体小学生到子弟学校本部参加庆祝活动，选派部分学生参加运动会体育比赛。夏季运动会以集体项目为主，举办拔河、接力赛跑等。

冬季运动会在12月举行，以竞技体育为主，既有集体比赛项目，又有个人比赛项目。设置的比赛项目比夏季运动会更多，参加比赛的运动员也更多。运动员年龄差异更大，分小学组与初中组。比赛项目有短跑、长跑、接力赛跑、跳高、跳远、乒乓球、篮球、象棋、军棋、拔河等。

二、职工体育

1986 年，元旦、春节期间组织职工进行象棋、扑克比赛各一次。

1987 年春节期间，为丰富农场职工、村民节日文化生活，农场组织开展篮球、拔河、象棋、扑克、自行车赛等群众性文体活动。

1990 年春节期间，农场工会和政工科组织开展男、女篮球赛（场部）和乒乓球赛（十二茅坡）。

1997 年 6 月 12 日，农场举行篮球赛、拔河赛等活动，庆祝中国共产党成立 76 周年和迎接香港回归祖国。

1999 年，在春节期间，由农场拿出 5000 元分配到各片区开展象棋、扑克、唱歌等文体活动。

第二节　竞技体育

1959 年 7 月 19 日，贵州省体委赛马队到山京农场挑选赛马 27 匹。此后，其在贵州省挑选赛马运动队员，山京农场青年 20 多人被选拔参加贵州省备战第一届全国运动会集中训练。

同年 9 月，参加集训的山京农场青年代表贵州省参加中华人民共和国第一届运动会，取得了优异成绩。

刘洪奎获万米赛马冠军，其坐骑名为“云水”。

吕典安以 83 分成绩获得男子甲组连续障碍赛马第二名，以 4.99 米成绩获得男子甲组宽障碍赛马第五名。

张传秀获千米高障碍跨越赛马亚军。

赵志诚以 1 分 12 秒 04 的成绩获得男子甲组 1000 米赛马第七名。

陈子君获赛马优秀奖。

由山京农场青年组成的贵州省马球队获马球比赛亚军。

第六编

社　　会

中国农垦农场志丛

第一章　农场人口

因管辖境域变化，农场人口总量发生了几次较大变化。从人口普查情况看，性别构成，有时女性占比略高，有时男性占比略高；家庭构成，以每户3～5人为主；民族构成，以汉族为主，人数较多的少数民族有布依族和苗族。1959—2012年，劳动人口包括农场职工和所辖4个集体所有制生产单位的劳动力，其他时期仅为农场职工。人口文化素质逐步提高。流动人口主要是农场临时工。

第一节　人口总量

一、人口总量的变化

1953年贵州省国营山京机械农场开始筹建，当时农场有干部和职工十几人。从1954年开始，农场陆续招工，1956年职工达到400多人，家属及职工子女还很少。在与清镇种马场合并，1959—1960年黑山大队、毛栗哨大队、张家山大队、银子山大队被划归农场管理后，家属及职工子女逐渐增多，农场人口增加到2000多人。1990年第四次人口普查结果显示，农场人口达到3457人。2000年第五次人口普查结果显示，农场人口有3619人。2010年第六次人口普查结果显示，农场人口有3912人。2013年农场管辖的黑山村、毛栗哨村、张家山村、银子山村被划给双堡镇人民政府管理，农场人口减少到2038人。2020年第七次人口普查结果显示，农场人口有1764人（表6-1-1）。

表6-1-1　农场各阶段人口数据

年份	人数
1956	460
1957	560
1961	2035
1968	2180
1970	2424
1971	2611

（续）

年份	人数
1974	2823
1978	3026
1983	3115
1989	3247
1990	3457
1992	3201
2000	3619
2010	3912
2013	2038
2016	2011
2018	1727
2019	1724
2020	1764

二、人口变化

农场各阶段人口出生、死亡及人口自然增长情况如表 6-1-2 所示（资料有限，仅列部分年份）。

表 6-1-2　农场各阶段人口出生、死亡及人口自然增长情况

年份	出生人口	死亡人口	自然净增人口	自然增长率（‰）
1986	51	23	28	8.9
1987	32	9	23	10.1
1988	27	6	21	7.3
1989	45	14	31	9.5
1990	40	16	24	6.9
1991	28	11	17	5.5
1992	35	8	27	8.4
1993	20	8	12	3.7
2000	36	19	17	4.7

三、人口分布

1954—1958 年，农场人口主要分布在场部、十二茅坡和第四生产队片区。

1959—2012年，四个生产大队划入农场管辖后，农场人口主要分布在场部、十二茅坡、第四生产队、黑山村、毛栗哨村、银子山村、张家山村。

2013—2020年，四个民寨村划给双堡镇人民政府管辖后，农场人口主要分布在场部片区和十二茅坡片区。

1990年农场人口有3457人。其中，场部片区957人，十二茅坡片区498人，第四生产队139人，黑山村398人，毛栗哨村634人，银子山村406人，张家山村425人。

2000年农场总共有3619人。

2010年农场总共有3912人。其中，场部片区2275人，十二茅坡片区1637人。

2020年农场总共有1764人。其中，场部片区1086人，十二茅坡片区678人。

第二节 人口结构

一、性别构成

农场第三次、第六次人口普查结果显示，男性占比较低，女性占比较高；第四次、第五次人口普查结果显示，男性占比较高，女性占比较低。

1982年第三次人口普查结果显示，农场男性有1438人，占总人口的47.5%；女性有1591人，占总人口的52.5%。

1990年第四次人口普查结果显示，农场男性有1738人，占总人口的50.3%；女性有1719人，占总人口的49.7%。

2000年第五次人口普查结果显示，农场男性有1819人，占总人口的50.3%；女性有1800人，占总人口的49.7%。

2010年第六次人口普查结果显示，农场男性有1908人，占总人口的48.8%；女性有2004人，占总人口的51.2%。

二、家庭构成

1990年第四次人口普查结果显示，农场共807户。其中，家庭户806户，家庭人口总数3421人，每户平均4.24人。家庭户中，一人户有41户，二人户有85户，三人户有162户，四人户有171户，五人户有163户，六人户有113户，七人户有44户，八人户有12户，九人户有9户，十人及以上户有6户。

2010年第六次人口普查结果显示，农场共1143户。其中，家庭户1129户。

三、民族构成

农场职工来自全国各地，族别各异。根据第三次、第四次人口普查，农场汉族人口最多，布依族次之，苗族居第三。

根据1982年第三次人口普查，农场共3029人。其中，汉族2639人，占总人口的87.12%；布依族329人，占总人口的10.86%；苗族43人，占总人口的1.42%；蒙古族4人，占总人口的0.13%；回族2人，占总人口的0.07%；彝族5人，占总人口的0.17%；壮族3人，占总人口的0.1%；侗族1人，占总人口的0.03%；土家族3人，占总人口的0.1%。

根据1990年第四次人口普查，农场共3457人。其中，汉族2839人，占总人口的82.12%；布依族445人，占总人口的12.87%；苗族72人，占总人口的2.08%；蒙古族4人，占总人口的0.12%；回族3人，占总人口的0.09%；彝族18人，占总人口的0.52%；壮族9人，占总人口的0.26%；侗族1人，占总人口的0.03%；白族1人，占总人口的0.03%；土家族3人，占总人口的0.09%；仡佬族17人，占总人口的0.49%；其他未识别的民族45人，占总人口的1.3%。

第三节　劳动人口

经各级劳动部门批准，农场于1970—1971年招收农场内外的下乡知青、社会青年及学生约100人到农场参加工作。

1977年4月，根据贵州省革命委员会1976年《关于恢复职工退休（退职）对吸收其子女顶替工作的通知》，经贵州省劳动局批准，同意13人顶替工作。

1977年5月，根据贵州省劳动局1976年《下达1975年国营农、林、牧、渔场自然增长劳动力计划的通知》，经上级有关部门批准，同意将12人作为自然增长劳动力安排在农场工作。

1978年分别于4月、6月、12月，根据贵州省劳动局《关于1978年自然增长劳动力计划的批复》，经贵州省农业局、安顺地区劳动局、安顺县劳动局批准，同意分三批招120人作为自然增长劳动力安排在农场工作。

1979年5月，根据贵州省劳动局的文件《关于安排国营农、林、牧、渔场自然增长劳动力的通知》，经贵州省农业局、安顺地区劳动局、安顺县劳动局批准，同意将农场职工子女30人作为自然增长劳动力安排在农场工作。

1981年10月，根据贵州省劳动局有关文件，经贵州省农业厅、安顺地区劳动局和安顺县劳动局批准，同意将146人作为自然增长劳动力安排在农场工作。

1983年12月，根据贵州省劳动局有关文件，经安顺地区行政公署劳动人事局批准，同意农场在安顺县城镇待业青年中招收工人62名。根据相关文件规定，对农场非农业户口到达劳动年龄不能升学的职工子女，实行择优录用。

1987年4月，根据贵州省劳动局有关文件，经安顺地区行政公署劳动工资局批准，同意农场在安顺县招收500名采茶季节性临时工，使用时间是4—10月，与临时工签用工合同，到期辞退。

1988年12月，根据安顺地区行政公署劳动局相关文件，经安顺县劳动人事局批准，同意农场在安顺县城镇非农业人口的待业青年中招收150名合同制工人。

1992年2月，根据贵州省劳动局文件，经安顺地区行政公署劳动局、安顺市劳动局批准，同意农场在安顺县招收50名合同制工人。农场各阶段在业人口及职业构成情况见表6-1-3。

表6-1-3　农场各阶段在业人口及其职业构成情况表

年份	在业人口（人）	工人（人）	行政人员（人）	技术员（人）	其他人员（人）
1955	187	156	15	16	
1958	253	202	15	16	20
1959	852	766	14	16	56
1962	978	901	31	16	30
1969	444	365	79		
1977	651	526	93	32	
1986	661	549	86	26	
1987	715	588	92	35	
1988	685	561	89	35	
1989	790	614	85	11	80
1991	750	621	89	15	25
1992	744	596	108	15	25
1997	540	423	117		
2001	473	411	62		
2002	458	396	62		
2003	440	386	54		
2004	421	364	57		
2007	376	328	48		
2008	370	346	24		
2009	346	322	24		

（续）

年份	在业人口（人）	工人（人）	行政人员（人）	技术员（人）	其他人员（人）
2010	326	302	24		
2011	314	291	23		
2012	301	278	23		
2013	281	261	20		
2014	269	249	20		
2015	241	222	19		
2016	222	203	19		
2017	209	190	19		
2018	186	169	17		
2019	164	148	16		
2020	151	135	16		

注：表中空白数据表示当年无对应职业的人员。

第四节　人口文化素质

农场建场初期职工文化程度普遍不高。根据1982年第三次人口普查，农场共有3029人。其中，大学文化程度8人，高中文化程度123人，初中文化程度584人，小学文化程度1049人，其余人不识字。高中及以上文化程度的占4.32%，小学文化和不识字的为大多数。1990年第四次人口普查时，农场共有3457人。其中，大学本科7人，大学专科16人，中专64人，高中122人，初中837人，小学1110人，其余人不识字或识字很少。中专、高中及以上文化程度的占6.05%，小学文化和不识字（或识字很少）的占一半以上。

第五节　流动人口

1953—1980年，农场的农业、畜牧业、军马生产基本没有请临时工，流动人口和暂住人口很少。1981年以后，由于大面积种植茶叶，茶园的开垦、种植、中耕、除草、防虫、采摘等需要大量的人工，农场工人无法满足茶叶生产需求。1987年4月，农场在安顺县招收500名采茶季节性临时工，从此以后，农场的流动人口和暂住人口逐渐增多。2016年以后，由于农场把个人承包的土地收回交给大户承包，大量的外援工走出农场，农场的流动人口和暂住人口减少。

2015年场部片区流动人口461人，十二茅坡片区流动人口279人。

2016年场部片区流动人口437人，十二茅坡片区流动人口271人。

2017 年场部片区流动人口 271 人，十二茅坡片区流动人口 163 人。

2018 年场部片区流动人口 280 人，十二茅坡片区流动人口 171 人。

2019 年场部片区流动人口 284 人，十二茅坡片区流动人口 171 人。

2020 年场部片区流动人口 293 人，十二茅坡片区流动人口 208 人。

第二章　民　　俗

第一节　姓　　氏

一、主要姓氏

农场建场初期的干部、职工来自全国各地，姓氏各异，没有特别的大姓。1959—1960年，为便于养军马，分别将黑山、毛栗哨、张家山、银子山、老龙窝、砂锅泥、红土坡等划归农场管理后，农场内的主要大姓为王、刘、周、韦。自2013年西秀区人民政府将黑山（王姓）、毛栗哨（刘姓）、张家山（周姓）、银子山（韦姓）四个民寨村划归双堡镇人民政府管辖后，农场内便没有特别的大姓。

二、姓氏源流

1. **王姓**　明朝初年，始迁祖王承照于江南应天府（今南京）统第八路军入黔后，其子王天佑袭职，后居双堡镇的张官、左官、双青、双堡、石门、花恰和农场管理的黑山（现为合并后军马村的黑山）等村寨。另洪武十四年（1381年），始迁祖王二天于江南应天府，随明傅友德大军征南入黔，为十八指挥之一，平南后居普定卫（安顺市）城地。

2. **刘姓**　始祖刘某，明朝初年，于南京应天府随明傅友德大军征南入黔，为十八指挥之一，平南后定居安顺北兵营，后入迁居现双堡镇的张官、左官、上马牛、塘山、水塘、落水和农场管理的毛栗哨等村寨。

3. **韦姓**　双堡镇境内的布依族和其他地方的布依族一样，是从先秦时期的“越”“骆越”，汉晋时期的“僚”和唐宋时期的“蛮”衍变和分化而来，并保留了汉晋以来僚族中的某些习俗，如“好楼居”“贵铜鼓”“信鸡卜”“能为细布，色至鲜净”等。农场内的布依族韦姓主要分布在银子山村。

4. **周姓**　周姓的出现，可追溯到远古的黄帝轩辕氏。出自姬姓，其始祖为周文王。黄帝的儿子后稷，姓姬。后稷是古代周族的始祖。周氏早期主要在河南发展繁衍，如居住在河南临汝的周氏。贵州周姓主要分布在贵州北部。农场内的周姓主要分布在张家山村，张家山村周姓是由鸡场乡磨石堡村迁来。

第二节 服饰及食宿民俗

农场职工来自五湖四海，各自原有的风俗习惯差异较大，在长期的生产生活中，有些风俗习惯逐渐与当地融合，形成了一些共同民俗，涉及物质生活、社会生活、精神生活等许多方面。

1984年以前，农场职工在星期日前往双堡镇的双堡村或鸡场乡的鸡场村赶集。1985年，农场将每周四定为场部赶集日，每周二定为十二茅坡赶集日。在赶集日，农场职工及其家属有宰猪、卖面粉、蔬菜的。

一、服饰

农场自建场以来，男性穿着以中山装、军装和劳动布工作服为主，少数人穿对襟短衣。随着服饰多样化，西服、夹克逐渐流行，涤毛面料服装取代棉布服装。女性穿着以劳动布工作服和对襟短衣为主。

二、饮食

20世纪70年代，农场居民早餐多以杂粮为主；20世纪80年代及以后，农场居民早餐多以面食为主，主食以大米为主，喜辛辣。逢节喜吃糍粑、饮酒。肉禽类则以食猪肉、牛肉、鸡肉、淡水鱼、鸡蛋、鸭蛋为主。喜食腊肉、血豆腐、霉豆腐、豆豉、盐菜。饮茶以绿茶为主，部分人喜饮苦丁茶。

三、居住

农场职工房屋大部分为整幢式建设，一整幢有房屋6～10间。1998—2000年，农场进行房屋改革，根据上级相关文件精神和农场房屋建设年限，同时根据房屋建设时间，按每平方米35元、43元、59元、62元不等价格，将房屋使用权转让给职工。农场规定每个职工人均住房面积原则上不能超过22平方米。

2011—2016年，农场对449户职工住房进行危旧房改造。新建房屋每平方米按900元左右卖给职工，户型有90平方米、128平方米和180平方米（少数）。房屋主要为砖混结构，斜坡琉璃瓦顶，两层。根据地形，房屋有两户、三户、四户连幢。

农场四个民寨村的村民选择有水源且依山的地方建筑房屋，一般建房三间或五间，或附有厢房组成院落。房屋以木柱结构为主，房屋一般高度为一丈[①]五尺[②]八、一丈六尺八、一丈八尺八、二丈一尺八，分七个头、九个头、十一个头，大部分盖石板，墙体为石块、砖、土墙。少部分为茅草房。20 世纪 60 年代，居民房屋大小各异。20 世纪 80 年代以干打垒、砖房为主，有少部分预制材料建筑，基本取消木柱房。20 世纪 90 年代及之后，新建房屋基本上是砖混结构建筑，平顶多层，内外瓷砖装饰。

立房子为当地习俗。四个民寨村建房立柱选择“吉日”，邀请寨邻、亲朋好友按木匠师傅的安排列排柱、屋架、上梁。大梁一般由岳父或舅子赠送，并请唢呐吹奏送来。上梁时在屋顶上向下抛撒上梁粑、硬币，放鞭炮。结束后大宴宾客。20 世纪 90 年代后，大部分建房改为砖混结构，又以上大门为主，由外家扯上红布搭在新房项上“挂红”，表示“红运”。

四、出行

建场初期农场居民出行以步行和乘坐马车为主，远行一般乘坐汽车、火车。20 世纪 70 年代，城乡开通公共汽车，一部分人出行以乘车代步，部分年轻人骑自行车。20 世纪 80 年代，农场大巴车、个体大巴车、中巴车投入营运以方便大家出行，少数人骑摩托车。2015—2020 年，70％以上的人家拥有小汽车，出行大大方便。

第三节　社会生活习俗

1960 年 3 月 19 日，农场正式成立家属委员会。家属委员会的主要任务是对职工家属进行政治思想教育和学习文化教育。目的是让广大家属勤俭持家、积极劳动、廉洁奉公，树立正确的人生观、世界观，发扬孝敬老人、相互尊敬、邻里和睦等传统美德。

场部家属委员会：

主　任　王锡荣

副主任　张林秀　丁翠兰

成　员　刘显珍　罗素珍

第五生产队片区家属委员会：

主　任　龚友斌

副主任　杨兰清　张升明

---

① 丈：非法定计量单位，1 丈＝10 尺。——编者注

② 尺：非法定计量单位，1 尺≈33 厘米。——编者注

成　员　吴明芬　刘树华

根据国家1979年下达的国营农场财务会计制度，职工不得借用公款，农场的流动资金只能用于生产周转，严禁作其他开支。为落实文件精神，必须停止职工以生活困难为由向农场借款的行为。但鉴于农场实际困难，为解决职工由于特殊情况，如遭受意外灾害或家属生病、办丧事等，发生生活上的临时困难而急需用款的问题。

一、岁时节日民俗

（一）打粑粑

20世纪70—80年代，每年在腊月二十前后都会打糕粑，根据家庭人口情况做一定量的粑粑。把大米和糯米混合泡水后用臼捣碎（到20世纪80年代职工基本上是用机器打面），上火蒸熟后捣匀定型即可，放于水缸中储存。

（二）拌甜酒

每年在大年三十前都会用糯米酿甜酒。正月间家中来客时，用甜酒煮粑粑招待客人。

（三）传统节日

1. **春节**　每家每户打扫屋内屋外，贴春联，年夜饭前放鞭炮，点香烛，天黑后燃放礼花，夜里“守岁”，大人给小孩发“压岁钱”。零时燃放礼花、鞭炮，迎接新年到来。每年春节前，父母都会为孩子购买新衣，在大年初一早晨给孩子穿上。

2. **元宵节**　素有“年小十五大”“三十夜的火，十五夜的灯”之说。吃汤圆，猜灯谜，各家各户灯烛通明。黑山村男青年有晚上“炸革蚤”（用冬青叶子与干燥稻草捆绑在一起，点燃稻草后，会发出鞭炮一样的噼里啪啦的声音）的习俗，祈求风调雨顺、五谷丰登。

3. **二月二**　俗称“龙抬头”。这一天男人多数都会去理发。特别是6周岁以下的小男孩，家长都会带他们去理发。

4. **清明节**　公历4月5日或6日，以家族或户为单位上大众坟或小坟。置办酒菜，在坟山上杀猪、杀羊、杀鸡，埋锅造饭。由青年人去把属于本家族的坟全部挂上“坟飘”，在墓前摆上供品，燃香、点烛，放鞭炮、礼花，按辈分从高排至低依次在主坟前磕头，以示悼念。

5. **四月八**　四月八是苗族同胞的盛大节日之一。汉族、布依族也过四月八。这天将糯米饭与染饭花和在一起，吃彩色的糯米饭，还要让小孩吃煮熟的鸡蛋或鸭蛋，祈求孩子身体健康。

6. **端午节**　农历五月初五，各家各户门前插香艾、菖蒲，包粽子，喝雄黄酒，房里房外洒雄黄酒驱邪避蛇。男女老少这天都要外出“游百病”，保一年平安不生病。

7. **六月六** 农历六月初六，称“土地婆婆诞日”，供奉“土地菩萨”。村民聚集“打平火”，制定村规民约，举行“和把”仪式。布依族在六月六这天还有杀狗吃狗肉的习惯，祈求五谷丰登、身体健康。

8. **七月半** 民间俗称“鬼节”。每年农历七月初九起，各家各户摆上供品开始接老祖公供奉，供奉至七月十四晚，天快黑时焚烧香烛纸钱送老祖公“回家”。

9. **中秋节** 农历八月十五，杀鸡宰鸭，吃月饼，家人团聚赏月。入夜后，青年人偷南瓜送到望生儿育女的家中，祝愿人家早生贵子。

10. **重阳节** 现称“老年节”。农历九月初九，吃糯米粑，感恩敬老，登高祈福。

11. **冬至** 冬至过节源于汉代，盛于唐末，相沿至今。冬至过后天气进入最冷的时期，民间在冬至有进补的习俗。现贵州等地区的人们纷纷在冬至这一天吃狗肉、羊肉以及各种滋补食品。

12. **腊八** 农历腊月初八，家家户户吃糯米粑，喝腊八粥。

二、人生礼俗

（一）满月

在孩子出生1～2个月后，为庆家中添丁、为孩子祈祷祝福，要打粑粑、做甜酒，宴请亲朋好友。

（二）生日

每年满周岁的那一天（老人称为“过寿”，小孩称为“割尾巴”），要宴请亲朋好友，点燃蜡烛，吃蛋糕、长寿面，唱生日歌。

（三）结婚

订婚时由男方择吉日报婚期，托媒人转告女方家，带上一方一肘（一只猪腿、三斤八两肉），送糍粑、糖果、面条、布料等到女方家“报日子”。婚日，女方头顶红盖头由兄长背上轿，被抬到男方家。20世纪50年代前，一般用木轿抬、骑马，20世纪70年代后大都改乘汽车、小轿车。同时陪嫁床、柜、被褥及日用品。20世纪70年代增加陪嫁缝纫机、自行车、收音机等。20世纪80年代后又增加电视机、电冰箱、组合音响、摩托车等。个别人家还陪嫁拖拉机、耕牛、抽水机等。女方到男方家，与男方拜堂后入洞房，三天不能外出，有迎亲、送亲客陪坐。第三天，夫妻共同回娘家，即“回门”，一般当日返回。有女无男户，可招男方上门，即“招亲”，入户顶姓，继承家产。当家中有待出嫁的姑娘时，待出嫁的姑娘自己或请好姐妹共同纳几十上百双的鞋垫在出嫁时交由男方送给亲朋好友。

1985 年元旦，农场有 5 对夫妻集体结婚，农场为 5 对新人举行集体结婚庆典。

第四节　民间文娱生活

一、游艺民俗

1. **躲猫猫**　20 世纪 70—80 年代，由于没有太多娱乐项目，农场的孩子们闲时聚在一起，将人数分成同等份，一方在规定的区域内隐藏后，另一方要把隐藏的人全部找出，然后换另一方隐藏。

2. **斗鸡**（也称打鸡）　20 世纪 70—80 年代，孩子们聚在一起，将人数分成两个同等份，双方开始斗鸡，双脚落地为输。

3. **跳皮筋**　20 世纪 70—80 年代，女孩子们将皮筋交由二个人牵住，一人或两人在皮筋上做各种动作。还有跳飞机板、踢毽子等游戏。

4. **跳绳**　20 世纪 70 年代初，大多数女孩喜欢跳绳。由二个人牵住，一人或多人在绳子中间跳，也有一人单独自行双手拿绳跳。

5. **跳地戏和唱花灯**　1972—1979 年，农场所辖黑山村在春节期间，村民多次自发组织跳地戏和唱花灯，附近村民都来观看。

6. **春节娱乐**　2005—2009 年，每年春节期间，银子山村都开展拔河、象棋、打扑克比赛和举行唱山歌晚会。1972—1979 年，每年春节期间，毛栗哨村村民自发组织篮球比赛、跳地戏；在元宵节组织猜灯谜和打扑克比赛。

二、传说

山京农场场部片区不知从何时起就有“五马朝南走，七象撵一猴，谁人能识破，辈辈中诸侯”的说法。意思是场部片区有一吉祥宝地。传说在很多年以前，有一位游走放鸭的老人，有一天因天色已晚，他将鸭子赶到现场部老办公楼附近过夜，老人放养的鸭子只有 100 羽，而第二天，100 羽鸭子居然下了 200 个蛋。

第三章　社会保障

农场根据国家有关政策规定，组织职工参加基本养老保险和基本医疗保险，并按照有关规定支付企业缴纳部分；按时给职工缴纳工伤保险和生育保险，切实保障职工合法权益，解决职工后顾之忧。积极开展摸底调查，认真落实社区居民和农村村民最低生活保障制度，加强低保户动态管理，做到应保尽保。

第一节　基本保险

一、基本养老保险

农场于1998年2月根据《贵州省山京畜牧场职工基本养老保险金内部统筹（试行）办法》，为农场职工内部缴纳养老保险金。根据劳动和社会保障部、财政部、农业部、国务院侨务办公室《关于农垦企业参加企业职工基本养老保险有关问题的通知》文件精神，2003年7月1日，农场职工被纳入当地基本养老保险范围，执行当地统一的基本养老保险缴费比例。

2003年参加职工基本养老保险的有440人。

2004年参加职工基本养老保险的有421人。

2005年参加职工基本养老保险的有404人。

2006年5月8日，为了进一步做好农场社会保险方面的工作，成立贵州省山京畜牧场社会保险科，办公室设在农场财务科。蔡国发被调到农场财务科具体负责社会保险方面的工作。

2006年参加职工基本养老保险的有387人。

2007年参加职工基本养老保险的有375人。

2008年参加职工基本养老保险的有369人。

2009年参加职工基本养老保险的有345人。

2010年参加职工基本养老保险的有325人。

2011年参加职工基本养老保险的有313人。

2012 年参加职工基本养老保险的有 300 人。

2013 年参加职工基本养老保险的有 280 人。

2014 年参加职工基本养老保险的有 269 人。

2015 年参加职工基本养老保险的有 240 人。

2016 年参加职工基本养老保险的有 221 人。

2017 年参加职工基本养老保险的有 208 人。

2018 年参加职工基本养老保险的有 185 人。

2019 年参加职工基本养老保险的有 163 人。

2020 年参加职工基本养老保险的有 150 人。

二、基本医疗保险

2006 年 7 月，农场在职职工被纳入当地基本医疗保险范围，退休职工只参加大额保险。2007 年农场所辖 4 个民寨村参加新型农村合作医疗保险。

2006 年参加职工基本医疗保险的有 387 人。

2007 年参加职工基本医疗保险的有 375 人。完成新型农村合作医疗登记发证工作，参合户共计 497 户 1821 人，参合率达 88%。

2008 年参加职工基本医疗保险的有 369 人。

2009 年参加职工基本医疗保险的有 345 人。

2010 年参加职工基本医疗保险的有 325 人。

2011 年参加职工基本医疗保险的有 313 人。四个民寨村的新型农村合作医疗保险参保人数明显增多，参合率达 95%，参加农村社会养老保险的达 70%以上。除职工外的农场其他居民参加基本医疗保险的有 634 人。

2012 年参加职工基本医疗保险的有 300 人。

2013 年参加职工基本医疗保险的有 280 人。

2014 年参加职工基本医疗保险的有 269 人。

2015 年参加职工基本医疗保险的有 240 人。

2016 年参加职工基本医疗保险的有 221 人。

2017 年参加职工基本医疗保险的有 208 人。

2018 年参加职工基本医疗保险的有 185 人。

2019 年参加职工基本医疗保险的有 163 人。

2020 年参加职工基本医疗保险的有 150 人。

三、工伤保险

农场职工于 2003 年正式参加当地工伤保险。

2003 年参加职工工伤保险的有 440 人。

2004 年参加职工工伤保险的有 421 人。

2005 年参加职工工伤保险的有 404 人。

2006 年参加职工工伤保险的有 387 人。

2007 年参加职工工伤保险的有 375 人。

2008 年参加职工工伤保险的有 369 人。

2009 年参加职工工伤保险的有 345 人。

2010 年参加职工工伤保险的有 325 人。

2011 年参加职工工伤保险的有 313 人。

2012 年参加职工工伤保险的有 300 人。

2013 年参加职工工伤保险的有 280 人。

2014 年参加职工工伤保险的有 269 人。

2015 年参加职工工伤保险的有 240 人。

2016 年参加职工工伤保险的有 221 人。

2017 年参加职工工伤保险的有 208 人。

2018 年参加职工工伤保险的有 185 人。

2019 年参加职工工伤保险的有 163 人。

2020 年参加职工工伤保险的有 150 人。

四、生育保险

农场职工于 2006 年正式参加当地生育保险。

2006 年，参加职工生育保险的有 387 人。

2007 年，参加职工生育保险的有 375 人。

2008 年，参加职工生育保险的有 369 人。

2009 年，参加职工生育保险的有 345 人。

2010 年，参加职工生育保险的有 325 人。

2011 年，参加职工生育保险的有 313 人。

2012 年，参加职工生育保险的有 300 人。

2013 年，参加职工生育保险的有 280 人。

2014 年，参加职工生育保险的有 269 人。

2015 年，参加职工生育保险的有 240 人。

2016 年，参加职工生育保险的有 221 人。

2017 年，参加职工生育保险的有 208 人。

2018 年，参加职工生育保险的有 185 人。

2019 年，参加职工生育保险的有 163 人。

2020 年，参加职工生育保险的有 150 人。

第二节 最低生活保障制度

根据国家有关政策和上级相关工作要求，农场于 2002 年 4 月和 2008 年 4 月，先后成立城市居民最低生活保障工作领导小组和农村村民最低生活保障工作领导小组，负责组织协调开展有关工作，落实城市居民和农村村民最低生活保障制度。积极组织有关人员深入社区和农场所属 4 个集体所有制行政村，开展社区居民和农村村民低保户基本情况调查了解等工作，配合当地政府民政部门做好农场低保户动态管理，积极主动与有关部门对接汇报，及时发放低保金。

根据工作需要和人员岗位变动情况，适时对农场城市居民最低生活保障工作领导小组和农村村民最低生活保障工作领导小组进行调整充实，确保相关工作落到实处。

农场低保工作涉及面广，工作量大，政策性强，评定程序复杂，工作难度大。农场最低生活保障工作领导小组有关人员深入农场各个社区、各个村寨做了大量的调查了解工作。在工作中，坚持实事求是，应保尽保，不该保的决不保，杜绝弄虚作假、优亲厚友的现象。

第四章　社会主义精神文明建设

农场注重营造良好的社会环境，通过潜移默化提高公民思想道德品质和科学文化素质。开展“四好”单位、“五好”个人、先进集体、先进个人等评选活动并进行表彰，积极开展职工教育，开展“我为四化献青春”“做合格党员”“发扬红军长征精神，为农场经济建设发展献青春”等演讲竞赛活动，形成爱学习、重知识、学先进、讲奉献的良好社会氛围。

第一节　精神文明创建活动

一、创建文明农场

1986 年，农场开展“红五月”安全生产工作活动。根据国务院、贵州省人民政府文件，农场开展 1986 年税收、财务、物价大检查。新年元旦节前，农场开展卫生环境全面检查评比活动。元旦、春节期间开展象棋、扑克等比赛。在庆祝中华人民共和国成立 37 周年之际，开展群众性的文艺晚会（在此之前已有 10 多年没有开展），晚会评出优秀表演奖 10 个，优秀团体奖 3 个。农场 2 位职工获得贵州省人民政府直属机关党委颁发的优秀党员证书。在争先创优活动中，获得农场先进工作者称号的有 34 人，获得先进生产者称号的有 56 人。

1987 年，春节前夕，以农场的名义向全场职工、家属、村民发放慰问信。在春节期间，开展篮球、拔河、自行车等比赛，开展文艺晚会节目评优活动和自制彩灯送展比赛，邀请毛栗哨村村民到场部表演地戏。组织农场妇女观看电视录像，开展接力赛跑和拔河比赛，以庆祝国际劳动妇女节。贵州省农业厅直属机关对农场的三位先进个人进行表彰。在开展农场社会主义精神文明建设和物质文明建设的活动中，获得农场先进工作者称号的有 34 人，获得先进生产者称号的有 35 人，获得劳动模范称号的有 10 人。

1988 年，农场组织开展“我为四化献青春”“做合格党员”演讲比赛活动。银子山村党支部荣获贵州省农业厅党组授予的先进基层党支部称号，15 人荣获优秀党员称号。在争先创优活动中，获得农场先进工作者称号的有 11 人，获得先进生产者称号的有 37 人，获得劳动致富户称号的有 16 户。

1989 年，农场子弟学校校长兼党支部书记曾荫梧被农业部评为先进教师。在争先创优活动中，获得农场先进工作者称号的有 38 人，获得先进生产者称号的有 54 人，获得劳动致富户称号的有 14 户。

1990 年，开展以抓质量为中心，以“双增双节”为内容的社会主义劳动竞赛。3 月在农场职工中掀起“学雷锋，树新风”的学习热潮。根据贵州省农业厅的要求和部署，农场开展 1990 年的税收、财务、物价大检查。元旦、春节期间分别在十二茅坡片区和场部片区组织开展男、女篮球赛和乒乓球赛。农场团委、各团支部的团员青年积极开展为亚运会捐款的活动。农场人口普查办公室荣获安顺市第四次人口普查办公室授予的先进集体称号。3 个团支部荣获共青团贵州省农业厅委员会授予的先进团支部称号，4 人荣获共青团贵州省农业厅委员会授予的优秀团员称号。获得农场先进工作者称号的有 32 人，获得先进生产者称号的有 53 人，获得劳动致富户称号的有 27 人。

1991 年，春节期间开展象棋、跳棋、乒乓球、跳绳、家庭激烈赛和儿童跑步等竞赛活动。为搞好普法教育，提高青少年的法律意识，农场团委与农场党委办公室、政工科等科室联合，开展法律知识竞赛活动。在庆祝建党 70 周年活动中，第一工作站党支部、子弟学校党支部、养猪场党支部、农场直属党支部和十二茅坡管理区党支部得到通报表扬。推荐 3 位组织纪律性强的党员参加贵州省农业厅直属机关党委组织的竞赛活动，并在活动中获得全厅第一、第三、第四名的好成绩，农场党委也获得“组织奖”。获得农场先进工作者称号的有 21 人，获得先进生产者称号的有 23 人，获得劳动致富户称号的有 6 户。

1992 年，农场党委充分发挥党员先锋模范作用，组织开展党员“六带头”活动。国际劳动妇女节期间，组织农场妇女开展“女职工如何在农场的深化改革中作贡献”的演讲比赛，开展篮球、拔河、300 米接力、20 米双人绑脚等竞赛和群众性的抽奖活动。为纪念“五一”国际劳动节，农场团委、工会、政工科联合组织开展歌颂“红太阳”演唱会，组织 30 多名职工到十二茅坡开展采茶竞赛，对 1991 年度团委评选出的先进团支部及优秀团员进行表彰。在农场范围内开展 1992 年度党风大检查工作。在庆祝中国共产党诞生 71 周年的活动中，农场第一工作站党支部被贵州省农业厅直属机关党委授予先进基层党组织称号，农场 8 位党员被授予优秀党员称号，1 名党员被授予先进党务工作者称号。子弟学校团支部、第一工作站团支部、场直团支部、毛栗哨村团支部被农场授予先进团支部称号，6 人被授予优秀共青团员称号，第一工作站党支部被授予先进党支部称号，2 人被授予优秀党务工作者称号，7 人被授予优秀共产党员称号。获得农场先进工作者称号的有 19 人，获得先进生产者称号的有 22 人，获得劳动致富者称号的有 9 人。

1993年，积极响应中国共产党贵州省政府工作委员会、省委组织部的部署，农场掀起学习《中国共产党章程》知识练习150题的热潮。开展安全生产、人人有责和遵纪守法的社会主义道德意识宣传教育活动。农场完成的论文《翠芽茶的研制》获得贵州省人民政府颁发的贵州省科学技术进步奖四等奖。在开展评优、选优工作中，获得农场先进工作者称号的有18名，获得先进生产者称号的有23名，获得劳动致富户称号的有9户。

1996年，中国共产党贵州省直属机关工作委员会组成省属特困企业慰问团，在春节期间对农场30余户贫困党员、干部、职工、村民进行慰问。农场纪委、监察室在农场范围内开展了党纪政纪条规知识竞赛活动。由农场政工科、工会、团委、武装部利用节日组织集中活动，先后组织了春节文体活动、国际劳动妇女节纪念活动、“八一”建军节组织打靶军事活动。14人获得农场先进个人称号。

1997年，各党支部在农场党委的统一领导下，开展党员、干部“讲学习、讲政治、讲正气”教育活动。为提高党员素质，举办党员学理论、学党章知识竞赛活动。举办“前进杯”学习中共十五大文件知识竞赛。在传统节日中秋节之夜，结合农场的实际，农场团委配合农场政工科组织开展了知识面广、趣味性强的答题猜谜语活动和卡拉OK演唱比赛。在老年节（重阳节），农场党委、农场领导、工会、团委分组到各点看望了80岁以上的老年人，并给他们照了长寿相，赠送贺卡，祝贺老人们健康长寿。通过广大党员评选，推荐8名优秀党员、1名优秀党务工作者报送贵州省农业厅直属机关党委表彰，其中数名被推荐到中国共产党贵州省直属机关工作委员会表彰。由农场工会、政工科、团委、学校在国际劳动妇女节、“五四”青年节、“六一”儿童节开展了丰富多彩的活动。春节期间，农场领导分组对50多户困难党员、职工、村民进行重点慰问。在农场农业生产受到大风、冰雹灾害后，农场职工及其家属全力抗灾自救。35人获得农场先进个人称号。

1998年，春节期间，农场领导分组对农场30多户贫困党员、职工、村民转达了上级党组织和领导的关怀，体现了社会主义大家庭的温暖。在农场范围内掀起了学习邓小平理论的新高潮。开展农场党政班子成员带头学，各党支部抓党员的“双学”活动。在农场开展的争当先进活动中，38人获得先进个人称号。

1999年，春节期间，在场部开展象棋、扑克比赛等活动。国际劳动妇女节当天，组织开展妇女游园活动。在“五一”国际劳动节、“五四”青年节，团工委组织青年、团员开展帮助农户种植烤烟活动。分五个阶段在农场开展“讲学习、讲政治、讲正气”的教育活动。在农场范围内掀起学习王兴奋不顾身、舍己救人的热潮。在重阳节，开展发扬中华民族尊老、敬老、养老的传统美德，使老年人“老有所养，老有所医，老有所乐”的活动。开展向获得贵州省总工会授予的贵州省“五一劳动奖章”的唐兰英学习的活动。在农场范围内开展先进党支部评选活动，评出 3 个先进党支部。获得贵州省农业厅直属机关党委授予的 1997—1999 年度农业厅系统先进基层党组织称号。在积极推动农场内部改革中，33 人获得农场先进个人称号。

2000 年，春节期间，在十二茅坡片区和场部片区举办了男女篮球比赛。在重阳节当天，各党支部组织老年人召开畅谈建国 51 年来取得的伟大成就，畅谈农场如何改革，畅谈老年人如何为农场的生产、经营发展做出自己的贡献的座谈会。开展认真学习领会“三个代表”的建党思想理论活动，开展以“三讲”教育为中心的民主生活制度和党风廉政建设活动。为开展“双拥”工作，农场成立“双拥”工作领导小组。在抓基层党支部的战斗堡垒作用的工作中，银子山村党支部获得先进党支部的表彰，8 人获得优秀党员的表彰。在积极推动农场内部改革中，19 人获得农场先进个人称号。

2001 年，春节期间，在场部开展男女篮球、拔河、象棋等比赛活动。在农场分三个阶段开展“讲学习、讲政治、讲正气”学习活动。开展改厕、改水、除“四害”、讲卫生的爱国卫生运动，通过组织各单位检查评比，对爱国卫生开展得好的两个单位进行表扬奖励。农场根据上级文件精神，开展坚持百忙之中挤时间的“钉子”精神，加强学习，努力实践“三个代表”重要思想，扎扎实实地搞好“三个代表”学习工作。在保持农场社会稳定、经济发展的过程中，29 人获得农场先进个人称号。

2002 年，春节期间在农场内开展上门对 16 户军属发放优待金、慰问金的“双拥”工作。在冬季征兵工作中严格把关，从 14 名预征青年中挑选了两名合格青年输送到部队。在国际劳动妇女节，组织全场女职工游黄果树瀑布、龙宫。在争当先进、争当模范的活动中，30 人荣获农场先进个人称号。

2003 年，在 1 月份，组织干部、职工、家属、学校师生在农场范围内开展打扫公共场所、家属区卫生的爱国卫生运动。根据上级文件精神，农场成立“非典”防治工作领导小组，利用广播、宣传车在场区各职工居住点、各民寨村、外来民工居住点进行预防“非典”宣传。组织农场妇女到峨眉山、深圳等地旅游活动，纪念国际劳动妇女节。根据安顺市西秀区人民政府和双堡镇人民政府关于认真抓好“基本普及九年制义务教育和基本扫除青壮年文盲”的有关文件精神和相关工作安排意见，为确保此项工作的顺利完成，结合农场实际，成立“两基”工作领导小组。在开展爱岗敬业、乐于奉献的活动中，20 人荣获农场先进个人称号。

2004 年，为做好 2004 年冬季征兵工作，农场成立征兵工作领导小组，圆满完成西秀区武装部下达征集任务，确保兵员质量。农场对承包土地的职工实行“两费”自理、“四到户”。农场组织参加贵州省农业厅举办的全厅系统青年知识竞赛，获得第三名的好成绩。

在开展爱岗敬业、无私奉献、热爱集体的活动中，18 人荣获农场先进个人称号。

2005 年，组织全农场党员，开展保持党员先进性教育活动。在中国共产党成立 84 周年纪念活动中，对农场 2003—2005 年度 10 位优秀党员予以表彰。在全农场范围内开展一次向灾区献爱心社会捐助活动。在开展爱岗敬业、勇于开拓、艰苦奋斗的活动中，18 人荣获农场先进个人称号。

2006 年，根据中共贵州省委、贵州省人民政府的安排部署和《贵州省山京畜牧场“整脏治乱”行动实施意见》，农场成立“整脏治乱”行动领导小组，开展全场性的整脏治乱活动。为纪念国际劳动妇女节，农场工会组织全场女职工到广西北海 4 日游活动。在争先创优活动中，17 人荣获农场先进个人称号。

2007 年，根据贵州省农业厅党组文件的要求，农场成立作风教育整顿活动工作小组，开展作风教育整顿活动。在争先创优活动中，13 人荣获农场先进个人称号。

2008 年，农场成立开展党的基层组织建设年活动领导小组，分四个阶段在全场党组织中开展党的基层组织建设年活动，切实抓好农场党的基层组织建设年活动的各项工作。成立深入学习实践科学发展观活动领导小组，分三个阶段在全农场掀起开展深入学习实践科学发展观活动的热潮。在全农场范围内开展安全生产百日督查专项行动。为保障人民群众的身体健康，切实维护社会稳定，农场利用广播、墙报、黑板报、宣传栏、会议等多种方式，开展加强传染病防治工作的夏季爱国卫生运动。为切实加强对灾后农村危房改造工作的组织领导，农场成立农村危房改造工作领导小组。在国际劳动妇女节，农场分四个片区召开纪念会。农场直属党支部荣获贵州省农业厅直属机关党委“先进基层党组织”的表彰，10 人获得贵州省农业厅授予的“优秀党员”光荣称号，1 人获贵州省农业厅授予的“优秀党务工作者”光荣称号。在争先创优活动中，15 人荣获农场先进个人称号。

2009 年，在上级领导的关心帮助下，农场四个民寨村的惠农政策得到落实。投资 10 万元修建了张家山村、毛栗哨村的党员活动室和村委办公室。在评优选优活动中，16 人获得农场先进个人称号。

2010 年，农场投资 5 万元修建和维修银子山村党员活动室和村委办公室。开展对全场 106 户种烟能手奖励一台电动喷雾器的颁奖活动。在评优选优活动中，16 人获得农场先进个人称号。

2011 年，农场通过广播、宣传栏等方式宣传党的方针政策，四个民寨村的村民参加农村合作医疗保险和农村社会养老保险。在评优选优活动中，16 人获得农场先进个人称号。

2012 年，在开展“基层组织建设年”活动和庆祝建党 91 周年暨表彰大会上，十二茅坡片区党支部获得先进基层党组织称号，9 名党员获得优秀党员称号。在西秀区创先争优活动中，农业二队党支部、农场直属机关党支部获得中共西秀区委授予的先进基层党组织称号。在农场生产工作中，11 人获得农场先进个人称号。

2013 年，认真开展党的群众路线教育实践活动，开展“十破十立”大讨论和下基层调研工作，贯彻落实中共中央的“八项规定”和中共贵州省委的“十项规定”。组织全农场党员、干部观看警示教育片《权》。在全农场范围内广泛开展“道德大讲堂”活动。十二茅坡片区党支部获得中共西秀区委授予的“五好”基层党组织称号。在开展创先争优、增比进位活动中，10 人荣获农场先进个人称号。

2014 年，在深入开展党的群众路线教育实践活动中，全农场上下深化学习，提高认识，聚焦“四风”问题，坚持边查边改、立行立改。在全农场范围内开展党的群众路线教育实践活动对照检查问卷测试。组织全体管理人员集中观看焦裕禄、文朝荣先进事迹，观看“苏联亡党亡国二十年祭”专题教育片，开展“重温入党誓词”、党员先锋模范评比活动。十二茅坡党支部获得中共西秀区委授予的“五好”基层党组织称号。

2015 年，农场成立“三严三实”专题教育领导小组，组织开展学习“三严三实”专题教育和专题党课活动。农场领导开展遍访贫困村、贫困户活动，共访贫困村 12 个、贫困户 23 户。在开展树立榜样、鼓励先进，彰显党员时代风采，传递干事创业“正能量”活动中，农场评选出 6 位优秀党员。为增进广大客商了解和认识农场、提高农场在经济社会中的知名度，开设贵州省山京畜牧场网站。清明节期间，利用宣传栏、宣传车在全农场范围内宣传森林防火有关规定，要求职工、家属做到文明祭祀。

2016 年，组织开展新党章、“四个全面”等理论学习，开展“三严三实”教育实践活动。在开展“两学一做”教育活动中，各党支部组织党员学习党章、党规和重温入党誓词。春节期间，农场领导和机关科室人员分两组对 63 户困难职工、离退休职工遗孀、老党员、长期生病的退休老职工以及军人家属进行慰问。农场表彰 10 名优秀党员，向安顺市西秀区推荐优秀党员 1 名、优秀党务工作者 1 名、优秀党支部 1 个。农场党委获得中共西秀区委授予的先进基层党组织称号。

2017 年，在全体党员中认真开展“学党章党规、学系列讲话，做合格党员”学习教育，开展“两学一做”教育活动。农场开展整治滥办酒席风的专项活动。春节、“七一”期间开展走访慰问困难党员 22 人。农场表彰了一批优秀党员，推荐优秀党员 3 名、优秀党务工作者 1 名、先进基层党组织 1 个到中共安顺市、西秀区委接受表彰。

2018 年，在全农场范围内掀起学习中共十九大精神的热潮，组织各党支部党员、机关管理人员进行中共十九大精神知识考试1次，党章知识考试1次。农场党委理论学习中心组开展《习近平谈治国理政》专题学习会。农场针对作风建设、“三公经费”、薪酬福利发放、经济合同、审计整改等方面的问题，开展党风廉政自查自纠整改工作。

2019年，农场在全体党员中开展“不忘初心、牢记使命”主题教育。在春节期间实施“党员关爱”行动，对10名生活困难的党员进行慰问。“七一”期间，慰问离退休老党员5名。在中秋节，农场领导和机关科室人员分两组对在一线工作的环卫工人进行慰问。

2020年，开展认真学习《习近平新时代中国特色社会主义思想》《习近平谈治国理政》《中国共产党章程》《习近平总书记系列重要讲话读本》学习会，提高广大干部职工的政治思想觉悟和政治理论水平，为在新形势下做好农场管理服务工作打牢基础。

二、创建文明行业

（一）教育行业

农场子弟学校教师大部分是从职工中选出，他们多数没有上过正规的高等院校，但他们却在本地区教育行业取得优异的成绩。通过开展优秀教师评选活动，激发教师业务学习积极性，提高师资水平和学校教学质量。通过开展“五讲四美”、“三好”学生和“红花少年”评选活动，激励学生不断努力、不断进步，校风明显改善。

1962年，农场子弟学校在教学质量及服务态度方面做得较好，学生成绩优异，获得双堡区的好评。

1970年10月，农场子弟学校师生苦战一天，为张家山生产队抢收并堆好70多亩稻草。

1980年，农场子弟学校开展“五讲四美”、“三好”学生和“红花少年”评选活动，校风明显改善。评出“三好”学生80名。在51名初中毕业生中，考上中专、中技的共有14人。

1985年9月10日，为隆重庆祝中华人民共和国第一个教师节，表彰在农垦教育战线上做出优异成绩的先进集体、先进教师，通过自下而上的民主评选，农场子弟学校获得农牧渔业部颁发的全国农垦系统教育先进集体奖状。

1986年，农场子弟学校重视抓好教学质量，首先抓教师业务学习，提高师资水平。学校从资金和时间安排上支持教师参加函授学习。1986年全校就有12名小学教师参加了“中专师范函授广播学校”的学习，均取得良好成绩。

根据中共贵州省委、贵州省人民政府《关于推进教育体制改革的决定》文件精神，由于学校的重视，经过宣传动员和到民寨队上门做工作，经安顺县有关部门普查，农场适龄儿童入学人数达到366人，入学率达到97.8%，基本完成了农场的普及教育任务。

1986年，子弟学校开展校内教学质量评比活动，开展“优秀教师”和“三好”学生的评选活动。在教师节，经贵州省农经委、农业厅表彰的优秀教师有徐先琼等3人，经贵州省农业厅政治处表彰的优秀教师有4人。

1987年，农场子弟学校的中专、中师、高中、技校升学成绩居安顺县第二名。

1999年，子弟学校认真贯彻执行国家教育方针，在培养学生德、智、体全面发展的教学中，贯彻“教育与生产劳动相结合”的教育方针，除每周一节的劳动课外，茶青高峰期组织400多名师生到十二茅坡采茶青8286公斤。为提高教学质量，对教师在教学工作中常规的五个主要环节制定了评估量化考核制度。

2002年，学校评选出“三好”学生和优秀班干部160人次，优秀班主任9人次，先进班9个，优秀团员4人，优秀少先队员45人。

2003年，农场子弟学校有8名教师自费参加贵州省的成人教育培训，有1人取得本科学历，7人取得大专学历。

2004年，在“六一”儿童节，子弟学校开展了举行升旗仪式，全体学生齐唱《中国少年先锋队队歌》《我们是共产主义接班人》，为少先队辅导员和领导佩戴红领巾，为新队员佩戴红领巾，表彰优秀少先队员的活动。

（二）卫生行业

农场卫生所医务人员刻苦钻研业务知识，提高医疗技术，树立良好医德医风，改善服务态度，一手抓疾病预防，一手抓疾病治疗，关爱病人，甘于奉献。

1972年3月，农场发生传染性甲型肝炎四例，荨麻疹三例，卫生所利用有线广播、宣传车到各队流动宣传，提高防范意识，不信谣不传谣。整理收集传染病资料，做到向上级业务部门一天一报，在疫情防控期间执行24小时值班制度。

1990年8月15日，农场卫生所为做好儿童疫苗接种工作，新增设一个免疫门诊部门，在每个月的2—22日，按照规定的免疫程序对儿童进行预防疫苗接种。

（三）畜牧业

1972年3月，育种室、兽医室领会上级下发的文件的精神，结合战备，结合形势，结合任务，对职工进行多养马、养好马的宣传，并主动当好队领导指挥军马生产的参谋，时常对牧工上业务课，不断提高农场饲养管理、卫生防病和安全产驹工作水平。

1981年6月16日，由于从部队管理转为地方管理后，农场马匹仅存21匹，六队兽医室的配种工作就相应减少。在积极做好本职工作的前提下，六队畜牧兽医室积极开展支援当地马匹的改良工作。在对外民马的配种工作中，只象征性地收取成本费用。

三、创建文明单位

农场建场以来，在1967—1976年开展“四好”单位评选活动，1977—2013年开展先进单位、先进集体的评选活动。在评选活动中，激发职工遵章守法、努力钻研业务知识、团结协作、爱场敬业、无私奉献的精神。

1987年，根据贵州省办公厅《关于进一步抓好我省文明村镇建设的意见》和安顺市人民政府《关于进一步开展创文明单位、文明村寨活动的意见》的精神，充分认识到文明村寨建设的重要性、迫切性，农场管理的毛栗哨村制定了《毛栗哨村乡规民约》。

四、创建文明家庭

2018年，在安顺市西秀区“星级文明户”评选活动中，农场有21户获得星级文明户称号。

2019年，在安顺市西秀区“星级文明户”评选活动中，农场有20户获得星级文明户称号。

2020年，在安顺市西秀区“星级文明户”评选活动中，农场有30户获得星级文明户称号，2户获得十星级文明户称号。

第二节　精神文明共建活动

农场为地方管理时属于地方国有农垦企业。在此期间，农场积极与地方政府、机关、学校开展多样的共建活动。1961年10月—1976年12月农场属昆明军区后勤部管理，属军队企业。在此期间，积极与部队、当地公社、大队开展丰富多彩的军民共建活动。

一、场地共建活动

1977年12月，农场基干民兵连根据上级指示，参加安顺县基干民兵野营拉练。在历时4天的野营拉练中，农场基干民兵连参加打扫卫生420人次，为群众挑水100余担，为贫下中农看病9人，访贫问苦55人次，写宣传标语105条，与群众谈心71人次，收到感谢信4封，出发时做到“三不走”“三满意”，没有一人违反任何群众纪律。在全团总结大会上，团司令部、政治处授予农场基干民兵连“野战拉练、成绩优良”的锦旗，全连有

60%以上的人上了团部的光荣榜。

1988年，为了深化教育改革，培养农场新一代新型适用人才，农场与贵州安顺农业学校实行联合办学，创办茶畜班。

二、军民共建活动

1965年10月28日，奉上级领导指示，为了国防事业的巩固和发展，某部队需在农场范围内建设国防通信维护哨。为支持国防军队建设，农场无偿提供约50平方米的土地供建设需要。为了节省开支，由农场组织建筑工人自行开采石料、山沙，自行烧石灰等支持军队国防事业建设。

1967年2月，遵照贵州省军区政治部指示，在农场党委的领导和各党支部的组织下，在春节期间组织共118名宣传员，自编80多个节目以快板、演唱、相声、诗歌联唱等方式宣传“文化艺术”“人民英雄”“好人好事”等，面向农场外21个地区的公社、生产队的广大人民群众举办了20多次宣传活动。

同年5月，根据《热烈响应拥军爱民的号召》文件精神，农场掀起拥军爱民、爱民拥军的热潮。农场内的广大职工、家属与农场外附近生产队的广大人民群众分别召开了拥军爱民大会、军民联欢会、慰问大会等。农场广大干部、职工、家属、师生也开展了为民做好事的活动，搞好军民团结。

1967年6月7、8日两天，农场共派出234人次到姨妈寨、新院、豆豉寨、花恰、顺河、朱官等地支援插秧，插秧面积为155.8亩。

1967年1—12月，在拥军爱民的活动中，与附近生产队召开军民联欢会、军民座谈会共计18次，农场积极分子与地方交流经验1次，为农场外的生产队义务积肥5万多公斤。

1968年，农场共出动6个宣传队，到周围5个公社的20多个大队进行宣传，从人力物力上支援5个公社的生产。送出肥料2万多公斤。为群众演出43场，演出观众达到1.3万人次。

1987年2月2日，向银子山处的驻军进行慰问。

2015年，农场领导到新海水库慰问来农场演习的中国人民解放军贵州陆军预备役步兵师三团。

2014年、2015年、2018年、2019年、2020年，农场领导代表全农场的干部职工到安顺慰问武警安顺支队官兵。

第三节　精神文明教育工作

一、“三爱”教育

在精神文明教育工作中，农场积极开展“三爱”方面的实践主题活动，引导职工、村民爱学习、爱劳动、爱祖国。

（一）爱学习

1979 年 5 月，在农场机械化养猪饲料加工厂的机械制作安装工程中，需制作 8 个圆筒仓。在工期很紧的情况下，职工王文武提出仿效改制一台铁木结构的卷筒机，并画出草图和做出制作方案。王文武小组成员经过三天奋战，成功将卷筒机制作出来。且该卷筒机经过三个月使用，效果良好。为鼓励王文武劳动积极的先进事迹，农场从制作圆筒仓工作中节约的 254.4 元经费中提出 5%奖励给王文武，希望其再接再厉。

1979 年 11 月，农场职工李声忠利用业余时间，通过学习、收集、整理，编写了《养猪管理办法》。该《办法》为农场养猪事业的发展做出较大贡献。

1990 年，在农场子弟学校开展德育改革。教师万贤德参考和借鉴外校的有益经验，结合学校现在执行的操行评定制度，开学之初就告诉学生，本操行及格的起点是做好事达到多少件，违纪事件的最低控制线是多少。使原来抽象的操行评定具体化，学生有了明确目标。学生中愿做好事、争做好事的人多了，不计个人得失、热爱班级、关心集体的人多了。其中，有 5 位同学拾金不昧，1 位同学利用午休时间为班上修理桌椅，还有 20 五位同学利用午休时间打扫教室、义务植树。

（二）爱劳动

1958 年，农场党委提出突击一周，苦战一个月，大干一春，争取扭转农场亏损局面的战斗口号。一个星期积肥 75 万公斤，修运煤路及农用路 1800 米挖鱼塘 1 个。

1960 年，农场的农业生产遭到从 1959 年冬以来的特大旱灾，职工们抢水抢耕，农场干部也参加抗旱保生产的工作，各队之间、各组之间开展竞赛，个人之间开展对手赛，保证了满栽满插。

1967 年 5 月，农场在双抢工作中召开了宣传动员大会。广大干部、职工不怕苦、不怕累，早出工、晚收工。张家山生产队职工凌晨 4 时下田插秧，晚上 8 时才收工，中间很少休息。各生产队职工每天工作达 12 小时以上。职工之间相互爱护、互相帮助。场部干部、职工在完成自己工作的前提下，主动帮助第一生产队、第二生产队割麦子、翻晒麦子和插秧。张家山生产队帮助第六生产队中耕花生。第四队生产帮助银子山队收割小麦。场部、第六生产队、第一生产队的家属也主动帮助插秧。

1970 年，农场第一生产队，遵循多打粮必须多上肥原则，全队向荒山要肥，不计时间上山捡山肥 3.75 万公斤。积极响应昆明军区“白天干、晚上干、打起灯笼火把也要干”的指示，全队职工、家属在 3 月 25 日晚利用三个半小时出圈肥 15 万公斤。全队还提倡出工早一点、路要走快点、干劲大一点、下班晚一点的口号。

1970 年 10 月，第六生产队农小队二班、四班为搞好“三秋”生产，凌晨 4 时起床到牧草地里撒肥料，并利用中午休息时间撒肥 120 亩。家属队发扬“不怕疲劳和连续作战的作风”，连续 2 个月不放假休息，超额完成秋种任务。

1971 年 8 月，农场第一生产队全体人员在副队长高增元的带领下，有的用锄头挖，有的用镰刀割，有的用铁铲铲，除掉房前屋后及多年未铲除的杂草，疏通沟渠，排出污水，让第一生产队全体人员的生活环境面貌一新。

1982 年，第六生产队养猪工人许祖芬上班早，下班晚，精打细算，养猪包产净增重 1.43 万公斤，实际完成净增重 1.91 万公斤，超产 4778 公斤，为国家创造利润 4963 元。

1992 年 5 月，在加工茶青生产高峰期间，南坝园茶叶加工厂的电路受到风灾，电杆线路和发电机分别受损，这将对加工茶叶造成威胁。机耕队机修班用蜡烛照明，经过一天一夜的紧张抢修，成功修复了发电机。

（三）爱祖国

1979 年 7 月 1 日，农场开展学习中共八大、党章中关于党员义务和权利的活动，庆祝中国共产党成立 58 周年。

1984 年 5 月 4 日，农场开展集中学习、篮球锦标赛和象棋比赛活动，纪念五四运动 65 周年。

1985 年 7 月 1 日，为庆祝建党 64 周年，召开党委民主生活会，并以党支部为单位，由各党支部书记组织全体党员学习党的历史、党的革命传统等。

1986 年 10 月 1 日，农场在大礼堂举办歌颂社会主义祖国的繁荣昌盛、歌颂改革的步伐文艺晚会，庆祝中华人民共和国成立 37 周年。

1987 年“七一”期间，开展新党员入党宣誓、智力题问答比赛活动，庆祝建党 66 周年。国庆节期间，农场开展团体和个人的歌咏比赛活动，庆祝新中国成立 38 周年。

1991 年，在“五四”青年节，开展包括合唱、独唱、舞蹈、乐器演奏、山歌、相声、武术表演等 40 多个节目的青年友谊联欢晚会，纪念五四运动 72 周年。“七一”期间，开展党的知识、党的历史、时事政治竞赛等活动，举办“七一”晚会，庆祝中国共产党成立 70 周年。国庆节期间开展自行车、跑步、投弹、钓鱼等活动，庆祝中华人民共和国成立

42 周年。

1992 年，在“五四”青年节，农场团委在场部组织团员、青年，开展爱国主义教育、爱场教育和社会主义教育活动，纪念五四运动 73 周年。

1993 年 7 月 1 日，农场开展庆祝中国共产党成立 72 周年活动。在活动中，组织学习党章、宪法等的相关理论知识，组织预备党员与老党员共同进行入党宣誓。

1996 年“七一”期间，农场开展学党章、学习模范党员、优秀领导干部孔繁森的活动，开展“学政治、学业务”双学活动，庆祝建党 75 周年。9 月 24—25 日在场部、十二茅坡两片区组织开展以唱《四渡赤水出奇兵》《山丹丹开花红艳艳》《十送红军》《过雪山草地》《七律·长征》《红军想念毛泽东》等长征歌曲为主的歌咏晚会和“发扬红军长征精神，为农场经济建设发展献青春”为主题的演讲活动，纪念红军长征胜利 60 周年。国庆节期间，组织开展“与祖国同乐”卡拉 OK 晚会，庆祝中华人民共和国成立 47 周年。

1997 年“七一”期间，农场各党支部通过宣讲会、讨论会、挂彩旗、升国旗等活动庆祝建党 76 周年。在场部晒坝举行全场性庆祝大会，迎接香港回归。

1998 年“七一”期间，各党支部开展庆祝建党 77 周年和香港回归一周年纪念座谈会，重温党章，回顾党史，畅谈党的伟大等。国庆节期间，组织全农场各党支部举行团体和个人的歌咏比赛，庆祝中华人民共和国成立 49 周年。

1999 年“七一”期间，全农场各党支部组织党员开展学习党章、《关于党内政治生活若干准则》和人民日报所发表的“七一”社论，收看中央电视台庆祝建党 78 周年活动。国庆节期间农场组织职工、群众开展庆“国庆”卡拉 OK 比赛，组织歌咏队参加贵州省农业厅的文艺会演，庆祝中华人民共和国成立 50 周年。在全农场范围内开展“天爵杯”迎澳门回归知识竞赛活动。

2000 年“七一”期间，组织全农场党员认真学习“三个代表”的重要论述，开展对农场的商品粮杂交玉米制种基地建设、玉米大田制种、烤烟生产、茶园管理、民寨村基础设施建设等的实地考察活动，庆祝建党 79 周年。

2001 年“七一”期间，开展各党支部组织党员认真收看中央电视台和贵州电视台的建党 80 周年纪念活动实况转播，新老党员面对党旗重温入党誓词等活动，组织党员对农场的生产、基础设施、四个民寨村建设进行大检查等，庆祝中国共产党成立 80 周年。

2005 年“七一”期间，通过开展保持党员先进性教育活动，庆祝中国共产党成立 84 周年。

2006 年“七一”期间，开展以“八荣八耻”为主要内容的社会主义荣辱观教育活动，对全体党员开展党的基础知识竞赛活动，庆祝中国共产党成立 85 周年。

2008 年“七一”期间，为庆祝建党 87 周年，对全体党员开展一次党的基础知识竞赛活动，以座谈会、报告会的形式畅谈建党 87 年的历史、取得的理论成果、创造的丰功伟绩，组织学习中共十七大精神，特别是修改后的新党章，并重温入党誓词等。

2010 年“七一”期间，组织党员开展做好事、做实事，帮助困难党员、困难群众解决生产、生活上的困难，开展有益的公益事业等活动，庆祝建党 89 周年。国庆节期间，组织开展各党支部学习中共十七届四中全会《关于加强和改进新形势下党的建设若干重大问题的决定》，中共中央总书记、国家主席、中央军委主席胡锦涛《在全党深入开展学习实践科学发展观活动总结大会上的讲话》，中共中央组织部、宣传部《关于在党的基层组织和党员中深入开展创先争优活动的意见》，以及访看望生病的老党员的活动。

2011 年“七一”期间，在中共西秀区委、西秀区人民政府联合组办的区级机关庆祝建党 90 周年唱“红歌”暨“家乡歌曲大家唱”歌咏比赛中，获得优秀奖的称号。

2014 年“七一”期间，农场党委组织开展下基层走访慰问年老体弱、长期生病的党员等活动，庆祝建党 93 周年。

2016 年“七一”期间，各党支部组织广大党员开展重温入党誓词，学习新党章，以座谈会形式畅谈祖国变化、中央决策、农场改革发展新变化，慰问长期生病的老党员等活动，庆祝建党 95 周年。

2017 年“七一”期间，各党支部组织广大党员开展重温入党誓词，学习新党章，关心关爱老党员，走访慰问困难党员等活动，庆祝建党 96 周年。

2018 年“七一”期间，各党支部组织广大党员学习党章、党规和《习近平谈治国理政》，开展后进党员送教育、困难党员送温暖、创业党员送政策、生病党员送关怀、流动党员送党课“五送”服务，参观大坝村新农村建设等活动，庆祝建党 97 周年。

2019 年“七一”期间，组织广大党员重温入党誓词，到王若飞故居开展缅怀革命先烈王若飞的活动，到杨武乡开展“重走长征路”、参观红色文化馆等活动，庆祝建党 98 周年。国庆节期间组织广大党员集中收看纪录片《榜样四》，庆祝中华人民共和国成立 70 周年。

2020 年“七一”期间，组织广大党员重温入党誓词，到安顺市镇宁县幺铺镇“四八”烈士黄齐生故居开展缅怀革命先烈的活动，到紫云羊场参观红色文化公园开展缅怀革命先烈活动，庆祝建党 99 周年。

二、“三德”教育

农场积极开展社会公德、职业道德、家庭美德等方面的宣传教育活动，努力提高公民思想道德品质，取得了良好的社会效益。

（一）社会公德

1972年，农场投资购买水泥和运输用的拖拉机，银子山村村民投工投劳，修建红土坡水库。

自1991年7月8日起，连续两天两夜降大暴雨（是农场建场以来从未见过的暴雨），造成农场所属黑山村的梅子井水库进水量大于排水量，洪水达到警戒水位。农场上下共同努力，冒雨开沟排洪、扩大排水口，抢修坝上排洪道，堵住老海流入水源，截断山水流入，最终排除了险情。

1998年在修建农场子弟学校十二茅坡教学点时，在紫云县工作的农场子弟陈金明捐资1万元修建十二茅坡教学点的校门至公路之间的道路。

春节期间，在昆明市工作的回乡探亲青年徐开明，针对银子山村饮水困难的问题，向村两委建议，挖沟埋管引用铜鼓荡的水，并慷慨解囊，捐资1万元。在徐开明无私奉献的精神感召下，村两委决定，从村积累中拿出1万元，几天时间共筹资金3万元。村两委深入研究，认为此项工程要依靠群众和发动群众义务投工投劳，预计3年分三个阶段才能完成。经村两委宣传动员，村民积极性很高。同年2月8日召开大会，农场党委书记、场长等参加银子山村在铜鼓荡修建饮水工程剪彩仪式。

1998年，银子山村村民义务投工投劳开挖水渠400米。

1999年，毛栗哨村村民义务投工投劳，利用村提场统资金和村自筹资金2万多元维修本村公路1000多米。银子山村村民义务投入劳力3000多个，开挖土方近1000立方米，砌毛石渠近1000米。

2000年，农场利用村提场统资金和张家山村村民自筹资金共计8.5万元在张家山村钻机井1口，解决该村自来水的问题。银子山村在农场补助50吨水泥的情况下，村两委组织村民义务投工投劳，硬化近500米的通村道路。

2001年，毛栗哨村村两委带领党员、团员及群众，自筹资金2万多元，村民义务投工500多个，修建2个遮盖式蓄水池，把距离1千米的小海水库水引到家门口，解决下哨几百人的吃水问题。冬季又自筹资金1.1万元，义务投工1200余个，修通下哨至上哨近1000米的道路。毛栗哨村党支部自筹资金购买扩音设备两套，在上、下哨安装四个喇叭。在农场支持51.5吨水泥的情况下，银子山村村民义务投工投劳400多人次，修好银子山村（包括银子山、砂锅泥、马过路）内水泥路以及银子山至马过路的水泥路共计1350米，修沟渠贮水坝3个，维修砂锅泥人畜饮水井1口。农场义务投工400多人次，从十二茅坡挖沟埋光缆至银子山，接通电信的程控电话。

2002 年，黑山村党支部带领村民利用年初和年尾的空闲时间，挖沟埋管 700 米，把大井的水引到村中。银子山党支部挖沟埋管 2000 多米，把红土坡水库的水引到村中。解决两个村几十年来人畜饮水难的问题。张家山村党支部带领村民义务投工投劳，硬化村中道路 1032 米。银子山村党支部带领红土坡小组村民义务投工投劳，硬化村中道路 580 米。

2005 年，农场投资 6.3 万元修建职工休闲园和添置健身器材，丰富广大职工家属的业余文化生活。张家山、银子山村党支部的全体党员，义务维修水渠 3600 余米，同时还义务维修晒场，帮助“五保”户维修屋顶，义务安装水表等。毛栗哨村利用贵州省农业厅 2 个党支部党员的义捐及农场配套资金共 4.9 万元，村民义务投工投劳，硬化了上哨、下哨的村中道路 800 余米。黑山村党支部的党员义务架设抽水用电线路，为村民义务抽水，解决了全村人畜饮水问题。

2006 年，农业生产二队在农场和银山茶场的支持下，组织本队的职工、群众集资和义务出工，对农业生产二队片区的 1550 平方米路面进行了硬化改造。

2007 年，十二茅坡管理区在农场、柳江公司、银山茶场的大力支持下，组织本片区的职工、群众集资和义务投工投劳，对本片区的 3713 平方米主道路进行硬化改造。在农场、柳江公司、瀑珠茶场的大力支持下，农场五队片区、一队片区、石油队片区的职工、群众自愿集资，义务出工出劳，对 3 个片区的 2578 平方米主干道进行硬化改造。

2009 年，在农场的支持下，毛栗哨村组织村民义务投工投劳，铺垫了通往上哨村民组 1200 米的道路。在柳江公司和贵州宏宇房地产开发有限公司的大力支持下，安装了场部住宅小区至五队路口的路灯。

（二）职业道德

1970 年 10 月，农场马厩饲养管理工作做到“三勤”“四净”“三防”。“三勤”即眼勤、手勤、腿勤。“四净”即草净、料净、水净、槽净。“三防”即防马掉坑、防外伤、防吃群众庄稼。马厩人员做到人不离马、马不离群，确实保证安全生产。

1990 年，安顺市山京人民法庭公开办事制度。执法原则：以事实为根据，以法律为准绳，实事求是，公正严明，不徇私情，有法必依，执法必严，违法必究，依法保护公民合法权益。

职业纪律：要实事求是，不主观臆断；要依法办案，不绝情贪赃；要清正廉洁，不索贿受贿；要勤政为民，不敷衍塞责；要严肃法纪，不泄露机密。

行为规范：坚持法律面前人人平等；耐心听诉，满腔热忱；调查案情，全面细致；裁判案件，公正严明；遵章守纪，为政清廉，文明执法，尽职尽责。

1998 年 2 月，农场要求全场的茶叶收青员在收茶青工作中执行“八要”和“八不准”，做到公平、公正、公开，在工作中认认真真，兢兢业业。

“八要”：一要大公无私，公正评级；二要当面报等级、报数量；三要熟练掌握收青技术；四要和气对人、以理服人；五要及时开票、核对数据；六要记录整洁、日清月结；七要虚心接受群众监督；八要服从组织分配。

“八不准”：一不准收人情茶；二不准短斤少两；三不准私自改变评级标准；四不准擅自离开工作岗位；五不准让非收青员代班；六不准向茶工索要、收受、借钱物；七不准打击报复茶工；八不准私自制茶、售茶。

三、法制教育

农场除了根据上级有关规划和要求对职工进行普法教育外，还通过有线广播、事例及案件通报、不良现象批评教育等形式进行法制教育，使职工和村民从相关事例和案件中吸取教训，增强法律意识，自觉遵守法律法规，做奉公守法的公民。

四、艰苦创业教育

1953年农场筹建初期，职工没有住的地方，就住在荒凉的海子山顶。在非常艰苦的环境下，不负国家重托，完成农场建设。在旱灾、虫灾、“三年困难时期”等自然灾害年份，职工、村民齐心协力进行抗灾自救，完成上级下达的各项任务。

1954年11月，山京水利工程开始施工。开工后，修建大小工棚18个，工地工人有600多名。由于天气寒冷，两三个工人共用一条被子，且衣服单薄。1955年8月工程结束，共填土9912立方米，修干渠隧道190米。水库与水渠建成后，灌区每年可增产粮食75万公斤。

1955年6月下旬，由于长时间干旱，引发农作物虫灾和病灾。农场动员进行抗旱运动，发动大家找水源、借水车、借水桶等，竭力抗旱保苗，直至水源已绝，并酌情进行中耕作业，减少水分蒸发。至7月底，凡可利用灌溉的水源都得到利用。农场在历时月余的抗旱过程中共用人工445个，抢救水稻227亩、红薯46亩、烤烟55亩。

1960年，由于各种作物迫切需要追肥，农场在职工中开展年内每人义务积肥5000公斤的活动。

1961年，因所养军马增多，缺草严重，为渡过难关，农场组织了25人的专业割草队，在三秋后又发动全体职工以积肥为中心，掀起了大割山草竞赛，全年共割山草317.6万公斤。

1961年，入春以来，旱旱甚为严重，农场充分发动群众，积极进行抗旱保苗，为逐步实现全国农垦会议“三自给”打下基础。

五、社会主义核心价值观教育

2014年，农场成立了开展学习社会主义核心价值观教育活动工作领导小组。为确保教育活动开展，工作领导小组制定开展学习社会主义核心价值观教育活动方案。农场把在活动中开展得好的党支部、做得好的党员以及好人好事等，用流动宣传车、宣传栏等方式进行宣传。农场先后开展了先进个人、文明家庭、见义勇为、尊老爱幼、助人为乐等宣传及评选活动，通过下基层、走访困难职工等活动，传播社会正能量，弘扬新风气。

2018年，农场开展了以学习、树立和践行社会主义核心价值观为主要内容的答题比赛。农场共计100余人参加了本次活动。通过开展学习和践行社会主义核心价值观系列活动，掀起了农场干部、职工学习和弘扬社会主义核心价值观的热潮。

2020年，农场以“明礼知耻·崇德向善”主题实践活动为主要载体，大力弘扬“仁、义、诚、敬、孝”五礼，坚决反对“懒、贪、奢、浮、愚”五耻，在全农场营造崇德向善、明礼知耻、遵德守礼的浓厚氛围。结合农场实际，开展领导干部上讲堂、进基层、进外来企业等活动，引导企业守法经营、诚信经营，在履行社会责任、实现社会贡献中真正体现社会主义核心价值观。

第四节 倡导文明新风

一、崇尚科学

农场在农业生产方面加强专业科技队伍建设，积极引进水稻、玉米新品种，在各片区开展试验。在畜牧生产、军马生产方面积极引进先进技术，大力在全农场范围内推广示范。

1970年，农场派出技术员到玉米高产地区黔西县桂庆公社红岩生产队参观学习，带回栽培技术和优良品种。按照黔西的栽培技术，农场的玉米产量比1969年有较大提高。

1970年，农场从外地引进水稻新品种“金包银”。经过一年的实践，每亩产量从150公斤左右提高到400公斤以上。

1971年，农场引进甘肃省山丹军马场等单位的先进喂养技术，用发酵饲料喂马。通过实践，发现用发酵饲料喂马的优点是：提膘增壮快，疾病少；发情、排卵正常；马喜食，节约草料。

1978年，为加强专业科技队伍建设，以生产为目的、科研为中心，农场成立水稻科研所，下设农科站、农科组。

农场农业生产一直是传统耕作，本地品种当家，对科学种田、选用良种的认识不足，甚至不相信良种增产的重要性，粮食的单产上不去。为提高单位面积产量，从1978年起，农场选用良种，推广双杂，并先后引进了10多个水稻品种，引进黔单、中单、兴单、陕单四个杂交玉米品种做对比试验。

二、厉行节约

1971年8月4日，农场开展回收废钢铁的群众运动，提倡回收再利用，反对“家大业大，浪费点没啥”的思想。各队回收废钢铁的数量如下：

场直、机耕队4000～4500公斤。

基建队500公斤。

第一生产队1000公斤。

第四生产队500公斤。

第六生产队2500公斤。

长箐队500公斤。

1974年11月11日，根据国家有关会议和贵州省革命委员会、贵州省军区文件精神，提倡回收再利用。各队计划回收废钢铁的数量如下：

场直800公斤。

机耕队2200公斤。

基建队1000公斤。

第一生产队1400公斤。

第四生产队1000公斤。

第六生产队2000公斤。

长箐队800公斤。

子弟学校800公斤。

1979年，农场对建设机械化万头养猪场时机电制作剩下的边角料进行收集。将其经锻工加工，制成抓钉等进行利用，有的给外单位加工手推车车轮等，增加了农场收入。

三、团结互助

1964年和1965年，农场母马发生流产较为严重，影响了军马生产的发展。农场要求上级部门派人帮助解决这个问题，贵州省军区后勤处与贵州省农业厅畜牧兽医局联系后，得到该局大力支持，并从贵州省农业厅畜牧兽医局、贵州省农学院、贵州省畜牧兽医科学研究所（现“贵州省畜牧兽医研究所”）三个单位抽调4人，组成联合工作组，于1965年11月14日赶赴农场，联合工作组主要进行了对历年母马流产资料进行整理、血清学诊断、流产胎儿剖检诊断、母马生殖器疾病检查、饲料及饲养管理情况了解、牧地和放牧情况实际观察等工作。与此同时，还召开畜牧兽医人员、养马工人座谈会，进一步了解情况和搜集资料。最后，联合工作组对农场母马发生流产问题得出结论，并提出五点建议及防治措施，有效解决农场母马发生流产的问题。

1966年4月24日晚农场第四生产队失火。在银子山大队党支部的带领下，男女老幼100多人全力以赴飞奔到张溪湾村救火。农场的干部、职工捐钱、捐粮票、捐衣服等，就连银子山大队63岁的“五保”户韦纪明老人也捐了1.25公斤干辣子和仅有的2.5元。农场党委也决定支援大米1050公斤、树木100株，并由农场场长、政治委员亲自送到张溪湾村。据统计，农场共捐人民币35元、衣服82件、其他物资52种536件、干辣椒32.65公斤。

1970年10月，由于第四生产队安排工作得当，除养好军马外，还支援银子山大队割谷子两天，支援许关大队割谷子一天，三天共出工97人次，割谷子58.9亩。

1970年10月21日，场直140名职工、师生、家属到银子山村砂锅泥组帮助抢收稻谷，在劳动中大家干劲十足，一天抢收稻谷65亩。

1979年，铜仁、毕节等地遭受旱灾，农场干部、职工响应中共贵州省委号召，在几天内为灾区捐献粮食1010公斤、粮票1779公斤、布票592尺5寸[①]、棉花票68.5公斤、油票14.95公斤。

1990年，在农场子弟学校初三2班有一学生因家庭困难，交不起学费，准备辍学。班干部姜薇知道后与同学杨洪艳主动联系班委们商量如何帮助这位同学。最后决定向全班同学集资，帮助同学渡过难关。姜薇、周德英、杨洪艳、曾翠兰、刘刚等带头捐款，接着班上陈兰菊、伍利、简利苹、饶秀梅等也闻讯赶来捐款。本次捐款共集资50元，为该同学解决困难。

1991年，我国多个省份遭受了百年罕见的特大洪涝灾害，给当地人民群众的生命财产造成了重大损失。灾情发生后，农场积极组织全场职工、群众掀起了支援灾区人民的捐赠活动。截至1991年8月31日，经初步统计，农场共计捐款1160.91元，捐粮票580.94

① 寸：非法定计量单位。1寸≈3.33厘米。——编者注

公斤、新的确良衬衣一件、解放胶鞋一双。

1993 年 4 月 22 日，第三工作站的 3 台防虫喷雾器全坏了，但此时正值茶园生产急需防虫用。农场茶叶科工作员罗正明不分白天黑夜地工作，及时修复了防虫喷雾器。

1996 年 6 月 12 日傍晚，农场所属毛栗哨村发生火灾。由于正处于大忙季节，村民们都到田里插秧，未来得及救火，使得刘洪福、刘洪勇等几户村民都受到不同程度的损失。特别是刘洪福家，除穿在身上的衣服外，其余的全部家产连同房屋一道都被大火吞没，刘洪勇家也仅仅是救出了一部分家产。在农场领导的倡议下，全农场党员、干部、青年团员、职工群众一起向被无情大火吞没了家园的受灾户捐钱捐物，伸出援助之手。

1997 年 5 月 8 日凌晨，一场 40 多来未遇的特大暴风雨和冰雹席卷了农场十二茅坡管理区、老龙窝、张家山村一带，受灾职工、村民共 149 户 519 人。3749 平方米的房屋倒塌损毁，1000 多亩茶园受损严重，38 亩烤烟被毁，780 亩油菜绝收，70 多株大树被折断或连根掀翻。闭路电视线路、输电线路中断。农场直接经济损失合计 60 多万元。灾情发生后，农场党、政、工、团和机关各科室负责人立即赶到现场查看灾情。农场党委书记在现场召开紧急会议，部署救灾措施。当天下午，被损毁的职工住房的屋顶得到修复，房屋倒塌的职工搬进了临时安排的住房。茶叶加工厂配电房的屋顶主要部分也得到修复。9 日上午 10 时，输电线路修复，10 时 20 分茶叶加工厂恢复生产。就在灾害发生的当天晚上，没有受灾的场部烤烟种植大户汪兴明、刘兆林、张美华主动提出无偿向受灾户提供 4 万株已假植好的烟苗。政工科通过有线电视广播向全农场发起号召向受灾户献爱心的活动，农场干部、职工、教师、学生共捐款 582 元，用于抗灾自救。广大职工在灾情发生后，主动帮助年老体弱的职工修理房顶，互相帮助补栽补种。

1998 年，由于农场子弟学校十二茅坡教学点所用教室年代久远，墙体已裂缝，门窗破烂，屋顶漏雨，农场决定在经济条件很困难的情况下挤出一点资金在十二茅坡新建教学楼。为了尽快实现这一愿望，全农场的职工以及社会各界的朋友共计 288 人向十二茅坡教学点捐资助学。

1998 年，农场干部、职工、家属向全国遭受严重洪水灾害的灾区人民捐款 6495.1 元。

2002 年 6 月 11 日，接贵州省农业厅通知，最近几天遵义地区连降暴雨，部分县城受灾严重，其中大半个湄潭县城被洪水淹没，直属兄弟农场湄潭茶场受灾尤其严重。根据贵州省农业厅农垦局发出的紧急通知，农场工会号召农场广大职工、工会会员、党员、团员积极行动起来，为兄弟场献上一份爱心。全农场共有 4 个党支部、1 个团支部、2 个居民委员会参与献爱心捐助活动。农场总计捐助 2100.6 元。

2005 年，截至 9 月份，贵州省大部分县（市、区）不同程度受灾，经济受到较大损失。农场开展向灾区献爱心社会捐助活动，全农场共捐款 2930.4 元。

2008 年 5 月 12 日，四川汶川发生了 8 级大地震，农场积极响应中共中央的号召，开展向灾区献爱心活动。全农场参加捐款 1407 人次，共捐款 2.72 万元。参加交纳“特殊党费”的党员及入党积极分子 166 人次，共交纳“特殊党费”6412 元。

2017 年，由工会组织，在全场范围内开展为困难生病住院职工王洪光捐款的活动，参加捐款的有职工、家属、学生，共计捐款 1.02 万元。

四、扶贫济困

1962 年，农场对在生活上有困难的职工给予经费补助。全年对 126 个职工发放救济款达 2800 元。除上级解决的衣服外，农场在力所能及的情况下给职工解决了 1700 多尺布票、绒衣 300 件。

1967 年 8 月，由于农场有部分职工的爱人或其他亲属长期不在一起生活，在经济上分开使用，导致生活困难，职工申请把爱人或亲属迁进农场一起生活，减轻家庭负担，从而能够安心工作。为此，农场根据上级有关指示及农场实际情况，本着有老必养且又不影响公社劳力的原则，同意职工的爱人或其他亲属迁进农场落户，解决职工的困难。

1968 年 1 月 16 日，根据上级指示，做好农场生活困难职工的救济工作。农场拿出救济金 3500 元救济生活上确实困难的人员。将在场人口平均每人每月收入在 7 元以下的正式职工、干部列为重点救济对象，同时，家在农村的直系亲属生活确实困难和有特殊情况的也列在救济范围内。获得救济者每人救济一般不得少于 15 元，多者不超过 35 元，特殊困难者不超过 50 元。3 月份救济的有：场直 21 人，长箐队 3 人，第一生产队的 20 人，第四生产队 8 人，第六生产队 29 人。常年救济的有：场直 7 人，第一生产队 8 人，第六生产队 1 人。

五、见义勇为

1989 年 6 月 29 日，农场保卫科工作员陈凯制止了一场大客车上的骗局，得到了全车人的赞扬。

1993 年 4 月，农场法庭助理审判员周兴伦在客运汽车上协助安顺市人民检察院一位姓徐的检察官狠狠打击车匪路霸并协助公安机关将嫌疑人缉拿归案。

1998 年 5 月 24 日晚 9 时，农场子弟学校学生胡海潮、罗瑜等下晚自习回家，途经晒坝时，发现仓库旁的麦秆起火，立即向周边住户示警。大家纷纷赶往现场救火。有近百人参加这次救火，他们为了保护国家的仓库，不让仓库内的粮食受损失，人人把生命置之度外、奋不顾身。

1999 年 5 月 22 日，农场民兵应急分队队员王兴（原名王发祥）为抢救两名群众，献出了自己年轻的生命。农场号召全场广大民兵、职工向王兴学习，学习他奋不顾身、舍己救人的精神，并报请上级军事部门为王兴记功。

2003 年 4 月 25 日，农场子弟学校十二茅坡教学点组织师生进行校外活动，两个学生不慎掉进一个深坑。学校教师周永国、汪厚平闻讯后，不顾个人安危立即前去营救。营救过程中，周永国献出了年轻的生命，汪厚平身负重伤。经学校师生和农场职工全力营救，被困的两名学生安全脱险。农场党委追授周永国“优秀党员”光荣称号，授予汪厚平“舍己救人优秀教师”光荣称号，以此表彰他们舍己救人、心系学生安危的优秀品德，号召全场教师、干部、职工向他们学习。

六、拾金不昧

1983 年 10 月 26 日，农场子弟学校四年级学生高小勇在操场上捡到一块手表，立马把手表交给教师。学校通过校广播通知，失主很快认领手表，并对高小勇表示真挚的感谢，学校也通过校广播对高小勇进行表扬。

1983 年 11 月 8 日，农场子弟学校幼儿班学生朱小青在大礼堂玩耍时捡到一块手表，把手表交给父亲朱光润。其父把手表交给农场直属机关党支部书记。农场通过广播通知，很快找到失主。学校也通过校广播对朱小青进行表扬。

七、助人为乐

刘明雄是从外单位转到农场的退休党员，2005 年到农场居住。他虽然退休，但不休息，利用农场的条件带头发展养猪、养牛。为使居住片区养殖户更加方便，他购买粉碎机以优惠价格给群众粉碎养猪的饲料，还购买种猪，方便了母猪养殖户改良品种，而且服务态度好，只要群众需要，随叫随到，从无怨言。他不仅勤劳致富，还热心公益事业。在五队片区修水泥路时，他天天都在劳动现场。虽然他当时已经 60 多岁，但是他却做那些最重最累的活。水泥路修好后，他又经常打扫路面，使得过往的行人走在干净、卫生的路上。

黄平书是一名退休的医生、党员。2005 年退休，仍一直以党员的标准要求自己，做到工作退休，党员的思想不退休、不褪色，心中装着群众、装着病人。安顺酒厂有一位老人，病一发作就必须要输液，去安顺医院路远，年岁大了行走也不方便，当时他老伴抱着试试看的心态来找黄平书，问能不能为老伴输液。黄平书背上药箱就去给老人看病。经过几天的治疗，老人的病情好转。从此以后一旦老人有什么伤风感冒或病情复发，不管晴天、下雨、下雪，只要打电话找到黄平书，黄平书都会去给他治疗。农场有一位退休女职工多年患有神经衰弱，血压低，常常来黄平书诊所看病。有一次女职工因感冒发烧病情很重，子女打电话给黄平书，她及时把药准备好，坐出租车到患者家救治，直到病人病情好转她才离开。像这样的事情还很多。维奥集团招聘她为社区医生。作为一名医生、一名党员，黄平书想为社会发挥一点余热，做一份贡献，因此她决定放下诊所，到维奥集团上班。

八、爱岗敬业

1967 年，农场在各公社购买了一批稻草，其中有一部分拉到三角塘马厩，有时一天拉 5000 多公斤。正值秋收季节，运来的草有时队里派人来堆放，有时队里工作忙派不出人来堆，就由马厩班的人堆。但由于马厩班的人少，饲养工作又忙，运来的草往往当天堆不完。如果下雨，草料就会淋湿，时间长了就会发霉变质。吴洪群中午匆忙吃完饭后就一个人去堆草，一连几天都是他一个人在堆。看到堆不完的草越来越多，他主动找到厩长发动全厩的职工，不管中午、下午拉来的草，当天一定堆完。在马厩里给马喂草料时，职工们免不了会掉一些草料在地上，吴洪群吃完午饭后就拿起扫帚把掉到地上的草料扫到料槽中，不让农场物资损失一丝一毫。1968 年 4 月，从十二茅坡转过来 200 多头马、骡到三角塘。由于部分马、骡患有传染病，每天都要抓几十匹进行隔离。厩长安排凡是白天抓马的人晚上不用值班，原因是抓马时可能被马踢伤、踩伤，每天都会有人受伤。吴洪群因厩长安排他抓马，晚上本不用值夜班，可厩里负伤的人越来越多，吴洪群便主动要求参加晚上的值班。有同事因事请假，他也会主动去顶班。

1968 年，产下的小马驹少部分会没有呼吸，负责接产的军马队职工就用嘴对着小马驹的嘴进行人工呼吸，救活了不少小马驹。有时天气寒冷，职工便把衣服脱下来擦干小马驹身上的羊水，包好送回马厩。

李先林是山京马场政治处工作人员，从 1971 年参加工作以来，工作踏实，任劳任怨，做到干一行、爱一行、钻一行。特别是在面粉加工班工作的两年多时间里，他参与机具的安装，学技术灵活主动，带领全班职工开展工作，提出连续八小时工作制，创造了最高单日产面粉 3600 公斤的记录。李先林在做好本职工作的同时，为钻研技术，理论联系实际，学会了绕制电动机的定子绕组。他利用没有麦子可加工的时间，参加保养修复电动机 37 台次，为国家节约了 1000 多元。1976 年三秋时节，他利用休息时间主动修理扬场机、脱粒机。场里停电，没有水用，他就帮助伙房担水。星期天伙房工作人员休息，他就去帮厨。他还利用休息时间给群众补鞋、修小家电等。

李德海，党员，于1954年参加山京农场工作，1956年任山京农场第一生产队队长。农场党委年初下达给第一生产队粮食生产任务17万公斤、马匹产驹26匹、亏损不超过4.5万元等指标。面对如此艰巨的任务，李德海和第一生产队的几个领导一道，一方面发动群众大抓收积农家肥，另一方面采取以田养田的办法，全年共积肥料190万公斤，平均每亩施肥3000公斤以上。第一生产队的主要做法是：一是积极引进良种；二是抓好技术栽培，做到精心管理；三是合理施肥，科学用水。在抓经济收入的同时，还尽量压缩开支费用，勤俭办队。一年里，李德海和全队职工一块战斗。到年底，4.5万元的财务亏损没有被突破；在前旱后涝的大灾年里，取得水稻亩产350公斤的好收成，圆满完成17万公斤的粮食生产任务。

王素清自1988年担任茶叶精制加工厂副厂长以来，对车间的安全生产极为重视。她经常对全厂职工经常进行技术培训，提醒大家要注意安全生产，一定要按操作规程操作机器，对机器的维修、保养要定期进行，并且拟定一系列的规章制度，禁止在车间里以及仓库周围吸烟，否则罚款。这样，使职工在思想上有了一个明确的认识，安全生产第一，忽视安全生产，将给国家、集体、个人带来不必要的损失。在工作中她经常与大家在一起，时常注意每台机器运转是否正常，如发现机器有毛病，马上组织人员检修。对农场每次要求的安全生产检查她都积极参加，消防器具按农场安全负责人的指定要求摆放。每次节假日或工作结束，她都带头把卫生打扫干净，把各台机器检查好，亲自把发电房剩下的柴油和工具送到保管处，以免丢失和发生事故，并安排好值班人员。由于王素清对车间管理和安全生产的认真负责，茶叶精制加工厂顺利完成农场下达的任务，全年没有发生任何安全事故。

1989年，农场十二茅坡管理区党支部成员、十二茅坡茶叶加工厂副厂长柴廷珍团结同事，努力学习，积极、认真工作。她上班第一个来，下班最后一个走。车间里的机器坏了，她马上派人维修，查找坏的原因，寻找防范隐患和延长机器寿命的方法。她时常叮嘱职工不准在仓库、车间里吸烟，叮嘱电工时常检查电路、开关和三相闸刀。她多年被农场评为先进生产者，1989年“七一”期间被评为优秀党员，起到了模范带头作用，受到了职工好评。

1990年，周忠祥任第二工作站党支部书记、副站长。由于该站茶园面积大，承包职工少，当组织决定在完成全站生产管理的同时，将500亩茶园交给周忠祥等人管理。在重重困难面前，周忠祥毅然接受了组织交给的任务，积极投入生产管理工作中，年年按要求完成生产任务。由于各种原因，第二工作站承包茶园的面积增大，加上周忠祥又兼任工会分会主席等职，事务性工作多，劳动强度大，快五十岁的人，周忠祥腰痛病时常复发，有时都站不起来走路，但依然尽心尽职，完成组织交给的工作任务，默默无私地坚守工作岗位。

1990 年，王文祥是农场退休的干部，由于工作需要，返聘在原岗位工作，每月聘金 60 元。有人议论，报酬太少了，到外面至少是 300 元。但王文祥想的是，在农场里工作几十年，人老了，身体还好，只要工作需要，报酬多少不能讲，况且农场经济效益还不好，能为农场做点贡献，是应该的。到他那里去拿信件、报刊的人很多，听到有不利于农场团结、有偏见的话，他都做正面解释，予以化解，消除疑虑。他做文印、收发工作几十年，历来是早上班，晚下班，只要有工作，不管中午、晚上、休息日他都加班加点完成，从未要过加班费。工作再多，从不推辞。特别是一些急需的材料，他都不会延误时间，保证按时按量完成。

1990 年初，张贵清系农场党委办公室主任。农场第四次人口普查办公室成立后，张贵清担任副主任，主抓全农场的人口普查工作。从培训到摸底、登记、汇总、抽查，大量工作都压在他一个人身上。他身兼多职，普查期间平均每天工作 12 小时左右。在他的带领下，农场人口普查资料经安顺县人口普查办公室一次验收合格，并且他被农场评为优秀普查指导员。

1990 年 6 月 1 日，职工王贵忠、曹建平、姜平礼、郑国书四人被抽调参加农场的第四次人口普查工作。经两个半月的努力，圆满地完成了任务，王贵忠在手工汇总期间，同组的另一人请假，大量的工作任务落在他一人的肩上。时间紧，工作要求高，有一天他发现一笔统计数据不相符，他一人查了七八个小时，直到找出问题后才松了一口气。曹建平承担的普查任务重，在工作最紧张的阶段，因生病拉肚子，连续打了几天点滴，身体稍好转就投入紧张的工作中，平均每天工作 12 个小时以上，最终按时、保质、保量地完成了任务。姜平礼在入户登记暂住人口时，克服了不熟悉人员、不了解情况等困难，认真负责地登记每户每个人，做到不重、不漏一个人。郑国书克服自身文化水平较低的弱点，虚心请教，认真填好各类表格，对组织上分配给他的任何工作都毫无怨言地去努力做好。

1990 年，韦兴华担任银子山村党支部书记。他年轻上进，敢想敢干，几年来他带领党支部一班人，以自身的一言一行带动全村党员、村民勤劳致富。1982 年以来被农场评为劳动模范 4 次、劳动致富户 3 次，1989 年被贵州省农业厅党组评为优秀党员，1989 年被贵州省农业系统评为先进个人。在他的带领下，银子山村连续两年（1988 年、1989 年）获得农场“先进集体”称号。

农场管辖的银子山村属少数民族村寨，村民生活比较贫困。自吴启志担任银子山村党支部书记之后，带领群众，科学种田、种地，发展烤烟生产，走上致富路。

唐兰英于1988年12月参加工作。她是农场一名普通的种茶工人，参加工作10年来，连年超额完成生产任务，为全农场妇女职工勤劳致富、科技兴场等树立了优秀的典范，多年获得“劳动模范”光荣称号。舍得投入是唐兰英做好工作的基础。茶园大田的中耕、除草、施肥、防虫、采摘、修剪等，每一道管理工序她都一丝不苟。经她管理的茶园，茶树蓬面平整，园内无杂草、无病害，每年都成为全农场的示范茶园。1998年她管理的茶园每亩产鲜叶916.5公斤，创该品系茶园产量的最好成绩。1996年她家购买采茶机。机械采茶效率是人工采摘的20倍以上，不但使茶青能及时下树，而且节省了不少采茶费，降低了生产成本，增加了收入。1998年仅机械采茶一项，她家就增加收入9000余元。随着机械采茶的推行，唐兰英从开始只管理10亩茶园，扩展到60亩，1998年她管理的60亩茶园，纯收入达2.2万元，成为农场名副其实的种茶能手。

1999年，文明祥是农场所辖张家山村党支部书记。他带领本村村民发展经济，增加收入。他清正廉洁，办事公道，做到了“为官一任，造福一方”。在他的带领下，大力发展烤烟生产，张家山村在1997—1999年增加收入120多万元，人均达3000余元，修村级路2000米，确实解决村民的实际困难。1998年，在村民们与干部发生矛盾，即将动手之际，他首先站出来阻止村民，耐心向村民说明情况，一讲就是几个小时，最终村民们被说服，避免了一场冲突。

2005年，刘开珍任农场毛栗哨村党支部书记。他带领群众勤劳致富，受到群众的好评。毛栗哨上哨的村中道路很差，遇到下雨，根本无法行走，村民意见很大。在她任村党支部书记后，请来技术员，进行道路测量规划。在村民大会上，她提出自己先让出土地修路。被占用土地的人家，她一户一户亲自上门耐心细致地做思想工作，使修路工作得以顺利实施。在修路的一个多月时间里，她认真记录修路的各项支出，处处节约开支。在她的带领下，多年来未解决的村中道路得以顺利修通。

2005年，汪仕祥是基层党支部书记。2003年在农场党委的领导下，为村里设计修建饮水池，并参加群众修建饮水池2个，蓄水量达45立方米，解决了全村人畜饮水的困难。长期以来每逢村里新居落成、婚嫁、春节，他义务为村民书写楹联，写宣传农村计划生育的标语、村规民约等。他组织带领群众集资2000多元，架线安装潜水泵抗旱，确保了全村在干旱期间的生产、生活用水。2004年带头完成上交农业税任务，完成各项任务成绩优异。

2005年，支继忠是农场退休职工。2003年工作需要，农场党委派支继忠到黑山村任党支部书记。他虽已退休，但还是服从了组织的安排，愉快地接受了组织交给的任务。他联系项目、引进资金，把村集体的荒山包出去种树，得来的承包费用于还清多年来村里遗留下来的欠款。同时也把村里历年来的收入支出款项查清理顺，建立健全了村务公开制度。他带领黑山村科学种植烤烟，烤烟产量、质量年年上升，超额完成农场下达的经济指标任务。烟农有收入、有效益，修建新房，购买摩托车、拖拉机、小型农用车等。

2008 年，何仁德是一名教师，是党员，也是学校工作的主持者。在“两基”工作中，组织学校教师利用星期六、星期日走村串寨，对文化户口籍进行核准、签字和盖章，取得第一手资料，然后将资料进行整理、造册，使得农场“两基”工作顺利通过贵州省人民政府的验收。在“两免一补”工作中，他带着问题多次找到市、区、镇、教育部门的有关领导，提出农场在教学工作中的具体问题和实际困难，争取了政策的落实，退回了 2007 年秋季教科书费用，并且发到了每位学生家长的手中。时时坚守岗位，在十二茅坡教学点缺教师时，他带头到十二茅坡教学点工作。

2008 年，杨明珍是党员，为子弟学校教师。她利用课余时间，阅读教学书籍。上课时采用启发式教学，激发学生的学习兴趣。对于学习成绩较差的学生，不是放弃，而是抽时间到学生家里为他们补课。当住处较远的学生被雨淋湿来到教室后，她回到家里找衣服给学生换上。有一次涨洪水，她把学生一个个接过危险路段。学生上课时生病了，她就带学生到医院看病，拿出自己的钱付医药费。由于她教学有方，关心爱护学生，大多数学生成绩都较好，完成了学校的教学任务。

第五章　生态文明建设

农场科学规划、利用境域内的国有土地，采取有力措施加强国有土地资源保护。积极开展荒山育林、植树造林工作，加强生态环境保护。在生产经营中，注重节能减排和资源循环利用。合理利用环境资源，开展田园综合体建设和美丽乡村建设，促进经济建设与生态文明建设协调发展。

第一节　国土空间优化

一、主体功能区划分

（一）1957—1961年，土地主体功能区划分

1957年，根据多年的生产实践，结合对农场土地资源的了解调查情况，农场编制了《国营山京农场土地利用设计方案》和《国营山京农场场内土地规划设计平面图》，对农场土地主体功能做了如下划分。

1. **办公及居住区建设用地**　根据上述《国营山京农场土地利用设计方案》及《国营山京农场场内土地规划设计平面图》，分别在农场场部片区、银子山片区、十二茅坡片区、罗朗坝片区规划场部、生产队办公及居住区建设用地，共计351.21亩。

2. **农业生产科学技术实验试验用地**　在农场场部办公区与农场第五生产队之间，规划农业生产科学技术实验试验用地35.47亩。

3. **茶园用地**　在农场场部办公区西南1～2千米，规划茶园用地483.87亩。

4. **苗圃果蔬园用地**　分别在农场场部办公区及职工居住区以西、西南、西北，银子山办公区及职工居住区西北、北部、东北，农场主要公路东侧沿公路带，十二茅坡办公区及职工居住区西北、西南、东侧一线，罗朗坝办公区及职工居住区东部、东南、西南、西部、东北，规划苗圃果蔬园用地1744.22亩。其中，苗圃49.66亩，果园1613.04亩，蔬菜园81.52亩。

这类用地都紧邻办公区及职工居住区。

5. **牧场及牧草绿肥用地**　离办公区及职工居住区较远且坡度较陡的土坡用作放牧地，

将场部片区与银子山片区之间的肥力较好的旱地划为牧草绿肥用地，共计 6735.36 亩。其中，牧场 3701.63 亩，牧草绿肥用地 3033.73 亩。

6. **林地**　将石山、陡坡与远离办公区及职工居住区的不利于耕作的区域规划为林地，共计 5856.65 亩。其中，经济林带 1366.23 亩，用材林带 2838.01 亩，石山育林带 859.37 亩，天然林带 793.04 亩。

7. **粮油作物种植用地**　将农场位于山谷缓坡、肥力好、灌溉水源较便利、易于耕作的土地规划为粮油作物种植用地，共计 2264.23 亩。其中，水田 1635.5 亩，旱地 628.73 亩。

8. **畜牧业生产用地**　在银子山办公区及职工居住区东南，规划畜牧业生产用地（兼作轮作试验用地），共计 101.47 亩。

1975—1961 年，农场生产与建设基本按此规划方案实施。

（二）1962—1976年，土地主体功能区调整

这个时期，农场划归昆明军区后勤部管理，以养军马为主业，其他产业发展必须服从服务于军马生产。为适应军马生产需要，农场对生产用地做了较大调整。

1. **畜牧业生产用地调整**　原银子山畜牧业生产用地，全部调整为军马生产用地。

2. **扩大放牧用地**　农场牧场面积，1962 年增加到 4200 亩，1968 年增加到 7000 亩（不含长箐分场放牧面积）。

3. **扩大牧草种植用地**　牧草种植面积，1962 年 509 亩，1965 年增加到 1219 亩，1976 年增加到 1367 亩。

4. **规划并逐步增加饲料作物种植用地**　饲料作物种植面积，1962 年播种 882 亩，1976 年增加到 1417 亩。

以上 2、3、4 类用地，从农场原粮油作物种植用地、果园用地、绿肥播种用地等，因地制宜，进行调剂。

农场通过调整优化土地功能区配置，基本能满足军马生产需要，为完成军马生产任务、保障有关部队装备需要做出了应有贡献。

（三）1977—2003年，土地主体功能区调整

1977 年，农场划归贵州省农业厅管理，饲养生产军马不再是农场主业，农场面临产业转型。此后，农场领导班子经深入调研和广泛征求意见，初步确定把生猪生产和茶叶生产作为农场主业，报告贵州省农业厅批准同意后组织实施。为此，对土地主体功能进行了如下调整。

1. **将原来用作放牧的土地调整为茶叶种植用地**　1981 年，农场有计划地对原牧场重新开垦、翻犁后种植茶叶，并及时组织安排有关人员加强茶园管护。经逐年开垦、种植、管护，至1983年茶园面积增加到3511.2亩。

2. 调整养猪场建设用地 将场部片区第五生产队原部分旱地和部分石荒地调整用作机械化万头养猪场建设用地，共106亩。养猪场建成后，实际用地111亩。

（四）2003年以后（统计截至2020年），土地主体功能区调整

2003年以后，农场以茶叶生产为主导产业的生产经营方式没有变，但其他土地主体功能区先后进行了以下几次调整。

1997年以后，将原来用于粮油生产的土地调整为烤烟种植用地。根据生产实际需要，各年调整的面积不尽相同。1997年，烤烟播种面积2000亩。2000年，烤烟播种面积2019亩。2005年，烤烟播种面积3395.5亩。2010年，烤烟播种面积为2692亩。2013年，烤烟播种面积3087亩。2016年，烤烟播种面积1400亩。

2004年，将原来用于生猪生产的土地（含房舍、场地、部分设备设施）调整为养鸡产业用地，调整用途土地面积111亩。

二、国土开发

1959年，农场土地27530亩。其中，耕地10000亩，水田1470亩，牧地4460亩，宜种植果园地5000亩。1960年计划利用耕地8000亩，养鱼1400亩，定植果园2539亩，并将牧地全部利用起来。计划1962年前建成果园5000亩，养鱼1500亩，养猪10000头，养成种马群500匹，养鸡30000羽，以及建成年产2.5万公斤的酒房一个，年产10万公斤的淀粉厂一个，年产2.5万公斤的食用油厂一个，年产5万公斤的糖厂一个，年产10万公斤的罐头厂一个，碾米加工厂等设施。要完成以上设施，需国家投入资金300万元。1962年规划初产粮食100万公斤、畜产品75万公斤、水果60万公斤、白酒2.5万公斤、淀粉10万公斤、食用油2.5万公斤、糖35万公斤、罐头1万公斤，其他收入预计产值300万元。预计从1960年起逐年上缴利润10万～50万元。1955—1967年土地利用规划表如表6-6-1所示。

表6-6-1 1955—1967年土地利用规划表

项目	1955年（亩）	1956年（亩）	1957年（亩）	1962年（第二个五年计划）	1967年（第三个五年计划）
土地总面积	25270	25270	26000	28000	30000
水田	1220	1450	1580	3000	4000
旱地	5481	5850	5920	6000	6000
林地	1200	5000	6000	6600	7000
园地	100	2500	2500	2500	2500
牧地	500	4460	5000	6000	7400

（续）

项目	1955年（亩）	1956年（亩）	1957年（亩）	1962年（第二个五年计划）	1967年（第三个五年计划）
湖泊地	1820	2510	2600	2700	2700
其他	14949	3500	2400	1200	400

2013—2016年，实施西秀区山京现代高效茶产业示范园区项目，打造以基地建设为基础，以市场营销为导向，以科技推广为引领，以品牌发展为优势，以生态保护为前提，以文化建设为特色的茶产业示范园区。着力发展高端优质出口茶叶主导产业，抓好农产品精深加工、生态养殖等辅助产业，积极打造花卉苗木、精品水果、文化旅游、养生养老养心、中药材、烤烟等全产业链，促进农业增效、农民增收、农村繁荣。

第二节　生态环境保护

为了逐步美化农场的生活环境，动员群众植树造林，1985年初分别在场部、红茶加工厂、学校、卫生所、养猪场、第五工作站的土地上，栽种花木183株、冬青2500株、泡桐673株，培育花苗8种。

1991年，在冬季植树造林活动中，农场团委组织200多名团员青年在农场内无偿移植树苗700多株。

1998年，组织职工在农场内义务植树2000余株。

1999年，银子山村民义务投工投劳种植树苗近万株，其中果树苗近千株。

2002年，为加强对路面和绿化树木的维护管理，营造一个良好的交通及生活环境，农场要求职工、家属不得在距离公路两侧边缘五米以内修建永久性建筑物和构筑物，违者由农业科（分管土管工作的人员负责）强令拆除。在场部片区，不得在公路两侧边缘的行道树内围园，堆放肥料、垃圾、煤炭等杂物，影响交通视线和公路环境卫生。不得在公路路面上晾晒粮食、堆放建筑材料、长期停放车辆。不得在路面上砌石、堆土以挡水灌溉，不得人为设置交通障碍。任何单位和个人不得任意砍伐、修剪、损坏农场场区内的公有绿化树木。

第三节　节能减排与资源循环利用

一、节能减排

1981年7月30日，根据贵州省农业厅《关于抓紧节能工作的通知》精神，农场将家属宿舍的用电制度由包费制改为安装电表按实际用电收费。动力电、办公用电、公用路灯用电要求产品和能耗有合理的比例，并定出用电的奖惩制度，交专人管理。油料使用管理上实行专人负责发油、加油、回收。定出每台用油机具的加油周期和换机油周期。定出每台用油机具的定额标准。根据每台机具的实际情况，选用适当油品，保证质量。将农场所养马、牛、猪的粪便及野草、废渣放入沼气池生产沼气，使用沼气，降低煤耗。

1980 年，在贵州省农业厅农垦局的协助下，农场建成 10 立方米的沼气池两个，使用效果很好。1981 年在农场范围内建同样的沼气池 46 个，其中公用 6 个。

2000 年，农场为了节约抽水用电，减少深井泵的维修费用，投资 2.5 万元将十二茅坡片区的老式深井泵改造为先进的潜水泵。

二、资源循环利用

1958 年农场开始养马后，由于农场开垦的土地比较瘠薄，将年产出的 200 多万公斤马粪全部投入新开垦的田地里。种植水稻 2065 亩，产量 46.2 万公斤；种植玉米 822 亩，产量 4.9 万公斤；种植小麦 205 亩，产量 1.8 万公斤；种植花生 416 亩，产量 0.91 万公斤；薯类 816 亩，产量 30.65 万公斤；种植青绿饲料作物 3005 亩，产量 85.94 万公斤。生产出来的粮食用于供应职工口粮，产出的秸秆、米糠、麦麸、青绿饲料全部用于军马生产和养猪。

1978 年建设机械化万头养猪场后，年产猪粪达 100 多万公斤，将猪粪投入场部及十二茅坡片区的土地里。其中，种植水稻 2556 亩，产量 45 万公斤；种植玉米 866 亩，产量 9.59 万公斤；种植小麦 336 亩，产量 0.98 万公斤；种植杂粮 160 亩，产量 0.8 万公斤；种植红山叶草 396.7 亩，产量 119.83 万公斤；种植紫草 218.9 亩，产量 41.18 万公斤。生产出来的粮食用于供应职工口粮，产出的秸秆、米糠、麦麸、青绿饲料全部用于养猪生产。

第四节　田园综合体建设

西秀区山京现代高效茶产业示范园区是贵州省“5 个 100 工程”项目之一，承担着集聚产业要素、积蓄发展力量、促进农民增收、推动经济跨越的重要责任。

园区规划以“生态九龙·山京茶海”为主题，依托九龙山国家森林公园和山京茶产业资源，建构“森林＋茶海”的资源配置形式，发展“茶＋精深加工＋畜牧”主导产业，带动花卉苗木、精品水果、文化旅游产业协调发展，形成“十全十美”的发展框架。十全，即科技、品牌、设施、金融、营销、服务、加工、循环经济、文化旅游、生态景观十大产业发展方向。十美，即茶文化小镇、生态工业园、生态循环园、茶叶品种博览园、森林茶海养心园、双海湿地园、多彩苗木园、精品水果园、十里鲜花园、山京大草原十大亮点项目。

园区规划通过链接、硬化、拓宽、新建道路形成“三环六射”的道路交通体系。通过茶林（果）间作、“畜禽-沼-茶”有机循环体系建构“立体茶园循环经济体系”。通过品种优化和茶园拓展促进茶叶产值提升。通过发展精深加工、文化旅游、休闲度假、花卉苗木、精品水果等产业建设区域投资热土。通过文化传承与景观控制、环境保护与生态建设打造“养生养心、多彩缤纷”的旅游胜地，使之成为“多彩贵州”的精彩看点。

2014—2016 年，西秀区财政局、交通局、农业局、水利局、林业局等部门相继在西秀区山京现代高效茶产业示范园区范围内投资修建公路、茶园内部运输道路、绿化、打井、喷灌等工程。

第五节　美丽乡村建设

2014 年 5 月 27 日，为了加强农场精神文明建设，满足广大人民群众对文化生活的日益需求，农场决定给职工群众建造一个良好的娱乐场所——职工文体广场。为保障广场项目的顺利实施，成立贵州省山京畜牧场职工文体广场建设项目领导小组，负责职工文体广场及其配套工程建设有关事宜。

农场以职工文体广场和停车场为中心，实施道路硬化、卫生净化、村庄亮化、环境美化工程，进行新农村建设。农业产业化得到进一步提升。有机茶园种植 3750 亩，烤烟种植 2700 亩，经果林种植 800 亩。促进休闲农业与乡村旅游的发展。充分发挥距离安顺市区较近的优势，大力推动垂钓休闲农业与乡村旅游的发展。大力支持人民公社大食堂发展乡村休闲旅游，发挥辐射带动作用，促进农场境域内相关产业的发展。

2015 年 8 月，为开展“四在农家·美丽乡村”建设，满足广大人民群众对文化生活的需求，农场新建职工文体广场 2500 平方米，安装石栏板 190 米；新建 150 平方米露天舞台 1 个，休闲亭 4 个，风雨长廊 48 米；广场周边绿化 4000 平方米；安装太阳能路灯 30 盏，中华路灯 10 盏。硬化原办公楼东面道路 820 米，农贸市场道路硬化 3500 平方米。新建公厕 2 个，修排污沟和安装排污管道 280 米；购置垃圾车 1 台，垃圾箱 15 个，手推车 6 个。该项目总投资 262.35 万元。其中，财政奖补资金 210 万元；农场投资 40 万元；群众投工 2470 个，折资 12.35 万元。

第六章　社会治安综合治理

农场自1953年筹建以来，农场党委把维护社会稳定、落实社会治安综合治理各项措施当作大事来抓。紧密结合农场实际制定计划，分解任务，完善制度。围绕“谁主管、谁负责”、“打防控”一体化建设，以维护社会公平正义为核心，以维护人民合法利益为根本，以社会和谐稳定为目标，扎实开展治安防范工作。

第一节　严打斗争

1983年8月，在上级党委和安顺县公安部门的领导和协助下，贯彻中共中央关于严厉打击刑事犯罪活动的决定，按照依法“从重从快，一网打尽”的精神，对犯罪分子予以打击。

1988年1—3月，农场场部片区连续发生刑事案件3起。3起案件均已告破，抓获犯罪嫌疑人7名。同时破积案35起，追回赃物60多件，价值5000多元。

1991年，是开展反盗窃斗争的第一年。从9月份起，全国范围内开展为期3年的反盗窃斗争。

1994年，根据安顺市公安局1994年6月6日召开的全市内保会议精神，农场开展内保单位夏季“严打”斗争，强化内部预防工作。

1996年4月26日，安顺市公安局二科在农场开展的“严打”斗争首战告捷。

2019年，根据中共中央、国务院《关于开展扫黑除恶专项斗争的通知》的文件精神，农场成立扫黑除恶专项斗争领导小组，在农场范围内开展扫黑除恶专项行动。

第二节　社会治安综合治理

1960年，根据贵州省军区后勤部文件精神，农场在职工大会上进行宣传，开展严防淹亡事故，严防车辆事故，严防枪支走火，严禁用小口径步枪及手枪打鸟以避免枪支伤人等的宣传活动。

1973年10月，根据贵州省军区司令部《关于今冬明春防火防煤气中毒事故的几点要求》的文件精神，结合农场情况，在干部、职工、家属、学生中开展防火、防煤气中毒、安全用电等宣传教育活动。

1981年1月，为了欢度佳节，在农场范围开展做好卫生、防火、防盗，做好机械和车辆的保养，做好冬季除害灭病的工作。

1981年7月，根据上级文件精神，开展抓好社会治安的整顿、落实综合治理的工作。

1981年12月7日，组织召开农场治安保卫和安全生产会议，农场领导刘武志、丁隆海、桂锡祥以及各党支部书记、治保主任、爆破员、油料保管员等共30多人参加会议。在会议上，传达安顺县公安局“冬防会议”精神，安排农场治安保卫和安全生产工作。

1987年，根据《国务院关于大兴安岭特大森林火灾事故的处理决定》、《国务院关于加强安全生产管理的紧急通知》和贵州省安全生产会议精神及有关文件，农场建立了安全委员会组织机构，并组织落实了3～5人的消防组织，设一名专职防火安全检查员。同时，根据农场具体情况，制定了安全生产规章制度，责成各基层单位和个人认真遵守。

1988年3月，农场保卫科根据安顺县公安局消防科安全防火条令，结合农场实际情况，制定5条安全防火措施。

1988年，春节期间，开展防火、防盗、预防其他治安灾害事故的防治工作。“五一”国际劳动节前对场部、十二茅坡片区的加工厂、仓库、油库等单位进行防火、防盗等安全生产检查。

1989年，国庆期间农场安全生产委员会组织人员对单位所属的物资、仓库、商店、油库及重要地点进行防火、防盗、防破坏检查。

1990年，农场安全生产委员会采取“以防为主、防打结合”的方针，加强易燃、易爆物管理的宣传工作。根据公安部及各级公安机关的文件要求，为加强易燃、易爆物品和各类枪支弹药的管理，结合农场实际，凡农场有易燃、易爆物品和持有枪支的单位和个人，要求1990年8月4—6日到保卫科进行登记。如不登记，除没收枪支弹药外，并按规定进行处罚。

1991年元旦、春节期间，开展“以防为主、防打结合”以及防火、防盗、预防其他治安灾害事故的防治工作。9月起，开展社会治安综合治理，确保农场反盗窃斗争活动的正常开展。

1992年国庆期间，开展抓好“反盗窃摩托车、自行车”等专项斗争活动，实行“以防为主、防打结合”以及防火、防盗、预防其他治安灾害事故的防治工作。

1996年1月，为抓好农场的安全生产、保卫、消防等工作，确保农场安全生产稳增收，农场保卫科制定安全生产工作、消防工作、保卫工作等制度。

1998年国庆期间，各单位实行“谁主管、谁负责”的原则。保卫科、保卫组、村治安联防队，对农场的交通要道、家属区及民寨村进行治安巡逻，查处可疑人员，清查流动人员。

2000年元旦、春节期间，开展“以防为主、防打结合”以及防火、防盗、预防其他治安灾害事故的防治工作，要求各单位、民寨队在开展大型文体活动时注意安全。

2000年10月1—7日，农场安全委员会、保卫科开展防火、防盗、防爆、防毒等宣传工作。

2001年春节期间，开展防火、防盗、防爆、防毒的宣传工作，并对茶叶仓库、粮食仓库、油库，十二茅坡、场部的物资站、茶叶加工厂的火灾隐患进行检查。

2002年，农场安全委员会、保卫科在国庆期间开展防火、防盗、防爆、防毒、加强大牲畜的管理等宣传工作，对居住在农场辖区内的流动人员，身份不明、形迹可疑的人员加强盘查、登记，对十二茅坡、场部片区的物资仓库、粮库、油库、茶叶加工厂、养猪场的火灾隐患进行检查。

2003年春节期间，开展防火、防盗、防爆、防毒的宣传工作，对茶叶仓库、粮食仓库、油库，十二茅坡、场部片区的物资站、茶叶加工厂的火灾隐患进行检查。要求民寨村加强大牲畜的管理工作，利用广播加强宣传力度，严防被盗和丢失。

2003年，“五一”期间，对各单位开展“非典”的预防宣传工作，要求职工、家属在节日期间不外出旅游，不参与集会或聚会等活动。凡是来农场过节的亲友，户主必须向农场卫生所报告并实行登记。对各单位开展防火、防盗、防毒、危房的检查工作。要求学校在“五一”放假前对学生进行一次安全教育和事故自救教育，做好事故的预见、防范和自救工作。

2005年，农场开展在五年内分四个阶段性学习《贵州省干部学法用法考试大纲》《宪法和宪法修正案学习问答》《干部法律知识读本》《中华人民共和国行政许可法》等的“四五”普法工作。

2006年，对各单位进行安全大检查，对暂住人员进行登记管理。发现安全隐患，及时采取整改措施。加强对机械、电路的管理，加强职工、村民野外用火等的管理。由农场安全委员会成员组成的检查组，对农场所属各单位的安全生产机构建设，规章制度建立和执行情况，安全生产责任制的落实情况，安全生产存在的隐患和治理情况进行全面检查和整改。国庆期间开展对乱堆秸秆行为、防火、防盗、用车、用电等的安全检查整改工作。

2007年，“五一”期间对油菜秆乱堆乱放问题进行治理，对农药的保管和使用情况进行督查，对加工厂、仓库、油库、山塘水库等进行巡查，做好雨季防洪工作。

2007 年 6 月，农场安全委员会在农场范围内开展学习《关于开展安全生产隐患排查治理专项行动》文件精神，分三个阶段对办公大楼、老办公楼、十二茅坡办公楼、仓库、场部教学点、十二茅坡教学点的用电、消防设施进行排查，对十二茅坡茶叶加工厂、南坝园茶叶加工厂等单位的用电、机械操作规程、农药使用、保管规定等进行安全生产隐患排查治理。

2008 年 3 月，对各单位住房、道路、电路、水源等生产生活设施及易燃物品是否存在安全隐患进行排查。加强外来人口的登记管理工作，严查外来人员的“三证”（身份证、户口本、计划生育证）。对茶叶加工厂的电路、加工机械进行一次彻底的检修和维护工作。学校加大对学生安全知识教育的宣传力度，预防在校内、校外发生事故。提醒有车辆的单位、个人注意行车安全。

2008 年 4 月，为做好“五一”期间的安全工作，农场安全委员会利用广播、宣传栏、公示栏、会议等方式宣传安全工作，并开展对加工厂、仓库、油库、山塘水库的安全检查。

2008 年 4—7 月，分三个阶段开展立足于治隐患、防事故，建立健全隐患治理和危险源监控制度，加强预警、预防和应急救援工作，努力构建安全生产的长效机制的百日督查专项行动。

2008 年 9 月，为做好国庆期间的安全工作，各单位、居民委员会利用广播、宣传栏、公示栏、会议等方式，加强安全生产的宣传工作。农场安全委员会开展对加工厂、仓库、油库、山塘水库安全隐患的检查工作。

2009 年春节期间，开展防火、防盗、防爆、防毒的宣传工作，对茶叶、粮食仓库、油库，十二茅坡及场部片区的物资站、茶叶加工厂的火灾隐患进行检查，对住房、道路、电路、水源等生产生活设施是否存在安全隐患进行检查，督促对民寨村加强大牲畜的管理工作，严防被盗和丢失。9 月 17 日，农场各单位、村（居）民委员会以及驻场投资单位，利用广播、宣传栏、公示栏、会议等方式加强国庆期间安全生产的宣传、检查，并督促、整改存在的安全隐患。

2010 年元旦、春节期间，按照“安全第一、预防为主”的方针，开展防火、防盗、防爆、防毒的宣传工作，对十二茅坡及场部片区的物资站、茶叶加工厂的火灾隐患进行检查。要求民寨村加强大牲畜的管理，利用广播加强宣传力度，严防被盗和丢失。中秋、国庆佳节期间，利用广播、宣传栏、公示栏、会议等方式进行安全生产工作的宣传，组织安全委员会人员对各单位、村（片区）的安全生产工作进行一次全面检查。

2015年，清明节期间，农场安全委员会、行政办公室充分利用广播、宣传栏、公示栏、会议等多种形式，加强安全防火工作和文明扫墓祭祖宣传工作。要求领导干部、党员自觉带头文明上坟。严禁在林区或草地焚香、烧纸、点蜡、燃放鞭炮等。中秋、国庆佳节期间，开展易燃物品堆积存放安全检查，加强外来人员的检查登记工作，加强自觉遵守交通法规宣传，加强生产设施、农药、油料的管理工作。农场安全委员会与行政办公室充分利用广播、宣传栏、公示栏、会议等多种形式，加强今冬明春的火灾防控宣传工作。

2016年，春节期间，按照“安全第一、预防为主”的方针，加强安全生产检查力度，开展对农场辖区内房屋、道路、水电、水源等生产生活设施的安全隐患排查工作，加强对茶园的巡查，开展对生产生活设施的防冻维护工作。加强对农场辖区外来人员的登记工作。要求节日期间开展文体活动的单位及时把活动内容、时间、人数报农场安全委员会、办公室和双堡派出所。防汛期间，坚持“安全第一、预防为主、综合治理”的方针政策，切实加强汛期安全生产工作的组织领导。农场安全委员会利用广播、宣传栏、公示栏、会议等方式加强汛期安全生产工作的宣传。开展防火、防盗、防爆、防毒的宣传工作，对十二茅坡及场部的物资站、茶叶加工厂的火灾隐患进行检查。要求民寨村加强大牲畜的管理，严防被盗和丢失。农场安全委员会与行政办公室充分利用广播、宣传栏、公示栏、会议等多种形式加强今冬明春的火灾防控宣传工作。

2017年，各单位组织人员对本片区进行春季安全生产检查，发现隐患及时整改、排除。国庆、中秋佳节期间，利用广播、宣传栏、公示栏、会议等方式进行安全生产工作的宣传，组织安全委员会成员对在房前屋后、路旁、电杆下、树脚堆放的秸秆、稻草等易燃物品的行为进行一次全面检查。

2018年，元旦、春节期间，按照“安全第一、预防为主”的方针，加强安全生产检查力度，开展对农场辖区内房屋、道路、水电、水源等生产生活设施的安全隐患排查工作，加强对茶园的巡查防火工作力度。加强对辖区内外来人员的登记工作力度。要求节日期间开展文体活动的单位及时把活动内容、时间、人数报农场安全委员会、办公室和双堡派出所。清明节期间，农场安全委员会、办公室开展对各单位、居民委员会、驻场非公有制企业的安全防火检查工作。利用广播、宣传栏、公示栏、会议等多种形式，宣传文明扫墓祭祖，严禁在林区、草地焚香、烧纸、点蜡、燃放鞭炮等。

2019年春节期间，按照“安全第一、预防为主”的方针，加强安全生产检查力度，开展对辖区内房屋、道路、水电、水源等生产生活设施的安全隐患排查工作，加强对茶园的巡查，加强个人在家生火取暖、熏制食品等的防火工作。加强对辖区内外来人员的登记工作。要求节日期间开展文体活动的单位及时把活动内容、时间、人数报农场安全委员会、党政办公室和双堡派出所。“五一”期间，开展防火、防盗、防爆、防毒的宣传工作，开展整治乱堆油菜秆行为，加强农药的保管和使用，对加工厂、仓库、山塘水库进行巡查等工作，做好洪水季节的防洪工作。国庆前，农场安全委员会组织各科室负责人对农场的仓库、加工厂进行一次安全隐患大排查。国庆节放假期间各科室安排好应急值守和安全保卫等工作，农场安全委员会组织各科室负责人对茶叶加工厂、烤烟育苗大棚的机器设备、用电等进行安全生产大检查，对个人房前屋后、路旁、电杆下、树脚堆放秸秆、稻草等易燃物品的行为进行一次全面检查。

2020年春节期间，农场按照“安全第一、预防为主”的方针，开展防火、防盗、防爆、防毒的宣传工作，对十二茅坡、场部的物资站、茶叶加工厂的火灾隐患进行检查排查。

中国农垦农场志丛

第七编

人　　物

中国农垦农场志丛

第一章　人物传略

贾汉卿

贾汉卿（1898—1971），男，汉族，河北省新乐县（现新乐市）人。大学文化水平。

1922年于陆军兽医学校正科第8期毕业后，在基层工作十余年，担任过兽医师、主治兽医及主任兽医，积累了丰富的临床实践经验。之后被调回母校任教，主持家畜内科学、兽医内科诊断学、兽医临床检验学的教学和科研，担任研究生导师。先后任学校附属兽医院院长、学校教务长、代理校长。1949年11月，组织陆军兽医学校师生与当地开明人士共同维持地方治安，亲率全校师生到东门外欢迎中国人民解放军解放安顺，将创办45年的陆军兽医学校完整地归还人民。1955年，任清镇种马场场长。

1959年清镇种马场与贵州省国营山京农场合并后，任新成立的贵州省安顺专区山京农牧场的副场长。在贵州省安顺专区山京农牧场任职期间，协助场长抓畜牧业生产，为进一步扩大畜牧业生产规模，增加畜禽种类和种群，促进畜禽产品数量和质量进一步提高做了大量工作。此后不久，调离贵州省安顺专区山京农牧场。

1971年4月，在中国人民解放军军事兽医研究所逝世，享年73岁。

谢钦斋

谢钦斋（1914—1990），汉族，男，河南省滑县人。初中文化水平。

1944年3月参加工作，1945年3月加入中国共产党。1950年在安顺专区关岭县工作，任关岭县县长。

1958年12月，被调到贵州省国营山京农场工作，担任场长兼党委书记。1963年1月，在中国共产党中国人民解放军山京军马场第一次党员代表大会上，当选为中国共产党中国人民解放军山京军马场第一届委员会委员。

在他担任农场主要党政领导期间，农场生产领域实行“三包一奖”制度。进一步加强生产经营环节管理，尽量缩减不必要开支，降低生产成本，增加各类产品产量，提高产品质量。进一步扩大畜牧业生产规模，增加畜禽种类和种群，促进畜禽产品数量和质量的进一步提高。大力支持有关科室及其相关人员，积极开展畜牧业先进技术培训和种植业科学试验，支持科技人员在生产一线发挥更大作用，进一步推进先进农业科学技术应用于生产领域，促进农场增产增收。积极谋划农场多种生产经营发展，在对外运输服务、粮食加工、酿酒等产业上也有所突破，取得一定的经济效益。在他的带领下，通过农场上下的共同努力，1959年农场生产经营首次实现盈利，进入较好的发展阶段。

1963年，调兴义专区行署组织部工作。

1990年，在安顺去世，享年76岁。

申云浦

申云浦（1916—1991），男，汉族，山东省阳谷县人。中师文化水平。

1932年，在山东聊城师范求学时投身革命，同年10月加入中国共产党。此后，以教员身份为掩护，从事党的地下工作。历任山东聊城师范学校党组织的负责人，鲁西北特委宣传部部长，阳谷县安乐镇、阳谷县崇实小学、博平还驾店小学、寿张竹口小学党组织负责人。

1937年10月，回阳谷县开展抗日游击战。抗日战争时期，历任山东省阳谷县委书记，鲁西北特委宣传部部长、民运部部长，运东、运西地委书记，鲁西区党委宣传部副部长，鲁西北地委代理书记，平原分局党校一大队支部副书记兼教育委员，冀鲁豫平原分局宣传部副部长，冀鲁豫区党委宣传部副部长、部长。

解放战争时期，历任泰运地委书记，聊城地委书记，冀鲁豫区党委宣传部部长兼冀鲁豫日报社社长，五兵团南下江西干部支队政治部主任，江西省上饶赣东北区党委宣传部部长，西进贵州干部支队副政委兼政治部主任。

1950—1954年，历任贵州省委宣传部副部长，贵州省委宣传部部长兼贵州省教育厅厅长，贵州省委副书记兼贵州省农委书记，贵州省人民政府副主席，贵州省第一届政协主席。在此期间，领导了贵州省的清匪、土改以及各项建设，大力发展新闻宣传文教事业，深入开展党的统一战线工作，调动各方面的力量，顺利完成了贵州省新民主主义革命的任务。

1955年，受到错误处理，9月到贵州省山京农场任副场长。1958年8月，调离山京农场。此后，先后任贵州电缆厂主任、贵阳矿山机械厂第二厂厂长、贵州省机械厅厅长、贵州工学院院长、贵州工学院党委书记。

在山京农场任职期间，1956年4月首任场长王占英调离后，他实际履行场长职责。他和工人、干部一起生活、一起劳动、一起学习，共同商讨农场生产经营发展路子，农场出现了干部、工人共同努力促进生产发展的新气象。他说服农场职工，生产灌溉用水不能只顾农场利益，也要考虑附近农民生产用水需求。他派人与双堡区公所联系，要求农场管水职工加强灌溉管理，实行轮流给农场与邻近村寨供水的制度，兼顾了农场和附近农民的利益，促进了农场与周边农民的团结。他要求农场卫生所，对因急症请求出诊的，不论是农场职工还是周边群众，都不能推辞延误，必须风雨无阻。他为农场生产经营管理、农场职工教育、增进农场与周边群众的关系做出了应有的贡献。

1978 年 1 月，其被错误处理的问题经中共贵州省委研究决定并报中共中央批准，得到了彻底平反，恢复了政治名誉。同年 5 月任贵州省革命委员会副主任。1979 年初，任贵州省副省长。重新担任贵州省的领导工作后，积极贯彻中共十一届三中全会的路线、方针和政策，坚持四项基本原则，坚持改革开放，拨乱反正，为加速贵州省政治经济文化建设做出了显著成绩。

1983 年，退居二线，任中共贵州省顾问委员会副主任。此后，继续关心贵州省经济社会发展，向中共贵州省委、贵州省人民政府提出了许多有益的意见和建议，完成了中共贵州省委交办的许多重要工作。晚年，为贵州省文化教育事业、党史资料征集整理等付出了大量心血。

他曾任第一届、第七届、第十一届全国人民代表大会代表，全国人大常委会民族委员会委员。

1991 年 5 月 13 日，因病医治无效，在贵阳去世，终年 75 岁。

王富楼

王富楼（1917—?），男，汉族，山西省五台县人。初小文化水平。

1937 年 9 月，参加革命工作。1938 年 7 月，加入中国共产党。曾获“劳动英雄”“战斗英雄”“三等功”等荣誉称号。

中华人民共和国成立后，任普安县副县长。1960 年 2 月，调贵州省安顺专区山京农牧场工作，任副场长。1962 年 12 月，调回安顺专区行署工作。

任昌五

任昌五（1917—2004），男，汉族，河南省苑县人。初中文化水平。

1943 年，参加中国人民解放军，同年 3 月加入中国共产党。1948 年因工作积极荣立四等功。1949 年 6 月被评为三等模范。1949 年 12 月因工作积极荣立三等功。1945 年 8 月，任冀鲁豫军区总兵站财粮科会计。1946 年 2 月，任冀鲁豫军区电话总局会计。1947 年 11 月，任冀鲁豫军区供给科会计。1949 年 1 月，任冀鲁豫军区管理科会计。1949 年 3

月，任五兵团管理科会计。1950 年 2 月，任五兵团直供科会计。

1952 年被调到贵州省军区工作，同年 8 月任贵州省军区后勤部军需科助理员。

1956 年 6 月，任贵州省军区后勤部军需科副科长。1959 年 4 月，任贵州省军区后勤部军需处副处长。

1964 年被调到中国人民解放军山京军马场工作，任副场长。1965 年 8 月，改任场长。担任场长期间，逐步建立健全军马生产各项规章制度，加强军马生产管理。贯彻落实以军马生产为主的生产经营方向，团结和带领农场干部职工认真履行军队后勤企业职能，把主要精力投入军马生产，及时为部队输送质量优良的马匹，提高部队装备水平，为国防事业做出了应有的贡献。

赵　广

赵广（1918—1998），男，汉族，河南省清丰县人。初中文化水平。

1938 年 11 月，加入中国共产党。1939 年 3 月，在河南省清丰县由地方介绍入伍，成为冀鲁豫卫河支队战士。1939 年 5 月，任冀鲁豫卫河支队班长。1939 年，任冀鲁豫独立大队司务长。1940 年 1 月，任冀鲁豫教导三旅八团党支部书记。1940 年 8 月，被选派到冀鲁豫教导三旅教导大队学习。1941 年 2 月，任冀鲁豫教导七旅骑兵连副政治指导员。1942 年 9 月，任冀鲁豫军区机要科译电员。1946 年 2 月，冀鲁豫独立一旅机要室主任。1947 年 5 月，任冀鲁豫独立一旅机要股股长。1947 年 7 月，任中国人民解放军第十七军第四十九师一四五团组织股股长。1949 年 10 月，任中国人民解放军第十七军第四十九师一四五团政治部直属政工科副科长。在抗日战争和解放战争时期，他主要从事机要工作和政治思想工作，跟随所在部队转战南北，为中国人民抗日战争和解放战争的胜利做出了应有贡献。

1951 年 3 月，任贵州铜仁军分区政治部组织科科长。1952 年 5 月，任步兵四十九师政治部组织科科长。1953 年 7 月，任步兵四十九师政治部组织科后勤处政治委员。1960 年 8 月，任贵州省军区后勤部政治处副主任。在此期间，为提高所在部队战士政治思想素质，为所在部队干部考察、考核、培养，做了大量工作。

1962 年 8 月，被调到中国人民解放军山京军马场，任政治委员。1963 年 1 月，在中国共产党中国人民解放军山京军马场第一次党员代表大会上，当选为中国共产党中国人民解放军山京军马场第一届委员会委员。根据党委分工，担任党委副书记。1967 年 3 月，在中国共产党中国人民解放军山京军马场第二次党员代表大会上，当选为第二届委员会委员。根据党委分工，担任党委书记。1971 年 7 月，在中国共产党中国人民解放军山京军马场第三次党员代表大会上，当选为第三届委员会委员、常务委员会委员。根据分工，担任党委书记。

在中国人民解放军山京军马场工作期间，他与场长一起负责农场全面工作，侧重负责农场党组织建设、干部队伍建设、干部职工政治思想教育等工作。在他的领导下，农场党委重视基层党支部建设，注重选拔培养政工干部，团结和带领农场干部职工围绕农场经营方针，开展多种经营，千方百计抓好军马生产，完成军马生产任务，为提高部队装备水平做出应有的贡献。

骆廷瑞

骆廷瑞（1919—2021），男，汉族，河南省濮阳县人。高小文化水平。

1938 年参加工作。1941 年加入中国共产党。1950 年，在清镇种马场工作。1959 年，清镇种马场与山京农场合并经营后，被调到贵州省安顺专区山京农牧场工作。1960 年 6 月，任副场长。1963 年 1 月，在中国共产党中国人民解放军山京军马场第一次党员代表大会上，当选为党委委员。根据党委分工，负责军马生产。

在农场工作期间，他协助主要领导抓好分管的工作。加强对畜牧业生产的指导和管理，促进畜禽种群发展，增加畜牧业收入。深入各军马生产单位，督促、检查军马生产各项规章制度落实情况，指导军马繁殖、饲养、疫病防治等工作。

1966 年 1 月，调遵义专区行署民政局工作。

1979 年，离休。2021 年，因病逝世，享年 102 岁。

李德惠

李德惠（1919—1991），女，汉族，四川省泸县人。中师文化水平。

1943 年 2 月，四川省泸县师范学校毕业。1943 年 3 月，到四川省泸县太安乡中心小学工作，先后担任教员、校长等职务。

1952 年 7 月，到清镇种马场工作，任清镇种马场服务社营业员。

1959 年清镇种马场与山京农场合并经营后，随场迁至贵州省安顺专区农牧场工作。1960 年 8 月，调任农场子弟小学教员。1963 年至 1968 年，任农场子弟小学教导处副主任，负责学校教育教学日常管理工作。1969 年 1 月，受“文化大革命”冲击。1973 年 8 月，返回农场子弟小学任教，恢复学校教导处副主任职务。

她是农场子弟学校的创始人之一。1960—1969 年，她管理学校日常教育教学。学校初创时期，她结合农场和学校实际，建立健全各种管理制度，使学校各项管理逐渐走向正轨。在教育教学工作中，抽出时间为青年教师上示范课，帮助新教师提高教学水平。她检查课堂教学，从不预先通知，检查中发现的问题，课后会与有关教师进行交流，直截了当地提出改进建议。在她的直接管理和言传身教下，学校的校风、教风、学风持续向好，教育教学质量逐步提高，得到农场和社会各界的广泛认可。

李德惠老师一生大部分时间都致力于教育事业，教书育人。其子女及女婿中也有多人从事教育工作。1985 年，贵州省农业厅为其颁发了“教师世家”光荣匾牌。

1991 年 1 月，因病在农场逝世，享年 72 岁。李德惠老师去世后，农场及其周边村寨数千人自发前往吊唁，送葬队伍延绵数里。

王占英

王占英（1922—1995），男，汉族，山东省平阴县人。

1939 年 3 月，参加革命工作。同年 11 月，加入中国共产党。抗日战争和解放战争期间，先后任平阴县南毛峪村党支部书记，平阴县委组织部干事，平阴县炸药厂指导员，东阿三区武委会主任、平阴县干校指导员，泰运地委党校指导员，博平六区分委委员兼工作组长、武委会主任、区委书记，东阿四区分委书记。1949 年 3 月，参加南下支队，随军渡江解放赣东北。1949 年 5 月，任临川市交通管理局局长、贵溪地委干校指导员。1949 年 8 月，参加西进支队，随军解放贵州。

中华人民共和国成立后，先后任镇远地委工作组组长，共青团镇远地委副书记、青委副书记，共青团贵州省委常委、团省委组织部部长，山京农场场长、党支部书记，贵州省农林厅土地利用局局长，中共沿河县委第一书记，贵州省农业局办公室主任、局党组成员，贵州省农业厅副厅长，贵州省医药总公司党委书记，贵州省医药管理局局长、党委书记。在镇远工作期间，参加了镇远地区的接管、建政、清匪反霸、土地改革以及建立和发展团地委等重大工作。

1953 年 10 月，他带队筹建贵州省国营山京机械农场。在农场始创期间，带领参加农场筹建工作的干部、技术人员和工人，暂住在海子山山顶的寺庙里。寺庙年久失修，破败不堪，条件非常艰苦。他和农场首批开拓者一道克服困难，积极投入场区勘测规划、道路修筑、房舍修建、荒山开垦、农作物试种等工作。

1954 年 3 月，王占英被任命为贵州省山京机械农场场长兼党支部书记。他团结农场领导班子，带领广大职工一边进行农场基础设施建设，一边开展生产经营。在生产经营管理中，紧密结合农场实际，提出了“多样性经营，综合性发展”的经营方针。采取有力措施，精简机构，尽量减少非生产人员，使人力、物力、财力向生产一线集中，努力提高生产经营效率。积极探索适应农场生产经营需要的用工制度和薪酬管理制度，试行用工临聘制和计件工资制，调动广大职工生产经营积极性，促进农场经济发展。

1956 年 4 月，王占英调任贵州省农林厅土地利用局局长。在贵州省农林厅任职期间，他一如既往关心和支持山京农场发展。1957 年 6 月，贵州省农林厅土地利用局派出土地规划工作队，协助农场完成《国营山京农场土地利用设计方案》编制工作，为农场科学有效利用土地资料打下了基础。

在贵州沿河县工作期间，正值六十年代自然灾害的困难时期，他带领县委班子检查灾情，开展生产自救。

在贵州省医药总公司工作期间，积极整顿组织，理顺关系，发展生产，加强管理，做了大量工作。

1995 年 10 月，王占英因病逝世，享年 73 岁。

李殿良

李殿良（1922—2003），男，汉族，山东省郓城县人。初中文化水平。

1939 年 10 月，加入中国共产党。1945 年 8 月，参加革命工作，在寿张县第五区任政治指导员。1945 年 10 月，任独立第五团政治指导员。1946 年 5 月，任冀鲁豫独立一旅政治指导员。1947 年，任冀鲁豫附属医院政治指导员。1948 年 10 月，任冀鲁豫医疗队政治指导员。1949 年 9 月，任五兵团卫生部直属所政治指导员。1949 年 9 月，任五兵团卫生部政治处民运干事。解放战争时期，他主要从事基层部队政治思想工作，为提高基层部队人员政治思想素质做了大量工作。

1950 年 5 月，任五兵团卫生部防疫所政治协理员。1951 年 8 月，到第五速成中学学习。1952 年 1 月，任陆军 26 医院助理员。1954 年 3 月，任陆军 44 医院助理员。1956 年 3 月，任第 17 疗养院政治协理员。新中国成立初期，他主要在军队医院协助主要领导进行管理工作，开展政治思想工作，为提高医护人员思想素质从而更好地为部队服务做了许多工作。

1962 年 8 月，任中国人民解放军山京军马场政治处主任。1962—1966 年，兼任中国人民解放军山京军马场子弟小学校长。1963 年 1 月，在中国共产党中国人民解放军山京军马场第一次党员代表大会上，当选为中国共产党中国人民解放军山京军马场第一届委员会委员、第一届监察委员会主任。根据党委分工，分管政治工作。1967 年 3 月，在中国共产党中国人民解放军山京军马场第二次党员代表大会上，当选为第二届委员会委员。1971 年 1 月，任中国人民解放军山京军马场副政治委员。1971 年 7 月，在中国共产党中国人民解放军山京军马场第三次党员代表大会上，当选为第三届委员会委员、常务委员会委员。在农场工作期间，他协助党委主要领导开展政治思想工作，为团结农场干部职工共同完成军马生产任务，为农场党组织建设，为子弟学校发展，做出了应有的贡献。

雷先华

雷先华（1922—2000），男，汉族，贵州省安顺县二铺人。高小文化水平。

1936年1月—1939年7月在家读书。1940—1945年在本乡做木工。1951—1953年任本村农民协会主席。1955年在农场做临时工。1956年10月转为正式职工。1957年7月被调到威宁县小海区八一站做木工。1958年在罗朗坝做工，兼管工地（班长）。1959年在场部做工，任大组长。1965—1967年调贵州省军区工程队做木工。1967年被调到长箐分场工作，任副班长。1971年4月加入中国共产党。1971—1972年任工程队副队长。1972—1981年任工程队队长兼党支部书记。1978年8月，任农场1978年至1980年发展规划和农田水利基本建设领导小组成员。1978—1982年任机械化万头养猪场工程指挥部副指挥长兼党支部副书记。1982年12月任茶叶加工厂筹建工作领导小组组长，负责组织实施茶叶加工厂建设有关工作。1986年1月任农场基建科科长兼工程队党支部书记。

在农场工作期间，工作勤恳踏实，认真负责，为农场工程队的建立和发展，为农田基本建设，为机械化万头养猪场和茶叶加工厂建设做出了应有贡献。

1958—1960年，被农场评为“先进生产者”。

1969年2月26日，被农场授予“第五届活学活用毛泽东思想积极分子”光荣称号。

1978年，被农场授予“劳动模范”光荣称号。

1983年、1986年、1987年、1988年，被农场授予“先进工作者”光荣称号。

1986年，当选中国共产党贵州省山京畜牧场第四次党员代表大会代表。

1988年5月，在农场退休。2000年2月在农场去世，享年78岁。

王敬贤

王敬贤（1924—?），男，汉族，河北省深县（现深州市）人。高小文化水平。

1944年10月，参加工作。1948年8月，加入中国共产党。

1954年，调入贵州省国营山京机械农场工作，任农场机耕队队长。1956年4月，任副场长。1956年7月，兼任贵州省国营山京农场党总支书记。

在农场工作期间，认真履行职责，切实加强农机管理，及时组织安排农业机械投入初期荒地开垦，极大地提高了垦荒效率，有效弥补了劳动力不足的问题。持续做好农机使用、保养、维修等工作，积极推进种植业机械化作业，提高农业机械化水平。高度重视安全生产，要求农机手严格按照操作规程作业，确保人员和机器安全。积极协助场长抓好农场生产经营管理，侧重抓好分管的农业机械化等工作。认真开展农场党组织建设工作，充分发挥农场党组织的凝聚力和战斗力，促进农场各项工作发展。

1963 年，调兴义专区行署组织部工作。

王迪英

王迪英（1924—1976），男，汉族，浙江省诸暨县（现诸暨市）人。初中文化水平。

1945 年 1 月，在浙江诸暨从游击队转入正规部队，成为浙江新四军游击三支队战士。1945 年 4 月，任浙江新四军游击队三支队班长。1945 年 11 月，任华东野战军一纵队三师八团粮秣上士。1946 年 6 月，任华东野战军一纵队三师八团班长。1946 年 8 月，加入中国共产党。1948 年 1 月，任华东野战军一纵队三师八团粮秣员。1948 年 7 月，任豫皖苏第二军分区后方供应处股员。1949 年 2 月，任中国人民解放军第十六军第四十八师一四二团供应处见习会计。1949 年 6 月，任中国人民解放军第十六军第四十八师一四二团供应处出纳。1949 年 8 月，任第五兵团警卫团供应处出纳。1951 年 6 月，任第五兵团警卫团供应处财务股长。解放战争期间，参加过宿北、莱芜、孟良崮、睢杞等战役，为保证所在部队供给和后勤工作做出了应有的贡献。

1952 年 5 月，任西南军区公安二十二团后勤供应处财务股长。1954 年 7 月，任西南军区公安警卫四团后勤部财务主任。1955 年 11 月，任公安五十八团财务主任。1959 年 4 月，任解放军第 44 医院财务科科长。1961 年 2 月，在中国人民解放军后勤学院财务系毕业。1962 年 7 月，任贵州省军区后勤部财务处助理员。1963 年，任中国人民解放军山京军马场财务科科长。1971 年 7 月，在中国共产党中国人民解放军山京军马场第三次党员代表大会上，当选为中国人民解放军山京军马场第三届党委委员。在担任财务科科长期间，在农场计划管理和财务管理方面做了大量工作。

1976 年 4 月，任中国人民解放军山京军马场场长。在担任场长期间，深入基层单位，深入群众，深入生产一线，了解职工生产生活情况，想方设法解决职工生产生活中存在的困难和问题。处处以身作则，工作身先士卒，深受全场干部职工和村民的尊重和爱戴。

1976 年 5 月，在农场参加插秧期间不幸染上钩端螺旋体病。因染病初期误认为是感冒，未引起重视，错失治疗时机。同年 10 月，在农场病逝，终年 52 岁。

噩耗传开，农场广大干部群众深感悲痛和惋惜。农场为其举办了隆重的追悼大会，前来吊唁的干部群众络绎不绝。

武长海

武长海（1925—2019），男，汉族，山东省定陶县（现定陶区）人。初中文化水平。

1949年1月，加入中国共产党。1941年3月5日，在山东省定陶县参军。1941年，在山东省军区第五军分区独立营任卫生员。1942年，在山东省军区第五军分区独立团任卫生员。1944年，在山东省军区第五军分区十三团任卫生班长。1945年，因生病住院失掉组织关系。1947年，在晋冀鲁豫野战军第十一纵队卫校学习。1949年2月，任中国人民解放军第十七军第四十九师一四五团调剂员。1949年8月，任中国人民解放军第十七军第四十九师一四五团看护长。

1951年3月，在贵州省军区兴仁军分区学习。1951年7月，任贵州省军区兴仁军分区一四五团军医。1959年6月1日，任中国人民解放军第十七军四十九师一四五团兽医所所长。

1963年1月22日，任贵州省军区后勤部军马处助理员。1971年1月，任中国人民解放军山京军马场副场长。1971年7月，在中国共产党中国人民解放军山京军马场第三次党员代表大会上，当选为中国共产党中国人民解放军山京军马场第三届委员会委员、常务委员会委员。1977年，调任中国人民解放军73医院副院长。

在贵州省军区后勤部军马处工作期间，负责具体联系中国人民解放军山京军马场，指导中国人民解放军山京军马场开展军马生产有关工作。在中国人民解放军山京军马场任职期间，协助场长抓好军马生产。深入军马生产一线，指导开展军马繁殖、军马育养、军马生产后勤保障、军马疫病防治等工作，为完成军马生产任务做出了应有的贡献。

1980年离休。2019年8月，在安顺逝世，享年95岁。

王振武

王振武（1926—2017），男，汉族，河南省辉县人。高小文化水平。

1933—1940年在老家北陈马村读书。1941—1942年在老家参加劳动。1944年在河南省新乡大奎村当长工。1945年—1946年在汲县伪四十军当兵。1946年8月河南平汉战役后入伍参加八路军，在野战十二旅一营2连当战士。1947在太岳警卫连当战士。1948年在十八兵团六十军当侦察员。1949年在十八兵团六十军骑兵团1连当班长。1950年在西南军区骑兵团1连当副班长。1951年在西南军区骑兵团任青年干事。1952年在湄山分区骑兵团一连任指导员。1953年在中国人民解放军总后勤部马政局任助理员。1955年在中国人民解放军总后勤部济南第二学校学习。1957年在张家口第九十三速成中学学习。

1958 年到贵州省清镇农牧场任政治助理员。1959 年任贵州省安顺专区山京农牧场秘书。1963 年，当选中国共产党中国人民解放军山京军马场第一届委员会委员和第一届监察委员会委员。1966 年任中国人民解放军山京军马场长箐分场队长。1976 年任中国人民解放军山京军马场生产科科长。1981 年任贵州省清镇农牧场党委副书记、场长。1984 年任贵州省山京畜牧场调研员。1978 年 8 月任农场 1978 年到 1980 年发展规划和农田水利基本建设领导小组副组长。1986 年参加《贵州省山京畜牧场公安保卫史》编写组工作。

在山京农场工作期间，为长箐分场生产和建设、农场生产及农田基本建设等做出了应有贡献。退休后，积极支持农场党委工作，团结和带领离退休党员继续为农场发展从事力所能及的工作，共同促进农场经济社会发展。

1992 年 5 月、1996 年 5 月，当选离退休党支部组织委员。

1996 年 7 月，当选离退休党支部副书记。

1998 年 11 月，当选离退休党支部书记。

2001 年 7 月，当选贵州省山京畜牧场出席中国共产党贵州省农业厅直属机关第三次党员代表大会的代表。

1986 年 11 月在农场离休。2017 年 11 月在农场去世，享年 91 岁。

刘武志

刘武志（1928—1998），男，汉族，河南省太康县人。初中文化水平。

1943 年，在阎锡山部队第二师 2 营 5 连任学号兵。1945 年 8 月，在山西上党加入中国人民解放军。1946 年 6 月，任十一军三十二师九十四团 1 营号目。1947 年 7 月，任十一军三十二师九十四团通信连副排长。1948 年 8 月，任十一军三十二师九十四团 1 营 1 连司号员。1948 年 9 月加入中国共产党。1949 年，进军大西南时，因出色完成通讯任务，荣立三等功。

1951 年 3 月，任川东大竹分区梁山警卫营 1 连副连长。1952 年 5 月，任川东大竹分区公安大队副大队长。1952 年 9 月—1953 年 6 月，在四川军区第三文化速成中学学习。其间（1952 年 12 月）因文化学习好荣立三等功一次。1953 年 10 月，任西南军区独立二团 1 营参谋长。1954 年 10 月，任公安十九团营参谋长。1955 年 9 月，任预十师三〇二团 2 营参谋长。1958 年 3 月，任 397 库管理股股长。1961 年 12 月，任贵州省军区后勤部汽车修配厂厂长。

1963 年 1 月，任中国人民解放军山京军马场六队队长。1964 年 12 月，任贵州省军区后勤部军马处助理员。1965 年 8 月，任中国人民解放军山京军马场副场长。1971 年 7 月，在中国共产党中国人民解放军山京军马场第三次党员代表大会上，当选为中国共产党中国人民解放军山京军马场第三届委员会委员、常务委员会委员。1976 年 4 月，任中国人民解放军山京军马场党委书记。1976 年 12 月，任中国人民解放军山京军马场政治委员。1982 年 5 月 8—10 日，农场遭受暴风雨、特大冰雹袭击。灾情发生后，农场党委书记刘武志率机关科室、生产队负责人赶赴受灾现场，查看并统计灾情，组织职工开展生产自救。

1983 年 6 月，任贵州省山京畜牧场顾问。1988 年，在农场离休。

1998 年 5 月，因病在农场逝世，享年 70 岁。

丁隆海

丁隆海（1930—2021），男，汉族，山东淄博人。高小文化水平。

1951 年加入中国共产主义青年团。1954 年 7 月 1 日加入中国共产党。1955 年 3 月—1956 年 5 月在山西大同汽车拖拉机第六汽车学校学习。1950 年荣立三等功一次。1958 年荣立三等功一次。

1976 年 4 月，任中国人民解放军山京军马场副场长。1983 年 2—6 月场长邓荣泉到北京培训学习期间代理场长，主持农场行政工作。1979 年 11 月，当选为安顺县人民代表大会代表。1986 年 7 月 5 日，在中国共产党贵州省山京畜牧场第四次党员代表大会上，当选为中国共产党贵州省山京畜牧场第四届委员会委员、第二届纪律检查委员会委员。根据农场纪委分工并报贵州省农业厅党组批复，任贵州省山京畜牧场纪委书记。

1990 年，在农场退休。退休后不忘初心，仍然力所能及为党工作，为农场分忧，为农场职工服务。1991 年，丁隆海毫无保留地把自己掌握的孵化技术、饲料配方技术传授给场里的职工、村民。他到安顺市买回鸡瘟疫苗和注射工具，挨家挨户帮助职工、村民做好鸡瘟疫苗注射。1996 年 7 月担任农场离退休党支部书记，继续从事党务工作。

1999 年、2002 年，均当选为第一居民委员会（第四届、第五届）主任。担任居委会主任期间，认真履行职责，化解矛盾，调解纠纷，做好社区和群众的工作。在他的带领下，居委会成员做了大量工作，使农场卫生状况有了好转。处理好集贸市场秩序问题，在收取市场管理费时做到人人平等、不分亲疏。由于农场外来人员多，偷牛盗马案件时有发生。根据这一情况，居委会配合公安部门，在片区内成立了治安巡逻小组。在他的带领下，协助公安机关破获偷盗案件 3 起，为群众挽回经济损失近万元。在他的主持下，居委会成员分片区包干，抓好外来人员的管理，协助农场做好计划生育工作。

2021 年 4 月，因病逝世，享年 91 岁。

张士宏

张士宏（1931—2012），汉族，男，山东省蓬莱县（现蓬莱市）人。大学专科文化水平。

1953 年 8 月，在四川财经学院专科毕业。1953 年 8 月，大学毕业后，被分配到贵州省农林厅工作，任农林厅山京农场筹建办公室会计。

1954 年 2 月，任贵州省国营山京机械农场会计。1958 年 7 月，加入中国共产党。1959 年 10 月，任贵州省安顺专区山京农牧场计财室第一副主任。1956 年、1957 年和 1959 年，先后三次被农场评为“先进工作者”。

1963 年 1 月，在中国共产党中国人民解放军山京军马场第一次党员代表大会上，当选为中国共产党中国人民解放军山京军马场第一届监察委员会委员。1973 年 10 月，中国人民解放军山京军马场供给科副科长。1976 年 11 月，任中国人民解放军山京军马场供给科科长。

1978 年 5 月，任贵州省山京马场副场长。1978 年 7 月，任农场 1978 年到 1985 年发展规划和农田、水利基本建设领导小组副组长。

在山京农场工作期间，他认真负责，扎实做好计划规划和财务统计汇总等基础工作，及时上报给领导审阅，供领导决策时参考。他根据国家财务管理有关规定，结合农场实际，建立健全财务管理规章制度，为农场计划管理和财务管理做了大量奠基性工作，为规范农场计划管理、财务管理、统计报表管理做出了应有的贡献。

1991 年 8 月，调任贵州省农垦农工商公司总经理。

2012 年 11 月，在贵阳去世，享年 81 岁。

胡国桢

胡国桢，生卒年月不详。

1962 年 11 月，由贵州省军区调任中国人民解放军山京军马场场长。1963 年 1 月，在中国共产党中国人民解放军山京军马场第一次党员代表大会上，当选为中国共产党中国人民解放军山京军马场第一届委员会委员。根据党委分工并报贵州省军区后勤部党委批复，任中国人民解放军山京军马场党委书记。1965 年 8 月，调回贵州省军区。

在他担任中国人民解放军山京军马场主要领导期间，团结和带领全场干部职工认真贯彻落实全国军马场工作会议精神，调整生产经营业务，以农业为基础，以军马生产为主业，促进农业和畜牧业融合发展，开展多种经营。加强基础设施建设，特别是加大投资，进一步加强马厩建设和检修力度，以适应完成军马生产任务的需求。增加牧草种植面积，扩大牧地面积。通过对生产方向、土地利用等进行调整，为军马生产主业发展奠定基础。

杨友亮

杨友亮（1934—1996），男，汉族，山东省寿光县（现寿光市）人。

1946—1948年，就读于山东省潍坊市广文中学。

1954年3月—1955年3月，在贵州省农林厅于贵州省国营山京机械农场内开办的农机培训班学习。1955年4月，在农场机耕队工作，任统计员、保管员。1956年7月，被借调到贵州省农林厅农机培训班工作，任教员。1957年3月，在农场机耕队工作，任包车组组长、驾驶员。1958年8月，被借调到贵州省农林厅委托农场开办的农机培训班工作，任教员。1959年1月，在农场机耕队工作，任修理组负责人。1960年7月，被选派到贵阳矿山机械厂学习。

1962年12月，在中国人民解放军山京军马场机耕队工作，任副队长，主持机耕队工作。1968年10月，被借调到安顺县东方红电力工程指挥部工作，任技术负责人。1972年7月，在中国人民解放军山京军马场供给科工作，任助理员。1973年冬，参加昆明军区在中国人民解放军山京军马场开办的农机培训班有关工作，任教研组副组长。1974—1975年，为农场面粉加工厂设计施工。1975年3—4月，被借调到昆明军区农机研究所参与从事链轨式小型水稻联合收割机试制工作。当年在昆明试割成功。1975年7月，在中国人民解放军山京军马场机耕队工作，从事技术管理工作，任农机技师。

1978年2月，任农场机械化万头养猪场工程指挥部副指挥长，负责工程水、电、配套设备设计安装施工工作。1979年4月，加入中国共产党。1984年10月，任农场生产供销科副科长，负责茶叶加工厂机械、电器施工安装，辅助机械设备配套设计工作。1985年，任农场生产供销科科长。1986年，任农场茶叶科科长。

杨友亮努力钻研农业机械技术，对电气控制、电机、电器、机床等组合设计安装技术有较深的研究，并在农场内外进行过多次成功实践。其自行设计安装或改进安装的许多工程，为农场节省了不少费用，降低了生产成本。在农场党政的领导下，做好本职管理工作，为推进农场农业机械化进程，保证农场生产和生活供给，拓宽茶叶等产品销售渠道做出应有的贡献。

因工作业绩突出，多次被农场评为“先进工作者”。1980年3月，被农垦部授予“先进生产者”荣誉称号。1989年7月，被贵州省农业厅党组授予“优秀党员”荣誉称号。

1992年4月，在农场退休。

1996年4月，因病逝世，享年62岁。

董汝齐

董汝齐（1937—2019），男，汉族，贵州省安顺县人。高小文化水平。

1954年3月，在贵州省国营山京机械农场参加工作。1955年2月，任贵州省国营山京农场第四生产队统计员。1955年3月，加入中国共产主义青年团。1962年1月，任中国人民解放军山京军马场第四生产队统计员。1967年10月，在中国人民解放军山京军马场第六生产队从事军马饲养管理工作。1971年3月，加入中国共产党。

1971年2月，任中国人民解放军山京军马场第六生产队分队长。1976年10月，在农场场部从事农田基本建设工作。1978年5月，任机械化万头养猪场工程指挥部基站组副组长。1979年6月，任贵州省山京马场第六生产队政治指导员。1980年12月，任新建茶园工作领导小组副组长。1983年8月，任第六生产队党支部书记。

1984年10月，任茶叶加工厂厂长兼党支部书记。1986年7月5日，在中国共产党贵州省山京畜牧场第四次党员代表大会上，当选为中国共产党贵州省山京畜牧场第四届委员会委员。根据农场党委分工并报贵州省农业厅党组批复，任党委副书记。1990年7月9日，在中国共产党贵州省山京畜牧场第五次党员代表大会上，当选为中国共产党贵州省山京畜牧场第五届委员会委员、第三届纪律检查委员会委员。根据农场党委和纪委分工，报贵州省农业厅党组批复，任纪委书记。1991年1月，任贵州省山京畜牧场企业政工师评审领导小组成员。1991年5月，任贵州省山京畜牧场评聘专业技术职务复查工作小组副组长。1993年6月，被贵州省农业厅直属机关党委授予“先进党务工作者”光荣称号。1993年9月，任贵州省山京畜牧场职称改革工作领导小组成员。1995年12月，任贵州省山京畜牧场调研员（副县级）。

1997年，在农场退休。

2019年，因病逝世，享年82岁。

曾孟宗

曾孟宗（1938—1997），男，汉族，广东省梅县人。中专文化水平。

1956年9月，到贵阳畜牧兽医学校学习。1958年7月，贵阳畜牧兽医学校兽医专业毕业。1958年8月，任贵州省农林厅土地利用局工作员。1958年11月，被分配到贵州省国营山京农场工作，任实习兽医。1960年，任贵州省安顺专区山京农牧场兽医技术员。在此期间，利用所学专业技术知识和技能为农场畜牧业顺利发展提供了技术支持。

1962年，任中国人民解放军山京军马场兽医技术员。在担任中国人民解放军山京军马场兽医期间，积极参与兽医技术研究，与所在团队其他人员密切配合，攻克马匹剖宫产等难题，提高了军马生产成活率。在农场第二次马传染性贫血病疫情防控期间，作为农场防治办公室成员之一，参与全农场马传染性贫血病防制统筹协调指挥工作，深入各军马队厩舍、周边公社大队开展疫情调查，指导开展防疫工作，为有效防控马传染性贫血病疫情做了大量工作。

1983年6月—1992年1月，任贵州省山京畜牧场场长，其间（1985年7月—1992年1月）兼任党委书记。1992年2月—1995年12月，任贵州省山京畜牧场党委书记，其间（1994年8月—1995年11月）兼任场长。在担任农场主要领导期间，主管全场生产经营及计划财务工作。在国家经济改革不断深入、农场生产经营面临诸多困难的情况下，团结农场领导班子深入生产一线开展调查研究，充分听取全场上下有益的意见和建议，带领全场广大干部职工进行生产经营管理体制改革，为探索适合农场经济发展的调整改革之路付出了大量心血。他参与并领导农场专业技术职称改革、职称考核、职称推荐、职称评聘等工作，为农场专业技术队伍建设做出了应有贡献。其任期内进行的一系列调整改革措施，调动了广大干部职工生产工作积极性，使农场的生产经营得到较大发展，为农场可持续发展奠定了基础。1995年11月，担任农场调研员，为农场经济社会发展出谋献策。

参加工作以来，他爱岗敬业，开拓进取，多次被农场评为“先进工作者”。1982年3月—1990年3月，先后担任中国人民政治协商会议安顺县第一届、第二届、第三届委员会委员。他积极参政议政，为农场经济社会发展有关事项，向所在地人民政府积极进言，增进了当地领导对农场情况的了解，为加强农场与当地政府的相互联系和协作牵线搭桥，为农场与周边村寨土地纠纷顺利调解等工作创造了有利条件。1990年1月20日，当选为中国共产党贵州省农业厅直属机关第一次党员代表大会代表。

1997年5月，因病去世，享年59岁。

曾荫梧

曾荫梧（1942—2016），男，汉族，贵州省安顺县人。中共党员，中师文化水平，中学高级教师。

1960年，毕业于安顺师范学校。因成绩优异被选送进入贵阳师范学院（今贵州师范大学）深造。后因家庭困难，肄业返回安顺，被组织安排到安顺师专工作。

1961年，为充实山京农场子弟学校师资队伍，山京农场到安顺选调教师，曾荫梧主动报名，从安顺师专调入农场子弟学校任教。到农场子弟学校任教后，曾荫梧利用课余时间潜心治学，刻苦钻研，博览群书，积累了丰厚的学识，为开展教育教学奠定了雄厚的基础。他认真钻研教学业务，课堂教学生动活泼，深受学生喜爱，教学效果明显。其教育教学能力得到广大教师和社会各界的高度评价。

1965 年，农场任子弟学校教导处主任，实际主持学校日常教育教学管理工作。

1980 年，农场任子弟学校校长。担任学校负责人期间，他狠抓学校教育教学常规管理，充分调动广大教师积极性，为促进学校教育教学质量提高做出了应有的贡献。1982 年 7 月，任农场职工教育委员会副主任，具体布置、安排、组织、协调职工教育课程设置、任课教师教学效果测评等工作，为提高农场职工知识文化水平付出了许多心血。1983 年 8 月，兼任子弟学校党支部书记，带领学校党支部开展党建工作，在学校教育教学管理工作中充分发挥学校党支部战斗堡垒作用和党员先锋模范作用，推进学校各项工作向前发展。1991 年 1 月 15 日，任农场企业政工师评审领导小组副主任。1991 年 5 月，任农场评聘专业技术职务复查工作小组成员，为农场专业技术队伍建设做了大量工作。

因工作业绩突出，曾荫梧多次获得上级表彰。多次被农场评为“先进工作者”；1985 年，被农牧渔业部授予“优秀教师”荣誉称号；1989 年，被农业部评为“先进教师”。

1992 年，被调到安顺第一高级中学任教。2002 年，在安顺第一高级中学退休。工作之余，他笔耕不辍，在市级以上报刊发表多篇文章。2016 年 8 月，其文集《春华秋实》刊印成册，其中有教育教学论文、杂感随笔、散文等。

2016 年 9 月，在安顺去世，享年 76 岁。

简庆书

简庆书（1947—2019），男，汉族，贵州省安顺县人。高小文化水平。

1961 年 1 月，参加山京农场工作。1964 年 6 月，在山京农场加入中国共产主义青年团。1970 年 3 月，在中国人民解放军长春兽医大学一年制学习毕业，被评为“五好”学员。1972 年 5 月，为中国人民解放军山京军马场第六生产队兽医学员。后任中国人民解放军山京军马场第四生产队兽医医生。1975 年 4 月 12 日，任中国人民解放军山京军马场长箐队兽医医生。在农场党政的领导下，积极参加军马疫病防治工作。在马传染性贫血病疫情封控期间做了大量工作。1983 年 8 月 3 日，任第四生产队队长。1989 年 2 月 27 日，任第二工作站站长。1992 年 2 月，任十二茅坡茶叶加工厂厂长。

1995 年 12 月，任贵州省山京畜牧场副场长。根据农场领导分工，协助副场长龙明树抓好茶叶生产经营管理工作。1997 年 7 月，任农场常务副场长。根据农场领导分工，协助场长管理全面工作，分管茶叶科、保卫科、十二茅坡综合办公室。2001 年 2 月，根据农场领导分工，分管农场办公室和十二茅坡综合办公室的工作。

参加工作以来，认真履行职责，工作勤恳，作风踏实，为农场军马生产及畜禽疫病防治、茶叶产业发展等做出了应有贡献。

因工作业绩突出，多年被农场评为“先进工作者”，1990年获得“双增双节”的社会主义劳动竞赛“突出个人”光荣称号。

2007年，在农场退休。2019年3月，在遵义去世，享年72岁。

姜文兴

姜文兴（1945—2012），男，汉族，山东省栖霞县（现栖霞市）人。大学专科学历。

1962年8月，安顺二中毕业后到中国人民解放军山京军马场参加工作，在中国人民解放军山京军马场子弟学校任教员。1972年11月入党。1975年10月至1977年7月，在贵阳师院安顺分院中文系读书。1977年8月—1980年9月，历任贵州省山京马场子弟学校教导处副主任、主任。1990年3月，任贵州省山京畜牧场办公室主任。1990年7月，在中国共产党贵州省山京畜牧场第五次党员代表大会上，当选为山京畜牧场第五届党委委员。1991年1月，任贵州省山京畜牧场企业政工师评审领导小组成员。1991年至1995年，任贵州省山京畜牧场检察室主任。1992年至1995年，任贵州省山京畜牧场副场长。根据农场领导分工，分管行政、后勤、子弟学校和检察室工作。

在农场子弟学校工作期间，他认真钻研教育教学业务，为学校教育教学质量提高做了大量工作。认真履行工作职责，协助校长抓好教育教学常规管理工作。根据农场职工教育总体安排，认真完成教学计划，为职工文化素质提高做了许多工作。

在农场检察室工作期间，在农场党委的领导和上级检察机关的指导下，带领检察室人员，认真查处违法、违纪等案件，最大限度地为农场挽回经济损失。为惩治贪污腐败、纠正违纪行为、保障公民合法权益，为农场廉政建设做出了应有贡献。

在担任农场副场长期间，积极协助场长抓好有关工作，督促、指导分管科室和部门做好相关工作。

因工作成绩突出，多次被农场授予“先进工作者”“先进教师”等光荣称号。

2005年，在农场退休。2012年去世，享年67岁。

第二章 人物简介

雷惠民

雷惠民，生于1929年，男，汉族，河南省新郑县人。初中文化水平。

1948年12月，参加革命工作。1950年10月，加入中国共产党。1950年，在清镇种马场工作。1959年，因清镇种马场与山京农场合并，迁调贵州省安顺专区山京农牧场工作。同年5月，任贵州省安顺专区山京农牧场生产队队长。曾荣获三等功一次，被农场评为劳动模范两次。1967—1969年，兼任中国人民解放军山京军马场子弟小学校长。1974年11月，任中国人民解放军山京军马场机耕队队长。1979年—1982年，任贵州省山京马场供销科科长。1984年2月，被贵州省农业厅党组任命为贵州省山京畜牧场调研员，享受副场级待遇。

参加工作以来，为完成军马生产任务，为子弟小学教育管理，为推进农场农业机械化，为确保农场生产生活供给做了大量工作。

桂锡祥

桂锡祥，生于1932年，男，汉族，贵州省贵阳市人。高小文化水平。农艺师。

1952年12月，在贵阳农林干训班参加工作。1955年7月，加入中国共产党。1954年和1956年，先后两次被山京农场评为“一等劳动模范”。1963年8月，任中国人民解放军山京军马场机耕队副队长。参加中国共产党中国人民解放军山京军马场第三次、第四次、第五次党员代表大会，并当选为中国共产党中国人民解放军山京军马场第三届、第四届、第五届委员会委员。1966—1976年任毛栗哨村政治指导员。1978年5月，任贵州省山京马场副场长。1978年8月，任农场1978年到1980年发展规划和农田水利基本建设领导小组副组长。1980年12月10日，在新建茶园工作领导小组，负责抓新茶园开垦、培育、建设等工作。1984年1月，任农场计划生育领导小组组长。1988年3月，在贵州省山京畜牧场踏勘划界工作领导小组副组长。1988年6月，分管行政管理、运输机耕队工作。1989年，任农场第二届工会主席。1991年1月，任贵州省山京畜牧场企业政工师评审领导小组成员。1991年4月，任贵州省山京畜牧场普法教育领导小组组长。1991年

5 月，任贵州省山京畜牧场评聘专业技术职务复查工作小组成员。

担任农场副场长以来，认真履行岗位职责，协助场长工作，并做好其分管的各项工作。在农场茶园开垦、农田基本建设、农业机械化、计划生育、踏勘划界、普法教育、专业技术人才队伍建设等工作中，做出了应有贡献。

1992 年，在农场退休。

邓荣泉

邓荣泉，生于 1938 年，男，汉族，贵州省湄潭县人。

1954 年 7 月—1956 年 2 月，在湄潭县粮食局茅坪区仓库任营业员。1956 年 3—11 月，在预备十师高炮团教导连学习。由于成绩优秀，被评为昆明军区积极分子代表。1956 年 10 月加入中国共产党。1956 年 11 月—1957 年 2 月，任预备十师高炮团后勤处文书。1957 年 2 月—1957 年 6 月，任预备十师三十团队列股文印员。1957 年 6—10 月，任预备十师三十团后勤处文书。1957 年 10 月—1959 年 3 月，在贵州省军区军械科任班长。

1959 年 3 月—1961 年 6 月，在贵州省军区耐火材料厂任文书。由于工作突出，荣立三等功 1 次。1961 年 6—12 月，在昆明军区干训队公安保卫训练班学习。1961 年 12 月—1962 年 4 月，在贵州省军区后勤部政治处工作。

1963 年 1 月，当选为中国共产党中国人民解放军山京军马场第一届监察委员会委员。1961 年—1975 年，任中国人民解放军山京军马场保卫干事。具体组织安排农场安全保卫工作，为维护农场社会稳定以及生产经营顺利进行做了大量工作。

1975 年 7 月—1982 年 5 月，任山京农场党委副书记、副政治委员。1978 年 8 月 5 日，兼任农场 1978—1980 年发展规划和农田水利基本建设领导小组组长、机械化万头养猪场工程指挥部指挥长、机械化万头养猪场工程指挥部党支部书记。在农场党委的领导下，组织带领全场干部职工攻坚克难，投入农田基本建设大会战，开展机械化万头养猪场工程建设，为农场可持续发展做出了应有贡献。

1982 年 7 月—1983 年 6 月，任山京农场场长。其间（1982 年 7—8 月）参加贵州省农垦企业农场场长培训班学习。1983 年 6 月—1984 年 12 月，任贵州省山京畜牧场党委书记。其间（1983 年 2—8 月）参加中央农垦干校场长培训班学习。在担任农场主要领导期间，团结农场领导班子，大力推进农场生产经营业务调整改革，为充分利用农场资源做了许多基础性工作，为农场后续发展奠定了基础。

1985 年后不再担任领导职务。

金宜睦

金宜睦，生于1938年，男，汉族，贵州省安顺县人。初中文化水平。

1954年7月，在贵州省国营山京机械农场参加工作，为机耕队职工。1957年1月，加入中国共产主义青年团。1959年9月，加入中国共产党。1964年，任中国人民解放军山京军马场办公室助理员。1976年11月，任农场政治处主任。1984年，任农场工会副主席（正科级）。1984年10月，任农场办公室主任。1990年3月，任农场直属党支部书记。1991年7月，任农场监察室主任。1996年，任农场党委办公室主任。1996年1月，被贵州省农业厅党组明确为副场级干部。1996年8月，任农场专业技术职务考核、推荐领导小组副组长。1997年3月，任农场政工科科长。1998年9月退休。

工作期间，他认真履行岗位职责，为农场办公室规章制度的建立健全以及办公室管理，为规范农场各部门及其工作人员行使管理权做了大量工作。

因工作成绩突出，多次被农场评为“先进工作者”。

杜惠珍

杜惠珍，生于1936年3月，女，汉族，贵州省安顺县人。

1956年以前，在安顺县幺铺镇荡上大队生活、务农。

1956年6月，到贵州省国营山京农场工作，在农场第六生产队从事烤烟种植。1956年12月，被调到农场第一生产队从事农业生产。1972年以后，先后在农场第五生产队、养猪场、场直酿酒坊工作。1972年2月，加入中国共产党。1983年、1984年、1985年连续三年超额完成农场下达的生猪生产任务。1985年，超额完成经济指标2100多元。

她曾在多个岗位上工作，无论做什么工作，总是干一行爱一行。工作责任心强，工作不怕脏、不怕累，工作不分八小时内外。积极肯干，见困难就上，并主动帮别人解决困难。专注于自己所从事的工作，不顾病痛，不辞辛劳，想方设法解决工作中存在的问题。1978年，农场第五生产队的猪群发展缓慢，其主要原因是双月断乳仔猪死亡率高。经第五生产队党支部研究，决定让杜惠珍去担任饲养猪的工作。1979年2月，杜惠珍接受第五生产队断乳仔猪饲养任务后，不分上下班时间，坚持在猪圈里工作，有时胃病发作，到卫生所开药服用后，又回到岗位。在她的精心饲养下，她负责饲养的猪群大、小猪137头无1头死亡。在农场酿酒坊养猪期间，她将以前总是被丢掉的煮玉米的稠水利用起来，仅仅4个月，就为农场节约精料750公斤左右。

由于思想境界高，工作勤劳踏实，工作业绩突出，1957年、1958年、1959年连续三年被农场评为“先进生产者”。1965 年 7 月，被农场授予“五好”职工光荣称号。1969 年 2 月，被农场授予“第五届活学活用毛泽东思想积极分子”光荣称号。1983 年 1 月，被农场授予“劳动模范”光荣称号。1986 年 3 月，被农场授予“先进生产者”光荣称号。1978 年，当选为第五届全国人民代表大会代表。

1986 年 12 月，在农场退休。

邓大勋

邓大勋，生于 1943 年，男，汉族，贵州毕节人。中专文化水平。

1961 年 9 月，考进贵阳畜牧兽医学校。1964 年 7 月，从贵阳畜牧兽医学校毕业。

1964 年 9 月，被分配到中国人民解放军山京军马场工作，任兽医技术员，为军马疫病防治做了许多工作。1971 年 2 月，任生产科助理员。根据领导工作安排，开展全场军马生产有关情况的统计汇总工作，具体协调军马生产与其他产业生产经营的有关事宜，确保完成军马生产任务。1972 年 12 月，加入中国共产党。1977 年 1 月，任生产科助理员。1978 年，任机械化万头养猪场工程指挥部物资采购组组长。1981 年 3 月—1985 年 6 月，历任供销科副科长、科长。1985 年 7 月，任副场长。根据农场领导分工，主管农场畜牧、农业生产经营、工商副业、粮油饲料、物资供销、服务社等工作，受场长委托代表农场对畜牧生产进行检查、督促、指导。1986 年 7 月 5 日，在中国共产党贵州省山京畜牧场第四次党员代表大会上，当选为中国共产党贵州省山京畜牧场第四届委员会委员。1990 年 7 月 9 日，在中国共产党贵州省山京畜牧场第五次党员代表大会上，当选为中国共产党贵州省山京畜牧场第五届委员会委员。

在农场工作期间，认真负责，为机械化万头养猪场建设、畜牧业生产、农业生产经营等做出了应有贡献。

1991 年，因工作需要调任贵阳落湾种猪场副场长。

唐惠国

唐惠国，生于 1948 年 7 月，男，汉族，河北省完县（现顺平县）人。大学专科文化水平。

1955 年 9 月—1964 年 7 月，在清镇、安顺就读（小学、中学）。

1965 年 9 月，到中国人民解放军山京军马场参加工作，在基层生产单位当工人。1975 年 10 月，到中国人民解放军山京军马场子弟学校任教师。1981 年 9 月—1982 年 8 月，在贵州省教育学院安顺分院进修。此后，返回贵州省山京畜牧场子弟学校工作，先后在学校任教师、教导处主任、副校长、校长。1993 年 9 月 28 日，任贵州省山京畜牧场职称改革工作领导小组成员。1996 年 8 月 7 日，任农场专业技术职务考核、推荐领导小组副组长。1995 年 11 月，任农场党委书记兼副场长。1996 年 2 月，在中国共产党贵州省山京畜牧场第六次党员代表大会上，当选为贵州省山京畜牧场第六届党委委员。根据农场第六届党委分工并报贵州省农业厅直属机关党委批复，任党委书记。1997 年 9 月，任农场党委书记、场长。

参加工作以来，他勤劳肯干，认真做好本职工作，积极完成工作任务。到农场子弟学校工作后，努力学习科学文化知识，不断提高自身文化素质和思想水平，在教育教学工作上精益求精，为农场子弟学校教育教学质量的提高和学校教育教学管理付出了大量心血。他担任农场主要党政领导期间，带领农场党政领导班子，积极探索农场发展思路，加大招商引资力度，为农场经济社会发展注入新的活力。

因工作成绩突出，多次被农场评为“先进工作者”。被贵州省农业厅党组评为“1990 年至 1992 年度省农业厅系统优秀共产党员”。1993 年，被农场评为“优秀党员”。1992 年，当选为安顺市第三届人民代表大会代表。2000 年，当选为西秀区第一届人民代表大会代表。2001 年 7 月，当选为出席中国共产党贵州省农业厅直属机关第三次党员代表大会的代表。

2006 年，因工作需要，调任贵州省农业厅绿色食品发展中心主任。

蒙友国

蒙友国，生于 1957 年，男，汉族，贵州省大方县人。中专文化水平。助理政工师。

1966 年 9 月—1975 年 7 月，在大方县羊场镇读小学、初中。1975 年 8 月—1976 年 11 月，在大方县羊场镇小坡务农。1975 年加入中国共产主义青年团。1976 年 12 月—1979 年 10 月，在步兵 126 团服役，其间（1979 年 3 月）加入中国共产党。1979 年 10 月—1981 年 7 月，在石家庄陆军学校学习。1981 年 7 月—1984 年 1 月，在步兵 593 团任排长。1984 年 1 月—1986 年 11 月，在武警天津总队机动队任副政治指导员。

1986 年 12 月，转业到贵州省山京畜牧场工作。1988 年 1 月，任十二茅坡茶叶加工厂党支部副书记。1990 年 4 月 3 日，任十二茅坡管理区党支部书记。1990 年 7 月，在中国共产党贵州省山京畜牧场第五次党员代表大会上，当选为贵州省山京畜牧场第三届纪委委员。1991 年 1 月，被安顺市人民检察院任命为农场检察室助理检察员。1991 年 3 月，任十二茅坡管理区管理委员会主任。1994 年 3 月 10 日，任十二茅坡片区茶叶系统党支部书记。1996 年 2 月，在中国共产党贵州省山京畜牧场第六次党员代表大会上，当选为贵州省山京畜牧场第四届纪委委员。根据农场纪委分工并报贵州省农业厅直属机关党委批复，任纪委副书记，主持纪委工作。1996年4月，任十二茅坡片区党支部书记。1997年，任农场财务审计小组副组长，负责日常事务。1997年9月20日，任贵州省山京畜牧场党委副书记。2001年3月，任贵州省山京畜牧场武装部部长。2010年4月，任贵州省山京畜牧场党委书记。

2001年7月，当选为出席中国共产党贵州省农业厅直属机关第三次党员代表大会的代表。2011年1月，任中国人民政治协商会议西秀区第四届委员会委员。2011年9月，当选为出席中国共产党西秀区第四次党员代表大会的代表。

在农场工作期间，积极开展基层党组织建设工作，注重提高所在党支部的凝聚力和战斗力，为发挥基层党支部战斗堡垒作用、发挥党员先锋模范作用做了大量工作。积极开展党风廉政建设，为确保农场党组织及党员个人公开廉洁，促进农场机关工作作风好转，做了许多扎实有效的工作。组织开展民兵整组、兵役登记、退伍军人预备役核对登记、地方与军事专业对口技术人员预备役登记、国防潜力调查等工作，为推进农场民兵预备役有关工作做出了应有的贡献。积极加强农场党委自身建设，发挥党委政治核心作用，促进农场经济社会全面发展。

冯和平

冯和平，生于1957年，男，汉族，四川省西充县人。高中文化水平。助理政工师。

1965年9月—1973年7月，在中国人民解放军山京军马场子弟学校读小学、初中。1973年9月—1975年7月，在安顺县宁谷中学读高中。

1975年9月，在中国人民解放军山京军马场知青队当知青，任班长。1978年8月，在贵州省山京马场工程队工作。1987年7月，任贵州省山京畜牧场保卫科工作员。1988年7月，任贵州省山京畜牧场武装部部长。1989年11月，加入中国共产党。1992年2月，任贵州省山京畜牧场副场长。1996年夏，农场遭遇重大洪水灾害，导致全场五个茶叶队（站）、四个集体所有制民寨村不同程度受灾。在洪水严重威胁农场境内职工、村民生命财产的关键时刻，他带领农场机关部分科室人员，冒雨深入现场，查看受灾情况，组织、指挥开展抗洪救灾工作。他发动银子山村、张家山村村民义务投工投劳，在遭受暴雨、雷电袭击的第二天便令两个村恢复用电。为使农场能尽快恢复正常的生产、生活秩序，他带领农场干部、指挥群众开展生产自救，及时协调救灾物资，精心组织安排救灾种子、化肥、农药等发放工作，最大限度地减少洪灾造成的损失。

1996年2月，在中国共产党贵州省山京畜牧场第六次党员代表大会上，当选为农场第六届党委委员。2010年4月，任贵州省山京畜牧场场长、党委副书记。在任农场场长期间，带领农场领导班子积极探索农场未来发展道路，进一步推进生产经营调整改革，进一步加大招商引资力度，加强农业基础设施建设，大力发展烤烟种植等产业，带动职工增收，做大农场的经济总量，取得了较好的经济效益。紧紧抓住国家财政投资进行国有农垦企业棚户区改造的契机，进行职工住户改造和新建，加强以场区道路建设、生活文体设施建设为主的基础设施建设，极大地改善了农场广大职工的生产生活条件，促进了农场经济社会协调发展。

参加工作以来，因工作业绩突出，多次被农场授予“先进个人”“先进工作者”“劳动模范”“优秀党员”等光荣称号。1988 年 4 月，当选为安顺县双堡镇人民代表大会代表。1993 年 6 月，当选为安顺市人民代表大会代表。2000 年，被贵州省农业厅直属机关党委授予“优秀党员”称号。2005 年、2010 年，先后当选为西秀区第三届、第四届人民代表大会代表。

2017 年，在农场退休。

朱增华

朱增华，生于 1958 年 10 月，男，苗族，湖南省江永县人。高中文化水平。助理农艺师。

1975 年 9 月，任中国人民解放军山京军马场知青队副队长。1977 年 7 月，在贵州省山京马场第五生产队工作，任班长。1978 年 1 月，在贵州省山京马场办公室工作员。1979 年 4 月，在贵州省山京马场工程队工作，任班长。1986 年 1 月，在贵州省山京畜牧场茶叶科任工作员。

1989 年 3 月，任贵州省山京畜牧场十二茅坡茶叶加工厂厂长。2000 年 11 月，任贵州省山京畜牧场办公室工作员。2003 年 4 月，加入中国共产党。2004 年 4 月，任贵州省山京畜牧场办公室主任。2008 年 4 月，任贵州省山京畜牧场副场长。2010 年 4 月，任贵州省山京畜牧场党委委员。

在农场工作期间，认真履行岗位职责，积极参加茶叶生产等工作，严格质量管理。抓好农场办公室管理，做好文稿草拟、传阅签批、会务安排、综合协调等工作。为提高农场茶叶产品质量、进一步完善办公室管理制度、促进农场卫生所医护水平和服务质量提升、促进农场基层自治组织建设等工作，做出了应有的贡献。

因工作业绩突出，多次被农场授予“先进生产者”“先进工作者”等光荣称号。2011 年 9 月，当选为中国共产党西秀区第四次党员代表大会代表。

2018 年，在农场退休。

黄国斌

黄国斌，生于1960年10月，男，汉族，贵州省平坝县（现平坝区）人。大学文化水平。

1995年11月，由贵州省农业厅调任贵州省山京畜牧场副场长。1995年12月，根据农场党政领导班子成员工作分工，分管行政办公室和农牧生产工作。1997年9月，调回贵州省农业厅。

在山京农场任职期间，他和农场党政领导班子成员深入基层，了解职工思想、生活情况，经过半个多月的努力，摸清了农场的家底和职工的思想动态。先后制定了深化农场改革、发展农场经济的一系列生产经营方案，并建立健全农场各项规章制度。为了改变农场水稻生产技术，他深入各生产队，举办各种形式的技术培训，把水稻两段育秧、水稻旱育稀植、水稻宽窄行栽培等实用技术传授给职工、村民，有时还亲自下田操作示范。他平易近人的生活态度，认真负责的工作作风，得到了广大干部职工的认可。

陈仲军

陈仲军，生于1961年4月，男，汉族，贵州省湄潭县人。大学文化水平。

1982年7月，毕业于贵州农学院畜牧兽医系兽医专业，同年8月被分配到贵州省山京马场工作。1986年11月，任机械化万头养猪场场长、兽医师。1990年3月，任畜牧科副科长。1991年5月，任贵州省山京畜牧场评聘专业技术职务复查工作小组成员。1992年2月，任贵州省山京畜牧场副场长。1993年9月28日，任贵州省山京畜牧场职称改革工作领导小组成员。

在农场工作期间，他理论联系实际，将所学的专业知识灵活应用于工作中，大力推进生猪科学养殖，想方设法实现自产猪饲料，提高生猪产量，节约生产成本。为农场生猪养殖产业发展，为养猪场生产规章和管理制度的建立健全、生产经营管理做了大量工作。他不辞辛苦，抽出时间给农场茶畜预备班授课，为工程队职工补习基础文化知识。为农场职工教育和后备人才培养做了许多工作，为农场专业技术队伍建设做出了应有的贡献。

因工作业绩突出，1984年、1994年被农场评为“先进工作者”。

1994年，调离贵州省山京畜牧场。2021年，在贵州省黔南州惠水县退休。

龙明树

龙明树，生于1962年10月，男，苗族，贵州省黎平县人。大学文化水平。农艺师。

1984年7月参加工作。1988年加入中国共产党。1995年底，受贵州省农业厅党组的派遣，从贵州省农业厅业务技术部门来到贵州省山京畜牧场任党委副书记、副场长、法人代表，主持行政工作。根据农场领导分工，主要负责农场财务和茶叶生产、经营、管理工作。1996年5月，兼任保卫科科长。1996年8月，在农场专业技术职务考核、推荐领导小组组长。1997年9月，调回贵州省农业厅工作。

在担任山京农场主要行政领导期间，他认真履行岗位职责，大力加强茶叶生产管理，提高茶叶产品质量，想方设法拓宽茶叶销售渠道，促进茶叶增产增收。1996年夏和1997年夏，农场先后遭遇特大冰雹袭击。他带领农场干部深入受灾现场，指挥抗灾救灾工作，组织职工和村民积极开展生产自救，尽量把灾害造成的损失降到最低。同时，组织有关人员统计灾情，及时对受灾严重的生产单位和个人给予支持和救济，尽快恢复生产。

李财安

李财安，生于1973年5月，男，苗族，贵州省黎平县人。大专文化水平。

1996年7月，毕业于贵州民族学院（会计专业）。1997年1月—2002年12月，在贵州省山京畜牧场财务科工作，任工作员。2003年1月—2004年1月，在贵州省山京畜牧场财务科工作，任财务科副科长（主持工作）。2003年9月—2006年1月，参加中共贵州省委党校函授学习（学习经济管理），取得大专学历。2004年2月—2019年6月，在贵州省山京畜牧场财务科工作，任财务科科长。在主持财务工作期间，带领全科室工作人员制定适合农场的会计核算办法，编制财务预算，协调处理好工作、生产、生活关系，严把财务关，在农场领导进行生产经营决策、开展生产经营管理的过程中当好参谋和助手。

因工作成绩突出，多次被农场评为“先进个人”。2008年，荣获贵州省农业厅直属机关党委“优秀党员”光荣称号。2011年9月当选为中国共产党西秀区第四次党员代表大会代表。2011年当选为中国共产党安顺市第三次党员代表大会代表。2016年1月当选为西秀区第五届政协委员。在担任西秀区第五届政协委员期间，与其他委员联名或独立提交提案5个，反映农场社情民意和存在的问题，为中共西秀区委、西秀区人民政府处理农场事务提供决策依据。

2019年7月，任贵州省山京畜牧场党委委员、副总经理。督促、指导农场组织人事科、工会等开展相关工作，指导山京人民公社大食堂党支部党建工作。作为农场领导班子成员，积极参与谋划产业发展、参加国有资产清收、项目建设等工作。

罗仁保

罗仁保，生于1975年8月，男，汉族，贵州省安顺市西秀区人。大专文化水平。

1998年12月—2004年7月，在西秀区双堡镇畜牧兽医站参加工作，任西秀区双堡镇畜牧兽医站工作员。2001年7月加入中国共产党。2002年7月—2004年7月参加西秀区农业广播电视学校大专班学习。2002年9月—2003年7月到双堡镇张溪湾小学支教。2007年7月—2012年4月任西秀区双堡镇畜牧兽医站副站长（主持工作）。2008年6—9月参加西秀区第七期中青年干部培训班学习。

2007年7月—2012年4月，任双堡镇小城镇开发公司总经理。在此期间，兼任双堡镇农口党支部书记、镇长助理，分管镇城办、小城镇开发、两危办工作。担任塘山村脱贫攻坚指挥长兼第一书记，带领全村干部村民因地制宜发展生产，增加收入，使该村在西秀区率先通过国家脱贫攻坚考察组评估验收，先后被中共西秀区委、安顺市委评为“优秀党务工作者”。

2018年11月—2019年1月，任贵州省山京畜牧场工作专班组办公室主任。2019年2—7月，任贵州省山京畜牧场临时工作组副组长。2019年7月—2020年12月，任贵州省山京畜牧场党委副书记（主持党委工作）、副董事长（主持董事会工作）。到农场任职以来，认真履行职责，切实抓好“不忘初心、牢记使命”主题教育，努力提高党员干部政治思想素质。认真贯彻落实中共西秀区委、西秀区人民政府有关决策部署，团结和带领农场领导班子成员，认真查找制约农场发展的“瓶颈”，理清发展思路，积极盘活国有资产，大力支持农场辖区内民营企业的生产经营，促进相关产业发展，增加农场经济总量。带领农场干部积极配合有关部门实施国有农垦区综合治理工程项目，进行场区道路改造提升、生活文体设施建设安装等项目，确保相关工程项目顺利实施，改善农场生产生活条件，促进农场经济社会发展。

高维富

高维富，生于1979年5月，男，汉族，贵州省安顺市西秀区人。大学专科文化水平。

2003年7月，毕业于安顺高等师范专科学校（中文系汉语言文学专业），大专学历。1998年8月—2014年3月，先后在鸡场乡蒙蓬村小学、甘堡小学、鸡场民族小学工作。从事教育教学工作期间，以身作则，为人师表，履职尽责，积极探索先进的教育教学方法，担任的学科在年度考评中全乡名列前茅，曾经荣获“西秀区优秀教师”“鸡场乡优秀教师”等称号，担任贵州省安顺市西秀区鸡场民族小学党支部书记、小学数学高级教师。

2014 年 3 月—2019 年 7 月，在鸡场乡人民政府工作期间，扎实有序开展科学发展观、“三严三实”等党建活动，多次得到组织认可。2018 年 1 月—2019 年 7 月，担任鸡场乡林业和环境保护工作站站长。2016 年、2019 年分别荣获“全区优秀党务工作者”“全区脱贫攻坚先进个人”等光荣称号，2013—2018 年连续 6 年被西秀区人社局评为优秀等级。

2019 年 7 月，调任贵州省山京畜牧场党委委员、纪委书记，主持农场纪委工作。到农场任职以来，认真履行岗位职责，结合农场实际切实抓好党风廉政建设、环境保护、信访维稳及安全生产等工作。督促、指导农场党政办公室做好管理和服务工作，指导农场离退休第一党支部开展党建工作。积极组织开展“不忘初心、牢记使命”主题教育。配合并参与国有资产清收等各项工作，为促进农场进一步发展献计出力。

陈　波

陈波，生于 1989 年 1 月，男，布依族，贵州省安顺市西秀区人。大学专科文化水平。

2009 年 9 月，考入黔南民族职业技术学院，学习园林技术专业；2011 年 6 月，加入中国共产党。2012 年 7 月毕业。

2013 年 7 月，在西秀区杨武乡参加工作，先后任乡林业站工作员、乡党政办工作员。2014 年 6 月，任杨武乡经发办负责人。2016 年 3 月，任杨武乡计生办主任。2016 年 3 月，任杨武乡乡长助理，兼任杨武乡振武生态农业有限公司董事长。

在杨武乡工作期间，2014 年 3 月—2017 年 1 月，参加西南林业大学农学专业学习，通过有关考试考核，取得大学专科文凭；2016 年 4—6 月，参加中共西秀区委党校第十七期中青班学习。

2019 年 7 月，调任贵州省山京畜牧场党委副书记、副总经理，主持经理层工作。在农场工作期间，具体抓贵州省山京畜牧场全面行政工作、财务工作，协助党委副书记抓党建、党风廉政建设工作，主抓场内基础设施建设、社会经济发展、社会事务及农业土地管理工作。

到贵州省山京畜牧场任职后，切实加强农场机关科室管理，严格实行干部职工年度目标考核，根据考核结果及时兑现奖惩，调动机关工作人员积极性，增强其责任感，为农场生产经营单位提供更及时、更高效的服务。在农场党委的领导下，多次召集经理层会议，讨论研究农场经济社会发展思路。带领有关人员开展国有资产清理、催收工作，防止国有资产流失。进一步加强国有土地管理，确保其保值增值。组织农场有关人员积极配合实施农场基础设施建设工程，努力改善职工生产生活条件，促进农场经济社会全面协调发展。

张九全

张九全，出生年月不详。

1982年8月，由贵州省湄潭茶场调任贵州省山京马场副场长。根据农场领导分工，分管全场农牧、工副业生产，并负责生产供销方面的工作。在农场任职期间，为农场农牧生产、加工业等发展，为保证农场生产生活供给，促进产品销售做了许多工作。此前，曾任贵州省湄潭茶场党委委员、常委、副书记。

1983年10月，调贵州省农业厅工作。

第三章 人物名录

一、上级表彰的先进个人（仅以农场现存资料搜集所得）

受表彰个人	颁发表彰单位	表彰名称	表彰时间
熊西峰	贵州省总工会	劳动模范	1955 年
王金发	贵州省总工会	劳动模范	1955 年
丁学顺	中华人民共和国农垦部	劳动模范	1955 年
梁昌明	中华人民共和国农垦部	劳动模范	1956 年
倪召寿	贵州省部工会	劳动模范	1956 年
袁国正	中华人民共和国农垦部	劳动模范	1956 年
杨国祥	贵州省部工会	劳动模范	1958 年
范寿元	贵州省部工会	劳动模范	1958 年
杨明刚	中华人民共和国农垦部	劳动模范	1958 年
张传秀	中华人民共和国第一届运动会组委会	千米高障碍跨越赛马亚军	1959 年 9 月
刘洪奎	中华人民共和国第一届运动会组委会	万米赛马冠军	1959 年 9 月
陈子君	中华人民共和国第一届运动会组委会	赛马优秀奖	1959 年 9 月
赵志诚	中华人民共和国第一届运动会组委会	男子甲组 1000 米赛马第七名	1959 年 9 月
吕典安	中华人民共和国第一届运动会组委会	男子甲组连续障碍赛马第二名	1959 年 9 月
吕典安	中华人民共和国第一届运动会组委会	男子甲组高障碍赛马第六名	1959 年 9 月
吕典安	中华人民共和国第一届运动会组委会	男子甲组宽障碍赛马第五名	1959 年 9 月
杨友亮	中华人民共和国农垦部	先进生产者	1980 年 3 月
许祖芬	中华全国妇女联合会	全国三八红旗手	1983 年 9 月 1 日
曾荫梧	中华人民共和国农牧渔业部	优秀教师	1985 年 9 月 10 日
徐先琼	贵州省农经委、农业厅	优秀教师	1986 年 9 月 10 日
李谋谛	贵州省农经委、农业厅	优秀教师	1986 年 9 月 10 日
唐惠国	贵州省农经委、农业厅	优秀教师	1986 年 9 月 10 日
张启先	贵州省农业厅政治处	优秀教师	1986 年 9 月 10 日
金宜书	贵州省农业厅政治处	优秀教师	1986 年 9 月 10 日
汪正秀	贵州省农业厅政治处	优秀教师	1986 年 9 月 10 日
胡启春	贵州省农业厅政治处	优秀教师	1986 年 9 月 10 日
王金章	贵州省农业厅	先进工作者	1987 年

（续）

受表彰个人	颁发表彰单位	表彰名称	表彰时间
邹家蓉	贵州省农业厅	先进工作者	1987年
李信林	贵州省农业厅	先进工作者	1987年
杜永顺	中国共产党贵州省直属机关工作委员会	优秀党员	1987年2月
邹家蓉	中国共产党贵州省直属机关工作委员会	优秀党员	1987年2月
杨友亮	贵州省农业厅党组	优秀党员	1989年7月2日
杨沙丽	贵州省农业厅党组	优秀党员	1989年7月2日
邹家蓉	贵州省农业厅党组	优秀党员	1989年7月2日
石世祥	贵州省农业厅党组	优秀党员	1989年7月2日
段世才	贵州省农业厅党组	优秀党员	1989年7月2日
陈金鹏	贵州省农业厅党组	优秀党员	1989年7月2日
柴廷珍	贵州省农业厅党组	优秀党员	1989年7月2日
黄绍武	贵州省农业厅党组	优秀党员	1989年7月2日
刘洪发	贵州省农业厅党组	优秀党员	1989年7月2日
姜文德	贵州省农业厅党组	优秀党员	1989年7月2日
王严荣	贵州省农业厅党组	优秀党员	1989年7月2日
胡尧成	贵州省农业厅党组	优秀党员	1989年7月2日
韦兴华	贵州省农业厅党组	优秀党员	1989年7月2日
李忠武	贵州省农业厅党组	优秀党员	1989年7月2日
汪应祥	贵州省农业厅党组	优秀党员	1989年7月2日
柏应全	贵州省农业厅党组	优秀党务工作者	1989年7月2日
支继忠	贵州省农林水气工会	先进个人	1990年
胡克英	共青团贵州省农业厅委员会	优秀团员	1990年5月
郁春华	共青团贵州省农业厅委员会	优秀团员	1990年5月
金松琼	共青团贵州省农业厅委员会	优秀团员	1990年5月
支优文	共青团贵州省农业厅委员会	优秀团员	1990年5月
陈明福	中国共产党贵州省农业厅直属机关委员会	优秀党员	1993年6月17日
周忠祥	中国共产党贵州省农业厅直属机关委员会	优秀党员	1993年6月17日
王文祥	中国共产党贵州省农业厅直属机关委员会	优秀党员	1993年6月17日
熊顺云	中国共产党贵州省农业厅直属机关委员会	优秀党员	1993年6月17日
张美庭	中国共产党贵州省农业厅直属机关委员会	优秀党员	1993年6月17日
唐惠国	中国共产党贵州省农业厅直属机关委员会	优秀党员	1993年6月17日
杨明珍	中国共产党贵州省农业厅直属机关委员会	优秀党员	1993年6月17日
吴定中	中国共产党贵州省农业厅直属机关委员会	优秀党员	1993年6月17日
董汝齐	中国共产党贵州省农业厅直属机关委员会	先进党务工作者	1993年6月17日
唐兰英	贵州省总工会	贵州省“五一劳动奖章”	1999年4月
唐惠国	中华人民共和国农业部	劳动模范	1999年
唐兰英	中华农业科学基金会	中华农业科教奖	1999年10月8日

（续）

受表彰个人	颁发表彰单位	表彰名称	表彰时间
周忠祥	中国共产党贵州省农业厅直属机关委员会	优秀党员	2000 年
冯和平	中国共产党贵州省农业厅直属机关委员会	优秀党员	2000 年
万贤德	中国共产党贵州省农业厅直属机关委员会	优秀党员	2000 年
韦兴华	中国共产党贵州省农业厅直属机关委员会	优秀党员	2000 年
王文祥	中国共产党贵州省农业厅直属机关委员会	优秀党员	2000 年
文明祥	中国共产党贵州省农业厅直属机关委员会	优秀党员	2000 年
唐惠国	中国共产党贵州省农业厅直属机关委员会	优秀党务工作者	2000 年
刘福祥	贵州省农业厅	先进个人	2008 年 5 月 4 日
田院平	贵州省农业厅	先进个人	2008 年 5 月 4 日
吴定中	贵州省农业厅	优秀党务工作者	2008 年 7 月 1 日
李财安	贵州省农业厅办公室	优秀党员	2008 年 7 月 1 日
韦兴华	贵州省农业厅办公室	优秀党员	2008 年 7 月 1 日
汪世祥	贵州省农业厅办公室	优秀党员	2008 年 7 月 1 日
谢秀英	贵州省农业厅办公室	优秀党员	2008 年 7 月 1 日
刘明雄	贵州省农业厅办公室	优秀党员	2008 年 7 月 1 日
何仁德	贵州省农业厅办公室	优秀党员	2008 年 7 月 1 日
李贵元	贵州省农业厅办公室	优秀党员	2008 年 7 月 1 日
黄学芬	贵州省农业厅办公室	优秀党员	2008 年 7 月 1 日
周忠祥	贵州省农业厅办公室	优秀党员	2008 年 7 月 1 日
周士友	贵州省农业厅办公室	优秀党员	2008 年 7 月 1 日
冯和平	中国共产党西秀区委员会	优秀党员	2012 年 7 月
吴开华	中国共产党西秀区委员会	优秀党员	2012 年 7 月
蒙友国	中国共产党西秀区委员会	优秀党务工作者	2012 年 7 月
吴开华	中国共产党西秀区委员会	优秀党务工作者	2016 年 7 月
张　云	中国共产党西秀区委员会	优秀党员	2016 年 7 月
李　红	中国共产党西秀区委员会	优秀党员	2016 年 7 月

二、农场表彰的先进个人（仅以农场现存资料搜集所得）

1965 年 7 月 30 日，经中国人民解放军山京军马场行政领导班子会议讨论研究，决定对在生产工作中做出突出成绩的个人进行表彰，授予柏应全等 161 人“五好”职工光荣称号：

柏应全　胥本才　谢秀英　黄平书　魏全忠　陈金云　张升明　刘洪发

冯林生　阎俊奇　龙步珍　王会臣　蔡绍清　吴利民　罗德芬　董瑞芳

朱士英　张升富　齐德亮　余祥林　高增元　刘志忠　周绍奎　杜惠珍

黄孔英　汪克勤　李龙泉　罗素珍　刘志英　张朝忠　刘兴珍　汤显明

齐庆华　熊顺云　李明武　陈玉清　勾发兴　程继全　王荣邦　张启志

汪传富　陈炳友　王文学　陈万珍　王严荣　周朋妹　肖廷秀　陈成林
叶全如　叶坤如　王光琪　罗友忠　刘开忠　刘开明　刘开文　刘开州
刘芮成　刘凤鸣　刘云香　刘全氏　刘连弟　刘德书　郭发英　刘银凤
刘洪甲　刘玉芝　刘洪实　刘白娣　刘金妹　刘雷氏　刘洪武　刘开荣
周尚潘　刘登妹　向永昌　向茂凡　周尚达　范和忠　金开忠　李大文
周荣英　刘开珍　周尚元　周尚忠　刘九英　张启英　张纯秀　韩时琴
严学芬　袁国正　何应巧　徐思文　张生贤　王兴明　齐克正　汪玉祥
李克周　严学喜　易荣华　姚贵武　祝正春　杨国成　周堂仁　徐少华
张明生　柴有林　徐友益　蒋文伦　陈少华　罗云彬　李友来　张祖荣
龚友斌　刘树华　石玉龙　毛恩祥　刘质彬　李信林　王正明　钟德云
黄明辉　陈德清　李泽洪　杨树清　周志钦　周素岩　罗素芬　金祖琴
余恩华　何少芝　王德荣　赵明珍　徐成英　龙庄成　吴锡芬　杨秀珍
胡学珍　朱云生　金柏秀　韦开珍　朱光润　段克朋　卢顺安　刘玉珍
谢孟英　班顺如　韦开芝　班少成　韦兴荣　韦开英　班顺英　韦兴贵
罗开珍　班顺志　唐玉成　苏洪发　谢孟珍　陈国珍　韦兴民　李文才
罗兴志

1969 年 2 月 26 日，经中国人民解放军山京军马场行政领导班子会议讨论研究，决定对 1968 年度活学活用毛泽东思想活动中表现突出的人员进行表彰，授予张升富等 84 人“第五届活学活用毛泽东思想积极分子”光荣称号：

周素岩　杜惠珍　张林秀　齐克珍　蔡绍清　勾发忠　齐庆顺　王严荣
汪传富　李成英　王玉珍　王荣维　王荣帮　夏学英　程继全　龙云富
刘开宇　郭发英　刘开兰　刘西全　刘洪甲　刘雷氏　刘开珍　刘登妹
向永清　周尚潘　周尚元　汪应祥　梁昌明　姜胜文　蒋友珍　何应巧
胡朝福　班顺芬　韦兴珍　韦兴明　班顺英　谢茂荣　韦开英　韦开智
刘玉珍　汪德贵　阎长发　魏全忠　柏应全　高贵华　冷顺义　黄平书
吴利民　支继忠　李龙泉　张治安　张静如　张升胜　丁翠兰　雷先华
黄进章　周志祥　周志琼　王其珍　张开富　卢朝荣　吴选成　文德富
罗云宾　黄顺清　吴锡宾　龚友斌　刘素华　张祖荣　李信林　王正民
陈德清　金玉芳　罗业友　罗素芬　刘德民　吴应伦　蒋云清　胡学珍
徐思文　汪后茂　孙培松　张升富

1977 年末，经中国共产党贵州省山京马场委员会讨论研究，决定召开贵州省山京马场劳动模范表彰大会，对在1977年度抓纲治场、农业学大赛运动中做出突出成绩的个人进行表彰，授予王正明等251人“先进生产（工作）者”光荣称号：

王正明　徐启发　刘德明　张培森　李信林　唐云忠　杨国祥　刘海云
刘汝元　陈金鹏　许祖芬　吴洪道　罗素芬　全文英　郑德珍　朱云顺
陈玉恒　徐少华　姜文德　吴文伟　吴洪群　阎俊友　张克家　姜文兴
李泽洪　刘光珍　熊连珍　黄学英　李贞秀　黄学英*　胡尧成　万贤德
刘开全　刘国全　宋汝林　刘芳清　刘芳才　刘洪武　刘开文　刘洪兴
刘洪玉　沈良明　刘开成　刘开唐　刘洪甲　刘开忠　刘少成　王友章
王家兴　周尚潘　周志荣　周尚忠　向永清　金开忠　刘国祥　李登荣
刘进妹　罗志珍　郭发英　龙富珍　刘登妹　余廷珍　刘开琴　刘开珍
张秀华　唐月秀　赵本珍　刘洪珍　段玉珍　李东仙　刘玉梅　刘双娣
刘幺妹　胡双娣　刘桂兰　艾从凤　刘友娣　周秀英　朱秀珍　文明英
王明英　陈友珍　吴选美　吴选银　周志学　黄进章　吴朝顺　郭忠富
代世明　吴朝云　罗发兴　周志全　班文兴　田施秀　管世英　刘道英
李秀英　陈万秀　周志秀　吕秀英　胡国珍　肖廷秀　陈万珍　周德秀
蒋桂琼　孙开秀　汪传秀　周　平　汪传贵　王严荣　王文学　汪传义
王光齐　王荣维　张启志　潘胜芳　王荣珍　陈乔妹　饶权芬　陈前秀
叶守芳　伍开琼　杨友亮　刘怀玉　汪德贵　王文武　饶权民　洪之林
魏全忠　杨传模　蒙友仙　饶德章　余素珍　丁翠兰　彭友仁　金宜书
张国兰　洪家法　罗孝喜　齐克治　王文祥　江淑英　田兴珍　郑光祥
张朝忠　支继忠　刘德贵　柏应全　丁学顺　叶秀华　陈礼珍　黄禄兵
王恩胜　李桂元　董翠芳　罗正明　罗友义　罗德芬　杜惠珍　勾发忠
鲍其珍　赵嫊英　薛鑫华　王文秀　吴启志　韦开州　韦兴文　班顺全
韦志华　陆开明　杨应书　李顺华　韦兴明　罗顺民　舒云先　韦兴荣
谢茂荣　刘兴祥　罗开英　姚开珍　陆开芬　韦开芬　姜志英　韦开英
李德群　韦兴珍　班顺芝　罗兴秀　罗开珍　谢茂珍　陈国珍　吴玉英
舒云芬　高增元　陈明福　刘开胜　段克朋　胥克华　杜永顺　王荣亮
余祥林　汤德祥　李友祥　王荣邦　刘枢文　李明武　张克娴　滕文珍
张植梅　王荣琴　刘连凤　陆群仙　黄孔英　汪克勤　王荣德　王荣于

* 有两人重名，此处记录无误。

郭乃明　周忠祥　段世才　石仲菊　刘国芬　张升贤　程友祥　伍开芳
王兴明　范寿元　杨彦文　吴荣华　汪应祥　袁国正　程开州　刘福祥
刘香桂　陈永芬　丁学珍　齐克英　张林秀　张金英　万贤英　周武琼
苏胜霞　付智俊　汪玉英　朱正琴　郑平秀　周少奎　龚昌荣　吴洪贵
刘永全　朱增华　齐维义

1983 年 1 月 28 日，经中国共产党贵州省山京畜牧场委员会讨论研究，决定对在生产工作中做出突出成绩的个人进行表彰，授予陆琼先等 117 人“劳动模范”光荣称号，授予杨友亮等 25 人“先进工作者”光荣称号。

劳动模范：

陆琼先　黄菊珍　滕文珍　齐维芳　刘志忠　赵玉芬　金家其　段克朋
张荣才　张植梅　金伯伦　李琼芳　齐维军　刘连凤　刘国民　王恩胜
张美华　齐克珍　吴成忠　王克琼　李友祥　汪应祥　张升贤　王兴明
周忠祥　张升明　张纯秀　张启英　周少奎　董翠芳　黄平勇　蔡忠英
万贤英　张日华　陈金鹏　许志珍　许祖芬　徐绍华　吴明芬　刘海云
刘树华　李留宝　李泽洪　龙庄成　吴洪群　刘德明　姜文德　毛恩祥
柴廷珍　徐成英　金祖琼　吴洪道　黄学明　李大武　袁淑芬　徐启明
张树桃　左永珍　金家益　杜惠珍　滕传珍　杨国祥　郑平秀　杨瑞荣
龚友明　李贵元　吴秀珍　冯林生　徐启发　李　莉　杨庆菊　孙巧兰
赵德美　李正昌　程志平　甘锦英　袁家周　何少芝　王德琼　黄云华
王　敏　邓家正　张洪涛　赵明珍　曹正兰　汪玉芬　刘怀玉　尹志明
倪昭寿　吴云华　叶本华　伍开明　魏坤武　王荣德　张永国　朱明芬
张洪明　张定申　王文武　高希林　姜金贤　邓富英　刘永全　蒋素梅
彭友仁　韦兴珍　韦兴华　罗志祥　王文学　勾发兴　汪后祥　王严荣
刘洪甲　刘开成　刘洪玉　胡秀琼　周昭文

先进工作者：

杨友亮　雷先华　伍开芳　杨彦文　付凤书　周士友　洪芝林　支继忠
吴定中　王文祥　刘菊珍　陈连刚　罗炳义　张升元　吴利民　蔡祖德
龚友斌　董汝齐　杨树清　金宜书　徐先琼　朱文品　黄秋香　胡启春
唐惠华

1985 年 2 月 14 日，经中国共产党贵州省山京畜牧场委员会讨论研究，决定对在 1984 年度生产工作中做出突出成绩的个人进行表彰，授予汤德祥等 6 人“劳动模范”光荣称号，授予李琼芳等 53 人“先进生产者”光荣称号，授予李友祥等 22 人“先进工作者”光荣称号。

劳动模范：

汤德祥　张克兴　张树桃　王文祥　邹家蓉　陈凤章

先进生产者：

李琼芳　王荣琼　张朝忠　龚友明　阎长文　范元秀　刘开胜　黄平忠
李锦英　周忠祥　张纯秀　严学芬　汪文珍　何芳琼　徐世芳　赵明珍
柴廷珍　丁学芬　吴洪道　甘锦英　徐世兰　杨庆英　何绍芝　徐成英
陈朝英　甘玉勤　徐世英　黄禄贵　刘树华　徐启发　刘德明　龙庄成
杨国祥　龚昌荣　郑平英　全永婵　苏启明　汪德贵　刘启益　孙开秀
李浩平　李金山　曹建平　朱增华　姜金贤　魏坤武　黄汝志　吴云华
张洪明　尹志明　高昌贵　伍开明　张定生

先进工作者：

李友祥　徐定禄　张云发　祝德胜　刘汝元　李声忠　张祖荣　陈仲军
胡启春　姜文兴　金宜书　吴启芬　张启先　万贤德　李琼珍　付凤书
刘菊珍　支继忠　柏应全　陈连刚　谢秀英　邓灵生

1985 年 9 月，为迎接中华人民共和国第一个教师节，形成尊师重教的良好社会氛围，经中国共产党贵州省山京畜牧场委员会研究，决定对在教育教学工作中做出突出成绩的子弟学校教师进行表彰。10 日，农场党政领导班子到子弟学校与师生联欢座谈，共同庆祝教师节。在表彰大会上，农场党政领导为金宜书等 14 名教师颁奖，授予“先进教师”光荣称号：

金宜书　曾荫梧　李谋谛　唐惠国　姜文兴　陈金山　何仁德　胡启春
万贤德　李琼珍　汪正秀　张启先　黄秋香　吴启芬

1986 年 3 月 16 日，经中国共产党贵州省山京畜牧场委员会讨论研究，决定对在 1985 年度生产工作中做出突出成绩的个人进行表彰，授予吴启志等 3 户家庭“劳动致富户”光荣称号，授予龙利泽等 58 人“先进生产者”光荣称号，授予徐定禄等 31 人“先进工作者”光荣称号。

劳动致富户（家庭代表）：

吴启志　胡亮清　韦兴华

先进生产者：

龙利泽　罗友芬　王荣琼　金家其　金兰平　阎凤英　张兰英　李龙泉

张朝忠　杜永顺　刘质彬　汤德祥　张升贤　程国琴　程友祥　袁志花
周忠祥　袁国正　赵明珍　吴泽平　王玉兰　柴廷珍　徐成英　李桂芝
甘锦英　王玉菊　朱增新　杨庆英　李锦珍　吴明芬　张亚兰　龚昌平
吴锡宾　刘树华　龚昌荣　全永秀　张树桃　李国忠　杨国祥　朱增华
伍明祥　尹志明　高焕才　张定申　姜平礼　姜金贤　余祥林　张永国
阎世红　周立成　曹建平　黄顺清　袁淑芬　王淑清　杜惠珍　程志平
程景兰　黄平均

先进工作者：

徐定禄　祝德胜　张云发　罗克华　石世祥　刘汝元　黄淑英　李信林
唐惠国　汪正秀　余朝贵　张启先　徐先琼　金宜书　胡启春　张祖荣
范寿元　陈华松　雷先华　黄平玉　吴利民　李浩平　柏应全　杨友亮
邹家蓉　谢秀英　王文祥　付凤书　邓灵生　杨沙丽　赵胜英

1987 年 2 月 28 日，经中国共产党贵州省山京畜牧场委员会讨论研究，决定对在 1986 年度生产工作中做出突出成绩的个人进行表彰，授予丁乃胜等 56 人“先进生产者”光荣称号，授予简庆书等 34 人“先进工作者”光荣称号。

先进生产者：

丁乃胜　丁乃华　张亚兰　张洪滔　张树桃　张金英　张朝忠　张克家
张林秀　陆群仙　杜永顺　徐成英　徐启英　吴洪群　吴成忠　吴明芬
金柏秀　金家其　袁志花　汪应祥　严琼珍　蒙友仙　唐惠群　唐宏光
袁家周　赵德美　赵明珍　程志琼　陈金鹏　陈　凯　黄汝志　柴廷珍
曹正兰　罗志敏　罗开贵　廖相国　石仲菊　石世兰　阎世红　阎怀贵
胡志珍　胡玉莲　冯和平　杨沙丽　杨明珍　朱先碧　刘元忠　刘德明
周忠祥　周立成　姜金贤　齐庆惠　李国忠　龚昌荣　王素清　高焕才

先进工作者：

简庆书　祝德胜　罗克华　杨树清　刘汝元　蔡祖德　何仁德　支继忠
柏应全　谢秀英　付凤书　胡成均　雷先华　徐定禄　徐先琼　李大舜
李友祥　李信林　李谋谛　吴定中　吴启芬　陈华松　陈治维　陈学明
张启先　张国兰　张升富　王恩元　王金章　王文祥　黄平玉　范寿元
汪传发　邹家蓉

1988 年 2 月 2 日，经中国共产党贵州省山京畜牧场委员会讨论研究，决定对在 1987 年度生产工作中做出突出成绩的个人进行表彰，授予周尚元等 10 人“劳动模范”光荣称号，授予陈凤章等35人“先进生产者”光荣称号，授予张云发等34人“先进工作者”光荣称号。

劳动模范：

周尚元 周志祥 文明祥 沈良明 刘开宇 韦兴华 班顺志 罗顺明
吴启志 吴达伦

先进生产者：

陈凤章 陈金鹏 程开州 程友祥 刘永全 刘元忠 张洪明 张亚兰
杨庆英 杨沙丽 李正昌 李国忠 何绍芝 何士芬 柯世恒 姜金贤
周立成 齐维峰 段周祥 段春芝 万贤英 蒙友仙 娄大珍 齐克英
赵明珍 柴廷珍 丁学芬 徐成英 黄云华 左光华 全永婵 吴洪贵
朱先碧 唐惠群 刘兰琼

先进工作者：

张云发 简庆书 彭友仁 雷先华 张洪智 徐定禄 蔡祖德 王文祥
王金章 齐克治 支继忠 王素清 杨友亮 邹家蓉 洪之林 李浩平
曾孟宗 付凤书 吴启芬 李绍华 陈金山 董汝明 唐惠国 冯和平
熊顺云 柏应全 周兴伦 万贤德 金宜睦 李友祥 曾荫梧 李谋谛
何仁德 胡启春

1989年3月11日，经中国共产党贵州省山京畜牧场委员会讨论研究，决定对在1988年度生产工作中做出突出成绩的个人进行表彰，授予韦兴华等16个家庭“劳动致富户”光荣称号，授予齐维军等37人“先进生产者”光荣称号，授予徐定禄等11人“先进工作者”光荣称号。

劳动致富户（家庭代表）：

韦兴华 罗顺明 陈国珍 韦兴贵 李顺华 汪传义 汪仕祥 王严荣
刘洪泉 刘洪文 刘洪胜 周尚元 史德秀 王志周 吴显云 周志珍

先进生产者：

齐维军 李 滔 汤德祥 段周祥 罗友芬 王荣琼 郑国英 郑国兴
万贤英 郭永珍 徐启英 娄大珍 柯士恒 齐庆惠 程友祥 汪应祥
赵明珍 文明生 黄云华 齐克英 孙巧兰 董国珍 程志琼 何绍芝
吴明芬 庞云珍 李国忠 黄菊珍 柴廷珍 罗志敏 刘发祥 赖显豪
阎怀贵 黄学英 叶 萍 张先英 桂光平

先进工作者：

徐定禄　蒲　敏　石世祥　陈明福　刘汝元　陈金鹏　范寿元　龚昌荣
张培森　蔡祖德　王素清

1990 年 3 月 10 日，经中国共产党贵州省山京畜牧场委员会讨论研究，决定对在 1989 年度生产工作中做出突出成绩的个人进行表彰，授予王文学等 14 个家庭“劳动致富户”光荣称号，授予朱增新等 54 人“先进生产者”光荣称号，授予祝德胜等 38 人“先进工作者”光荣称号。

劳动致富户（家庭代表）：

王文学　汪传义　汪仕祥　韦开华　班顺志　韦兴华　谢茂荣　唐书宇
罗顺明　刘洪甲　沈良明　王家荣　宋汝林　刘开珍

先进生产者：

朱增新　张亚兰　罗正明　罗洪贤　何世芬　甘玉林　刘国芬　王贵成
齐维峰　张纯刚　徐胜富　余显琼　李贵芝　董国珍　齐克英　赵明珍
张金山　黄云华　丁学芬　汪应祥　刘文华　齐庆惠　王平伟　段周祥
王荣琼　王志刚　郭永珍　郑国兴　娄大珍　朱增海　刘永秀　赵明芬
吴秀琼　刘丛林　王发祥　朱发清　王贵军　张兴珍　陈学凤　龙利泽
阎世伟　高焕才　黄学英　阎怀贵　刘永全　刘启益　张美庭　张洪明
刘元忠　雷胡延　李金山　张定申　张启芬　黄平均

先进工作者：

祝德胜　陈金鹏　杜永顺　刘汝元　龚友斌　邹美然　简庆书　石世祥
张美华　陈明福　吴开华　齐维军　段士才　桂光平　王素清　洪芝林
黄平玉　李谋谛　唐惠国　姜文兴　李绍华　吴先炯　陈治维　曾荫梧
曾孟宗　李浩平　王文祥　张贵清　唐惠群　齐庆荣　刘华珍　王　敏
吴定中　朱先碧　杨友亮　邹家蓉　谢秀英　龚友明

1990 年 6 月，经中国共产党贵州省山京畜牧场委员会讨论研究，决定对在生产工作中做出突出成绩的党员进行表彰，授予王文祥等 6 人“优秀党员”光荣称号：

王文祥　杨友亮　祝德胜　洪之林　姜文德　韦兴华

1990 年，农场工会发动广大职工开展“双增双节”的社会主义劳动竞赛。对在劳动竞赛活动中成绩显著的个人进行表彰奖励。授予朱增海等 34 人“突出个人”光荣称号：

朱增海　龚志英　陈明福　汪后茂　齐庆惠　简庆书　唐兰英　张金山
文明生　黄顺发　姜文德　吴洪华　艾慎明　罗会建　钟志华　唐宏双
余志秀　阎怀贵　阎世伟　张金英　周武琼　朱发清　何世芬　程志平

李贵平　朱增华　全永秀　张亚兰　陈金鹏　朱先碧　杨友亮　王文祥
付凤书　黄平书

1991 年 3 月，经中国共产党贵州省山京畜牧场委员会讨论研究，决定对在 1990 年度生产工作中做出突出成绩的个人进行表彰，授予程继全等 27 个家庭“劳动致富户”光荣称号，授予万贤英等 53 人“先进生产者”光荣称号，授予简庆书等 32 人“先进工作者”光荣称号。

劳动致富户（家庭代表）：

程继全　陈友芬　汪世祥　王荣维　王文学　黄呈秀　饶正祥　吴显英
艾忠培　沈良明　刘开全　刘方富　刘洪坤　周志华　周志洪　刘开文
陆顺光　杨发超　罗顺学　陆奎学　韦兴荣　班顺志　李德华　吴显美
吴永富　吴荣华　班学成

先进生产者：

万贤英　刘明华　王荣琼　王荣平　段周祥　段国芬　范元秀　娄大珍
吴成忠　吴泽苹　郑光祥　金柏伦　金兰平　齐庆忠　齐庆惠　齐维明
路珍英　柏文平　汪后茂　汪应祥　程开州　程志平　张定生　张美庭
张启珍　张金英　张亚兰　柯世恒　赵明珍　赵志祥　姜文德　高连芳
高焕才　刘洪顺　刘开胜　刘永全　雷　平　李锦珍　李留保　唐胜雄
黄顺忠　朱增海　朱增新　龚志英　艾慎明　杨庆英　蒲　睿　阎怀贵
阎世伟　魏坤伦　宋堂琼　仵国进　钱永秀

先进工作者：

简庆书　张　云　蒲　敏　祝德胜　杨树敏　杨沙丽　杨友亮　洪之林
王金章　王文祥　丁学顺　朱先碧　姜文兴　金宜睦　吴定中　付凤书
冯和平　熊顺云　谢秀英　黄平书　陈　凯　陈金云　陈治维　陈礼珍
阎世红　唐惠群　汪传发　刘启益　李琼珍　何仁德　张培森　张贵林

1992 年 3 月，经中国共产党贵州省山京畜牧场委员会讨论研究，决定对在 1991 年度生产工作中做出突出成绩的个人进行表彰，授予汪仕祥等 6 个家庭“劳动致富户”光荣称号，授予李玉琼等 23 人“先进生产者”光荣称号，授予董国民等 21 人“先进工作者”光荣称号。

劳动致富户（家庭代表）：

汪仕祥　汪仕明　韦兴华　吴霞俊　吴朝明　张志华

先进生产者：

李玉琼　吴成忠　程志英　裴昌会　齐庆忠　朱增海　龚志英　张启珍
唐兰英　高连芳　黄　俊　艾慎明　黄菊珍　朱发清　程志平　刘华祥
吴朝阳　朱增新　张纯刚　刘枢文　雷成宽　姜金贤　张美庭

先进工作者：

董国民　饶贵忠　简庆书　王金章　吴先炯　陈治维　李忠武　李浩平
刘启益　段世才　罗克华　杨友亮　朱先碧　丁学顺　谢秀英　冯和平
陈秀英　田兴珍　唐惠群　雷胡荣　柏应全

1993 年 3 月 20 日，经中国共产党贵州省山京畜牧场委员会讨论研究，决定对在 1992 年度生产工作中做出突出成绩的个人进行表彰，授予杨明珍等 7 人“优秀党员”光荣称号，授予董汝齐等 2 人“优秀党务工作者”光荣称号，授予汪传义等 9 人“劳动致富者”光荣称号，授予吴成忠等 22 人“先进生产者”光荣称号，授予石世祥等 19 人“先进工作者”光荣称号。

优秀党员：

杨明珍　唐惠国　周忠祥　张美庭　熊顺云　王文祥　陈明福

优秀党务工作者：

董汝齐　吴定中

劳动致富者：

汪传义　周　平　刘国祥　刘洪胜　王家兴　李泽荣　杨应书　吴显美
文明祥

先进生产者：

吴成忠　赵玉芬　张启珍　何方琼　唐兰英　唐宏英　钟志武　汪玉兰
齐庆忠　蔡忠平　赖建明　阎凤霞　全永秀　张启芬　张定申　杨庆刚
齐维峰　黄顺忠　黄汝刚　黄昌荣　程志平　朱发清

先进工作者：

石世祥　张升元　黄顺清　齐维军　倪铁城　张国兰　李绍华　胥克华
刘汝元　黄学芬　冯和平　朱先碧　王金章　陈学芬　丁乃胜　王国林
唐惠群　班学龙　蒙友国

1994 年 3 月 16 日，经中国共产党贵州省山京畜牧场委员会讨论研究，决定对在 1993 年度生产工作中做出突出成绩的个人进行表彰，授予汪传贵等 9 户家庭“劳动致富户”光荣称号，授予王文祥等 6 人“优秀党员”光荣称号，授予李滔等 23 人“先进生产者”光荣称号，授予陈学芬等 18 人“先进工作者”光荣称号。

劳动致富户（家庭代表）：

汪传贵 王安玉 胡尧成 艾培忠 朱启周 柏生海 刘 权 郭世明 周志能

优秀党员：

王文祥 张升元 周忠祥 陈明福 罗炳义 张美庭

先进生产者：

李 滔 韩时琼 张启珍 何芳琼 唐兰英 吴显英 蒋贵清 姜兴芬 张庭红 朱雪梅 阎凤霞 黄学英 张金英 罗治敏 黄昌荣 全永秀 丁乃华 陈 兴 刘洪顺 朱增清 刘福祥 齐维峰 刘兆林

先进工作者：

陈学芬 王金章 李 红 蔡国发 唐惠群 冯和平 黄学芬 张国兰 吴先炯 董汝明 陈仲军 范寿元 李远志 石世祥 黄顺清 彭 燕 董国珍 周士友

1995 年 3 月 14 日，经中国共产党贵州省山京畜牧场委员会讨论研究，决定对在 1994 年度生产工作中做出突出成绩的个人进行表彰，授予李泽荣等 9 户家庭“劳动致富户”光荣称号，授予唐兰英等 14 人“先进生产者”光荣称号，授予冷明山等 9 人“先进工作者”光荣称号。

劳动致富户（家庭代表）：

李泽荣 吴选美 杨 勤 汪仕启 李顺华 文明祥 艾忠培 史德秀 刘国祥

先进生产者：

唐兰英 何芳琼 徐世武 阎凤霞 蒋学芬 王荣平 张文秀 朱发清 张启珍 赵志祥 齐维芳 朱发贵 刘国芬 齐维峰

先进工作者：

冷明山 蒲 敏 余朝贵 董国民 汪正秀 彭 燕 黄平玉 熊金国 陈华松

1997 年 1 月 20 日，经中国共产党贵州省山京畜牧场委员会讨论研究，决定对在 1996 年度生产工作中做出突出成绩的个人进行表彰，授予吴荣华等 14 人“先进个人”光荣称号：

吴荣华 李泽荣 张美松 张日华 熊灿敏 唐兰英 程志平 朱增海 雷 平 李绍祥 张国兰 金宜睦 冯和平 王文祥

1998年1月16日，经中国共产党贵州省山京畜牧场委员会讨论研究，决定对在1997年度生产工作中做出突出成绩的个人进行表彰，授予齐维玉等35人“先进个人”光荣称号：

齐维玉　汪后茂　唐兰英　唐宏光　黄禄贵　蒲　敏　朱增海　余显琼
阎凤霞　朱雪梅　李贵元　刘华祥　曹正兰　蔡忠英　齐庆兰　吴选英
刘安香　冯和平　朱文品　汪正秀　张国兰　何仁德　石仲菊　孙巧兰
吴显银　李顺全　杨应书　王家兴　刘开文　王荣刚　黄平书　冷明山
王文祥　伍开芳　金宜睦

1999年1月19日，经中国共产党贵州省山京畜牧场委员会讨论研究，决定对在1998年度生产工作中做出突出成绩的个人进行表彰，授予简庆书等38人“先进个人”光荣称号：

简庆书　冯和平　金宜睦　伍开芳　李为平　周兴伦　黄禄兵　朱文品
张克兴　刘兆林　汪希珍　张国兰　李琼珍　汪正秀　齐庆兴　张　琼
阎凤英　朱发贵　阎怀琼　阎　海　朱增华　程志平　艾慎民　吴开华
蒲　敏　张金山　唐兰英　朱雪梅　张　林　毛仕惠　胡朝福　汪后茂
吴启志　杨发超　李泽荣　伍开荣　王荣刚　吴达伦

2000年1月21日，经贵州省山京畜牧场行政领导班子会议讨论研究，决定对在1999年度生产工作中做出突出成绩的个人进行表彰，授予周兴伦等33人“先进个人”光荣称号：

周兴伦　黄平玉　王文祥　蔡玉琼　唐惠国　李财安　饶贵忠　黄禄兵
吴达伦　龚昌平　黄禄贵　张国兰　汪正秀　李琼珍　唐兰英　刘洪顺
吴晓琼　叶本华　黄汝志　汪后莲　易忠林　齐庆兴　王荣琼　张　琼
陈朝贵　张金山　朱雪梅　阎凤霞　艾慎忠　韦开明　班顺全　周志友
周志元

2001年1月16日，经贵州省山京畜牧场行政领导班子会议讨论研究，决定对在2000年度生产工作中做出突出成绩的个人进行表彰，授予王文祥等19人“先进个人”光荣称号：

王文祥　刘汝元　吴定中　彭　燕　董国民　龙远树　黄禄兵　张国兰
李琼珍　冯和平　支继忠　姚正明　伍成英　柯世恒　韦兴华　杨应书
王荣厚　王家兴　刘国军

2001年6月29日，经中国共产党贵州省山京畜牧场委员会讨论研究，决定对在生产工作中做出突出成绩的党员进行表彰，授予周忠祥等8人“优秀党员”光荣称号：

周忠祥　陈治维　冯和平　王文祥　陈华松　支继忠　韦兴华　文明祥

2002年1月18日，经贵州省山京畜牧场行政领导班子会议讨论研究，决定对在2001年度生产工作中做出突出成绩的个人进行表彰，授予黄平玉等29人“先进个人”光荣称号：

黄平玉　彭　燕　冯和平　李财安　蔡玉琼　张若丽　李琼珍　汪正秀
伍成英　李金华　周永明　张金华　王国秀　赵明芬　唐宏光　赵德安
朱增义　王家其　徐世英　朱雪梅　汪传贵　程基明　王国胜　徐正忠
韦兴华　韦开明　吴　洪　张志祥　周志友

2003年1月17日，经贵州省山京畜牧场行政领导班子会议讨论研究，决定对在2002年度生产工作中做出突出成绩的个人进行表彰，授予吴定中等30人“先进个人”光荣称号：

吴定中　支优文　彭　燕　潘小安　汪正秀　冯和平　张国兰　李金华
张纯刚　仵国进　王　勇　朱增清　赵德安　陈国英　黄顺忠　朱增海
朱雪梅　蒲　敏　吴洪华　刘元忠　班顺秀　柴昌兴　王安勇　胡克明
徐正仁　吴明超　班正海　吴朝阳　吴选芝　吴　洪

2004年1月17日，经贵州省山京畜牧场行政领导班子会议讨论研究，决定对在2003年度生产工作中做出突出成绩的个人进行表彰，授予李财安等20人“先进个人”光荣称号：

李财安　汪厚平　张国兰　杨庆兰　唐宏英　丁乃华　冯和平　李金华
章忠英　韦志江　李德华　汪　云　王安林　胡克明　刘兴安　郭忠富
周明发　刘元忠　赵春英　罗志祥

2005年初，经贵州省山京畜牧场行政领导班子会议讨论研究，决定对在2004年度生产工作中做出突出成绩的个人进行表彰，授予徐启明等18人“先进个人”光荣称号：

徐启明　汪正秀　吴开书　王国林　冯和平　阎世伟　徐世英　陈国英
唐宏英　汪后茂　朱增新　熊灿文　姜兴秀　黄平忠　汪世祥　韦兴华
李登明　张志华

2006年1月16日，经贵州省山京畜牧场行政领导班子会议讨论研究，决定对在2005年度生产工作中做出突出成绩的个人进行表彰，授予曾翠荣等18人“先进个人”光荣称号：

曾翠荣　汪正秀　李琼珍　朱明芬　饶权芬　陈国英　唐宏英　黄德祥

王玉菊　杨庆兰　程继全　杨应书　刘开学　周志富　朱增新　杨连海
蒲　敏　段周祥

2007 年 1 月 19 日，经贵州省山京畜牧场行政领导班子会议讨论研究，决定对在 2006 年度生产工作中做出突出成绩的个人进行表彰，授予刘开玉等 17 人“先进个人”光荣称号：

刘开玉　黄昌荣　黄学英　柴其发　班正海　蒲　敏　艾慎荣　唐宏英
朱增海　万由职　朱增兴　段周祥　王家庆　刘洪华　闫　何　李琼珍
赵春城

2008 年 1 月 18 日，经贵州省山京畜牧场行政领导班子会议讨论研究，决定对在 2007 年度生产工作中做出突出成绩的个人进行表彰，授予李红等 13 人“先进个人”光荣称号：

李　红　艾慎荣　赵德安　郭世伦　赵春城　吴霞俊　叶守国　阎　何
何仁德　李金华　王国林　韦开琼　黄平勇

2009 年 1 月 16 日，经贵州省山京畜牧场行政领导班子会议讨论研究，决定对在 2008 年度生产工作中做出突出成绩的个人进行表彰，授予彭燕等 15 人“先进个人”光荣称号：

彭　燕　支优文　齐维峰　李德富　严发才　王玉菊　刘国林　朱增兴
赵春英　吴达顺　艾慎荣　黄顺忠　王家其　朱增海　胡金付

2010 年 1 月 22 日，经贵州省山京畜牧场行政领导班子会议讨论研究，决定对在 2009 年度生产工作中做出突出成绩的个人进行表彰，授予张克家等 16 人“先进个人”光荣称号：

张克家　刘福祥　朱增海　朱增义　陈朝红　唐宏光　汪长德　王荣平
王玉菊　王家庆　舒云华　李登明　叶守芳　郭艳明　郭　勇　朱增兴

2011 年 2 月 28 日，经贵州省山京畜牧场行政领导班子会议讨论研究，决定对在 2010 年度生产工作中做出突出成绩的个人进行表彰，授予朱增海等 16 人“劳动模范”光荣称号：

朱增海　朱增义　冯和平　支优文　唐宏光　龙远树　叶本华　程洪刚
王玉菊　张开富　舒云强　徐正忠　罗万富　韦开琼　朱国成　朱增新

2012 年 2 月 25 日，经贵州省山京畜牧场行政领导班子会议讨论研究，决定对在 2011 年度生产工作中做出突出成绩的个人进行表彰，授予张克家等 16 人“先进个人”光荣称号：

张克家　彭　燕　齐维军　汪长德　熊灿敏　朱增义　罗会刚　阎凤霞
龙远树　汪云洪　刘兴祥　周明荣　李登明　郭　勇　段周祥　王向成

2013 年 3 月 1 日，经贵州省山京畜牧场行政领导班子会议讨论研究，决定对在 2012 年度生产工作中做出突出成绩的个人进行表彰，授予黄昌荣等 11 人“先进个人”光荣称号：

黄昌荣　齐维军　吴秀琼　熊灿敏　朱增义　朱增海　李　红　龙远树
周　平　段周祥　王贵忠

2014 年 2 月 28 日，经中国共产党贵州省山京畜牧场委员会讨论研究，决定对在 2013 年度生产工作中做出突出成绩的个人进行表彰，授予黄昌荣等 10 人“先进个人”光荣称号：

黄昌荣　齐维军　周　鸿　陈　刚　朱增义　朱增海　李贵平　徐　燕
韦开琴　段周祥

附　　录

文　　献

国营机械农场建场程序暂行办法

（中央人民政府政务院财政经济委员会，1952 年 8 月 22 日核准试行）

第一章　总　　则

第一条　国营机械农场是社会主义性质的农业企业；系由政府投资在国有大面积的土地上，采取最进步的农业技术及新的工作方式，利用机械耕作，进行集体劳动，提高产量，降低成本，完成国家和人民所给予的生产任务；走向机械化、集体化的生产道路。

第二条　建立国营机械农场必须经过详细勘查、测量、设计、区划；根据建场方针任务、自然条件及土地面积，确定土地利用计划、轮作计划及分期发展计划；并于生产工作开始前完成必要的基本建设，配备适当干部，准备生产资料，有计划、有步骤地进行建场工作。

第三条　国营机械农场发展的初期，为能达到充分发挥示范作用，应选择条件较好的地区进行建场：

一、土地面积广大集中，且地势平坦，适于机械耕作。

二、交通方便，靠近铁道、水路或公路，以便利生产资料及产品的运输。

三、水利须有充分水源可资利用，排水问题亦无困难。

四、土质气候（温度、无霜期等）适于作物生长。

第四条　各大行政区及省（行署）、专、县，根据国家全面经济建设的方针任务和实际需要，在其辖区内，如有具备建立国营机械农场条件的地区，应指派专人经过详细勘查，根据具体材料，提出“建场计划任务书”，呈请核准后成立建场筹备机构，进行建场初步设计及建场技术设计工作。

前项“建场计划任务书”“初步设计书”及“技术设计核准程序”，应遵照中央财政经济委员会颁布的“基本建设工作暂行办法”规定办理；但耕地面积在五万亩以上的“建场初步设计书”，须报中央农业部批准。

第二章　场地勘查

第五条　准备建场的地区，必须经过实地调查，审慎考察各项资料，力求精确可靠，作为审核是否建场的依据。场地勘查的内容应包括下列各项：

一、场地面积及位置：包括生荒、熟荒（旱地、水地）的面积、位置和界限，并了解其荒废的原因。

二、地势：海拔高度，平地、坡地、洼地的位置与面积以及土地分散和集中的情况。

三、土壤：土壤质地（沙土、壤土、黏土等）、酸碱度、含盐百分率、结构（团粒、粒体、单粒等）、颜色（黄、棕、黑等）、表土深度、地下水高度、排水、透水情况以及所生杂草种类及分布情况，并附土壤分布图。

四、气候：

（1）温度：全年最高、最低及平均气温和土温。

（2）雨量：全年平均雨量及雨季、雨日。

（3）霜期：早霜、晚霜时期及无霜日数。

（4）风期：全年暴风期及经常风向、风速。

五、水利：水源种类（河流、山水、湖水、泉水及地下水）及其化学性质，常年流量，枯水量、洪水量、常水位、枯水位、洪水位，并应调查有无兴办灌溉排水的条件与饮水有无困难；原有水利工程者，除对水源作详细调查外，必须了解设备情况和存在问题，并提出改善意见。

六、交通：与铁路、公路、水路、电源（估计能供农场用电的千瓦数）及车站、码头的距离和交通、运输情况。

七、村镇分布：附近村镇分布及其工商业情况、建筑材料及生活必需品的供给情况。

八、农业：附近群众种植主要农作物的种类、产量及栽培方法。

九、畜牧：当地饲养主要牲畜的种类及饲养方法等。

十、树木：当地生长树木的种类与生长情况及繁殖方法等。

十一、劳动力：附近劳动力是否剩余或不足。

十二、灾害：当地水、旱、风、雹及作物病虫害与人畜疾病种类及特殊防治方法。

十三、风俗习惯：当地民族分布情况及特殊生活习惯。

十四、场地平面图绘制：要求尽量详细精确，但必须包括场地方向、位置、界限、平地、洼地、河流、电源、交通线（公路或铁路）、车站、码头、原有建筑物及重要村镇等。

第六条　根据场地实地勘查资料，拟具“建场计划任务书”；在该项计划任务书内除包括第五条内容外，并须说明下列各项：

一、预计建场后发展前途及在政治上、经济上所能发挥的作用。

二、初步估计所需全部建场基本建设与流动资金（用途与数量）及逐年完成进度。

三、估计逐年生产收入及利润。

四、建场设计区划负责单位及主持人。

五、设计区划开始与完成期限及所需经费预算。

第三章　区划设计原则

第七条　“建场初步计划书”呈经批准决定建场后，即须进行场地详细测量（包括地形及等高线测量），并确定农场范围及场界。

第八条　国营机械农场的耕地面积，一般谷物农场最大以不超过 20 万亩为限；耕地总面积达 5 万亩以上时，即须设立分场；每一分场的面积以不超过 5 万亩为限。

第九条　根据面积范围如需建立分场或作业站，为便于管理，其与总场的距离以不超过 15 千米为限；又总场建筑场房占地一般为 200～300 亩，分场场房占地一般不超过 100 亩。

第十条　总场至分场或作业站必须有交通大道，场房至耕作地区亦应修建交通道路；农场道路占地面积，普通为耕地总面积的 1%～2%；路面宽度根据交通情况决定，一般不能少于 6 米，拖拉机干道一般不少于 8 米。

第十一条　在区划中，建筑场房地址应选择全场中央，使运输方便，少跑空车；但附近如有铁路或水路经过，则应尽量靠近车站或码头；同时并须考虑水源、电源及卫生环境等条件。

第四章　土地区划

第十二条　根据场地自然条件、区划原则及实测面积与地形、地势，首先研究确定土地利用计划。其内容应包括下列各项：

一、灌溉排水系统：包括堤防、桥梁、涵洞、沟渠、道路及其他水利建筑物等。

二、轮作区域：包括大田及饲料轮作区，并注明生荒、熟荒、水田、旱地。

三、草地：包括灌溉地与旱地。

四、森林：包括农田防护林主、副林带。

五、建场基地：包括晒场及建筑场房基地。

六、天然牧场、果园、苗圃、池塘、蓄水池及非轮作区域等。

第十三条　国营机械农场必须实行“牧草大田轮作制”，农牧林互相配合多样性经营，建场时即应根据此原则，具体规定农场发展方针、任务及当地自然情况、防护林带，确定轮作制度；然后根据轮作制，在轮作区域内划分与轮作年限相等的轮作小区（各小区面积不得相差15%）；每一单位耕作区面积普通为200～400米宽，1000～2000米长，以便利机械耕种和收割。

第十四条　在区划土地时，必先根据水源、灌溉范围及等高线等，确定灌溉排水系统及交通道路；同时根据场地位置、风向，设计防风林带；然后进行其他区划。

第五章　建筑区划

第十五条　根据农场总面积及发展方向，依照第十一条规定的原则，确定总场及设立分场的厂房建筑地址。

第十六条　场房建筑区划，应根据自然条件进行布置；但以适合生产需要，并注意环境卫生为原则。一般分为下列各区：

一、行政区：包括农场办公室、工会办公室等。

二、文化福利区：包括俱乐部、图书室、职工宿舍、厨房、饭厅、医务所、浴室、理发室、合作社、小学校、托儿所等。

三、住宅区：眷属宿舍。

四、商养区：包括牛、马、猪、羊、鸡、鸭等棚舍及有关饲料室、管理间。

五、机械保管仓库区：包括修理厂、装配厂、翻砂间、电工房、变电所、水塔、拖拉机库、农具库、康拜因库、物料库、车库及其他仓库等。

六、副业加工区：包括轧花厂、榨油厂、碾米厂、草袋厂、粉房等。

七、油库区：应与其他建筑物距离200米以上，并须注意交通条件。

第十七条　根据建筑区划，确定绘制农场建筑布置平面图，标明各项建筑单位面积与距离，并依照业务发展需要，拟订逐年修建工程种类及数量。

第六章　编订建场初步设计书

第十八条　“建场计划任务书”批准后应由负责单位遵照国家全面经济计划及政府规定任务，根据场地勘查测量及区划设计资料，拟订“建场初步设计书”。其内容包括下列各项：

一、全场土地利用计划及逐年发展计划（附土地利用图）。

二、农场主要业务发展方向。

三、土壤气候情况（根据实地勘查材料详细说明，并附土壤分布图）。

四、可种作物的类别及拟种作物的类别、栽培方法及逐年产量。

五、实施轮作面积与轮作计划。

六、农业技术实施计划。

七、主业部门（包括畜牧）逐年产品收支计划。

八、副业类别及逐年发展计划。

九、主副业部门（包括畜牧）逐年所需人畜力的数量。

十、拟建场房数量（平方米）及逐年建筑计划，并附建筑布置图。

十一、逐年需要拖拉机、机械农具及各项设备（包括种畜）购置计划。

十二、逐年水利道路工程（种类数量及计算方法）发展计划。

十三、农田防护林带与水土保持逐年发展计划。

十四、逐年需用油料计划。

十五、定额（农业、机务、畜牧及其他）计划。

十六、干部配备及训练计划。

十七、逐年主业产品产销估计成本计划。

十八、逐年财务收支计划。

第十九条　农场基本建设工程技术设计及施工详图内容，均依照中央财政经济委员会颁布的《基本建设工作暂行办法》第三节第十一条（二）、（三）两款规定办理。

第二十条　农场基本建设工程兴建程序，应根据实际需要，先行完成水利工程，并建筑职工宿舍、机具库、油库、仓库、物料库及修理厂（间）和必要的畜舍等；其他建筑须视生产发展及财政情况，依照计划逐步兴建。

第七章　附　　则

第二十一条　国营机械农场开始生产前的筹备期一般定为1～2年；在此期间必须按照第十八条规定各项计划完成必需的基本建设工程及生产准备工作，保证有计划、有步骤地完成生产任务。

第二十二条　建场筹备工作进行至下列程度时，即可拟订建场计划，按照第四条规定核准程序呈请正式组织成立国营机械农场，开始部分生产工作：

一、计划生产地区土地规划平整工作业已完成，足以保证进行农业技术措施。

二、水利工程及必要的基本建设已经完成，使生产工作获得充分保证。

三、其他生产必需准备工作，业已完成。

第二十三条　自核准建场至正式组织成立期间，负责筹备机构应于每月向上级机关编送工作报告。

第二十四条　关于农场勘查、测量、区划、设计工作，为节省人力、物力，应组织当地有关单位（农林机关、水利机关、科学研究机关及教育机关）集中力量合作进行。

第二十五条　本办法仅适用于大规模机械耕作、企业经营的一般作物农场；关于试验农场、畜牧场与特产作物农场等均不包括在内。

第二十六条　本办法经呈奉中央财政经济委员会批准后施行。

国营农场组织规程

（农业部国营农场管理局，1952 年 2 月 28 日颁发试行）

第一章　总　　则

第一条　国营农场为社会主义农业企业组织，必须避免机关化，采取适合企业经营的组织形式，在便于领导管理的原则下，根据农场经营方针、任务及业务范围，由上级机关批准确定组织机构与人员配备。

第二条　国营农场必须贯彻首长负责制，明确分工负责，实行定员、定额，并结合民主管理，加强政治思想领导，发挥职工积极性和创造性，以提高工作效率，保证完成生产任务。

第三条　国营农场得视土地面积分布及种植主要作物种类的实际情况，呈请上级机关批准设立分场或作业区，设置分场长或区主任，负责领导所辖地区的生产工作。

第四条　国营农场应组织农场管理委员会，由党、政、工、团负责人，主要技术人员，工人代表及先进生产者参加农场管理工作，根据上级批准的经营方针任务，结合实际情况，讨论决定生产财务计划、管理制度、职工福利及工作总结等重大事宜。

第五条　国营农场应按工会法成立工会，负责组织教育职工，提高职工业务水平、思想觉悟及生产热情，发挥工作积极性及主动性，掌握生产竞赛，并协助农场办理职工福利事业，依据生产计划，保证完成生产任务。

第六条　国营农场得视业务需要情形呈准上级机关招收学员，结合实际工作培养机务及农业技术基本干部，并配合机械适当使用农工参加生产工作。

第二章　组织机构及职掌分工

第七条　国营农场设场长一人，并得视场务繁简，设置副场长一至数人。

（一）场长：对上级领导机关直接负责，组织全场一切力量，保证完成上级规定任务，领导全场行政、业务及技术工作，重点掌握资金运用，任免选拔干部，领导制订全场生产财务计划，规定各单位的具体任务，掌握场内工作进度，以及督促检查全场工作，并为农场管理委员会主席。

（二）副场长：在场长领导下协助场长处理场务，与场长明确分工，负责一部门业务，并督促及检查工作；于场长外出时，依次代理场长职务。

第八条　国营农场设办公室主任（秘书）一人，受场长直接领导；分场或作业区秘书受分场长或区主任领导。其负责办理下列工作：

（一）审拟文稿。

（二）布置会议。

（三）汇编报告。

（四）办理总务及其他正副场长交办事项。

办公室主任下视业务繁简得设置文书、生活、事务、医务、警卫等人员分掌各项工作。

第九条　国营农场设政治主任一人，并得由副场长兼任，负责办理下列工作：

（一）领导全场政治工作。

（二）职工训练计划的拟订及督促执行。

（三）职工学习计划的拟订及督促执行。

（四）掌握全场人事工作。

（五）掌握并检查全场保卫工作。

第十条　国营农场设会计主任一人，受场长直接领导；分场或作业区会计主任受分场长或区主任领导。其负责办理下列工作：

（一）执行财务制度。

（二）主持汇核生产财务计划。

（三）掌握预算。

（四）审核资金运用及单据账表。

（五）执行经济核算。

（六）督促检查会计、出纳、统计工作。

（七）检查有关生产消费及物料采购及保管事项。

会计主任下视业务繁简设置会计、出纳、记账员及统计等人员分掌各项工作。

第十一条　国营农场设供销主任一人，受场长直接领导；分场或作业区供销主任受分场长或区主任领导。其负责办理下列工作：

（一）物资供应计划的拟订。

（二）物资采购。

（三）物资保管。

（四）农产品推销。

（五）交通运输计划等事项。

供销主任下视业务繁简设置采购、仓库管理及统计等人员分掌各项工作。

第十二条　国营农场设农业总技师一人，得由副场长兼任，受场长直接领导；分场或作业区农业技师受分场长或区主任领导。其并受农业总技师的技术指导。其负责办理下列工作：

（一）拟订轮作计划。

（二）拟订年度农业生产计划。

（三）规定、研究、改进作物栽培技术。

（四）拟订灌溉排水及病虫害防治计划。

（五）组织劳动力与拟订分配计划。

（六）领导、检查耕作队生产工作。

（七）检查机耕作业质量等事项。

第十三条　国营农场设畜养总技师一人，受场长直接领导；分场或作业区畜养技师受分场长或区主任领导，并受畜养总技师的技术指导。其负责办理下列工作：

（一）拟订牲畜饲养、发展计划（并应配合轮作）。

（二）拟订牲畜、家禽病疫防治及保健计划。

（三）领导、督促、检查牲畜、家禽的饲养管理及防疫治病工作。

（四）牲畜、家禽饲养管理工作的规定、研究、改进等事项。

第十四条　国营农场设机务总技师一人，得由副场长兼任，受场长直接领导；分场或作业区机务技师受分场长或区主任领导，并受机务总技师的技术指导。其负责办理下列工作：

（一）根据农业生产计划拟订机具、畜力、机务人员配备以及油料、零件、材料需用计划。

（二）拟订全年拖拉机作业计划。

（三）拟订全年拖拉机农具修理计划。

（四）领导、检查机耕作业质量及进度。

（五）领导、检查机具保养、保管制度执行情况。

（六）规定机具作业方法，改进研究与推行先进工作方法。

（七）主持机具作业及用油量标定与修理完竣试车及交接手续等事项。

第十五条　国营农场得设修理厂（或间）厂长（或主任）一人，受场长直接领导，得由机务总技师兼任，负责办理下列工作：

（一）拟订全场拖拉机及农具修理计划。

（二）领导技工进行拖拉机与康拜因的小修、中修及其他农具的修理。

（三）拟订修理需用工具设备计划与技工计划。

（四）掌握修理工作进度及检查修理过程中的工作质量。

（五）研究改进修理工作与提高修理技术水平以及推行先进工作方法等事项。

修理厂（间）视业务繁简设置各种技工若干人，分掌各种工作。

第十六条　国营农场得设工务主任一人，受场长直接领导，负责办理下列工作：

（一）拟订与实施农场房屋修缮计划。

（二）管理与养护农场灌溉工程。

（三）拟订与实施农场灌溉工程岁修计划。

（四）拟订与执行农作物用水计划。

（五）拟订与执行农场机电动力设备安装及使用计划。

（六）拟订与检查、保养农场机电动力设备修理计划。

工务主任下，得视业务需要设置建筑、水利、机电等技术人员，分掌各项工作。新建农场得设立建场委员会负责农场基本建设工作。

第十七条　国营农场得依实际需要设立加工厂，各厂设厂长一人，受场长直接领导，负责办理下列工作：

（一）配合主业，拟订加工生产计划。

（二）领导、检查、督促加工厂生产的进行。

（三）掌握加工厂资金运用，实行经济核算，合理经营并研究提高生产技术，增加生产量等事项。

第十八条　国营农场依耕地面积分布及轮作区划设立机耕队，设队长一人，得由分场或作业区机务技师兼任，受分场长或区主任领导，负责办理下列工作：

（一）领导机具作业并拟定计划及贯彻执行。

（二）拖拉机工作地段的划分。

（三）机耕小队或组的工作任务的分配。

（四）机耕工作质量检查。

（五）油料、水、材料、工具、零件等的供给与分配。

（六）检查机具的使用、调整及连接状态。

（七）检查机具技术保养及安全规则的实施情况。

（八）研究改进作业方法，以充分发挥机具工作效能等事项。

机耕队内得设小队长、组长、驾驶员及统计员等人。其职责如下：

小队长：受机耕队队长领导，负责领导所分配的作业任务，检查机具的使用、调整及连接，参加小队内的机具技术保养工作，以及新机试车与修理完竣试车及交接手续。

组长：受小队长领导，负责接收所分配机具、工具、备品，对所领新机车及修竣机车试车负责作试车记录，对所属拖拉机工作质量负责；每班工作开始前须亲自检查拖拉机及农具调整并与轮班驾驶员共同参加机具保养；农闲时期，负责所领导机具的保管，并参加小修、中修、大修工作。

驾驶员：受组长领导，在一定地区按照规定任务进行作业，对本人专责使用的机具负责实施技术保养及机具保管，填写工作记录表。

统计员：负责统计机耕效率、用油量及机具损坏情况以及有关机耕作业统计报表，在统计业务上受会计主任领导。

第十九条　国营农场依耕地面积分布及轮作区划设立耕作队，设队长一人，得由分场或作业区农业技师兼任，受分场长或区主任领导，负责办理下列工作：

（一）提出并执行所在地区生产计划。

（二）检查机具作业质量。

（三）执行农业技术计划。

（四）研究改进作物栽培方法及病虫害防治。

（五）根据具体情况对机具作业提出适合农业生产的要求。

（六）组织分配全队劳动力。

（七）督促检查全队生产工作等事项。

耕作队内得设组长、统计员、管理员及农工等人。其职责如下：

组长：受耕作队队长领导，对分配地区内的农业工作负责，领导本组内的农工进行农业技术工作，检查各种农业技术工作的质量并亲自参加生产工作。

统计员：负责记录、统计、整理全队生产情况及进度，编制有关队内生产报表；在统计业务上受会计主任领导。

管理员：负责全队职工生活管理及一般农具保管等事务。

农工：受组长领导，分区、分段负责指定的农业生产工作，并按时完成生产任务。

第二十条　国营农场畜养队，设队长一人，并得由分场或作业区畜养技师兼任，受分场长或区主任领导，负责办理下列工作：

（一）拟订并领导执行牲畜、家禽饲养管理计划。

（二）拟订及实施牲畜、家禽繁殖及病疫防治计划。

（三）研究改进饲养管理方法，提高肉乳产量。

（四）领导、督促并检查饲养、管理及防病等工作。

畜养队内得设兽医、饲养员及统计员等人。其职责如下：

兽医：受畜养队队长领导，负责提出牲畜、家禽病疫防治计划，检查牲畜、家禽清洁卫生情况，执行防疫治病工作，并依照规定进行牲畜、家禽检查、记录。

饲养员：按照分工，分别负责所管牲畜、家禽的饲养、管理，如繁殖、育成、挤乳、剪毛及清扫畜舍等工作。

统计员：负责统计、整理全队饲养、生产及病疫防治情况，填写报表；在统计业务上受会计主任领导。

第二十一条　国营农场为配合轮作制及生产实际需要，得设林艺队，设队长一人，并得由分场或作业区林艺技师或技术人员兼任，受分场长或区主任领导，负责办理下列工作：

（一）农田防护林带及园艺苗圃经营计划的拟订与实施。

（二）林艺栽培技术的检查与改进。

（三）林艺病虫害防治计划的拟订及实施。

（四）保证供应职工必需的园艺产品。

第二十二条　国营农场视生产实际需要设灌溉队，设队长一人，受分场长或作业区主任领导，在业务上受工务主任指导，负责办理下列工作：

（一）田间用水计划的提出与执行。

（二）水利道路工程的岁修与养护及改善计划的提出与实施。

（三）临时灌溉渠道的测定与监修。

第三章　附　　则

第二十三条　国营农场应依照本规程并结合本场具体情况，拟定适合生产需要的组织机构，制定各单位办事细则，达到分工专责，密切合作，保证完成生产任务。

第二十四条　国营农场必须建立严格检查制度，在各单位工作执行中，应依照计划及标定，进行逐级检查，以避免事后造成损失浪费；检查中如发现重大错误，应随时报告上级机关及时处理。

第二十五条　国营农场建立会议汇报制度，以发扬民主管理，加强团结合作，及时研究解决问题。

第二十六条　国营农场应建立职工考勤及请假制度，依照生产机关一般规定，并结合本场具体情况制定。

第二十七条　本规程的解释权及修正权，属于中央人民政府农业部。

军马场财务管理办法（草案）

第一章　总　　则

第一条　财务管理是军马场经营管理的一个重要环节。为加强军马场的财务管理，全面实行经济核算，提高经营管理水平，促进生产发展，更好地完成军马生产任务，特制定本办法。

第二条　军马场的财务管理，必须贯彻“以军马为主，农牧结合，多种经营”的方针，坚持勤俭办场的原则，合理、节约土地使用资金，充分发挥财务工作对巩固发展生产的促进作用。军马场的财务管理，必须贯彻“统一管理，分级负责”的原则，在各级党委和首长领导下，依靠群众，做好财务工作。其基本任务是：

一、认真贯彻执行党和国家的财经政策、法令和上级颁发的各项制度、规定和指示。

二、组织财务会计核算工作，建立与健全财务会计制度。

三、加强财务监督，管好用好生产资金，讲究经济效果，发挥资金的作用。

四、准确、及时地计算产品成本和生产盈亏，进行分析、总结经验。

五、及时、正确地编报财务计划和会计报表，全面反映财务活动。

六、严格遵守财政纪律，按规定的用途使用资金，及时上交各种应上交的款项。

第三条　军马场按其隶属关系分，有总后军马部（中国人民解放军总后勤部军马部）直接管理的直属马场和主要通过军马部管理的军区马场。但不论是直属马场还是军区马场，均为实行经济核算的独立企业单位，必须统一组织和领导全场的财务管理和会计核算工作，统一计算盈亏，统一接收上级的捐款并向上级交款，统一办理对外结算业务和在当地银行开户存款，并对上级捐付的固定资产和流动资金负有正确使用和保护其完整的责任。

第四条　军马场的财务机构必须单独设置，不得与其他机构合并。要配备必要的财务会计人员，并保持其相对稳定，不要轻易调动，以保证财务工作的正常进行，逐步提高财务工作水平。

第五条　总后财务部（中国人民解放军后勤部财务部），负责指导总后军马部财务部门和军区财务部门做好军马场财务工作。

第二章　财务计划的编制与执行

第六条　财务计划是军马场财务活动的重要依据之一。必须在年度开始前，根据上级的指示、规定和生产任务，结合军马场的实际情况，编制年度财务计划，并力求先进可靠和必须经过努力才能实现。

直属马场的年度财务计划，应在计划年度 1 月底前上报总后军马部一式两份，由总后军马部审查汇编一式两份，于 2 月底前报送总后财务部审查批准。军区马场的年度财务计划，应于计划年度 1 月底前上报军区军马部一式两份，审核后转报军区财务部复审汇编一式两份，于 2 月底前上报总后财务部，由总后财务部会同总后军马部审查批准。军马场年度财务计划表格和说明，由总后军马部和总后财务部制定。

为了保证年度财务计划的完成，各军马场还应根据批准的年度财务计划指标编制季度和月份财务计划。季度财务计划，应在季度开始后10日内分别报至总后军马部和军区军马部、财务部备案。月份财务计划由场长批准后执行。

第七条　军马场的年度财务计划经批准后，必须坚决执行，不得擅自修改。计划收入指标应及时组织完成，应上交的款项应按规定上交。计划支出指标，应严格控制，切实贯彻无计划不拨款、无预算不开支的原则。如遇特殊情况，需要调整计划时，按规定程序上报批准。

第三章　固定资产管理

第八条　固定资产是军马场的主要劳动手段。军马场的机械、设备、工具、器具、房屋、建筑物等，凡使用年限在1年以上、单位价值在200元以上的，均为固定资产；凡不同时具备上述两个条件的，即为低值及易耗品。役畜、产畜（家禽除外）、经济林、防护林等，一律列为固定资产。为便于划清界限，由总后军马部统一制定“固定资产目录”，下发执行。

第九条　军马场的一切固定资产，都必须计价入账，不得有账外资产。

一、固定资产的价值按下列规定确定：

1. 由基本建设投资新建或新购的固定资产，按移交证明书所列价值入账。购入固定资产的原始价值，包括出厂价、运输、安装、检验和试运转等费用。

2. 用四项费用拨款添置的固定资产，按照实际发生的全部支出入账。

3. 经过改建或改装的固定资产，按照原价加改建或改装的实际费用支出（改建或改装成本减去改建或改装中所得的变价收入）入账。

4. 调入的固定资产，按照拨出单位的原价减去原安装成本加新安装成本入账。

5. 接管和接受捐赠的固定资产，如无原始价值时，可按质评价入账。

6. 在查清财产中发现的账外固定资产，按照重新购置的全部价值入账。

7. 军马场的土地均不作价，但应将土地的数量及其使用情况另做记录调查。

二、军马场对已经入账的固定资产价值，除发生下列情况，不得任意变动：

1. 根据国家规定，对固定资产重新估价。

2. 经上级核准，对个别固定资产重新估价。

3. 原存固定资产补充设备，或者改良装置。

4. 将固定资产的一部分拆除。

5. 按照固定资产的实际价值，调整暂估价值。

6. 订正误记入账的固定资产原值。

第十条　固定资产增加的处理

一、由基本建设单位完成移交生产单位的建筑和安装工程，由建设单位向生产单位办理移交手续，并鉴定工程质量、使用年限、全部工作量或工作时间，确定大修理间隔期。为简化手续，均不估算残值和清理费用。

二、调入的固定资产，由调出单位办好调拨凭证，列明固定资产原值、已提折旧额、耐用年限、全部工作量（或工作小时）、大修理间隔期，调入单位按凭证验收。

第十一条　固定资产减少的处理。

一、固定资产已满使用年限，经过技术鉴定证明不能再修复使用，或牲畜已逾使役年限不能继续使用时，办理清理报废手续。直属马场报总后军马部批准后注销。军区马场报经军区财务部会同总后军马部批准后注销。

二、固定资产遭受意外毁损，属于人力不可抗拒者，直属马场报总后军马部审批。军区马场报军区财务部会同军区军马部审批。总后军马部和军区财务部在批复时，同时抄至总后财务部。属于责任事故，应将毁损情况、应负毁损责任人、事故原因、处理意见同时上报。

三、出售及拆除（包括有价调拨）以及划出、转让土地的批准权限同上。

第十二条　固定资产调拨的处理。

一、军马场内各生产单位之间的固定资产调拨由场长批准，并通知财务会计部门办理具体手续。具体办法由军马场自定。

二、各军马场之间的固定资产调拨。直属马场由总后军马部批准，并通知马场执行；军区马场由军区马场部会同财务部批准，并通知马场执行。

军区马场与直属马场之间和军区与军区之间的固定资产调拨，须报经总后财务部会同军马部审查批准。具体办法由总后军马部规定。

三、军马场的固定资产，在军队内部经济核算制企业之间的调拨，报总后财务部批准，作转账处理。除此以外的调拨，一律作有价调拨，收回的价款上交总后财务部。

四、固定资产调出时，应保持其完整。大修理基金不随固定资产转移。

第十三条　固定资产折旧计算方法及上交规定。

一、固定资产的折旧按其损耗程度确定。必须按照规定提取基本折旧基金和大修理折旧基金。大修理折旧基金留归马场支配使用，基本折旧基金应全数上交。

二、对下列固定资产一律不计提折旧：

1. 土地、公路（包括桥梁）、非安装性的水利工程。

2. 防护林和用材林。

3. 清理中的固定资产，租用的固定资产，经上级批准列入未使用和不需用的固定资产。

三、对下列固定资产，只提基本折旧，不提大修理折旧：

1. 牲畜。

2. 家具用品。

3. 各种成林。

4. 其他不需要进行大修理的固定资产。

四、固定资产中的房屋、中畜、产畜、役畜及家具用品等，凡已列入固定资产的，均须按计提存折旧。减少的固定资产，自减少的下月起，停止计提折旧。

五、固定资产按使用年限计提折旧时，均按下列方法计算：

年基本折旧额＝原值/正常使用年限

按工作量或工作小时计提折旧时，均按下列方法计算：

单位工作量基本折旧额＝原值/全部工作量

固定资产的大修理折旧均按下列方法计算：

年（或单位工作量）大修理折旧额＝全部使用过程大修理成本之和/使用年限（或全部工作量）

六、为简化计算折旧手续，可将固定资产按其性质相同或相似归并为若干类，按下列方法计算出综合折旧率：

年综合折旧率＝某类固定资产基本折旧及大修理折旧总和/某类固定资产原值总和×100％

七、凡固定资产基本折旧已按原值提足而继续使用的，可不再提取；未按原值提足而提前报废的，必须继续提足。

八、基本折旧基金和固定资产变价收入的上交。直属马场在季度终了后十五日内上交总后军马部，军区马场在季度终了后三十日内上交总后财务部。

第十四条　固定资产的登记和保管。

一、军马场须设置固定资产明细账，按固定资产的每一登记对象进行登记，同时应对每一固定资产填制固定资产卡片一式两份，一份由军马场财务部门保存，一份由使用固定资产的部门保存，并随同固定资产转移。

固定资产由使用部门指定专人使用和保管，严防乱拉乱用、无人负责的现象。

二、军马场对各项固定资产（包括不需用和未使用的固定资产），应建立维护保养制度，按时认真进行维修保养。

三、未经批准，任何人均无权将固定资产外借或调给场外其他单位。

第四章　流动资金管理

第十五条　流动资金是军马场用于储备、生产和周转性的资金。流动资金由以下几部分组成：

一、生产储备资金，包括种子、饲料、肥料、燃料、修理用零星配件及材料、其他材料、低值及易耗品等。

二、生产过程中的资金，包括植物在产品、动物饲养在产品、待摊费用等。

三、流通过程中的资金，包括产成品、副产品、自产留用粮油、货币资金和结算资金等。

第十六条　军马场流动资金，由总后勤部（中国人民解放军后勤部）拨款。军马场所需定额流动资金，由总后勤部在已确定投资指标的范围内，根据生产的需要，每年核定一次。不足部分，由总后勤部拨款补足，多余资金上交总后勤部。

季节性和临时性周转资金，应列入年度财务计划，由总后勤部审定借给。

第十七条　军马场必须加强流动资金管理，合理、节约地使用资金，加速资金周转，避免积压。严格禁止把流动资金用于基本建设、大修理、四项费用和职工福利等项开支。流动资金和基本建设资金，必须严格划清界线。

第十八条　军马场必须制定合理的材料储备和消耗定额。加强物资管理，厉行节约，克服浪费，不断地降低资金占用额。财务部门必须经常检查资金的运用情况，以保证资金的合理使用。

第十九条　军马场应把组织收入作为加强流动资金管理的一项重要任务，及时送交产品，及时结算货款，以加速资金周转。

第二十条　军马场所需的材料物资的采购，应在年度开始前，根据生产财务计划，编制年度分季物资供应计划。经计划、财务部门审核报场长批准后，由供销部门组织采购人员按计划进行采购。属于上级代购物资，应按规定提报物资计划，上级按批准的计划进行供应。计划外临时需要的材料物资，必须经计划、财务部门审查，报场长批准后方能采购。

第二十一条　军马场应建立严格的材料物资验收制度。验收内容，应包括质量、数量、规格和技术性能。验收工作，应由保管员或会同技术人员进行，如遇差错，应及时查明原因，并采取有效的预防措施。保管员应对材料物资的完整和安全负责。记好材料物资收付账、卡，做到账、卡、料相符，并对有关材料物资进行必要的保养，防止材料物资短缺、被盗、变质。认真组织回收废旧物资。

第二十二条　军马场的材料价格，除根据国家法令规定外，一律不得自行调整。

一、购入的材料价格由下列因素组成：

1. 供货单位的原价。

2. 由供货单位至军马场仓库的运费、装卸费、税金等。

3. 自设中间转运站的费用。

4. 运输途中的定额耗损。

二、下列费用不得计入材料价格：

1. 采购人员的差旅费。

2. 材料进场后各仓库或生产单位之间的运费。

3. 定额耗损以外的运输耗损。

三、在日常核算中，对各种材料物资可采用实际价格或计划价格。如采用计划价格，在结算成本前，须调整价格差异。在年度开始前，必须编制材料价格目录，经场长批准执行。年度中不作变更。

四、在储存中有自然耗损的材料，由军马场根据当地自然条件，规定耗损定额，报上级备案。

第二十三条　军马场应根据生产任务，规定材料物资的消耗定额、低值及易耗品的配备定额和消耗定额，经场长批准后执行，并定期进行考核修订。按规定配备的低值及易耗品，由单位或个人保管与使用。小农具等，应固定配备到个人，并确定使用年限。对节约材料物资、爱护农具公物的单位和个人，应给予奖励，办法由各场自定。

对低值及易耗品的摊销，可以采取领用时一次摊销、年终盘点估价冲减生产费用的办法，也可以采取领用时和报废时各摊销百分之五十的办法。

第二十四条　军马场的一切产品，在产成时均应进行检量，作为计算产量的依据。不入库即行销售的产品，可予销售时检查。暂不销售或留作自用的产品，于入库时检质检量。大堆的副产品，如饲草、厩肥等，可按体积计算产量。

对库存的材料、物资、产品，应定期进行检查盘点并与财务部门核对账目。如发现超过正常的盈亏，应查明原因，及时进行处理。

第二十五条　军马场的一切产品必须按照国家规定价格或上级规定的价格销售。由上级统一调拨的产品，除批准自用的以外，军马场不得擅自动用。非属上级统一调拨的产品，可以自行销售。销售后，必须及时办理结算、收回价款。

第五章　成本管理和利润的计算与上交

第二十六条　成本是衡量军马场经营管理的重要指标。必须加强成本管理，深入贯彻经济核算制，坚决反对不计成本、不注意经济效果、不求质量和单纯盈利观点。

一、成本管理必须以定额管理为基础。应根据本场的实际情况制定各种经济定额，如劳动定额、功效定额、消耗定额、费用定额及设备定额等。在执行中，及时补充修订，使之逐步趋于完善。

二、成本计划是生产技术财务计划的重要组成部分。必须编好成本计划。年度成本计划，应根据上级的指示、各项消耗定额、上年的实际成本，结合计划年度的具体情况，在分析提高的基础上编制。计划必须先进可靠，并保持与其他计划的平衡。根据年度成本计划，编制季度和月份成本计划，以保证年度计划的完成。年度成本计划，应按年度财务计划，逐级汇编上报。

三、必须认真做好成本核算工作。采取适合军马场特点的核算方法，正确核算产品成本。严格控制各种消耗定额和费用开支，深入挖掘降低成本的潜力。应当计入成本的费用必须计入。费用的分摊，必须合理，不应当计入成本的费用，不得计入成本。

四、对成本计划的完成情况必须进行分析。按月对主要指标的完成情况和经济活动分析。季度和年度的分析材料，应随季度、年度会计报表上报。通过分析，揭示成本管理工作中的薄弱环节，采取有效措施，不断降低产品成本，总结成本管理经验，改进和提高成本管理水平。

军马场的成本核算办法，由总后军马部制定。

第二十七条　军马场必须正确地计算销售收入。主要包括农畜产品、工副业产品等收入。内部基本业务部门与基本建设部门互相提供劳务、运输及材料产品等，均应按成本或现行国家牌价，视为对外销售转账处理；凡是留作下年度的种子、饲料或职工口粮的产品，及转作役畜和产畜的成龄大牲畜，经上级批准，可视同销售处理。自产粮、料等产品，可按当地国家收购牌价计算。转作役畜和产畜的成龄大牲畜，可按上级规定的价格计算。年末未销售的产品和半成品、幼畜及育肥畜，均应按实际成本结转下年。

第二十八条　军马场的利润（或亏损），必须按照销售收入减销售成本（包括销售费）加减营业外损益计算。营业外损益包括下列各项：

1. 租金收入：由于对外出租固定资产而发生的净收入。

2. 其他收入：由于非经营而发生的收入，如收回以前年度的坏账损失等。

3. 精简职工费用：包括随行家属的差旅补助费。

4. 积压物资的销售损失。

5. 职工子弟学校经费补助。

6. 坏账损失。

7. 非常损失：由于自然灾害和传染疾病而发生的损失。农业遭受自然灾害，大面积死亡失收，其已发生的费用，报经上级批准后，作为非常损失处理。如在当年进行补种，应由补种作物负担的费用（如耕地费用、肥料费用等），不得列入非常损失。畜牧大批发生人力不可抗拒的死亡，减除处理收入后的净额，报经上级批准，可列入非常损失。

8. 职工生活的粮食、煤炭运费：交通不便的军马场，当地又无粮食、煤炭供应单位，需自行组织购运的费用。

以上第 3～7 项须批准后才能列入。

第二十九条　军马场的利润，除按规定提取奖金外，必须按规定上交。直属马场在年度终了后四十五日内上交总后军马部；军区马场在年度终了后三十日内上交军区财务部；总后军马部和军区财务部于年度终了后六十日内全部上交总后财务部。

第六章　会计核算

第三十条　会计核算是军马场经营管理的重要工具。必须切实做好会计工作，贯彻经济核算，厉行增产节约，改善经营管理。

一、必须认真贯彻执行国务院颁发试行的《国营企业会计核算工作规程（草案）》，建立健全会计核算制度，认真地记账、算账、报账、查账，保护和监督国家财产不受损失，并不断获得最大经济效果。

二、会计核算工作，必须正确、全面、及时地记录，反映财产和资金的增减变化情况和成本升降及费用开支情况。严格监督财产和资金的妥善管理和合理使用，认真检查和分析财务、成本计划的执行情况，为经营管理和编制计划提供确实可靠的会计资料。

三、处理一切经费、物资的收付会计业务，必须取得合法的原始凭证。实在无法取得原始凭证时，由经手人出具书面证明，经单位首长批准后方可作为原始凭证。原始凭证必须经过严格审查，才能作为记账的根据。

四、必须按照上级的规定，正确地设置和使用会计科目。根据科目的内容，处理账务，设置账户。登记账簿不得乱用科目，乱设账户。

五、必须设置总账，库存现金、银行存款日记账，以及固定资产、各种物资、债权债务，基本建设拨款，业务收入、费用开支明细账等。账簿可以采用订本式、活页式和卡片式，但不得以单据和表格代替账簿。

账簿的记载，必须连贯、详细、全面地反映财务活动情况，并做到记载及时，内容完整，数字正确，摘要清楚，账证相符，账账相符。

账簿书写要求字迹清楚，整齐清楚。记账发生错误时，应分别采取“红线定正法”

“红字冲正法”“补充记账法”进行更正，不得挖补、涂抹或使用化学药水改账。

六、必须按月份、季度、年度编制会计报表，正确反映资金使用情况、成本升降情况和经营活动成果，并按规定上报。会计报表必须根据核对无误的账簿记录编制，必须做到账表相符。月份会计报表，于月份终了后十日内编出，报场长审查批准。格式由军马场自定。季度会计报表，直属马场和军区马场应在季度终了后十五日内分别上报总后军马部和军区财务部备案。年度会计报表，直属马场应在年度终了后四十五日内上报总后军马部一式两份，由总后军马部审查汇编一式两份，于年度终了后七十日内送总后财务部审查批准，并办理结算。军区马场的年度会计报表，应在年度终了后四十五日内上报军区军马部一式两份，审核后转报军区财务部复审汇编一式两份，于年度终了后七十日内报总后财务部，由总后财务部会同总后军马部审查批准，并办理结算。

军马场会计核算办法和年度会计报表由总后军马部会同总后财务部制定。

第三十一条　军马场的财务部门，必须配备专职的出纳人员，设置安全金库。会计员不得兼任出纳员。出纳员必须根据财务会计审核并经批准的原始凭证收付款项，不得开空白支票，不得以其他凭证抵作库存现金及其他货币资金。必须每日核对库存，保证账款相符。

第三十二条　军马场必须与当地人民银行商定库存限额，接受人民银行对货币的管理与监督。超过规定限额的现金，必须随时存入银行。采购人员到外地采购物资，除差旅费可携带现金外，不得携带购货现款和空白支票。货款支付必须通过银行办理。

第三十三条　军马场不得向职工借支公款。如因伤病和其他原因要求借支时，应按规定经场长批准，由福利基金内借给，并按期从本人工资内扣还。出差人员必须按规定期限报销结算，剩余的差旅费借款应及时如数退还，不得拖欠或占用。

第三十四条　及时清理债权债务。对一切应收的款项，必须及时催收。对一切应付的款项，必须及时偿还。对暂付的款项，必须督促有关部门和人员及时报销和偿还，不得长期挂账。对应上交的款项，必须按规定及时上交，不得拖欠。如不按规定上交，上级有权扣拨款项，或通知开户银行冻结存款。

第三十五条　会计人员必须严格贯彻执行国务院颁发的《会计人员职权试行条例》，认真履行自己的职责和权利。对一切不合制度手续的开支，事前有权拒绝支付，事后有权拒绝报销。对于违反财政纪律的行为，有权越级上告。对一切铺张浪费、违法乱纪、贪污盗窃、破坏公共财产的行为，必须坚决进行斗争。

会计人员调动工作时，必须做好移交，否则不得离职。移交时，应先结账，然后编制移交清册，除移交账簿、报表、文件、现金等外。还应向接收工作的会计人员介绍工作情况，以便工作正常进行。

第七章　基本建设投资财务管理

第三十六条　基本建设投资，是指用于军马场新建或扩建所进行的建筑安装工程、购置机械设备、开荒造田、植林、组成或扩大基本畜群等的资金。基本建设投资的资金，全部由总后勤部拨款。军马场不得占用应上交的收入或挪用流动资金、四项费用等自行搞基本建设。基本建设资金必须专款专用，不得用作流动资金和基本建设以外的其他用途。

第三十七条　军马场进行基本建设所需投资，必须事先编造基本建设投资预算，经批准后才能进行。

基本建设投资预算的编报：

一、军马场的新建或扩建，必须在开工前根据批准的规划，编制基本建设投资预算。直属马场编制一式两份，报总后军马部审查汇编一式两份，送总后财务部审查批准。军区马场编制一式两份，报军区军马部审核后，转报军区财务部复审汇编一式两份，报送总后财务部，由总后财务部会同总后军马部审查批准。军马场的基本建设投资预算的格式和说明，由总后军马部会同总后财务部制定。

二、军马场在编报预算时，除对编制内容进行详细说明外，还应说明建场地址、生产任务、职工人数、基建材料来源、开竣工日期；扩建军马场应说明扩建项目、目的、增加的生产任务、职工人数、基建材料来源、开竣工日期。

三、军马场的基本建设，必须按照批准的基本建设投资预算进行。生产建设和非生产建设之间，工程和机械设备以及马匹购置之间，不得自行调剂。如确实需要变更时，须按原预算批准程序上报批准。

第三十八条　军马场的基本建设拨款，由军马场根据批准的年度基本建设预算、工程进度、机械设备和马匹的购置情况提出申请，经总后军马部和军区财务部审查编制季度分月用款计划一式两份，于季度开始前上报总后财务部审核拨款。用款计划，应包括军马场名称、批准预算总数、已拨款数、申请用款预算批准项目及说明等内容。

第三十九条　军马场的基本建设决算，必须单独编报。报送时间、编报份数、审批程序同年度会计报表。基本建设全部竣工后，预算拨款有结余应立即上交。剩余材料不准列入工程决算内报销，并及时处理归还预算拨款。如因特殊情况无法处理或处理后发生损失，经上级批准，可将之列入决算报销。

第四十条　需要跨年度的工程，必须报经原预算批准单位批准，并列入下年度的投资预算内。跨年度工程，指房屋建筑、水利建设、道路、桥梁等，在原批准预算项目内，当年已经施工但尚未完成，必须跨下年继续完成的工程项目。本年度为下年度备料的资金，可列入本年度拨款计划内，但不列作本年工作量。

第四十一条　基本建设竣工，经验收交接后，应及时转作固定资产管理，除不增加固定资产价值的应报销项目外，应全部转入“国家基金”。

第八章　四项费用管理

第四十二条　军马场的四项费用，包括新品种（指作物试种和牲畜育种，下同）试验费、技术组织措施费、劳动安全保护费、零星固定资产购置费。四项费用，由军马场按照总后勤部下达的指标，列入年度财务收支计划内。四项费用必须专款专用，不得用作其他开支。年终结余不上交，继续留作下年度开支。

一、新品种试验费，是指由国外或外地引入，当地从未种植过的作物的试种费，以及未进行过的牲畜育种改良的试验费。作物试种费，包括种子、种苗的原价及运费，耕作费，肥料及农药费，以及必须购置的小型专用工具等。试种产品出售的价款，应冲减试种费用。

二、技术组织措施费，是军马场为了提高牲畜的产量质量、提高作物单位面积产量、降低成本以及为提高劳动生产率和设备利用率等所购置的小量固定资产和机械设备的改装费用，其内容为：

1. 经上级批准的畜牧业小型机械和电器设备。采取技术措施所用的人工、材料和其他费用，属于消耗性而不增加固定资产的，应列入生产成本。

2. 经上级批准的新的机耕作业项目所需的设备和改装费。

三、劳动安全保护费，是军马场为改善劳动条件，防止伤亡事故，预防职业病、职业中毒等采取的措施需要增加固定资产的费用。不增加固定资产的费用，应列入生产成本。

四、零星固定资产购置费，是军马场除上述三项费用外，购入生产需要的零星而又未列入基本建设预算的费用、调入固定资产的运费和经上级批准的零星基本建设。

第九章　专用基金的管理

第四十三条　军马场的专用基金，包括企业基金，以工资附加费形式提存的医药卫生补助金、福利补助金、工会经费、劳动保险金，大修理基金。

一、企业基金，是在完成上级批准的年度计划指标，由实现的计划利润和超计划利润或从减少计划亏损的差额中提存的专用基金。提奖办法和使用范围，由总后军马部另行规定。

二、以工资附加费形式提存的医药卫生补助金、福利补助金、工会经费、劳动保险金。各项专用基金的提存比例和使用范围，均按照同类国营企业的国家规定执行。工资附加费，按工资总额提取 8%。其中，医药卫生补助金 3%，福利补助金 2%，工会经费 2%，劳动保险金 1%。

劳动保险金和工会经费的使用，应分别按《中华人民共和国劳动保险条例》和《中华人民共和国工会法》的规定办理。

医药卫生补助金，用于职工疾病、因公或非因公负伤医疗费，军马场附设医疗机构的医务经费（包括医务人员工资），职工工伤就医路费，以及给予职工供养直系亲属医疗费总额的50%的医疗补助费。

福利补助金，用于补助集体性福利事业（包括食堂、浴室、理发、托儿所等）的经费差额的补助，但不包括炊事人员工资。

三、大修理基金，应按规定办法提存，用于固定资产的大修理。必须专款专用，不得用于基本建设、技术组织措施和其他支出。

中国人民解放军总后勤部财务部

1963年10月17日

军马生产报告制度（草案）

为了及时掌握军马生产计划、进度、阶段完成情况，以利于指导生产，除军马部原规定年度生产财务计划、统计季报、年报外，在业务上要求执行如下正常的生产报告制度。

一、配种产驹计划报告制度

每年二月份报告一次，主要内容如下。

（一）配种计划

1. 根据配种任务，按母马品种、配种方式（人工授精、辅助配种或群牧本交）分别拟订。

2. 接种公马（种公驹）品种、等级、年龄、配种方式、配种能力，分别拟订配种负担量。

3. 根据军马育种要求，拟订选种选配计划。

4. 种公马在准备期、配种前期和配种期的饲养管理方案，和在配种前的配种能力测定计划。

5. 人工授精器材、药品的准备，和配种站房屋、设备等的修缮计划。

6. 对上年未受胎母马及流产母马的检查和治疗计划。

（二）产驹计划

1. 保胎措施。

2. 产驹准备工作。

3. 母马产前产后饲养管理计划和护理计划。

4. 接产、助产安全措施。

（三）人员组织和培训计划

1. 劳动力的安排。

2. 技术力量的配备。

3. 技术力量的培训。

二、配种产驹期间阶段生产电讯快报制度

（一）报告内容及代号

已配母马累计匹数　　代号 601

已受胎母马累计匹数　　代号 602

母马产驹累计匹数　　代号 603

成活幼驹累计匹数　　代号 604

（二）上述电讯快报每半个月报告一次，每月 1 日及 16 日报出

其起止日期如下：

601、602：由 4 月 1 日开始至 8 月末止。

603、604：由 3 月 1 日开始至 7 月 15 日止。

三、阶段生产总结报告制度

1. 马配种、产驹总结报告。内容要求：按配种、产驹计划要求，总结完成计划情况（数字统计根据 1963 年 2 月修订的养马的思想办法中的附表 7、8 计算），并分析在这一阶段中取得的经验、教训。

2. 羊产羔、剪毛总结报告。内容要求：按年度生产财务要求，总结完成计划情况，并分析在这一阶段中取得的经验教训。

3. 提出时间。马配种、产驹总结在 9 月 15 日前报出；羊产羔、剪毛总结在产羔、剪毛结束即时报出。

四、生产简报制度

每月月底前报告一次，主要内容要求：

1. 生产活动情况。包括生产进度、成绩、经验以及饲养管理、放牧、轮牧技术措施等。

2. 保胎情况。

(1) 保胎措施。

（2）本月发生流产数、累计流产数。

（3）流产原因和防制措施。

3. 抓膘、保膘情况。

（1）抓膘、保膘措施。

（2）膘情情况：

总马数，匹，其中

一类膘，匹，占　　%

二类膘，匹，占　　%

三类膘，匹，占　　%

（3）分析膘情升幅度、升降原因和采取的措施。

4. 马匹减损情况。

（1）本月大马减损匹数：

其中，传染病死　　匹，占　　%

一般病死　　匹，占　　%

事故死亡　　匹，占　　%（说明事故原因及处理办法）

（2）本月当年幼驹减损匹数，原因。

5. 其他畜牧生产活动和措施（包括牛、羊、猪产仔成活、受胎、死亡等情况）。

6. 9—10 月报越冬准备工作情况。

五、专业性报告

如军马及其他家畜育种规划、阶段进行情况、草原调查、草原改良、试验研究等工作，根据各场情况，适时提出、报告。

六、年终总结报告

1. 主要内容。

（1）年度生产财务计划各项生产指标统计数字与年报相符。

（2）在提高繁殖成活率方面，采取的措施和完成的情况。

（3）取得的经验、教训。

2. 提出时间。一月下旬以前报出。

中国人民解放军总后勤部军马部
1963 年 10 月 28 日

国营农场农业生产规章（修订草案）

第一章　总　　则

第一条　国营农场经营农业，必须充分、正确地利用、保护土地和各种农业资源，使生态系统向着有利于人类的方向发展，不断提高生产水平和经济效果。

第二条　农业生产是农场各项生产的基础。要贯彻执行“一业为主，多种经营”的方针，根据自然、经济和人力条件，发挥优势，扬长避短，确定主业和多种经营的内容。

要改良土壤，实行用地与养地结合，不断提高土壤肥力。要有计划、分步骤地把现有的耕地建成高产、稳产农田。

有开垦条件的农场，要在保证种好已有耕地的基础上，有计划地扩大耕地面积。

第三条　要积极应用现代科学技术，逐步实现对农业的技术改造，提高生产管理水平，不断增加产量，提高质量，降低成本，提高劳动生产率、商品率、利润率，在农业现代化中发挥示范带头作用。

第四条　发展农业生产力实行生物技术措施相结合。不同时期，每个农场要根据生产条件、生产力水平和生产的需要，有不同的侧重。要因地制宜地建立轮作、耕作、施肥、良种繁育、灌溉排水、植物保护等制度。

要坚持农业机械化的方向，充分发挥农业机械的效能，使农艺和农机紧密配合。机械作业要满足农业技术要求，农业技术措施要为利用机械、发挥机械效率创造条件。

第五条　农场组织生产的基层单位是生产队。各种技术制度的建立和贯彻执行，都必须落实到生产队。

第二章　轮　　作

第六条　国营农场应当根据确定的生产经营方针和各种作物种植比例，在进行土地规划的基础上，实行科学的轮作制度。

第七条　正确、合理的轮作制度的标准是：

1. 既符合农场的生产经营方针，能够完成规定的生产任务，又能充分发挥当地自然条件和经济条件的优势，体现因地制宜的原则。在必须实行灌溉的地区，符合水土平衡的要求。

2. 符合农业技术要求，在充分利用土地的基础上，能够不断地提高土壤肥力，有效地防除农作物病、虫、草害，保证农作物产量的不断提高。

3. 有利于促进农、林、牧三业紧密结合和多种经营的发展；能够在不违农时的条件下，使劳力、畜力、机械设备得到充分而均衡的利用。

第八条　轮作中的茬口安排，必须全面分析当地的生产条件和农作物的生物学特性，既要使生长季节得到充分的利用，适当地提高复种指数，又要注意土壤肥力的培养，保证全面、稳定的增产。应当尽量使前茬作物为后茬作物创造良好的生育条件，尤其是主要作物应当安排在最好的茬口上。同时还要为建立正确的耕作、施肥、灌溉、排水以及植物保护等技术制度创造条件。

第九条　轮作制度实行后，要有相对的稳定性，不要轻易改变。

生产队在安排轮作时，可以根据土地条件和实际需要，将一些零星的土地，或有计划地划出少量的耕地，作为非轮作地，用以种植一些面积很少、不便于参加轮作的作物，以及安排一些临时性的生产任务。非轮作地，也应当按照农业技术要求，合理换茬。

第三章　耕　　作

第十条　国营农场要建立与当地自然特点和轮作制度相适应的土壤耕作制度。

正确的土壤耕作制度，应当能够有效地调节土壤水分、空气、温度和微生物活动状况，改善耕层土壤结构，发挥土壤肥力，提高抗旱、抗涝能力，减少杂草和病、虫害，并且能够保障不违农时，高质量、低消耗地完成任务，为农作物的丰产丰收创造条件。

第十一条　每一项耕作措施的实施，都要根据当时的气候、土壤和栽培作物状况，有明确的目的性，讲究经济效益，反对盲目耕作。要根据不同地区、不同土壤的特点制定土壤耕作制度。干旱地区的耕作，要有利于积蓄和保存土壤水分；低洼易涝地区的耕作，要便利田间排水防渍；盐碱地区，则要通过耕作防止盐碱上升；土质黏重、结构不良的土壤，或者长期浸水的水田，需要利用晒垡、冻垡等办法来促进土壤风化，改善土壤结构；坡地的耕作，则要防止水土流失。

第十二条　要根据农作物的根系特性和表土层的厚度，在一个轮作周期中，有计划地交换耕翻深度，并且定期进行深松土，避免造成坚实的犁底层。在非灌溉土地上，如果前作物已有深耕的基础，可以用耙茬代替翻耕。干旱地区，为了保蓄土壤水分，防止风蚀，要重视少耕法的应用。

耕翻的时间，一般在作物收装后，愈早愈好，但是必须在干、湿适度时进行，以保证耕作质量。

第十三条　播种前的整个作业，在不同地区、不同土壤、不同茬口和不同耕翻基础的条件下，要各有相应的措施，纳入土壤耕作制度。要尽量采取复式作业，提高效率，降低成本。

第十四条　播后耕作要根据农作物的特性和气候、土壤情况，并且结合追肥、灌溉、排水、除草等措施，确定需要进行的作业，作为土壤耕作制度的组成部分。

第四章　肥　　料

第十五条　国营农场使用肥料，要以有机肥料为基础，有机肥料和化学肥料并重。既要利用有机肥料含有大量有机质和多种营养元素、肥效持久的特点，有计划地改良土壤，培肥地力，增加团粒结构，又要利用化学肥料肥分高、肥效快的特点，保证当年农作物的产量。

第十六条　种植绿肥，是国营农场解决有机肥料的重要途径之一，要将绿肥作物纳入轮作计划，积极发展复种绿肥。尤其要重视豆科绿肥。有条件的农场要发展水生绿肥。

作物秸秆，除去用于工副业原料和畜牧生产等需要外，应当尽可能用于沤制沼气，成为腐熟的有机肥，或直接返还田内，充做肥料。禁止在田间将秸秆烧掉。

必须建立积肥制度。生产队要建立常年积肥、造肥、运肥组织，规定具体任务，并制定适当的奖励或计酬办法；同时鼓励职工家属饲养畜禽，积肥投肥，按质量给以报酬。积肥、造肥必须讲究质量，保持肥效，反对只求数量，不顾质量，浪费劳力和运输力，收不到经济实效的积肥、造肥办法。禁止在坡地铲草皮积肥，防止水土流失。

化肥的运输、贮存，必须根据各种化肥的特性，防止受潮、损失肥分和其他事故。化肥要建库保管。

第十七条　要根据各种农作物的需肥特点及其在轮作中的地位，结合定期的土壤养分测定和肥源情况，制定科学的施肥制度。做到因地、因作物施肥，协调氮、磷、钾肥的比例，注意补充微量元素肥料。

有机肥料应作为基肥集中轮施；化肥要采取深施、分层施等先进的方法，选择适宜的施肥时期，保证肥效的充分发挥，提高肥料的利用率。

第五章　良种繁育

第十八条　国营农场要按照种子生产专业化、加工机械化、质量标准化、品种布局区域化的要求，建立健全良种繁育体系，逐步做到以农场或垦区为单位统一供应标准化的种子。

第十九条　国营农场的种子生产专业化体系，由原种场（站）、良种繁殖场（队）和种子加工厂组成。

原种场（站）：可以在场内设置，也可以按作物品种布局区域设置。主要任务是繁殖原种，生产提纯复壮原种（包括自交系、不育系、保持系、恢复系的提纯），承担新品种的区域试验和引种鉴定，以及良种生产的技术指导。原种场（站）不承担其他生产任务。

良种繁殖场（队）：一般在农场内设置。主要任务是繁殖原种场（站）提供的原种，配制杂交种，为种子加工厂提供材料。农场可以根据生产规模、种植作物种类和品种情况，设立一个或若干个良种繁殖场（队）。

种子加工厂：根据加工的任务，可以附设在专业种子生产单位，也可以单独设立。负责进行种子烘干、精选、分级、拌药、包装等加工处理，为生产队提供标准化种子。

第二十条　种子的专业化生产，要建立在可靠的基础之上。原种场（站）、良种繁殖场（队）的土地，要优先建成旱涝保收的农田，配备足够的农业机械和生产设施，及时供应必要的生产资料，按照种子生产的特点，施行相应的栽培管理措施。

专业种子生产单位，要按照供种范围，与用种单位签订合同，生产足够的、符合质量要求的种子。必要的备荒种子，由农场或垦区统一安排生产和收贮。

第二十一条　各级种子田的收获都要适时，要建立防止品种混杂的严格制度。

种子的贮存、保管要有专人专库，要建立责任制，定期检查，严防种子在贮存期间发生混杂、降低发芽率等事故。

第二十二条　垦区和农场的种子管理部门要建立种子检验室，对原种场（站）、良种繁殖场（队）生产的，经过种子加工的种子进行检验，确定质量等级。大田生产用的种子，不得低于三级良种标准。杂交玉米和高粱种子不得低于二级标准。

第二十三条　新品种的推广，必须经过当地两年以上的品种比较试验，证明比原推广品种的原种显著增产。农场内每种作物的主栽品种只能有一二个，防止品种的多、乱、杂。

推广没有经过区域鉴定的品种，使用不合质量标准的种子，造成生产损失或用种浪费的，应当追究责任。

第六章　灌溉、排水

第二十四条　国营农场要建立气象、水文观测制度，系统地积累资料，作为制定科学的灌溉、排水制度和指导生产的依据。

有灌溉设施的农场，应当根据当地的气候特点、土壤条件和作物的需水规律，拟定各种作物的灌溉制度。每年要根据气象预报、来水量估算和作物种植计划等，编制年度用水计划，实行计划用水，提高灌溉的效益。

在不灌溉就不能种植的地区，每年都要进行水土平衡计算，根据可能来水量确定种植面积。

输水渠道渗漏严重的，要采取防渗措施，提高灌溉水的利用率，扩大灌溉面积。

第二十五条　要因地制宜地选择灌溉方式，应用先进的灌溉技术，做好田面平整，提高灌溉质量，充分发挥灌溉水的增产作用。

旱田作物要根据条件实行喷灌、沟灌、畦灌。实行喷灌的，要按地面比降和土壤渗水能力，确定喷水强度和喷水量，不得形成地表径流。实行沟灌、畦灌的，要掌握灌水定额，严禁大水漫灌。

实行淹灌的稻田，也要按照水稻生育规律灌水，控制水层，节约用水。不要串灌、串排。

灌溉地必须有畅通的排水出路，不能只灌不排，防止土壤次生盐渍化或次生潜育化。

第二十六条　建立在盐碱土地区、沼泽土地区以及其他易涝地区的农场，必须将排水工作放在首要地位。要建立地下水的定期观测制度，研究地下水位和地下水矿化度的变化规律，作为拟定排水措施和改善排水工程的依据。

易受雨季降水渍涝的农场，要掌握当地的降水规律，根据不同情况，进行截流，防止外水侵入，或者采取直接排除渍水等措施。

受江、河、湖泊泛滥威胁的地区，必须有严格的防汛制度，在汛期到来以前，要准备好必要的防汛器材，建立起严密的防汛组织。

第二十七条　有水利工程设施的农场，必须建立水利工程管理制度，加强岁修、养护和清淤工作，保证工程设施经常处于完好状态。

一般工程的经常管理、维修，应分段划给有关的生产队负责；重点工程、枢纽工程和技术性较强的维修、养护，应配备专业人员常年进行。

第二十八条　具有独立灌、排水系统的垦区和灌溉、排水任务较大的农场，都应建立专门的水利管理机构，负责用水、排水管理以及水利工程、灌排机械和机井的管理工作。采用机电灌、排的农场，对灌、排站和电机电井，要建立运行记录制度。

第七章　植物保护

第二十九条　防止农作物病、虫、草害的方针是“预防为主，综合防治”。农场必须建立病、虫、草害的预测、预报制度。生产队要指定专人负责进行病、虫、草情的调查，由农场植保专业机构或专业人员汇总，及时做出分析和预报，拟定有效的措施，适时防治。

第三十条　防治农作物病、虫、草害，必须以农业防治为基础，采取农业防治、化学防治、生物防治和物理防治相结合措施。

农业防治方面，要因地制宜地推行轮作，及时翻压作物残茬，清除作物残株和杂草，选用抗病、虫的品种，严格进行种子处理，调整播种期，消灭病、虫害的中间寄主，实行科学的肥、水管理等。

化学防治方面，要根据药剂的性能和病、虫、杂草为害的特点、规律，坚持防治标准，选择最适宜的时期，采用高效、低害、低残留的药剂和经济的施用方法。为了提高防治效果，要避免长期使用单一药剂品种，尽量做到几种药剂交替使用或科学混用。

生物防治方面，要在普查害虫天敌的基础上，积极保护和利用天敌，推广天敌的饲养、繁殖、助迁、移殖以及应用微生物制剂的先进经验，提高生物防治的效果。

物理防治方面，要根据条件推广黑光灯诱杀害虫等措施。

第三十一条　要建立健全农药、药械的使用管理制度。农药应有专人、专库、建账保管，领用农药要有一定的手续，常用农药应当有必要的储备。施药器械要及时保养、维修，经常处于完好状态，以保证及时防治。

对保管、配制、使用农药的人员，要进行安全和技术教育。配制、使用农药，要发给必要的防护用品，防止中毒事故。对剧毒农药，一定要认真执行《剧毒农药安全使用注意事项》的规定。

第三十二条　必须认真执行国家对植物检疫的有关规定。调出的种子、种苗、苗木，都要经过植物检疫部门或指定的检疫人员进行检疫，履行批准手续，防治农作物的危险病、虫、杂草的传播蔓延。

第八章　技术责任制

第三十三条　国营农场要实行技术责任制。总农艺师在场长的领导下，对农场的农业生产和技术工作，负全部责任。总农艺师必须具有农艺师以上的技术职称，有十年以上的技术工作经历。农场应根据需要和可能条件，给总农艺师配备一定的助手，组成场部的农业生产指挥和技术管理机构，统一管理农业生产和技术工作。

设有总农艺师的农场，不另配备农业副场长。暂时没有设置总农艺师的农场，要在场部主管生产的科、室内，委派一名技术干部，负责全场的农业技术工作。

生产队应该根据具体条件配备农业技术干部，负责生产队的技术工作。

第三十四条　总农艺师的主要职责权限：

1. 认真贯彻党和国家发展社会主义农业的路线、方针、政策。

2. 根据国家规定的生产方针和任务，提出全场的年度农业生产计划和长远生产规划的建议；主持制定农业科技规划和轮作、耕作、肥料、良种繁育、灌溉排水、植物保护等技术制度，以及其他各项增产措施和操作规程，审查农业技术改造措施和农业建设投资。

3. 深入生产实际，及时、准确地掌握和分析全场农业生产情况和问题；负责全场的农业生产部署、技术指导和科学实验；检查技术制度和增产措施、操作规程的执行情况；对于违反技术制度、增产措施、操作规程，以及其他不合乎农业技术的事项，有权制止和纠正。

4. 制定全场种子、化肥、农药及其他农用物资的分配、调度计划，并检查其保管和使用情况。

5. 总结、交流、推广农业生产技术经验，汇集、整理全场的技术资料，按时提出农业技术总结报告。

6. 组织全场的农业技术学习。在有关部门配合下，负责全场农业技术人员的技术考核。

7. 对全场农业技术人员的任免、调动、奖惩，提出意见和建议。

8. 对于农业技术事故造成生产上的损失，负责做出结论，并承担应负的责任。

第三十五条　生产队农业技术干部的主要职责权限：

1. 根据轮作制度和当年的生产任务，拟定生产队的生产计划和作业计划。

2. 掌握气象、水文、土壤情况，制订各个田块的技术设计，贯彻各项农业技术措施，协助队长调度机具、劳力、畜力进行作业。

3. 负责田间作业质量的检查和验收。对于质量不合要求的作业，有权及时制止，或要求返工。

4. 负责病、虫害和杂草的调查，及时反映；检查种子、肥料、农药的保管工作。

5. 及时总结本队的生产技术经验，认真填写土地利用档案；负责本队的农业技术培训。

6. 参加检查本队发生的农业技术责任事故，并承担应负的责任。

第三十六条　农场职工在工作和生产中，要尊重自然规律和科学技术原理，严格遵守各项技术管理和规章制度。农场各级领导干部要带头努力学习农业科学技术，学习先进的生产管理方法，成为称职的领导者。要认真听取技术人员有科学根据的意见，并且教育全体职工尊重技术人员的职权，支持技术人员在生产技术工作中勇于负责，发挥应有的作用。

第三十七条　为了加强技术管理，农场要逐步充实必要的图书、技术资料和测试、鉴定等技术设备。

第三十八条　多制定各项农业生产技术制度和增产措施，要发动工人群众认真讨论，最后由农业技术负责人签署负责。

确定了的生产技术制度和增产措施，任何人不能随意改变。如果发现有不妥之处，或因天气的变化不能实行，应该积极提出修改意见，但是在没有做出修改以前，所有人都必须遵守。

第三十九条　国营农场的技术管理在建立生产技术制度和技术责任制度的基础上，还必须建立以下几个制度：

1. 作业质量的检查、验收制度。

2. 新技术、新品种的试验、示范推广制度。

3. 土地利用档案和积累技术资料的制度。

4. 技术培训和考核制度。

5. 奖惩制度。

第九章　附　　则

第四十条　各省、市、自治区的农场管理部门，可以根据本规章的精神，结合本地区情况，制订具体规定。

本规章解释和修改权属农垦部。

中华人民共和国农垦部

1981 年 4 月 17 日

国营农场畜牧生产规章（草案）

第一章　总　　则

第一条　畜牧业是国营农场（包括国营牧场，下同）农业生产的重要组成部分。为了充分利用自然资源，满足人民生活日益增长的需要，提供畜产品加工的原料和出口的货源，为种植业提供有机肥料，广开生产门路，增加收益，国营农场要加快畜牧业的发展，积极提高畜牧业在农业中的比重。

第二条　农场要贯彻农林牧相结合的原则，因地制宜地安排畜牧业生产。要实行专业化经营和各种形式的联合，举办畜产品加工、冷藏和销售业务。

第三条　农场发展畜牧业生产，要放宽政策，取消各种“禁养”和“限养”的规定，在加速发展公养畜禽的同时，要积极扶持职工发展家庭饲养业，在饲料、种禽、种畜、防疫和产品销售等方面给予帮助。

第四条　要应用先进技术装备和科学饲养方法，不断提高畜产品的产量和质量，提供优良种畜、种禽，加强经济核算，降低成本，增加盈利，在畜牧业现代化建设中，发挥示范带头作用。

第二章　良种繁育

第五条　国营农场要加强畜禽良种繁育工作，建立、健全良种繁殖体系，逐步实现畜禽良种化。

第六条 垦区要建立专业的种畜、种禽场，提供优良种畜、种禽。畜牧比重大的农场，要建立专业种畜队，繁育良种，为其他生产队提供种畜、种禽和杂交亲本。

第七条 农场要根据畜禽品种区域规划，制定本场的育种方案，积极开展良种繁育工作，引进的良种和地方良种，要适当集中饲养，并保证种用畜禽所需要的饲养管理条件，使其优良性状得以保存和提高。

第八条 要制订良种畜禽繁育制度，所有种畜、种禽都要编号登记，定期鉴定分级，加强选种、选配，建立种畜、种禽档案和各项记录，固定专人记载和保管。

第九条 要积极推广人工授精和冷冻精液技术，充分发挥优良种公畜的作用，努力提高母畜的繁殖率。建立种公牛站或冷冻精液分发站、液氮供应站，要统筹规划，合理布局。

第三章 饲料生产和供应

第十条 国营农场必须根据畜牧生产任务，广开饲料来源，安排好饲料生产，保证畜禽的需要。根据饲料条件，确定发展畜禽的种类和数量，实行以料定畜，做到料畜平衡。

第十一条 农场应划出一定面积的耕地作为青饲料地，以满足畜禽对青绿、多汁饲料的需要。实行草田轮作制的农场，要加强草田管理，努力提高产草量。

第十二条 以生产谷物为主的农场，应根据全年畜禽生产计划留足饲料粮。饲料粮要检斤验等，以质论价。国营农场生产的糠、麸、饼、渣等，应首先满足畜禽的需要。各种饼类应先作饲料，再以粪肥上地，不应直接用作肥料。

第十三条 以牧为主的农场和畜牧专业队的耕地，要按照畜禽的需要，优先安排饲草、饲料的生产。

第十四条 农场应逐步建立专业化饲料工厂，统一生产和供应配合饲料。

第十五条 农场要制定出合理的料肉比、料蛋比和料奶比等标准，按生产畜产品的数量和质量供应饲料，一般不应采取按饲养头数供应饲料的办法。

第十六条 要十分重视粗饲料的生产和贮备，安排好套种、复种，扩大饲草来源，并做好各种作物秸秆的收集。逐步增建青贮窖（塔），积极制作青贮饲料。牧区必须适时收贮足够的牲畜越冬饲草，提高抗御灾害的能力。

第四章 饲料管理

第十七条 国营农场要根据当地条件和饲养方式，制定出各种畜禽的饲养管理和操作规程，并认真贯彻执行。根据畜禽的需要和当地饲料种类，合理配给日粮，实行标准饲养，提高饲料报酬。

第十八条 对饲草和饲料要经常进行品质检查，不得用发霉、变质、有毒的饲草、饲料饲喂畜禽。要保证畜禽有充足的清洁饮水，不得饮脏水，防止寄生虫等疫病的感染。

第十九条　农场饲养畜禽，特别是母畜和仔畜，要有足够的畜舍棚圈。畜舍棚圈要防寒避暑，坚固耐用，适于大群饲养和机械操作。

第二十条　要合理组群，分群管理，及时淘汰老、弱、病、残和低产畜禽，增加牛、羊的母畜比例，改变目前畜群结构不合理的状况，努力提高出栏率和商品率。

第五章　草场建设

第二十一条　国营农场要对本场的草场、草山和草坡进行规划，固定使用权，合理利用，搞好草场建设。不准滥开草场。农区有条件的农场，要留有一定面积的割草地和放牧地。

第二十二条　草场面积较大的农场，要设置草场建设专业机构（站、队），建立专业队伍，给予专项投资，配备专用机具，把草场建设好。

第二十三条　农场建设草场，要因地制宜，讲求实效，实行围栏轮牧、兴修水利、植树造林、施肥补播、防虫灭鼠、防火等项措施，不断提高产草量和载畜量。草场面积较大的垦区和农场，要建立牧草种子（包括饲料作物种子）繁育场（队），专门培育和供应牧草种子。

第六章　畜牧机械化

第二十四条　国营农场要逐步提高打草、青贮、饲料加工、剪毛、挤奶、供水、清粪和饲料贮运等机械化程度，减轻畜牧工人的劳动强度，提高劳动生产率。

第二十五条　畜牧机械要配套，固定专人保管、使用。要组织好人员培训和零配件的生产、供应工作。

第二十六条　要制订畜牧机械使用、维修和保养制度，管好、用好畜牧机械，充分发挥其效力。

第七章　兽医卫生

第二十七条　国营农场的兽医卫生工作应贯彻执行“预防为主、防治结合”的方针，按照《国营农场兽医工作规章》，制订出严格的防疫制度，认真搞好防疫灭病工作。

第二十八条　要与周围社队密切配合，搞好兽医联防。对场内的畜禽（包括职工家属饲养的）要进行定期防疫注射和保健驱虫，保证畜禽常年处于免疫状态。

第二十九条　按规定对畜禽进行定期的、临时的检疫，对检出的阳性的和疑似的畜禽，要及时处理。所有进、出场的畜禽和畜产品都要进行检疫，出场要发给检疫证明。禁止从疫区购入畜禽、饲草、饲料和畜产品。场、社发生疫情时，要及时采取隔离、封锁和消毒等紧急防疫措施，并逐级上报。

第三十条　不断充实兽医诊疗设备，提高诊疗技术水平。对畜禽的常见病和多发病，要及时确诊，积极治疗，提高治愈率。要建立兽医药械的入库、登记、领发制度，固定专人管理。

第八章　技术责任制

第三十一条　饲养畜禽较多的农场要设一名总畜牧兽医师，在场长的领导下，主管畜牧业生产。总畜牧兽医师必须具有畜牧兽医师以上的技术职称，有十年以上的技术工作经历。设有总畜牧兽医师的国营农场，不另配备畜牧副场长。在场部要配备若干名畜牧兽医技术人员，组成全场的畜牧生产管理机构（科、室），在总畜牧兽医师的领导下，负责管理和指导全场的畜牧兽医工作。没有设畜牧科、室的农场，在生产科、室内，设若干名畜牧兽医技术人员，负责全场畜牧兽医技术工作。

第三十二条　畜牧专业队和畜牧比重大的生产队，应根据需要，配备畜牧兽医技术员、防疫员和配种员，负责本队的畜牧兽医技术工作。

第三十三条　总畜牧兽医师的主要职责权限：

1. 认真贯彻执行国家关于发展畜牧业的路线、方针、政策。

2. 按照本场的自然资源和生产任务，提出全场畜牧生产的年度计划和长远规划的建议，审查畜牧业基本建设和投资计划，掌握畜牧生产进度，提出增产措施和育种方案，负责全场畜牧兽医技术指导工作。

3. 制订各项畜牧兽医技术规程，并检查其执行情况。对于违反技术规程和不符合技术要求的事项，有权制止和纠正。

4. 负责拟订全场的饲料、畜牧兽医药械的分配调拨计划，并检查其使用情况。签发畜禽出场的检疫证书。在发生传染病时，根据有关规定，决定封锁或扑杀病畜。

5. 组织畜牧兽医经验的交流、技术培训和科学实验工作。

6. 对于畜牧兽医技术中的重大事故，要负责做出结论，并承担应负的责任。

7. 对全场畜牧兽医技术人员的任免、调动、升级、奖惩，提出意见和建议。

第三十四条　畜牧兽医技术员的主要职责权限：

1. 根据生产任务和饲料条件，拟定本单位的畜牧生产计划和畜群周转计划。

2. 按照各项畜牧兽医技术规程，拟订畜禽的饲料配合、选种选配方案，进行防疫、检疫和病畜诊疗工作。

3. 总结本单位的畜牧兽医技术经验，传授科技知识，填写种畜、种禽档案和各项技术记录。

4. 对于本单位畜牧兽医技术中的事故，要及时提出报告，并承担应负的责任。

第三十五条　畜牧业比重大的省、自治区、直辖市农场管理部门要建设畜牧兽医总站，农场要建立畜牧兽医站，作为畜牧兽医技术的指导和推广机构。其主要任务是：

1. 推广饲养管理、繁殖改良、人工授精和草原建设等各项技术措施。

2. 组织畜禽的防疫、检疫、化验、驱虫和疫病诊疗等项工作，负责兽医药械的订购、保管和分发。

3. 负责组织畜牧兽医技术的传授、交流，开展科学实验。

4. 负责精液的保存、转运和液氮供应。

第三十六条　对畜牧工人要经过选拔培训，保持相对稳定。要实行定额管理和岗位责任制度，对超额完成任务的职工，要给以奖励，因失职而造成损失，要追究责任，给予适当的惩罚。

第三十七条　要搞好班、组或畜群的核算，加强畜牧生产统计工作，开展群众性的经济活动分析，努力降低畜产品生产成本。

第三十八条　要注意改善畜牧业职工的劳动条件和生活条件，确保安全生产。根据国家的有关规定，按时发给劳保用品。

第三十九条　畜牧兽医干部和畜牧工人，要努力学习科学技术，要举办各种类型的训练班，不断提高职工的业务能力和技术水平，定期进行考核。

第九章　附　　则

第四十条　各省、市、自治区的农场管理部门，可以根据本规章的精神，结合本地区的情况，制订具体规定。

本规章解释和修改权属农垦部。

中华人民共和国农垦部

1981 年 4 月 17 日

中共贵州省山京畜牧场委员会
关于调整农场生产经营结构，加强茶叶生产的决议

（1987 年 8 月 8 日第四届党委第 27 次扩大会议通过）

中共十一届三中全会以来，在党的路线指引下，由于上级组织的帮助指导和全场职工的积极努力，农场的生产有了较大的发展，经济效益、社会效益逐年提高，职工的生活福利得到较大的改善。但是，近几年来步子迈得不大，在生产经营上存着茶叶经济效益好，

但缺乏劳力和加工厂房、仓库，而养猪和基建经济效益差，但占用大量的资金和劳力，影响和制约着经济效益的不断提高。生产经营结构的调整势在必行。

当前，农场茶叶、养猪、基建三大生产行业的主要特点如下。养猪生产周期长，占用资金多，生产成本高，受政策影响大，饲料供应紧张，饲料价格上涨幅度大大超过生猪销售价格上涨的幅度，养猪越多，包袱越重，经济效益越差。基建生产缺乏专业技术干部、技术工人和主要的施工机械设备，无力承接大中型工程项目。国家近期采取“三保三压”措施，基建工程任务较少，加之管理不善，近几年来所创利润极少。茶叶生产自 1981 年垦植的密植高产的 4700 多亩茶园，已进入稳产高产期，但由于缺少大量的劳力，目前仍有三分之一的茶园未能进行正常管理，未能发挥其效益。由于资金不足，加工厂房、仓库和加工机械无力配套建设，现有厂、库房和机械设备已不能适应生产加工的需要，制约着茶叶生产的发展。

根据党的十一届三中全会以来制定的“从中国实际出发，建设具有中国特色的社会主义”的正确路线，结合农场的上述实际情况，为抓紧“七五”后三年的大好时机，为扬长避短，及时调整农场的产业结构，决定执行“突出以茶叶生产为重点，压缩养猪生产，整顿精简基建队伍，稳定农业，完善商业和运输业”的生产经营方针，要求在 1988 年 3 月前实现此生产经营决策。

为保证生产经营决策的执行，特做下列安排。

一、公养猪压缩保重点，积极发展家庭养猪

撤销养猪场，提高十二茅坡公养猪的质量，确保生产母猪 120 头，出槽商品肥猪 225000 公斤。搞好家庭养猪的服务，将家庭养猪纳入场内计划，力争出槽商品肥猪 150000 公斤。

1988 年春节前后调拨、销售结束养猪场的公、母猪和育肥猪，以便将饲料加工车间和仓库改为茶叶加工车间和茶叶仓库，并及时收回资金投入茶叶生产。

养猪场的养猪工人，一可自办家庭养猪场，场提供猪源，自主经营，二可将青饲料地改为经济作物地进行承包，多余人员调十二茅坡和银子山承包茶园。管理人员和后勤人员转入茶园、茶叶加工厂参加管理从事生产。技术人员由场支持办畜牧兽医服务站。

对养猪场的猪舍，选派责任心强的人看管维护，并承包绿化造林等工作。

二、整顿基建队伍，1987 年内逐步撤回贵阳工地的人员

基建科保留 30～40 个业务较强的干部和工人，承担场内的基建和维修工程，其余人员转到十二茅坡承包茶园。自愿申请停薪留职者，可经批准后办理手续，上交管理费。

三、大力加强茶叶生产和配套建设

为充分发挥十二茅坡茶园的效益，安排职工家属、待业知识青年到十二茅坡承包茶园。年满18周岁以上的待业知识青年和35周岁以下的职工家属，经本人申请，指定医院体检合格，场可批准为合同工，承担正式职工义务者可计算工龄和享受应有的劳保福利待遇。

为解决十二茅坡承包茶园的职工住宅和交通，今年安排改建十二茅坡草库和畜牧兽医室为职工宿舍，计划购置客车一部。

目前继续建南坝园的精初茶叶加工厂，无资金来源，故此决定停建。现已建筑的房屋，派责任心强的人管理，围墙内的空地合理安排使用。

为解决1988年以后茶叶的精初加工和库房，从现在起，在饲料加工车间内安装茶叶机械，保证明年春茶生产时启用，保留并维修好十二茅坡现有的绿茶生产线，在红茶车间增设绿茶生产线，确保绿、红茶初制加工。

各党支部应加强政治思想工作，做好宣传教育、组织、保卫等工作，严格执行纪律。各业务部门应做好计划、设计、预算工作，节约开支，杜绝浪费。全场同心协力，力争产业结构的调整在1988年3月前胜利实现，为场的经济腾飞做出贡献。

贵州省山京畜牧场职工代表大会条例实施细则

（2012年2月14日第五次工会会员代表大会通过）

第一章　总　　则

第一条　根据《全民所有制工业企业法》和《全民所有制工业企业职工代表大会条例》的规定，为切实加强企业的民主管理，保障企业职工依法行使民主管理的权利，充分发挥职工的积极性和创造力，有效提高企业素质和经济效益，结合我场实际，特制定本实施细则。

第二条　在行使总经理负责制的同时，必须建立和健全职工代表大会制度和其他民主管理制度，以保障与发挥工会组织和职工代表在审议企业重大决策、监督行政领导、维护职工合法权益等方面的权力和作用。

第三条　职工代表大会是企业实行民主管理的基本形式，是职工行使民主管理权力的机构，依照法律的规定行使职权。场工会委员会是职工代表大会的工作机构，负责职工代表大会的日常工作。

第四条　职工代表大会接受农场党委的思想政治领导，贯彻执行党和国家的方针、政策，正确处理国家、企业和职工三者利益关系，在法律规定的范围内行使职权。

第五条 职工代表大会应当积极支持场长执行和实施场部的决定和行使场长对农场业务活动管理运作的指挥控制权，团结教育职工发扬当家作主精神，努力完成和超额完成各项生产经营和工作任务。

第六条 职工代表大会实行民主集中制。

第二章 职 权

第七条 职工代表大会行使下列职权：

1. 听取和讨论农场发展和生产经营重大决策方案的报告，听取农场业务招待费使用情况的报告，并提出意见和建议。

2. 审议通过有关职工工资分配方案，安全生产和劳动保护措施方案及主要规章制度等重大问题。

3. 讨论决定农场福利费的使用方案及重大集体福利事项。

4. 评议监督场级领导成员及其他中层管理人员，对他们的奖惩提出建议。

第八条 职工代表大会对场长在职权范围内决定的问题有不同意见时，可以向场长提出建议，也可以报告上级主管部门。

第三章 职工代表

第九条 按照法律规定享有政治权利的企业职工，均可以当选为职工代表。

第十条 职工代表的产生：

1. 以队为单位，由职工提名并进行差额选举选出代表，其当选的票数需为队半数以上，选举结果报农场工会批准。

2. 场级领导、工会主席、团委书记，需参加各片区选举才能成为正式代表。

3. 职工代表调离原选举单位，不再保留代表资格，由原选举单位另行补选。因组织机构调整，原选举单位撤销，代表资格不再保留。

第十一条 职工代表人数占全场职工总人数的10%，职工代表中应有工人、技术人员、管理人员和其他方面的职工。其中，职工代表占职工代表总数的70%左右，女职工应占一定比例。

第十二条 职工代表实行常任制，每五年改选一次，可连选连任。职工代表受选举单位监督，代表不称职时，原选举单位职工有权依照规定予以撤换，但必须经原单位职工过半数通过，并报场工会委员会批准。

第十三条 职工代表的基本条件：

1. 坚持四项基本原则，自觉遵守党纪国法和农场的规章制度。

2. 关心企业生产经营管理，熟悉生产业务工作，积极完成生产（工作）任务。

3. 工作责任心强，办事公道，作风正派，有一定群众威信。

4. 密切联系群众，热心为群众办事，实事求是地反映职工群众的正确意见。

第十四条　职工代表的权利：

1. 在职工代表大会上，有选举权、被选举权和表决权。

2. 有权参加职工代表大会及其工作机构，对企业执行职工代表大会决议和提案落实的情况进行检查，有权参加对企业行政领导人员的质询。

3. 因参加职工代表大会组织的各项活动而占用生产（工作）时间，有权按正常出勤享受应得的待遇。对职工代表行使民主权利，任何组织和个人不得压制、阻挠和打击报复。

第十五条　职工代表的义务：

1. 努力学习党和国家的方针、政策、法律、法规，不断提高政治觉悟、技术水平和参政议政的能力。

2. 密切联系群众，代表职工合法权益，如实反映职工群众的意见和要求，认真执行职工代表大会决议，做好职工代表大会交给的各项工作。

3. 模范遵守国家的法律、法规和企业的规章制度、劳动纪律，做好本职工作。

第四章　组织制度

第十六条　职工代表大会每五年为一届，每年召开一次职工代表会议，每次会议必须有三分之二以上职工代表出席。职工代表大会进行选举和决议，必须经到会职工代表过半数通过。

第十七条　职工代表大会选举主席团，成员中应有工人、技术人员、管理人员和企业领导干部。其中，工人、技术人员、管理人员应超过半数。主席团实行常任制，每届任期5年。大会期间，由主席团成员轮流担任执行主席。主席团的职责是：

1. 主持召开本届职工代表大会，领导大会期间的各项活动。

2. 讨论和审定大会的议程及提交大会通过的各项决定和决议。

第十八条　职工代表大会在其职权范围内决定的事项，非经职工代表大会同意不得修改。

第十九条　职工代表大会应当围绕增强企业活力，促进技术进步，提高经济效益，针对企业经营管理，分配制度和职工生活等方面的重要问题确定议题。

第二十条　职工代表大会闭会期间，需要临时解决的重要问题，由农场工会委员会召集职工代表组长或专门小组负责人联席会议，协商处理，并向下一次职工代表大会报告，予以确认。联席会议可以根据会议内容邀请企业党政负责人或其他有关人员参加，凡参加会议成员均享表决权。

第二十一条　职工代表大会下设三个专门小组：提案审查小组、生产经营管理检查小组、生活福利检查小组。专门小组对职工代表大会负责，根据职工代表大会的授权，完成职工代表大会交办的有关事项。提案审查小组的任务是：职工代表大会召开之前，征集职工群众的意见和建议，归类综合、审查，把合理可行或有价值的意见和建议作为正式提案，提交职工代表大会讨论、通过。

贵州省山京畜牧场场规场纪

（2015 年 3 月 13 日第八届职工代表大会第三次会议修改通过）

第一章　总　　则

第一条　为增强农场职工主人翁责任感，维护正常的生产、生活秩序，以人为本推进农场和谐建设，为农场的经济发展营造良好的社会环境，实现党风、场风和社会风气的根本好转，根据劳动合同法、企业法和《企业职工奖惩条例》，结合农场实际情况，特拟定本场规场纪。

第二条　本场规场纪适用于本场职工、离退休人员、家属，与本场签订各类合同的人员，季节性临时工，以及在本场区域内居住的其他人员。

第二章　道德建设

第三条　本场职工、家属、住场外来人员要按照国家《公民道德建设实施纲要》的要求，自觉把爱国守法、明礼诚信、团结友善、勤俭自强、敬业奉献作为自己的基本行为准则。

第四条　每个社会公民都要把爱祖国、爱人民、爱劳动、爱科学、爱社会主义作为公民道德建设的基本要求，当作每个公民应当承担的法律义务和道德责任。

第五条　全场职工、家属、住场外来人员必须以热爱祖国、报效人民、爱岗敬业为最大光荣，以损害祖国利益、民族尊严和破坏人类道德规范为最大耻辱。提倡学习科学知识、科学思想、科学精神，落实科学发展观，艰苦创业、勤奋工作，反对封建迷信、好逸恶劳，积极投身于建设中国特色社会主义伟大事业。

第六条　社会公德是全体公民在社会交往和公共生活中必须遵循的行为准则。大力提倡以文明礼貌、助人为乐、爱护公物、保护环境、遵纪守法为主要内容的社会公德，在社会生活中做个好公民。

第七条　职业道德是所有从业人员在职业活动中应该遵循的行为准则。大力倡导以爱岗敬业、诚实守信、办事公道、服务群众、奉献社会为主要内容的职业道德，在各自的工作岗位上做一个优秀的劳动者。

第八条　家庭美德是每个公民在家庭生活中应该遵循的行为准则。大力倡导以尊老爱幼、男女平等、夫妻和睦、勤俭持家、邻里团结、互敬互让为主要内容的家庭美德，在家庭里做一个好成员。

第三章　生产活动

第九条　职工要积极负责地按农场安排搞好生产和工作，在与农场签订全员劳动合同的基础上，根据农场的安排与有关职能科室签订生产资料承包责任协议书，以作为当年所要完成的工作任务。

第十条　签订承包生产资料承包责任协议书后，要自觉履行协议中明确的义务，按时、按质、按量向农场交纳费用。当年没有完成上交农场任务的，当年不享受一切福利待遇和农场给予的各种补贴。连续两年没有完成上交费用的，自己承担社会保险的一切费用；当年不交社会保险个人缴费部分的，视为停保，经教育不改的，按照劳动合同法有关条例处理。

第十一条　职工必须服从农场产业结构调整、生产区划的安排，尤其是生产技术措施要求高的产业，必须服从统一规划、统一措施、统一指导、分户实施的基本管理方式。不服从农场安排，经教育不改的，解除生产协议，并收回生产资料，严重的按照合同法有关条例处理。

第十二条　场管理工作岗位和后勤服务人员，经组织考察，择优录用，领导聘任，聘任期间，必须遵守工作纪律，努力完成工作任务。每年进行公开测评，连续两年测评名列末位的，不再聘用，转岗承包生产。因机构调整，需精减的工作人员必须服从组织安排，原担任工作的有关资料等公有财产，必须按规定移交，不移交的，暂停安排工作。

第十三条　管理工作岗位人员和后勤服务人员，由于工作不负责，互相推诿扯皮，工作协调不好，给场造成经济损失 1000 元以上的，经组织调查，明确责任后，直接责任人除赔偿经济损失的 50%外，调离原管理工作岗位，造成重大经济损失的，移送司法机关处理。

第四章　环境保护

第十四条　农场土地属国有土地，职工、家属进行建设必须按农场的统一安排，并报农场土管部门批准后方能建设。职工、家属用作耕地的土地（包括家属用作蔬菜地）必须服从农场统一调配。

不允许在公共场地开垦种植，已经开垦的必须退出恢复原状；不允许在生活区内从事产生有毒有害气体、灰粉的生产及加工作业。

第十五条　用作非耕地用途（如搞各种建筑设施）的必须服从农场统一规划，按有关规定办理使用手续后，才能在规定范围内动工修建，否则视为非法占用。强行占用，强行拆除，并按有关规定处以罚款。

经场统一规划新建的职工住宅区，职工、家属应加强维护，不得以任何理由私自搭建、改建、改变原状。

第十六条　因农场建设需要（建房、修路、其他建设）使用的土地，职工、家属必须服从，农场仅按实际情况给予适当的青苗补偿费。

第十七条　农场国有土地上的树木属农场所有（房前屋后、蔬菜地里自己栽种的除外），严禁砍伐和损坏，违者除追回所砍树木外，同时处以砍伐或损坏一株100～500元的罚款。

第十八条　场区公路、生活区道路、田间便道属农场公共基础设施，任何个人不得以任何理由占用或破坏，违反者，责令其拆除或修复，并处以1平方米50～100元的罚款，严重的视为破坏公共设施的违法行为，交公安机关查处。

第十九条　场职工原住房，经住房使用权有偿转让后，职工必须按场房改方案的有关规定使用管理，违者后果自负。场内非使用权有偿转让的房屋，均为农场公有，必须由场统一管理、安排使用，任何人不得随意占用或损坏，违者将按房屋管理的有关规定给予处罚。

第二十条　职工必须爱护公共财产，损坏必须赔偿，故意损坏还要处以损坏财物价值二倍的罚款。职工、家属有共同参与打扫自己居住区域、保持公共环境清洁卫生的义务，有共同参与植树、种花，营造良好的生活环境的义务。

第二十一条　农场区域内的土地、荒山均为国有资产，不允许在农场耕地、茶园内建坟安葬，任何个人不得强占、转卖他人建坟。严禁外来人员在农场区域内建坟安葬。

第五章　计划生育

第二十二条　计划生育是国家的基本国策，全场职工、家属及住场外来人员都必须遵守这一基本国策，按照国家计划生育法和当地政府有关计划生育工作的要求，自觉履行责任和义务，如有违反者，必须按规定给予相应处罚。

第二十三条　职工、家属及住场外来人员不得为躲避计划生育的外来人员提供居住条件，违反规定的，给予处罚。

第六章　安全生产

第二十四条　职工在从事所生产工作中必须注意安全生产，必须按生产安全规定程序进行生产，正确使用农药。如违反规程导致伤亡事故的，追究直接责任者的责任。导致自己伤亡的一切责任自负。导致他人伤亡的，由造成事故的责任人负责。

第二十五条　住宅区、办公区和物资仓库的房前屋后，不得堆放易燃杂物，违者必须拆除，如引起火灾，造成经济损失的，由堆放杂物、杂草的户主负责，严重的交公安机关追究法律责任。

第二十六条　各单位管理财物的人员，必须恪尽职守，严防被盗。如果被盗，具体失职人员必须先按被盗财物价值的50%赔偿，待破案后再明确处理。

第二十七条　凡酗酒闹事、打架斗殴，给予严肃批评教育，造成严重事故的，交公安机关查处。

第二十八条　提倡文明健康向上的娱乐活动，反对以营利为目的的赌博行为。凡是因赌博被公安机关及上级部门抓获的，是管理人员的，调离工作岗位，一线职工不享受当年一切福利。

第二十九条　职工、家属、离退休人员必须自觉遵守公共秩序，维护正常的生产、工作、生活秩序，以确保农场的安宁和稳定。故意造成不安宁、不稳定行为的，在职职工停止享受3年一切福利待遇和农场给予的各种补贴，离退休人员停发2年场里给予的福利待遇。

第三十条　凡经安全委员会检查，指出存在安全隐患，限期不改的，勒令停产，造成事故的一切后果由业主自负。已定为危房的房改房，严禁居住、出租、转让，因此造成安全事故，由原房屋使用人承担一切责任。

职工、家属及住场外来人员自觉提高交通安全知识，杜绝在交通要道摆摊设点、晾晒、堆放秸秆。

第三十一条　职工、家属为外来人员提供居住条件的，要配合居委会、双堡派出所做好外来人员的依法管理。其外来人员如有违法、犯罪行为，对提供居住条件者处500元以内的罚款。

如果外来人员因违法造成他人经济损失，提供居住条件的人要赔偿受害人的经济损失。

第七章　奖　　励

第三十二条　每年对在工作和生产中有突出成绩的管理人员、职工、村民及外来承包户给予表彰和奖励。

第三十三条　对见义勇为、伸张正义、表现突出的管理人员、职工、村民及外来承包户给予表彰和奖励。对检举揭发违反场规场纪行为的人，将处罚所得罚款的60%奖给检举人。

第八章　违规处理

第三十四条　职工、家属违反场规场纪的，由职工所在单位按照本规定的条款做出处理意见，报场办公室会同场工会处理，由相应的分管科室和职工所在单位负责人落实处理意见。是党员、干部的报场纪委做出相应处分。触犯刑律的，由公安机关处理。涉及场外人员的报当地派出所处理。

第三十五条　处分种类与处分程序同《企业职工奖惩条例》。本场规场纪所列经济处罚必须一次性缴纳。确实不能一次性缴纳的，从每月发放的生活费中扣交；是按月领取固定收入的职工，从每月工资中扣交；是承包生产的职工，从每年的补贴和补助中扣交。

第三十六条　本场规场纪经场职代会审议通过后实施。

先进集体

（仅以农场现存资料搜集所得）

上级表彰的先进集体

受表彰单位	颁发表彰单位	表彰名称	表彰时间
银子山畜牧场	中华人民共和国农垦部	先进单位	1957年
贵州省马术队 （队员以农场职工为主体）	中华人民共和国第一届运动会组委会	赛马团体亚军	1959年9月
子弟学校	中华人民共和国农牧渔业部	先进集体	1985年9月10日
卫生所	中华人民共和国农牧渔业部	先进集体	1985年12月
武装部	安顺县人民政府、安顺县武装部	先进集体	1988年
农场直属机关党支部	贵州省农业厅党组	先进党支部	1989年7月2日
茶叶精制加工厂党支部	贵州省农业厅党组	先进党支部	1989年
第五工作站党支部	贵州省农业厅党组	先进党支部	1989年
银子山村党支部	贵州省农业厅党组	先进党支部	1989年7月2日
工会	贵州省农林水气工会	先进集体	1990年
农场第四次人口普查办公室	安顺市第四次人口普查办公室	先进集体	1990年
子弟学校团支部	共青团贵州省农业厅委员会	先进团支部	1990年5月10日
十二茅坡团支部	共青团贵州省农业厅委员会	先进团支部	1990年5月10日
银子山村团支部	共青团贵州省农业厅委员会	先进团支部	1990年5月10日
农场党委	中共安顺地委、安顺军分区	党管武装先进党委	1991年7日
第一工作站党支部	中国共产党贵州省农业厅直属机关委员会	先进基层党组织	1993年6月17日
贵州省山京畜牧场	贵州省人民政府	科技进步四等奖	1993年12月
张家山村党支部	中国共产党贵州省农业厅直属机关委员会	先进基层党组织	2000年
农场直属机关党支部	中国共产党贵州省农业厅直属机关委员会	先进基层党组织	2000年7月1日
银子山村党支部	中国共产党贵州省农业厅直属机关委员会	先进党支部	2001年6月26日
子弟学校党支部	中国共产党贵州省农业厅直属机关委员会	先进党支部	2004年3月1日
农场直属机关党支部	中国共产党贵州省农业厅直属机关委员会	先进党支部	2004年3月1日
银子山村党支部	中国共产党贵州省农业厅直属机关委员会	先进党支部	2004年3月1日
十二茅坡党支部	中国共产党贵州省农业厅直属机关委员会	先进党支部	2004年3月1日
农业生产二队党支部	中国共产党贵州省农业厅直属机关委员会	先进党支部	2004年3月1日
毛栗哨村党支部	中国共产党贵州省农业厅直属机关委员会	先进党支部	2004年3月1日
黑山村党支部	中国共产党贵州省农业厅直属机关委员会	先进党支部	2004年3月1日
张家山村党支部	中国共产党贵州省农业厅直属机关委员会	先进党支部	2004年3月1日
离退休人员党支部	中国共产党贵州省农业厅直属机关委员会	先进党支部	2004年3月1日
养鸡场	贵州省农业厅	先进单位	2008年5月4日
农场直属机关党支部	中国共产党贵州省农业厅直属机关委员会	先进基层党组织	2008年7月1日

（续）

受表彰单位	颁发表彰单位	表彰名称	表彰时间
农场直属机关党支部	中共西秀区委	先进基层党组织	2012 年 7 月
农业生产二队党支部	中共西秀区委	先进基层党组织	2012 年 7 月
十二茅坡党支部	中共西秀区委	“五好”基层党组织	2013 年 7 月
十二茅坡党支部	中共西秀区委	“五好”基层党组织	2014 年 7 月
农场直属机关党支部	中共西秀区委党建工作领导小组办公室	先进党组	2014 年 7 月 28 日
农场党委	中共西秀区委	先进基层党组织	2016 年 7 月

农场表彰的先进集体

1962 年，在开展“四好”运动的活动中，共评出“四好”单位一个，“四好”生产小队四个，“四好”马厩三个。

1965 年 7 月 30 日，经中国人民解放军山京军马场行政领导班子会议讨论研究，决定对在生产工作中做出突出成绩的集体进行表彰。决定授予卫生所等 17 个单位“四好”单位光荣称号：

卫生所　警通班　酒厂　一队一班　一队三班　一队食堂

三队一小队　四队二号厩　二小队一班　育种室　公马厩　一号厩

五队二班　六队二号厩　六队兽医室　六队农一班　银子山队砂锅泥小队

1967 年 2 月 14 日，经中国共产党中国人民解放军山京军马场委员会讨论研究，决定对在生产工作中做出突出成绩的卫生所等 17 个单位授予“四好”单位光荣称号：

卫生所　马车班　警通班　一队一班　一队五班　三角塘马厩

二队一班　三队二小队　四队一号厩　银子山队三班　六队公马厩

六队二号厩　六队五号厩　六队农一班　长箐分场一班　长箐分场七班

四队食堂

1970 年 5 月 10 日，经中国共产党中国人民解放军山京军马场委员会讨论研究，决定对在生产工作中做出突出成绩的六队三号厩等 11 个单位授予“四好”单位光荣称号：

六队三号厩　四队三号厩　一队三班　一队四班　六队一班　六队二班

马车班　二队二班　卫生所　六队兽医室　育种室

1977 年末，经中国共产党贵州省山京马场委员会讨论研究，决定召开贵州省山京马场表彰大会，对在 1977 年度抓纲治场、农业学大寨运动中做出突出成绩的集体进行表彰。决定授予第六生产队等 13 个单位“先进集体”光荣称号：

第六生产队　第三生产队　银子山队一班　六队八班　三队一小队

场直副业队　机耕队修理班　基建队二班　一队三班　五队五班

四队食堂　长箐队食堂　二队四班

1983 年 1 月 28 日，经中国共产党贵州省山京畜牧场委员会讨论研究，决定对在生产工作中做出突出成绩的单位进行表彰。决定授予第六生产队等 17 个单位“先进集体”光荣称号：

第六生产队　工程队　茶叶一队食堂　茶叶一队三班　茶叶二队五班

茶叶二队一班　五队酒药班　六队养猪班　养猪场育种室　一队五班

一队三班　六队四分队　工程队泥工十班　机耕队驾驶班　计财科

服务社　卫生所

1985 年 2 月 14 日，经中国共产党贵州省山京畜牧场委员会讨论研究，决定对在 1984 年度生产工作中做出突出成绩的集体进行表彰。决定授予第五工作站等 2 个单位“先进集体”光荣称号：

第五工作站　茶叶三队

1986 年 3 月 16 日，经中国共产党贵州省山京畜牧场委员会讨论研究，决定对在 1985 年度生产工作中做出突出成绩的集体进行表彰。决定授予第四工作站等 6 个单位“先进集体”光荣称号：

第四工作站　第五工作站　机耕队　银子山队　卫生所　保卫科

1987 年 2 月 28 日，经中国共产党贵州省山京畜牧场委员会讨论研究，决定对在 1986 年度生产工作中做出突出成绩的单位进行表彰。决定授予第三工作站等 6 个单位“先进集体”光荣称号：

第三工作站　第五工作站　银子山队　卫生所

第一工作站幼茶管理第三组　十二茅坡茶叶加工厂一班

1988 年 2 月 2 日，经中国共产党贵州省山京畜牧场委员会讨论研究，决定对在 1987 年度生产工作中做出突出成绩的单位进行表彰。决定授予农场机关直属党支部“先进党支部”光荣称号，授予第三工作站等 8 个单位“先进集体”光荣称号：

第三工作站　第五工作站　子弟学校　张家山村　茶叶科　保卫科

卫生所　茶叶精制车间

1989 年 3 月 11 日，经中国共产党贵州省山京畜牧场委员会讨论研究，决定对在 1988 年度生产工作中做出突出成绩的单位进行表彰。决定授予第三工作站等 8 个单位“先进集体”光荣称号：

第三工作站　茶叶精制加工厂　第五工作站　茶叶科　畜牧科　卫生所

计财科　银子山村

1990 年 3 月 10 日，经中国共产党贵州省山京畜牧场委员会讨论研究，决定对在 1989 年度生产工作中做出突出成绩的单位进行表彰。决定授予第二工作站等 9 个单位“先进集体”光荣称号：

第二工作站　茶叶生产新二队　第五工作站　十二茅坡养猪场　茶叶精制加工厂

子弟学校　银子山村　茶叶科　畜牧科

1990 年，农场工会发动广大职工开展“双增双节”的社会主义劳动竞赛。对在劳动竞赛活动中成绩显著的集体进行表彰奖励，授予茶叶生产新一队等 6 个集体先进单位光荣称号：

茶叶生产新一队　茶叶生产三站　茶叶精制加工厂　茶叶生产四站　茶叶科　计财科

1991 年 3 月，经中国共产党贵州省山京畜牧场委员会讨论研究，决定对在 1990 年度生产工作中做出突出成绩的单位进行表彰。决定授予第二工作站等 7 个单位“先进集体”光荣称号：

第二工作站　第四工作站　茶叶精制加工厂　子弟学校　银子山村

政工科　茶叶科

1992 年 3 月，经中国共产党贵州省山京畜牧场委员会讨论研究，决定对在 1991 年度生产工作中做出突出成绩的单位进行表彰。决定授予第四工作站等 4 个单位“先进集体”光荣称号：

第四工作站　张家山村　茶叶科　计财科

1993 年 3 月 20 日，经中国共产党贵州省山京畜牧场委员会讨论研究，决定对在 1992 年度生产工作中做出突出成绩的单位进行表彰。决定授予第一工作站党支部“先进党支部”光荣称号。

1997 年 1 月 20 日，经中国共产党贵州省山京畜牧场委员会讨论研究，决定对在 1996 年度生产工作中做出突出成绩的集体进行表彰。决定授予张家山村等 3 个单位“先进集体”光荣称号：

张家山村　茶叶生产二站　十二茅坡茶叶加工厂

1998 年 1 月 16 日，经中国共产党贵州省山京畜牧场委员会讨论研究，决定对在 1997 年度生产工作中做出突出成绩的集体进行表彰。决定授予茶叶生产三站等 3 个单位“先进集体”光荣称号：

茶叶生产三站　农业科　银子山村

1999 年 1 月 19 日，经中国共产党贵州省山京畜牧场委员会讨论研究，决定对在 1998 年度生产工作中做出突出成绩的集体进行表彰。决定授予十二茅坡茶叶加工厂等 3 个单位

“先进集体”光荣称号：

十二茅坡茶叶加工厂　茶叶三队　银子山村

2000年1月21日，经贵州省山京畜牧场行政领导班子会议讨论研究，决定对在1999年度生产工作中做出突出成绩的集体进行表彰。决定授予茶叶四队等3个单位“先进集体”光荣称号：

茶叶四队　银子山村　烤烟生产办公室

2001年1月16日，经贵州省山京畜牧场行政领导班子会议讨论研究，决定对在2000年度生产工作中做出突出成绩的集体进行表彰。决定授予烤烟生产办公室等3个单位“先进集体”光荣称号：

烤烟生产办公室　卫生所　黑山村

2002年1月18日，经贵州省山京畜牧场行政领导班子会议讨论研究，决定对在2001年度生产工作中做出突出成绩的集体进行表彰。决定授予烤烟生产办公室等3个单位“先进集体”光荣称号：

烤烟生产办公室　银子山村　银山茶场

2003年1月17日，经贵州省山京畜牧场行政领导班子会议讨论研究，决定对在2002年度生产工作中做出突出成绩的集体进行表彰。决定授予烤烟生产办公室等3个单位“先进集体”光荣称号：

烤烟生产办公室　黑山村　银山茶场

2004年1月17日，经贵州省山京畜牧场行政领导班子会议讨论研究，决定对在2003年度生产工作中做出突出成绩的集体进行表彰。决定授予烤烟生产办公室等3个单位“先进集体”光荣称号：

烤烟生产办公室　银子山村　十二茅坡茶场

2005年初，经贵州省山京畜牧场行政领导班子会议讨论研究，决定对在2004年度生产工作中做出突出成绩的集体进行表彰。决定授予十二茅坡综合办公室等3个单位“先进集体”光荣称号：

十二茅坡综合办公室　十二茅坡茶场　黑山村

2006年1月16日，经贵州省山京畜牧场行政领导班子会议讨论研究，决定对在2005年度生产工作中做出突出成绩的集体进行表彰。决定授予农业科等3个单位“先进集体”光荣称号：

农业科　银子山村　柳江公司

2007年1月19日，经贵州省山京畜牧场行政领导班子会议讨论研究，决定对在2006

年度生产工作中做出突出成绩的集体进行表彰。决定授予十二茅坡综合办公室等 3 个单位“先进集体”光荣称号：

十二茅坡综合办公室 毛栗哨村 柳江公司

2008 年 1 月 18 日，经贵州省山京畜牧场行政领导班子会议讨论研究，决定对在 2007 年度生产工作中做出突出成绩的集体进行表彰。决定授予十二茅坡综合办公室等 3 个单位“先进集体”光荣称号：

十二茅坡综合办公室 毛栗哨村 柳江公司

2009 年 1 月 16 日，经贵州省山京畜牧场行政领导班子会议讨论研究，决定对在 2008 年度生产工作中做出突出成绩的集体进行表彰。决定授予十二茅坡管理区等 3 个单位“先进集体”光荣称号：

十二茅坡管理区 毛栗哨村 柳江公司

2010 年 1 月 22 日，经贵州省山京畜牧场行政领导班子会议讨论研究，决定对在 2009 年度生产工作中做出突出成绩的集体进行表彰。决定授予十二茅坡管理区等 3 个单位“先进集体”光荣称号：

十二茅坡管理区 毛栗哨村 银山茶场

2011 年 2 月 28 日，经贵州省山京畜牧场行政领导班子会议讨论研究，决定对在 2010 年度生产工作中做出突出成绩的集体进行表彰。决定授予农业科等 3 个单位“先进集体”光荣称号：

农业科 毛栗哨村 柳江公司

2012 年 2 月 25 日，经贵州省山京畜牧场行政领导班子会议讨论研究，决定对在 2011 年度生产工作中做出突出成绩的集体进行表彰。决定授予农场办公室等 5 个单位“先进集体”光荣称号：

农场办公室 银子山村 银山茶场 柳江公司 瀑珠茶场

2013 年 3 月 1 日，经贵州省山京畜牧场行政领导班子会议讨论研究，决定对在 2012 年度生产工作中做出突出成绩的集体进行表彰。决定授予十二茅坡管理区办公室等 3 个单位“先进集体”光荣称号：

十二茅坡管理区办公室 银山茶场 柳江公司

2014 年 2 月 28 日，经贵州省山京畜牧场行政领导班子会议讨论研究，决定对在 2013 年度生产工作中做出突出成绩的集体进行表彰。决定授予农场办公室等 3 个单位“先进集体”光荣称号：

农场办公室 十二茅坡管理区办公室 银山茶场

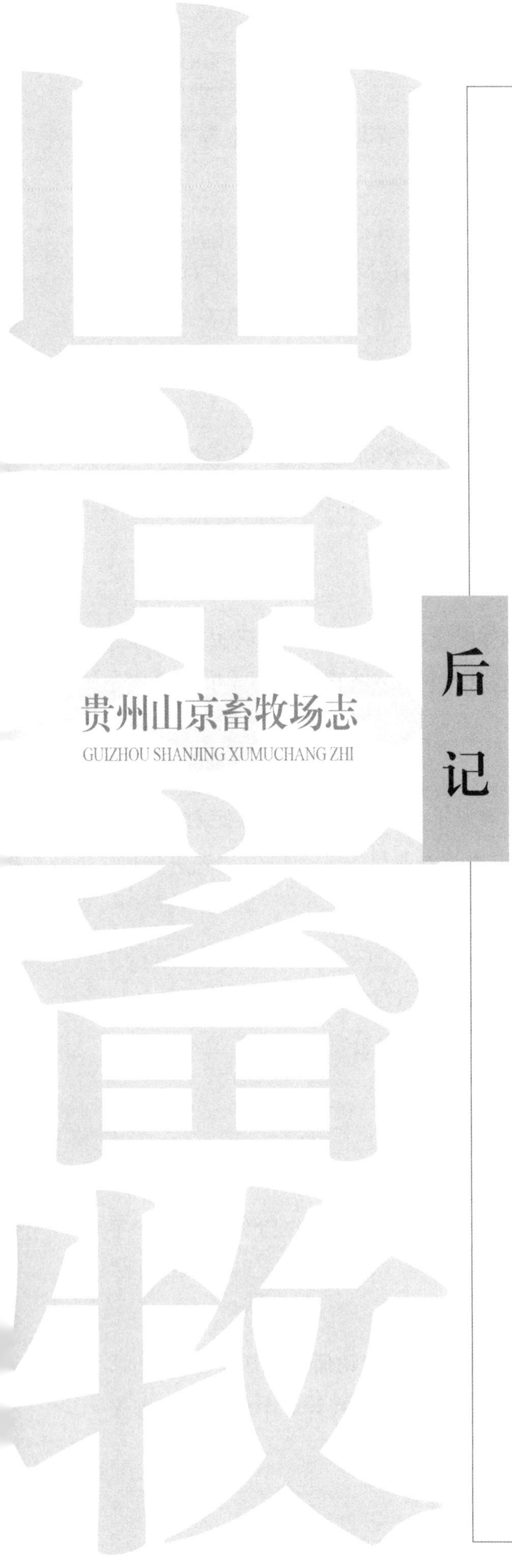

后记

贵州省山京畜牧场是在特定历史条件下为承担国家使命而建立的。农场成立以来，在近70年的历史进程中，积极推进农业机械化，全力保障特定部队军马供给，大力推广农业科学技术，努力推进农业产业化，对农场驻地周边乡镇乃至贵州省农业机械化、农业现代化、农业产业化起到示范引领作用，为保障国家粮食安全、支援国家经济建设、保障国防建设做出了应有贡献。组织编纂《贵州山京畜牧场志》，是深入贯彻落实中央农垦改革发展文件精神，大力弘扬“艰苦奋斗、勇于开拓”的农垦精神，推进农垦农场文化建设的重要举措。

2020年5月，根据农业农村部农垦局有关文件精神，结合贵州省山京畜牧场实际情况，经农场党政领导讨论研究，决定编纂《贵州山京畜牧场志》，并向中国农垦农场志丛编纂委员会申报志书编纂项目。志书编纂项目申报成功后，随即成立贵州省山京畜牧场志编纂委员会和贵州省山京畜牧场志编撰组。根据中国农垦农场志丛编纂委员会有关要求，贵州省山京畜牧场派农场党委副书记罗仁保、党政办公室副主任黄明忠赴黑龙江省参加中国农垦农场志丛编纂委员会办公室组织开展的志书编纂培训。

同年10月，在贵州省山京畜牧场志编纂委员会的统筹协调下，进一步充实编纂委员会和编撰组人员，特邀西秀区史志办公室退休干部班珍江参加有关工作。编撰组根据志书编撰有关要求，结合贵州省山京畜牧场实际情况，参考“中国农垦农场志基本篇目要素”，草拟了“贵州省山京畜牧场志基本框架结构”。

2020年11月5日，贵州省山京畜牧场志编纂委员会第一次会议召开。会议审议并原则通过了编撰组提交的“贵州省山京畜牧场志基本框架结构”等相关议题，罗仁保、陈波等农场领导对编撰工作提出了要求。

贵州省山京畜牧场志编撰组根据编纂委员会第一次会议提出的意见和建议，对场志基本框架结构进行调整后，同年11月11日召开编撰组会议。会议重申了志书编撰工作要求，对编撰内容进行了分工。第六编由黄明忠负责编写，班珍江负责其余内容编写和全书统稿工作，图片由两人共同选编。

在编撰过程中，编撰人员分工协作，除认真查阅农场现存档案资料外，还翻阅了有关志书、史书等书籍和一些资料汇编；先后到西秀区统计局、西秀区档案馆、西秀区委办公室档案科、贵州省军区安顺离职干部休养所等单位查阅有关资料；多次到农场场部、子弟学校、石油队、银子山、十二茅坡、三角塘、双海水库库区等进行实地采访，了解核实有关情况；多次向邓荣泉、刘汝元、陈仲军等退休人员以及吴开华、蔡国发、汪厚平、曾翠荣、丁宁等农场在职干部咨询、了解、核实有关情况。

虽然现存有关资料大体能涵盖农场生产、建设、生活的各个方面，编写过程中也得到了有关知情人士的大力支持和帮助，但在具体编写部分事项的史实时，仍存在一些暂时无法弥补的缺憾。由于这次场志编修记述时间跨度长（近70年）、农场部分事项的现存档案资料不完整、采访的口述资料有限等，涉及相关事项的史实未能完整记述。对此，本着尊重历史、实事求是的原则，采取“有则载录，无则待考”的慎重态度进行处理。编撰组实事求是地向农场领导汇报了有关情况，得到了有关领导的充分理解。

在农场领导的高度重视下，在各科室的大力支持下，经过编撰人员一年多的辛勤工作，《贵州山京畜牧场志》编撰工作终于完成。本志书真实客观地记述了山京农场半个多世纪的发展面貌，记录了农场几代农垦人艰苦卓绝的奋斗历程，载录了农场近70年社会经济发展的巨大成就。本书对全方位展示山京农场独特的农垦文化，弘扬农垦精神，服务乡村振兴战略具有重要的历史和现实意义。

志书修成之际，特向为本志书编撰工作给予大力支持的上述有关单位和个人表示衷心感谢！

由于编者水平有限，书中难免有缺点和错误，敬请读者批评指正。

编者

2022年9月